中国石油和化学工业优秀教材

热工理论与技术丛书

普通高等教育“十二五”规划教材

传热学

CHUANREXUE

何 燕　张晓光　孟祥文　编著

化学工业出版社

·北京·

《传热学》是以教育部制定的“高等学校工科本科传热学课程教学基本要求”为指导，在总结青岛科技大学能源与动力工程专业多年来教学改革成果的基础上编写而成的。

《传热学》的内容，密切结合国家对节能与环保的日益重视，注意吸收最新进展，系统阐述了热量传递的规律、机理以及传热计算的方法。共分9章，包括热传导、对流传热、辐射传热、总传热过程和换热器等，每章后还附有小结、思考题与习题。本书系统性好，文字简练，特色明显，有利于读者掌握所学知识。

《传热学》可以作为高等学校能源与动力工程、新能源科学与工程、制冷与低温技术、安全工程、油气储运工程、机械工程等机械类或近机类专业的教材或者教学参考书，也可供有关科技工作者参考。

图书在版编目（CIP）数据

传热学／何燕，张晓光，孟祥文编著. —北京：化学工业出版社，2015.8（2023.2重印）
中国石油和化学工业优秀教材
热工理论与技术丛书
普通高等教育“十二五”规划教材
ISBN 978-7-122-24284-6

Ⅰ.①传… Ⅱ.①何… ②张… ③孟… Ⅲ.①传热学-高等学校-教材 Ⅳ.①TK124

中国版本图书馆CIP数据核字（2015）第128692号

责任编辑：刘俊之　王清颢　　文字编辑：向　东
责任校对：宋　玮　　装帧设计：韩　飞

出版发行：化学工业出版社（北京市东城区青年湖南街13号　邮政编码100011）
印　　装：北京科印技术咨询服务有限公司数码印刷分部
787mm×1092mm　1/16　印张16½　字数428千字　2023年2月北京第1版第4次印刷

购书咨询：010-64518888　售后服务：010-64518899
网　　址：http://www.cip.com.cn
凡购买本书，如有缺损质量问题，本社销售中心负责调换。

定　　价：43.00元

前言

FOREWORD

传热学是能源工程、机械工程、航空航天工程、材料工程、化学工程、生物工程等领域的重要技术基础，是培养涉及能源特别是与热能相关的各领域创新人才的基础，也是培养21世纪工科学生科学素质的基本内容之一。

本教材是在编者多年传热学讲义的基础上，增加新近研究进展，系统整理而成。内容阐述上着重以原理为基础，注意了突出重点，精简内容，减少篇幅，突出对问题的分析，方便读者自学。编写中增加了与传热学有关的科研进展，做到与时俱进，以适应我国教育和科技的飞速发展。

本教材主要内容分三大部分，对热量传递的基本方式进行逐一介绍：热传导、热对流和热辐射。热传导部分介绍热传导基础理论、稳态热传导、非稳态热传导，并对材料热导率的实验测量和材料导热性能 ANSYS 有限元数值模拟研究进行了简要介绍。热对流部分包括对流传热分析、单相对流传热以及凝结与沸腾传热。辐射部分包括热辐射的基本定律、辐射换热计算。最后对传热强化与削弱以及换热器进行介绍。

全书由何燕、张晓光、孟祥文、张斌和周艳合编。何燕编写第 1、2、4 章，并负责全书的统稿工作；张晓光编写第 3、5 章及附录；孟祥文编写第 6、7 章；张斌编写第 8 章；周艳编写第 9 章。硕士研究生李少龙、李霄、张宝库、刘志刚等协助查阅资料、编辑插图及校对等，为本教材编写提供了不少帮助。

本书的出版得到青岛科技大学教务处的大力支持，在此表示感谢。由于编者水平有限，书中难免存在不足之处，恳请读者批评指正。

编者

2015 年 3 月

目录

CONTENTS

1 绪论 1

2 稳态热传导 16

3 非稳态导热 45

4 对流传热的理论基础 70

5 单相对流传热的实验关联式 91

9 换热器的传热计算 224

1 绪论

本章将论述传热学的研究内容，介绍其在科学技术和工程领域中的应用，重点介绍热量传递的三种基本方式，以及由这些方式组合而成的传热过程，并给出通过三种基本传热方式及传热过程所传递热量的计算公式，最后介绍传热学的研究方法和学习方法。本章教学的目的在于使读者对传热学这门学科的研究内容有一个初步的了解，并领会传热学的研究方法和学习方法，为后面深入学习传热学打下基础。

1.1 传热学的研究内容

1.1.1 传热学的研究对象和任务

传热学是工程热物理的一个分支，是研究由温差引起的热量传递规律及其应用的一门科学，大约在20世纪30年代，传热学形成了独立的学科。传热学和热力学都是研究热现象的理论基础，其中传热学是利用可以预测能量传递速率的一些定律去补充热力学分析，因为热力学只讨论在平衡状态下的系统。

热力学第二定律指出：凡是有温差存在的地方，就有热能自发地从高温物体向低温物体传递（传递过程中的热能常称为热量）。自然界和工程中普遍存在温差，所以传热是日常生活和工程中一种非常普遍的物理现象。例如，提高锅炉的蒸汽产量、防止燃气轮机燃烧室过热、减小内燃机气缸和曲轴的热应力、确定换热器的传热面积和控制热加工时零件的变形等，都是典型的传热学问题。

热量传递有热传导、热对流和热辐射三种基本方式。热量传递规律就是以这三种传热方式为基础展开研究的。所谓热量传递规律主要是指单位时间内所传递的热量与物体中相应的温度差之间的关系，反映这种规律的第一层次的关系式称为热量传递的速率方程。传热学要研究的就是在特定场合热量是以哪种或哪几种方式进行传递的，传递速率是多少，要达到希望的温度需要多久才能完成，在热量传递过程中物体内的温度分布状态等等。

工程上常遇到的传热问题主要有两类：第一类以求出局部或者平均传热速率为目的。这类问题往往涉及对热量传递速率的计算和控制，即与增强或削弱传热有关的各种技术和设备的专用设计。例如汽车发动机中循环使用的冷却水在散热器中放出热量，为了使散热器紧凑、效率高，必须研制新型的空冷传热元件以增强传热；为了使热力设备和管道减少散热损失，必须外加保温隔热层以削弱传热。第二类以求得研究对象内部温度分布为目的，以便进行某些现象的判断、温度控制和其他热力学计算。这类问题常涉及各种热力发动机、机械热加工过程（如焊接、铸造、热处理、切削）。要解决这些传热问题，必须具备扎实的热量传递规律基本知识，具备分析工程传热问题的能力，掌握计算工程传热问题的基本方法，具有相应的计算能力，掌握热工参数的测量方法，并具有一定的实验技能。这就是传热学学习过程中要达到的目标和要求。

1.1.2 传热学在科学技术和工程中的应用

热量传递现象无时无处不在，因此传热学在科学技术和工程应用的各个领域都有十分广泛的应用，不仅涉及能源动力、化工、冶金、交通、机械等传统工业领域，而且也广泛应用于诸如航空航天、微电子、核能、新能源、生物医学以及农业工程等很多高新技术领域。总结起来，传热学在科学技术和工程中的应用可以分为以下三种：强化传热、削弱传热（也称热绝缘）以及温度控制。

(1) 强化传热

强化传热就是在一定的条件下增加热量的传递，目的是提高设备的利用率、节约能源或满足特殊的工艺要求。强化传热技术是利用各种形式的翅片管、多孔表面管、表面粗糙化管、管内插件等换热器件在流动介质中附加电场、磁场、超声波、机械振动、添加剂等辅助设施，促使流过换热器件的介质产生湍流，减薄边界热阻，强化换热面的作用，从而达到有效传递热量的目的。强化传热技术在换热器上的应用主要体现在以最经济（体积小、质量小、成本低）的设备来满足热量要求，或是采用有效方式来冷却高温部件，使其在安全可靠的工况下运行。

例如，由光管滚轧制成的内外表面螺旋槽管是促使流体形成边界层分离流和螺旋流、具有双边强化传热作用、提高对流传热效率的管型之一。它适用于工业锅炉、废气锅炉及其他管式热交换器。在泵功率不变的情况下，其传热系数可提高 50%～60%，传热面积可节省 30%左右。工业燃油或燃煤烟管锅炉采用这种螺旋槽管，炉效率可提高 2%，一台 4t/h 的小型锅炉每年就可节煤 30t。

(2) 削弱传热

削弱传热发生在高温设备上，其目的是减少散热损失；在低温设备上，其目的则是减少冷量的损失，或称减少漏热。例如保存液氮、液氧的低温容器（称为杜瓦瓶），采取减少热量传递的措施可以使得在垂直于杜瓦瓶壁面方向的热量传递减少到采取措施前的千分之一，甚至更少，从而有效防止了瓶中低温液体的蒸发，减少了能量损失。

(3) 温度控制

传热学在温度控制方面的问题主要体现在电子器件冷却和航天器的防护等方面。当今世界，电子设备正朝着高性能高集成的方向发展，电子设备的功能越来越强大，体积却变得越来越小，超高的热流密度已经成为电子设备进一步发展的阻碍。从芯片制造工艺的角度，线宽从微米级别发展到纳米级别，2005—2013 年经历了 65nm、45nm、32nm、22nm、14nm 工艺，英特尔（Intel）将在未来推出更小的纳米工艺，芯片的频率也越来越高，功耗越来越大，目前市场上芯片的功率可高达 150W，封装在很小的空间内，对如此高的热流密度电子芯片进行有效的温度控制是至关重要的。据统计，当前电子器件损坏的主要原因是热损坏，即工作温度超过允许的数值。随着芯片工艺进入纳米级时代，高热流密度已经成为微电子发展的一个瓶颈，如何对高集成度芯片进行温度控制的问题变得越来越紧迫。传热学已经形成了以解决微米-纳米尺度范围的传热与流动问题的微米-纳米研究方向，各国专家和学者研制开发出了新的温度控制方法，有相变温控技术、射流冲击强化换热技术、液态金属散热技术、热管技术、静电冷却技术、热电冷却技术以及微通道冷却技术等。

人类征服天空和宇宙空间的不懈努力以及所取得的巨大成果，是当今世界上各领域高技术、新材料研究最集中的体现，其中传热学功不可没。据美国国家航空航天局所作的技术分析，美国航天飞机的技术关键只有一个半，这半个是大推力的液氢-液氧火箭发动机（其中自燃与传热有密切的关系），而那一个关键则是所谓“热防护系统”，即指以航天飞机外表面的防热瓦为主的整个热防护结构。它被视为可反复使用的航天飞机成败的最大关键。之所以把热防护系统提到如此重要的地位，是由于航天飞机极端复杂的气动热环境以及要求该防热系统必须能够重复使用。要知道，在航天飞机重返大气层的时候，其表面所受的高温达1650℃！在这样严酷的情况下要能够保证飞行安全，使内部的人员、设备不受任何干扰，可见有效的热防护措施多么重要！

我们的生活中就有很多传热学的例子，而且就是我们每天都会碰见的。当我们了解了传热学以后，我们就可以用传热学的知识来解释这些现象。许多人都喜欢在冬天有暖暖阳光时晒被子，我们都会深有体会，在白天太阳底下晒过的棉被，晚上盖起来会觉得很暖和，并且经过拍打以后，效果更加明显。这就可以用传热学的知识来解释，棉被经过晾晒以后，棉花的空隙里进入更多的空气。而空气在狭小的棉絮空间里的热量传递方式主要是热传导，由于空气的热导率较小，因此具有良好的保温性能。而经过拍打的棉被可以让更多的空气进入，因而效果更明显。

再比如夏季在维持20℃的室内工作，穿单衣感到舒适，而冬季在保持22℃的室内工作时，为什么必须穿绒衣才觉得舒服？首先，冬季和夏季的最大区别是室外温度不同。夏季室外温度比室内温度高，因此通过墙壁的热量传递方向是由室外传向室内。而冬季室外气温比室内气温低，通过墙壁的热量传递方向是由室内传向室外。冬季和夏季墙壁内表面温度不同，夏季高而冬季低。因此，尽管冬季室内温度22℃比夏季20℃略高，但人体在冬季通过辐射与墙壁的散热比夏季高很多。

传热学在科学技术领域中的应用非常广泛，无论是军用、民用工业领域还是人们日常生活中，都存在大量的热量传递现象，而且在很多行业中如何让热量有效地传递成为解决问题的关键所在，它已成为许多工科专业的一门基础技术课程。关于传热学在多种工程领域中应用的介绍可以参阅文献［4～6,11～15］。而结合实际问题进行传热方面的分析，是学习传热学后应掌握的基本功。

1.2 热量传递的三种基本方式

只要一个介质中或两个介质之间存在温差，就必然会发生传热，根据传热模式的不同，可将传热过程分为热传导、热对流和热辐射三种基本形式。这里需要指出的是，在本书的研究范围内始终把研究对象（固体或流体）看作是连续介质，即假定所研究的物体中温度、密度、速度、压力等各项物性参数都是空间位置的连续函数。对于微尺度（尺寸在1μm～1mm）流动与传热问题就不能采用连续介质假定，在本书有关章节将予简单介绍。

1.2.1 热传导

热传导（heat conduction）是由于物体各部分之间不发生位移时，仅依靠分子、原子或自由电子等微观粒子的热运动而产生的热能传递，是建立在组成物质的基本微观粒子随机运动基础上的扩散行为。当存在温差时，气体、固体和液体都具有一定的导热能力。当两物体之间发生热传导时，它们必须紧密接触，所以导热是一种依赖直接接触的传热方式。

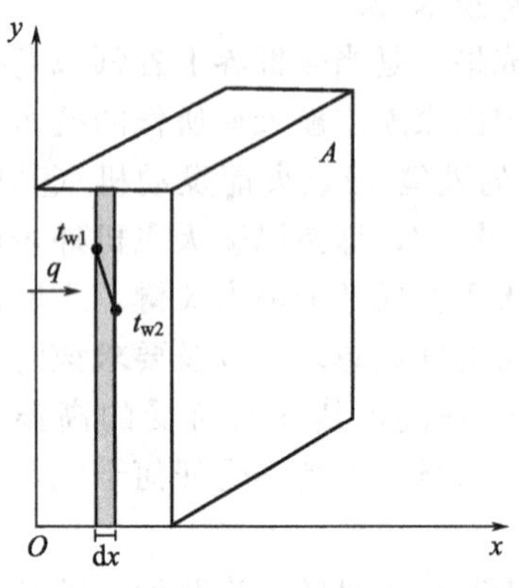

图 1-1　通过大平板的一维导热

导热规律可以用傅里叶定律来描述。以图 1-1 所示的通过大平板的一维导热问题为例，即温度仅在 x 方向上发生变化。对于 x 方向上任意一个厚度为 dx 的微元层来说，根据傅里叶定律，单位时间内通过单位面积的导热热量（热流密度）与该方向上的温度梯度成正比，即

$$q=-\lambda \frac{dt}{dx} \tag{1-1a}$$

式中，q 为热流密度，是单位时间内通过单位面积的热流量，W/m^2；因热量是向温度降低的方向传输，故方程中有负号；λ 为热导率，也称导热系数，$W/(m \cdot K)$，反映材料导热能力。一般而言，金属材料的热导率最高，液体次之，气体最小。单位时间内通过给定面积为 A 的平壁热流量 Φ（单位为 W）为热流密度与面积的乘积，即

$$\Phi=-qA=-\lambda A \frac{dt}{dx} \tag{1-1b}$$

特别地，对于一维稳态大平板导热问题，温度只在 x 一个方向上发生变化，通过对傅里叶定律表达式进行积分可得

$$q=\frac{\lambda}{\delta}(t_{w1}-t_{w2})=\frac{\lambda}{\delta}\Delta t_w \tag{1-2}$$

【例 1-1】 一玻璃窗，宽 1.1m，高 1.2m，厚 $\delta=5mm$，室内、外空气温度分别为 $t_{w1}=25℃$、$t_{w2}=-10℃$，玻璃的热导率为 $0.85W/(m \cdot K)$，试求通过玻璃的散热损失。

解　已知：玻璃窗玻璃的厚度、面积、热导率和两侧表面的温度。

求：通过该玻璃的总散热损失。

假设：①玻璃导热为一维稳态导热问题；②物性参数为常数。

分析与计算：在上述假设条件下，可以利用一维单层平壁稳态导热的计算公式（1-2）来求解通过平板玻璃的热流密度，即

$$q=\frac{\lambda}{\delta}(t_{w1}-t_{w2})=\frac{0.85W/(m \cdot K)}{0.005m}\times[25-(-10)]℃=5950W/m^2$$

于是，通过整块玻璃的散热功率为

$\Phi=qA=5950W/m^2\times1.1m\times1.2m=7854W$

讨论：在 35℃的温差下，通过面积为 $1.32m^2$ 的玻璃窗的散热功率达到 7.854kW。这意味着，要想保持室内温度，就必须补充同等数量的热流量。当然除了玻璃窗外墙体也要散热，但是墙体比玻璃厚得多且热导率更低，因此散热的热流密度将大大下降。实际上，室内、外的热量传递过程除了导热还有对流和辐射两种方式共同参与，玻璃窗表面的温度应视为各种换热方式联合作用的总效果。

1.2.2　热对流

热对流是指存在温差时，流体宏观流动引起的冷、热流体相互掺混所导致的热量迁移。显然热对流是指流体内部相互间的热量传递方式。工程上感兴趣的大部分问题发生在具有不同温度的流体与固体表面之间的热量传递过程，称为对流传热（convective heat transfer）。流体宏观流动时，流体中的分子也在进行着不规则的热运动，因而热对流必然伴随有热传导

现象，也就是说对流传热是热传导和热对流两种传热机理共同作用的结果。只要流体内部存在温度差，即流体内部温度分布不均匀，导热方式就以傅里叶定律规定的数量关系起作用。

对流传热机理与紧靠壁面的薄膜层的热传递有关，还与具体的换热过程密切相关。根据引起流动的原因不同，将对流传热区分为自然对流与强制对流两大类。自然对流是由流体受热（或受冷）产生密度变化而引起的流动，如电力变压器中油的流动。强制对流是指流体的运动是由水泵、风机等外界强迫驱动力所造成的，例如冷油器、冷凝器等管内冷却水的流动都由水泵驱动。

无论气体或液体，若不发生相态变化就属于单相流体的对流换热。如果流体在被加热或被冷却的过程中出现了相态变化，即由液态转变成气态，或由气态转变为液态，那么流体与固体壁面间交换的热量就包括潜热，它们分别是沸腾和凝结。沸腾传热和凝结传热在工程上经常遇到，例如燃煤发电和核电、空调制冷等等。

对流传热的基本计算式是牛顿冷却公式（Newton's law of cooling）：

$$q=h\Delta t \tag{1-3a}$$

$$\Phi=hA\Delta t \tag{1-3b}$$

为使用方面，规定温差 Δt 永远取正值，以保证热流密度也总是正值。当壁面温度高于流体温度时，$\Delta t=t_w-t_f$；当壁面温度低于流体温度时，$\Delta t=t_f-t_w$。式中，t_w、t_f分别为壁面温度和流体温度，℃；h 为表面传热系数，$W/(m^2 \cdot K)$。牛顿冷却公式表明对流换热时单位面积的换热量正比于壁面和流体之间的温度差。

表 1-1　对流传热过程表面传热系数数值的一般范围

介质		$h/[W/(m^2 \cdot K)]$
水	自然对流	200～1000
	强制对流	1000～1500
	沸腾	2500～35000
	蒸汽凝结	5000～25000
高压水蒸气	强制对流	500～35000
气体	自然对流	1～10
	强制对流	20～100

可以看出，牛顿冷却公式（1-3a）并没有给出流体温度场与热流密度间的内在关系，而仅仅给出了表面传热系数的定义。实际上表面传热系数的大小与对流传热过程中的许多因素有关。它不仅取决于流体的流动状态、流动的起因、流体的物性以及换热表面的形状、大小与空间布置，而且还与流速有密切关系。因此，研究对流传热的基本目的可以归结为利用理论分析或实验方法给出不同情况下表面传热系数 h 的具体计算关系式。将得出的 h 值代入牛顿冷却公式就可以求出热流量。表 1-1 给出了几种对流传热过程表面传热系数数值的一般范围。在传热学的学习过程中，掌握经典条件下表面传热系数的数量级是很有必要的。

1.2.3 热辐射

热辐射是物体由于具有温度而辐射电磁波的现象。一切温度高于绝对零度的物体都能产生热辐射，温度越高，辐射出的总能量就越大，短波成分也越多。热辐射的光谱是连续谱，波长覆盖范围理论上可从 0～∞，一般的热辐射主要靠波长较长的可见光和红外线传播。由于电磁波的传播无需任何介质，所以热辐射是在真空中唯一的传热方式。

物体在向外发射辐射能的同时，也会不断地吸收周围其他物体发射的辐射能，并将其重新转变为热能，这种物体间相互发射辐射能和吸收辐射能的传热过程称为辐射传热。若辐射传热是在两个温度不同的物体之间进行，则传热的结果是高温物体将热量传给了低温物体，若两个物体温度相同，则物体间的辐射传热量等于零，但物体间辐射和吸收过程仍在进行，处于热的动平衡状态。

理论推导与实验均表明，物体发生热辐射的能力与它的热力学温度以及表面性质有关。有一种称为绝对黑体，或简称黑体（black body）的理想化模型在研究辐射换热问题时具有重大意义。黑体是指能吸收投入到其表面上的所有热辐射能量的物体。黑体的吸收本领和辐射本领在同温度的物体中是最大的。黑体在单位时间内发出的热辐射热量由斯蒂芬-玻尔兹曼（Stefan-Boltzmann）定律给出：

$$\Phi = A\sigma T^4 \tag{1-4}$$

式中，T 为黑体热力学温度，K；$\sigma = 5.67\times10^{-8}\,\mathrm{W/(m^2\cdot K^4)}$ 为黑体辐射常数；A 为辐射表面积，m^2。

所有实际物体的辐射能力都低于相同温度的黑体，一般用发射率（也称黑度）ε 来修正斯蒂芬-玻尔兹曼定律表达式：

$$\Phi = \varepsilon A\sigma T^4 \tag{1-5}$$

发射率 ε 是物体发射的辐射功率与同温度下黑体发射的辐射功率之比，其值总小于 1，与物体的种类及表面状态有关。发射率有法向发射率和半球发射率的区分，但在工程应用情况下，一般可用法向发射率近似代替半球发射率。表 1-2 给出了几种常用材料表面的法向发射率 ε。

表 1-2　常用材料表面的法向发射率 ε

材料名称及表面状态	ε	材料名称及表面状态	ε
金：高度抛光的纯金	0.02	钢：抛光的钢	0.07
铜：高度抛光的电解铜	0.02	轧制的钢板	0.65
轻微抛光的铜	0.12	严重氧化的钢板	0.80
氧化变黑的铜	0.76	各种油漆	0.90～0.96
铝：高度抛光的纯铝	0.04	平板玻璃	0.94
工业用铝板	0.09	硬质橡胶	0.94
严重氧化的铝	0.20～0.31	碳：灯黑	0.95～0.97

除了发射辐射能以外，物体表面还会吸收外来的辐射。而式（1-4）与式（1-5）都是计算物体自身向外辐射的热流量。因此要计算辐射传热量就必须同时考虑投射到物体上的辐射热量的吸收过程。工程上要研究的多是两个或两个以上的物体间的辐射热交换，其中最常见的一种情形是某个物体表面与包围它的大环境间的辐射换热。如果一个表面积为 A_1、表面温度为 T_1、发射率为 ε 的物体被包容在一个很大的表面温度为 T_2 的空腔内，则此时该物体与空腔表面间的辐射换热量为

$$\Phi = \varepsilon A_1\sigma(T_1^4 - T_2^4) \tag{1-6}$$

以上分别讨论了三种热量传递的基本方式，即热传导、热对流和热辐射。实际上，热传导、热对流和热辐射这三种传热方式是经常同时发生的，只是在特定的条件下，以某种方式为主。例如，内燃机气缸壁水冷系统、太阳能热管式真空管集热器热量传递过程中各个环节的换热方式如下：

气缸 高温燃气 —对流传热及辐射传热→ 气缸内壁 —导热→ 气缸外壁 —导热→ 冷却水套 —对流传热→ 水

真空管集热器 太阳能 —辐射→ 金属吸热板 —导热→ 热管 —对流传热→ 工质

【例 1-2】 一炉墙厚 $\delta=0.25\mathrm{m}$，平均热导率 $\lambda=0.7\mathrm{W/(m\cdot K)}$，墙外壁壁温为 $t_{w2}=50℃$，墙外辐射环境温度为 $t_f=20℃$。墙外壁的发射率 $\varepsilon=0.75$，对流换热的表面传热系数 $h=12\mathrm{W/(m^2\cdot K)}$。求单位面积炉墙的总散热量。

解 已知：炉墙外壁温度、物性以及外部换热环境的有关数据。

求：单位面积炉墙总散热量。

假设：①沿炉墙上各给定参数都保持不变；②稳态过程；③墙外辐射换热环境温度与周围空气温度相同。

分析与计算：稳态条件下，通过炉墙外壁的热量必将以自然对流和辐射传热两种方式散出。自然对流传热量可按式（1-3）计算，炉墙外壁与周围环境的辐射传热可按式（1-6）计算。

把炉墙单位面积上的散热量记为 q，根据式（1-5），单位面积上的自然对流散热量 q_c 和辐射散热量 q_r 分别为

$$q_c=h(t_{w2}-t_f)=12\mathrm{W/(m^2\cdot K)}\times(323-293)\mathrm{K}=360.0\mathrm{W/m^2}$$

$$q_r=\varepsilon\sigma(T_{w2}^4-T_f^4)=0.75\times5.67\times10^{-8}\mathrm{W/(m^2\cdot K^4)}\times(323^4-293^4)\mathrm{K^4}=149.5\mathrm{W/m^2}$$

于是单位面积炉墙的总散热量为

$$q=q_c+q_r=360.0\mathrm{W/m^2}+149.5\mathrm{W/m^2}=509.5\mathrm{W/m^2}$$

讨论：在本问题给定的参数下，自然对流散热量占总量的 70.66%，辐射散热量占总量的 29.34%。这个比例是随着表面发射率、表面传热系数以及炉墙外壁温度与周围换热环境温度的差别大小变化的。温度越高、温差越大，辐射部分的比例将越大。计算结果表明，对于表面温度为几十摄氏度的一类表面散热问题，自然对流散热量与辐射散热量具有相同的数量级，必须同时予以考虑。此外，需要注意的是一旦对流项与辐射项同时出现在一个方程式中，必须把温度统一写成热力学温度的形式，否则容易犯错。

【例 1-3】 一航天器在太空中飞行，其外表面平均温度为 250K，表面发射率为 0.4，试计算航天器单位面积上的换热量（宇宙空间可近似看成为 0K 的真空空间）。

解 已知：航天器外表面温度、发射率及外部换热环境的有关数据。

求：航天器单位面积换热量。

假设：航天器表面温度均匀；表面发射率均匀。

分析与计算：宇宙空间可近似为 0K 的真空空间，其辐射能为 $0\mathrm{W/m^2}$。故航天器单位表面上的换热量就是其自身单位面积的辐射能，即

$$q=\varepsilon\sigma T^4=0.4\times5.67\times10^{-8}\mathrm{W/(m^2\cdot K^4)}\times250^4\mathrm{K^4}=88.6\mathrm{W/m^2}$$

讨论：为减少航天器的能源消耗，其表面应采用发射率较低的材料。

1.2.4 传热过程

在实际的传热问题中，进行热量交换的冷、热流体常分别处于固体壁面的两侧，即热量交换要通过固体壁面进行，例如锅炉省煤器及冰箱冷凝器中的热量交换过程。这种热量由壁面一侧的流体通过壁面传到另一侧流体中去的过程称为传热过程（overall heat transfer process）。需要指出的是这里的传热过程有明确的含义，与一般论述中把热量传递过程统称为传热过程不同。

下面以冷、热流体通过一块大平壁交换热量的稳态传热过程为例，导出传热过程的计算

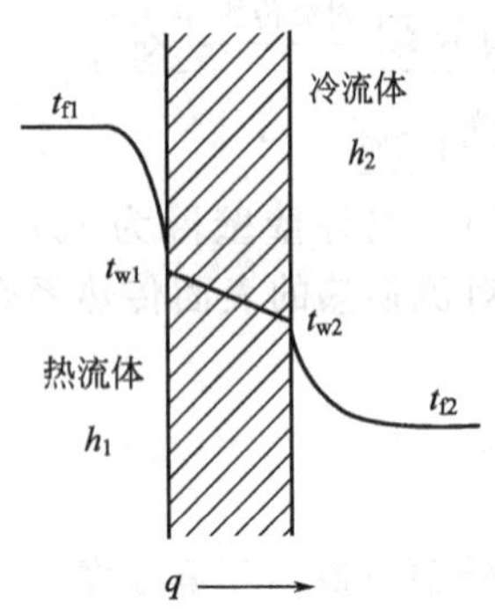

图 1-2 流体通过间壁的传热

公式。冷、热流体间通过间壁传热一般包括三个串联环节（见图1-2）：①热量靠对流传热从热流体传递到壁面高温侧；②热量自壁面高温侧靠热传导传递至壁面低温侧；③热量靠对流传热自壁面低温侧传给冷流体。由于是稳态过程，通过串联着的各个环节的热流量必定是相等的。设平壁表面积为 A，可以分别写出上述三个环节的热流量表达式：

$$\Phi = Ah_1(t_{f1} - t_{w1}) \tag{a}$$

$$\Phi = \frac{A\lambda}{\delta}(t_{w1} - t_{w2}) \tag{b}$$

$$\Phi = Ah_2(t_{w2} - t_{f2}) \tag{c}$$

将式（a）、式（b）、式（c）写成温差的形式：

$$t_{f1} - t_{w1} = \frac{\Phi}{Ah_1} \tag{d}$$

$$t_{w1} - t_{w2} = \frac{\Phi}{A\lambda/\delta} \tag{e}$$

$$t_{w2} - t_{f2} = \frac{\Phi}{Ah_2} \tag{f}$$

将式（d）、式（e）、式（f）相加可得

$$\Phi = \frac{A(t_{f1} - t_{f2})}{\frac{1}{h_1} + \frac{\delta}{\lambda} + \frac{1}{h_2}} \tag{1-7}$$

也可写成

$$\Phi = Ak(t_{f1} - t_{f2}) \tag{1-8}$$

式中，k 为传热系数（overall heat transfer coefficient），$W/(m^2 \cdot K)$。数值上，它等于稳定传热条件下，冷、热流体间温差 $\Delta t = 1K$、传热面积 $A = 1m^2$ 时的热流量的值，反映了传热过程的强烈程度。传热过程越强烈，传热系数越大，反之越小。传热系数的大小不仅取决于参与传热过程的冷、热流体的种类，而且还与传热过程本身有关（如流速、相变等）。如果需要计及流体与壁面间的辐射传热，则式（1-7）中的传热系数 h_1、h_2 可取为复合换热表面传热系数，它包括由辐射传热折算出来的表面传热系数在内。首先定义辐射传热系数 h_r，即将根据辐射换热公式计算得到的辐射传热量写成牛顿冷却公式的形式，即

$$\Phi_r = h_r A \Delta t \tag{1-9a}$$

于是同时存在辐射和对流的复合传热的总换热量可以表示成：

$$\Phi = \Phi_c + \Phi_r = h_c A \Delta t + h_r A \Delta t = A(h_c + h_r)\Delta t = Ah_t \Delta t \tag{1-9b}$$

式中，下角标 c 表示对流传热；h_t 为包含对流传热与辐射传热在内的总表面传热系数，也称复合传热表面传热系数。在室外建筑物的围护结构、工业炉的炉墙和暖气片等的散热量计算，以及各种气体介质的自然对流或强制对流换热计算中，复合传热表面传热系数都是一个十分重要并经常用到的概念。表 1-3 列出了通常情况下传热系数的大致数值范围。

表 1-3 传热系数的大致数值范围

过程	$h/[W/(m^2 \cdot K)]$	过程	$h/[W/(m^2 \cdot K)]$
从气体到气体(常压)	10～30	从气体到高压水蒸气或水	10～100

续表

过程	$h/[W/(m^2 \cdot K)]$	过程	$h/[W/(m^2 \cdot K)]$
从油到水	100～600	从凝结有机物蒸气到水	500～1000
从水到水	1000～2500	从凝结水蒸气到水	2000～6000

式（1-8）称为传热方程式，是换热器热工计算的基本公式。由于传热过程中包含两个对流传热的环节，在本书中凡容易引起混淆的，把方程式（1-8）中的 k 称为总传热系数，以区别于其他两个组成环节的表面传热系数。由于实际换热器横纵壁温的测量有时是几乎不可能的，而流体温度 t_{f1}、t_{f2} 容易测定，因而用对数平均温差表示的传热方程式是换热器热工计算的基本公式。

1.2.5 传热热阻

由式（1-7）、式（1-8）可得到传热系数 k 的表达式，即

$$k=\frac{1}{\dfrac{1}{h_1}+\dfrac{\delta}{\lambda}+\dfrac{1}{h_2}} \tag{1-10}$$

式（1-10）表明传热系数等于组成传热过程各串联环节的 $1/h_1$、δ/λ 及 $1/h_2$之和的倒数。如果继续对式（1-10）取倒数，即

$$\frac{1}{k}=\frac{1}{h_1}+\frac{\delta}{\lambda}+\frac{1}{h_2} \tag{1-11}$$

或者

$$\frac{1}{Ak}=\frac{1}{Ah_1}+\frac{\delta}{A\lambda}+\frac{1}{Ah_2} \tag{1-12}$$

将式（1-8）写成 $\Phi=\dfrac{\Delta t}{1/(Ak)}$的形式并与电学中的欧姆定律 $I=\dfrac{\Delta U}{R}$相对比，可以看出 $1/(Ak)$ 具有类似于电阻的作用。把 $1/(Ak)$ 称为传热过程热阻（overall thermal resistance）。同样，$1/(Ah_1)$、$1/(A\lambda)$ 及 $1/(Ah_2)$ 就是构成各个串联环节的热阻。在电路中，电势差 ΔU 是电流的驱动力，同样在热路中，温差（也称温压）Δt 是热流的驱动力。

电学中电阻的串并联理论同样适用于热学之中。图 1-3 为传热过程热阻分析图。串联热阻叠加原则与电学串联电阻叠加原则相对应，即在一个串联的热量传递过程中，如果通过各个环节的热流量相同，则各串联环节的总热阻等于各串联环节热阻之和。应用热阻的概念，在确认构成传热过程的各环节后，可以写出式（1-11）、式（1-12），而不需要进行前面的推导。

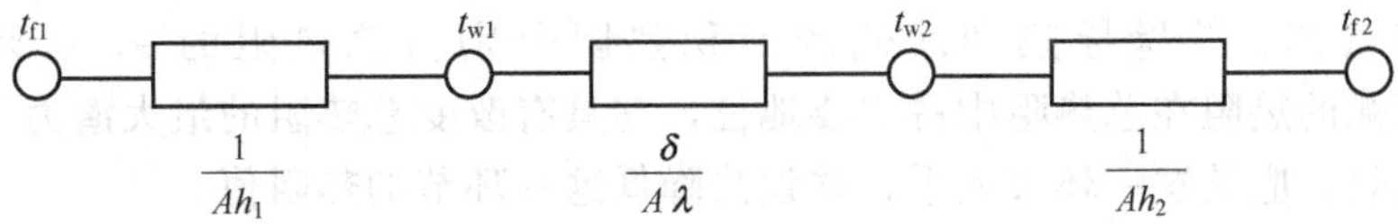

图 1-3　传热过程热阻分析图

式（1-12）虽然是由通过平壁的传热过程导出的（其特点是各个环节的热量传递面积都相等），但对于各个环节的热量传递面积不相等的情形，如通过圆筒壁的传热过程，式（1-

12）的形式也成立，只要把各环节的热量传递面积代入相应的项中即可。式（1-11）仅适用于通过平壁的传热过程，可以看成是单位面积热阻的关系式。δ/λ 及 $1/h$ 称为面积热阻，其单位为 $m^2\cdot K/W$。热阻是反映阻止热量传递能力的综合参量。在传热学的工程应用中，为了满足生产工艺的要求，有时通过减小热阻以加强传热；而有时则通过增大热阻以抑制热量的传递。

对于一个工程传热问题，首先应能正确区分某一传热过程由几个串联的环节组成，而每一个环节中又有哪几种并联的传热方式。然后根据热阻分析原理，分析工程及实际问题。例如，为了强化室内暖气片的散热，在由管内热水到室内空气和环境的传热过程中，显然管内热水对流传热的换热能力远大于暖气片外壁与室内空气对流换热和环境的辐射换热，因而热阻主要集中在空气侧，要增加散热量，应对空气侧下工夫，这就是通常所遇到的空气侧加肋片（翅片）的情形。

【例 1-4】 有一台气体冷却器，气侧表面传热系数 $h_1=95\text{W}/(\text{m}^2\cdot\text{K})$，壁面厚度 $\delta=2.5\text{mm}$，$\lambda=46.5\text{W}/(\text{m}\cdot\text{K})$，水侧表面传热系数 $h_2=5800\text{W}/(\text{m}^2\cdot\text{K})$。设传热壁可以看作平壁，试计算各个环节单位面积的热阻及从气到水的总传热系数。欲增强传热应从哪个环节入手？

解 已知：冷却器空气侧和水侧的表面传热系数、壁厚以及壁的热导率，壁可看作是平壁。

求：各个环节的热阻及从气到水的总传热系数。

假设：①稳态过程；②物性参数为常数。

分析与计算：传热过程共分为三个环节，即气体到外壁的对流传热、外壁到内壁的导热以及内壁到水的对流传热，则三个环节单位面积热阻的计算分别如下。

空气侧换热面积热阻：$\dfrac{1}{h_1}=\dfrac{1}{95\text{W}/(\text{m}^2\cdot\text{K})}=1.05\times10^{-2}\,\text{m}^2\cdot\text{K/W}$

管壁导热面积热阻：$\dfrac{\delta}{\lambda}=\dfrac{2.5\times10^{-3}\,\text{m}}{46.5\text{W}/(\text{m}\cdot\text{K})}=5.38\times10^{-5}\,\text{m}^2\cdot\text{K/W}$

水侧换热面积热阻：$\dfrac{1}{h_2}=\dfrac{1}{5800\text{W}/(\text{m}^2\cdot\text{K})}=1.72\times10^{-4}\,\text{m}^2\cdot\text{K/W}$

于是气体冷却器的总传热系数为

$$k=\frac{1}{\dfrac{1}{h_1}+\dfrac{\delta}{\lambda}+\dfrac{1}{h_2}}$$

$$=\frac{1}{1.05\times10^{-2}\,\text{m}^2\cdot\text{K/W}+5.38\times10^{-5}\,\text{m}^2\cdot\text{K/W}+1.72\times10^{-4}\,\text{m}^2\cdot\text{K/W}}$$

$$=93.23\text{W}/(\text{m}^2\cdot\text{K})$$

讨论：空气侧、管壁导热和水侧的面积热阻分别占总热阻的 97.89%、0.51% 和 1.60%。空气侧的热阻在总热阻中占主要地位，它具有改变总热阻的最大潜力。因此，要增强冷却器的传热，应从这一环节入手，并设法降低这一环节的热阻值。

1.3 传热学的研究方法和学习方法

1.3.1 研究传热问题的一般方法

传热学作为一门学科，有其自身独特的研究方法。传热问题类型多，涉及的领域特别广，因此只有掌握正确的研究和学习方法，才能更好地研究热量传递规律以及解决相关问题。常用的研究方法主要有理论分析、实验测定以及数值计算等方法。

(1) 理论分析

把所研究问题的基本物理特征和具体规律用一个理想化的数学模型表述出来，并选择适当的数学方法进行求解。例如流体力学中流体的速度、压力等参数是由纳维-斯托克斯方程以及连续性方程等一组偏微分方程所规定的。在传热学中，物体中各点温度由一个称为能量方程的偏微分方程所制约。应用数学分析的理论，求解在给定条件下的这些偏微分方程，从而得出能确定物体中各点速度、温度等的函数，称为解析解或精确解，这是传热学理论研究的主要任务。由于实际问题的复杂性，目前只能对比较简单问题得出分析解。

(2) 实验测定

由于传热现象的复杂性，有相当多的工程问题尚无法用理论解析法求解，所以实验是解决众多工程传热问题最基本的研究方法。所有热传递过程基本规律的揭示首先要通过实验测定来完成，在传热学中引入的诸如热导率这一类的热物性参数要靠实验测定来获得。迄今为止，对流传热表面传热系数的工程计算公式都是通过实验测定得到的。在传热学发展进程中，为了能有效地进行对流传热的实验研究，形成并发展起来了相似理论。实验方法在传热设备性能的标定、过程控制、实验仪器的开发以及新现象的研究中起着非常重要的作用。读者在学习传热学时应该注重传热学的实验技能的培养，掌握温度与热量的测量方法并具备初步的实验研究技能，同时参阅文献［17,18］完成对实验能力和开创性实验设计的培养。

(3) 数值计算

数值计算的基本思想是把原来在空间与时间坐标中连续的物理量的场（如速度场、温度场、浓度场等），用一系列有限个离散点上的值的集合来代替，通过一定的原则建立起这些离散点变量值之间关系的代数方程（称为离散方程）。求解所建立起来的代数方程以获得求解变量的近似值。数值计算常用的方法有有限差分法、有限容积法、有限元法、有限分析法等。

数值传热学，主要由20世纪中叶 S. V. Patankar 和 D. B. Spalding 等人在总结前人的研究基础上所提出。E. M. Sparrow 对数值传热学的发展也起到了一定的促进作用。国内比较知名的学者是陶文铨教授。在最近20年中，对传热与流动过程进行数值模拟的商业软件迅速发展，有 PHOENICS、FLUENT、STAR-CD、CFX 等这样一类通用的流动与传热问题的计算软件，也有不少 FLOWTHERN（适用于电子器件冷却）、FIRE（适用于内燃机燃烧）等这样适用于某一工程领域的专用软件。本书将通过导热问题的求解向读者介绍传热问题数值计算的基本思想，但不讨论对流传热问题的数值模拟方法，读者可以参阅文献［19,20］进行学习。

1.3.2 学习传热学的一般方法

学习传热学时要注意以下几点。

(1) 熟练掌握基本概念

传热学在对各类热传递现象的物理过程进行研究中，将会引入一系列基本概念。掌握基本概念是学好传热学的基础，因此读者必须深刻理解这些基本概念。

(2) 学习建模方法

学习对复杂的实际传热问题进行必要的简化，建立相应的物理模型与数学描述式的方法。虽然理论分析解法应用范围有限，但是物理模型的建立及其数学描述式的确定仍然是十分重要的事情。如果说理论分析法的寻找主要是数学家的任务，那么物理模型的建立则是工程技术工作者的责任。

(3) 记住一些最基本的数据、公式以及相关的实验关联式

在今后的学习过程中会不断遇到一些数据与公式，要完全记住这些数据与公式是不可能的，但一些最基本的数据与公式还是需要认真记住的，这对实际问题的定性分析很有帮助。

(4) 进行必要的计算

要进行必要的数字例题计算并注意数字答案的正确性。传热学中有很多经验公式、实验关联式，这也是目前解决实际工程计算问题的主要依据。对于这些公式，要弄清楚它们的应用条件并进行必要的计算练习（包括如何使用物性数据表等）。

由于实际传热问题都比较复杂，很多初学者对于如何解决处理实际的传热问题都感到比较棘手。这就需要养成良好的思维习惯和学会选择解题的正确模式。下面给出一般传热问题的分析求解模式，即解题的思路和步骤。

① 正确判断问题所属的种类和性质。仔细审题，判明属于导热、对流、辐射还是复合问题，稳态还是非稳态，简明扼要地列出已知条件和所求项目。

② 给出合理的假设条件。常用的假设包括几何方面的条件（如物体的维数，对称性，是否可以近似看作无限大、无限长等）、物理条件（物性是否恒定、内热源是否均匀等）以及边界条件（如边界上是否等温、是否可近似当作绝热边界等）等几个方面。合理的假设应该做到既不歪曲问题的本质，又能给求解带来实质性的简化。

③ 画出尽可能详细、准确的示意图，表明研究对象的主要几何参数、控制容积、边界状况、对称性。这个步骤往往不被看重，但无数经验证明它很重要，对解题帮助很大。

④ 分析并建立合理简化的数学模型，确定应该采用何种守恒体系、何种具体的热量传递规律和热流速率方程。

⑤ 数学推导和求解。需要选择适合的计算方法，包括利用计算机编程。

⑥ 分析和讨论。分析和讨论从所得结果可以得出什么直接结论；题目有无其他解法；简化假设是否合理；如果基本假设发生变化，或者已知参数改变，将发生什么结果；题目是否存在自有参数以及如何得到它。在获得题目的基本结果以后进行诸如此类的分析和讨论对加深理解基本概念、开阔思路以及增强工程设计的观念、优化设计的观念都是十分重要的。

(5) 善于进行阶段小结

随着课程学习的深入，所碰到的热传递现象的种类及计算公式会越来越多，如不注意及时总结、分析归纳对比，往往会使人产生一种内容杂乱的感觉。与工程热力学内容相比，传热学内容的头绪要多一些，这是由实际传热现象的多样性及课程本身的性质所决定的。但是，就传热学本身而言，在众多的热传递现象及计算公式中还是可以作适当的归类与整理的。建议读者在学完每一种热传递方式或每一章内容后要及时进行总结分析，归纳出这一部分的基本概念、问题的类型、基本的计算公式、使用条件、分析解决问题的方法技巧等。

本章小结

本章的目的在于，使读者对传热学研究的主要内容有一总体了解，为以后各章深入学习做好准备。具体来说，通过本章的学习应当掌握以下内容。

1. 热量传递的三种基本方式——热传导、热对流、热辐射的物理概念，以及相应的三个基本公式，即导热的傅里叶定律、对流传热的牛顿冷却公式以及热辐射的斯蒂芬-玻尔兹曼定律。

2. 传热过程的概念及传热过程的基本方程式。

3. 热阻的概念及热传导、对流传热、传热过程中热阻的计算式。

此外，还需能将工程热力学的能量守恒定律应用到各种传热问题的分析之中；了解传热学的研究方法和实际传热问题的一般分析方法。在介绍热传导、热对流、热辐射及传热过程中，分别引进了一些参数，其中热导率和表面发射率是物体的热物性参数，而表面传热系数以及总传热系数则与过程有关，同时要注意它们单位的区别。以下问题请读者认真思考。

4. 传热学的研究内容是什么？

5. 试用简练的语言说明导热、对流及辐射换热三种传递方式之间的联系与区别。

6. 用铝制的水壶烧开水时，尽管炉火很旺，但是水壶安然无恙。壶内的水烧干后，水壶很快就被烧坏。试从传热学的观点分析这一现象。

7. 什么是串联热阻叠加原则？它在什么前提下成立？以固体中的导热为例，试讨论有哪些情况可能使热量传递方向上不同截面的热流量不相等。

习　题

1-1　机车中，机油冷却器的外表面面积为 0.12m^2，表面温度为65℃。行驶时，温度为32℃的空气流过机油冷却器的外表面，表面传热系数为 $45\text{W}/(\text{m}^2\cdot\text{K})$。试计算机油冷却器的散热量。

1-2　热电偶常用来测量气流温度。图1-4所示为用热电偶测量管道中高温气流的温度 T_f，管壁温度 $T_w<T_f$。试分析热电偶接点的换热方式。

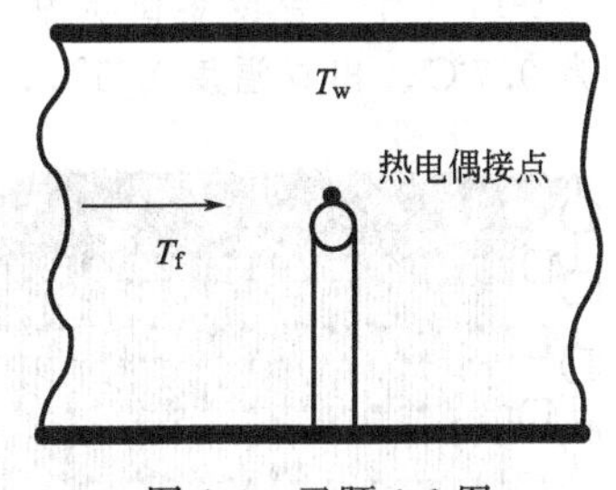

图1-4　习题1-2图

1-3　木板墙厚5cm，内、外表面的温度分别为45℃和15℃，通过此木板墙的热流密度是 $65\text{W}/\text{m}^2$，求该木板在此厚度方向上的热导率。

1-4　一砖墙的表面积为 12m^2，厚260mm，平均热导率为 $1.5\text{W}/(\text{m}\cdot\text{K})$，设面向室内的表面温度为25℃，外表面温度为−5℃，试确定此砖墙向外界散失的热量。

1-5　用直径为0.18m、厚 δ_1 的水壶烧开水，热流量为1000W，与水接触的壶底温度为107.6℃。因长期使用，壶底结了一层厚 $\delta_2=3\text{mm}$ 的水垢，水垢的热导率为 $1\text{W}/(\text{m}\cdot\text{K})$。此时，与水接触的水垢表面温度仍为107.6℃，壶底热流量也不变，问水垢与壶底接触面的温度提高了多少？

1-6　一根长15m的蒸汽管道水平通过车间，其保温层外径为580mm，外表面温度为48℃，车间内的空气温度为30℃，保温层外表面与空气的对流传热系数为 $3.5\text{W}/(\text{m}^2\cdot\text{K})$。求蒸汽管道在车间内的对流散热量。

1-7　外径为0.3m的圆管，长6m，外表面平均温度为90℃。200℃的空气在管外横向流过，表面传热系数为 $85\text{W}/(\text{m}^2\cdot\text{K})$。入口温度为15℃的水在管内流动，流量为400kg/h。如果处于稳态，试求水的出口温度。[水的比热容 $c_p=4.18\text{kJ}/(\text{kg}\cdot\text{K})$]

1-8　一长、宽均为10mm的等温集成电路芯片安装在一块底板上，温度为20℃的空气在风扇作用下冷却芯片。芯片的最高允许温度为85℃，芯片与冷却气流间的平均表面传热系数为 175W/(m^2·K)。试确定在不考虑辐射时芯片的最大允许功率。芯片顶面高出底板的高度为 1mm。

1-9 半径为 0.5m 的球状航天器在太空中飞行，其表面发射率为 0.8，航天器内电子元件的散热量总计为 175W。假设航天器没有从宇宙接受到任何辐射能，试估算其外表面的平均温度。

1-10 试估算冬季人体在内墙表面温度等于 12℃的室内的辐射散热量。设衣物外表面的温度等于 27℃，表面发射率为 0.8；人体可以简化成直径为 0.3m、高 1.75m 的圆柱体。如果室内空气温度为 22℃，此时辐射换热的表面传热系数等于多少？如果自然对流的表面传热系数是 5.03W/(m^2·K)，那么人体的总散热量等于多大？

1-11 对一台氟利昂冷凝器的传热过程作初步测算得到以下数据：管内水的对流传热表面传热系数 $h_1=8700$W/(m^2·K)，管外氟利昂蒸气凝结换热表面传热系数 $h_2=1800$W/(m^2·K)，换热管子壁厚 $\delta=1.5$mm。管子材料是热导率 $\lambda=383$W/(m·K) 的铜。试计算三个环节的热阻及冷凝器的总传热系数。欲增强传热应从哪个环节入手？

1-12 有一台气体冷却器，气侧表面传热系数 $h_1=95$W/(m^2·K)，壁面厚度 $\delta=2.5$mm，$\lambda=46.5$W/(m·K)，水侧表面传热系数 $h_2=5800$W/(m^2·K)。如果气侧结了一层厚 2mm 的灰，其 $\lambda=0.116$W/(m·K)，水侧结了一层厚 1mm 的水垢，其 $\lambda=1.15$W/(m·K)。设传热壁可以看作平壁，试计算此时的总传热系数。

1-13 一块 10mm×10mm 的集成电路芯片，厚 2.5mm，工作时的电耗为 20W，芯片材料的热导率等于 148W/(m·K)，上表面的发射率为 0.85，与周围介质的对流换热表面传热系数 $h=8.7$W/(m^2·K)。电路基板厚 1mm，材料的热导率是 0.7W/(m·K)。环境温度 $t_f=40$℃，试求芯片的平衡温度。

1-14 有一台传热面积为 12m^2的氨蒸发器。氨液的蒸发温度为 0℃，被冷却水的进口温度为 9.7℃、出口温度为 5℃，蒸发器中的传热量为 6900W，试计算总传热系数。

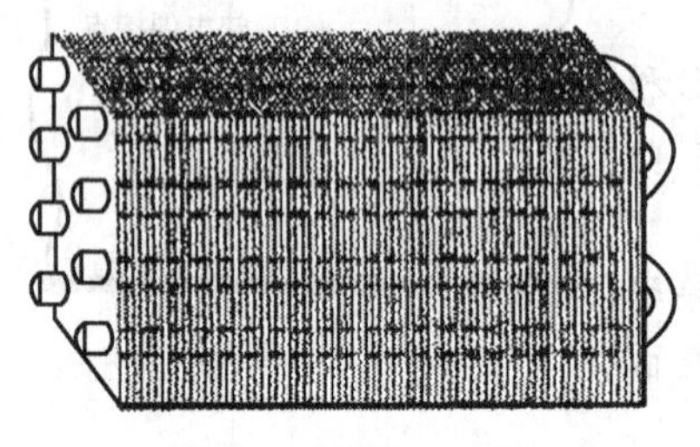

图 1-5 习题 1-15 图

1-15 一台 R22 空调器的冷凝器如图 1-5 所示，温度为 313K 的氟利昂 22 的饱和蒸气在管子内流动，温度为 283K 的空气进入冷凝器冷却氟利昂蒸气使其凝结。该冷凝器的迎风面积为 0.4m^2，迎面风速为 2m/s。氟利昂蒸气的流量为 0.011kg/s，从凝结氟利昂蒸气到空气的总传热系数为 40W/(m^2·K)，试确定该冷凝器所需的传热面积。提示：以空气进、出口温度的平均值作为计算传热温差的空气温度。所谓迎风面积是指空气进入冷凝器之前的流动面积。

参考文献

[1] 切盖尔，博尔斯．工程热力学：英文版［M］．第 6 版．何雅玲改编．北京：电子工业出版社，2009.

[2] 朱明善，刘颖，林兆庄等．工程热力学［M］．第 2 版．北京：清华大学出版社，2011.

[3] 陈熙．动理论及其在传热与流动研究中的应用［M］．北京：清华大学出版社，1996.

[4] 杨世铭，陶文铨．传热学［M］．第 4 版．北京：高等教育出版社，2006.

[5] Holman J P. Heat Transfer [M]. 10th ed. New York: McGraw-Hill Book Company, 2010.

[6] Jacob M. Heat transfer [M]. New York: John Wiley & Sons Inc, 1949.

[7] 喻九阳，徐建民，郑小涛，林纬．列管式换热器强化传热技术［M］．北京：化学工业出版社，2013.

[8] 过增元，黄素逸．场协同原理与强化传热新技术［M］．北京：中国电力出版社，2004.

[9] 林宗虎，汪军，李瑞阳，崔国民．强化传热技术［M］．北京：化学工业出版社，2007.
[10] 姜贵庆，刘连元．高速气流传热与烧蚀防护［M］．北京：国防工业出版社，2003.
[11] 贾力，方肇洪，钱兴华．高等传热学［M］．北京：高等教育出版社，2003.
[12] 弗罗斯特 W. 低温传热学［M］．陈淑平，陈玉生译．北京：科学出版社，1982.
[13] 蒋德明，陈长佑，杨嘉林，杨中极．高等车用内燃机原理［M］．西安：西安交通大学出版社，2006.
[14] 张衍国，李清海，冯俊凯．炉内传热原理与计算［M］．北京：清华大学出版社，2008.
[15] 张文钺．焊接传热学［M］．北京：机械工业出版社，1989.
[16] 国家教育委员会高等教育司．工科本科基础课程教学基本要求［M］．1995 年修订版．北京：高等教育出版社，1996.
[17] 曹玉璋，邱绪光．实验传热学［M］．北京：国防工业出版社，1998.
[18] 袁艳平，曹晓玲，孙亮亮．工程热力学与传热学实验原理与指导［M］．北京：中国建筑工业出版社，2013.
[19] 陶文铨．数值传热学［M］．第 2 版．西安：西安交通大学出版社，2001.
[20] 潘阳，许国良等．计算传热学理论及其在多孔介质中的应用［M］．北京：科学出版社，2011.

2 稳态热传导

本章首先对热传导的物理机理及傅里叶定律进行更详细的讲解，并以此建立了描述导热问题的微分方程组及相应的初始条件和边界条件。在此基础上，对于稳态导热问题，针对几种典型的一维导热问题进行了分析求解，获得温度场分布和热流量的计算式，并对一维具有内热源的导热问题和肋片导热问题进行分析。特别指出：确定温度分布和过程中传递的热流量的大小，对于工程上解决强化传热、削弱传热和温度控制三种类型传热问题都是必需的。

2.1 概述

2.1.1 热传导的物理机理

热能的本质是物体内部所有分子无规则运动的动能之和。热能宏观上表现为温度，反映了分子运动的强度。在提到热传导时，我们应该首先联系到分子运动的概念，因为维持热传导这种热量传递形式的正是原子和分子等微观粒子的运动。导热可以看成是物质中微观粒子之间的相互作用，温度较高、能量较大的质点向温度较低、能量较小的质点传输能量。

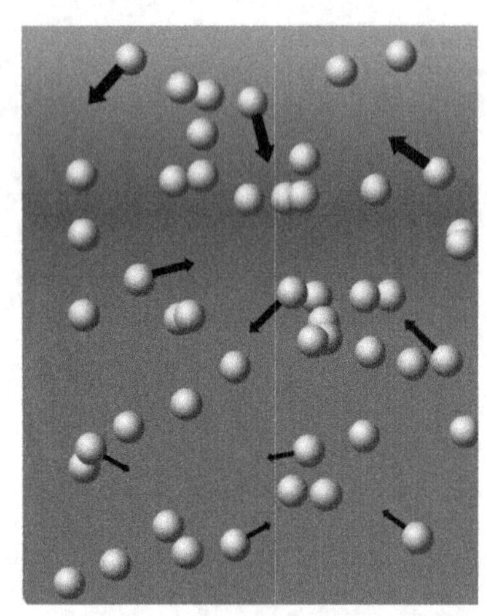

图 2-1　气体导热机理示意图

气体的导热，借助分子运动学说很容易理解。如图 2-1 所示，假定在一个空间当中的空气存在温度梯度，并且没有发生整体的运动，气体必定充满了整个空间，靠近温度较高表面的分子能量大，与相邻的分子碰撞时，就会产生能量较大的分子向能量较小分子的能量传输过程。分子运动包括分子的转动、移动和振动。

固体的热传导是依靠晶格振动形式的分子活动来进行的，见图 2-2。物理学上的解释是固体由原子和自由电子组成，原子被约束在规则排列的晶格之中，热传导是由原子运动诱发的晶格波造成的。在非导体中，能量的传递仅仅依靠晶格波来进行，而在导体中则同时依靠自由电子的平移运动，见图 2-3。

液体的性质介于气体和固体之间，它一方面与固体一样具有一定的体积，不易压缩，同时，液体又像气体一样没有固定的形状，具有流动性。液体的特殊性决定了，其导热机理一方面与气体导热类似，分子做着随机运动，只不过液体分子间距更小，分子的相互作用更

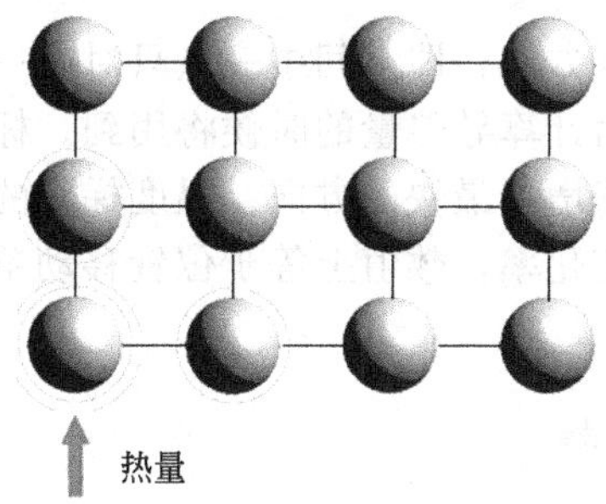

图 2-2 非金属固体导热机理示意图

图 2-3 金属固体导热机理示意图

强。另一方面液体的导热机理也类似于非导体，主要依靠晶格波的作用。

上述这种物体各部分之间不发生宏观的相对位移，仅依靠分子、原子和自由电子等微观粒子的热运动而产生的热能的传递称为热传导或者导热。导热微观机理的详细论述不属于本书的范围，有兴趣的读者可以参看其他专著。本书的着眼点是导热现象的宏观规律。

2.1.2 热传导的基本定律

2.1.2.1 温度场与温度梯度

场论是研究某些物理量在空间中的分布状态及其运动形式的数学理论，应用到传热学上，某一时刻物体中各点的温度分布称为温度场，一般来说，物体的温度场是空间与时间的函数，在直角坐标系下，温度场可表示为

$$t=f(x,\ y,\ z,\ \tau) \tag{2-1}$$

τ 为时间，根据温度是否随着时间发生变化，可以将温度场分为两类：一类是稳态温度场，此时物体中各点的温度不随时间而变，往往对应的是热机部件在稳态工作条件下的温度场；另一类是非稳态温度场，也称为瞬态温度场或非定常温度场，往往对应的是工作部件在启、停或者变工况时出现的温度场。

稳态温度场可表示为：$t=f(x,\ y,\ z)$。

从温度场的空间分布情况来说，温度场可以分为“一维”“二维”和“三维”温度场，分别对应物体的温度分布在一个、两个和三个坐标方向上发生变化。

三维温度场中同一瞬间、同温度各点连成的面称为等温面。在任何一个二维的截面上等温面表现为等温线，即温度相同的各点连成的曲线。一般情况下，温度场常用等温面图或等温线图的形式表示出来，如图 2-4 所示为二维温度场等温线。

因为每条等温线上的各点温度相同，一个点在某一瞬间只能有一个温度，因此，物体中的任何一条等温线不会与另一条等温线相交，它要么形成一条封闭的曲线，要么终止在物体表面上。等温线图的物理意义在于：若等温线图上的每条等温线间的温度间隔相等，则等温线的疏密可反映出不同区域导热热流密度的大小。若 Δt 相等，则等温线越疏，该区域热流

密度越小；反之，越大。

温度为标量，只有大小没有方向，即空间中一点只对应一个温度数值。对标量可以进行梯度运算，在此处给出，在后面计算导热量的时候将用到。标量的梯度为向量，某一点温度梯度的方向，是在这一点温度场增加最快的方向；温度梯度的大小是在该点温度场增加的速率，或者说沿梯度方向的温度变化率，数值上等于位置移动单位长度温度值的变化，如图 2-5 所示。

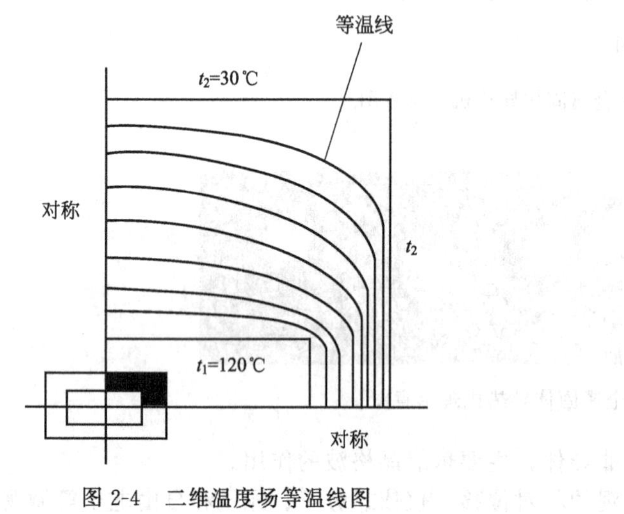

图 2-4 二维温度场等温线图

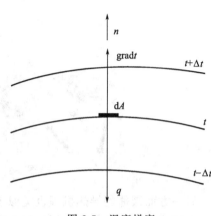

图 2-5 温度梯度

用数学表达式表示温度梯度即为

$$\mathrm{grad}t=\frac{\partial t}{\partial n}\vec{n} \tag{2-2}$$

式中，$\vec{n}$ 为温度场中某点等温线的法线方向的单位矢量；$\frac{\partial t}{\partial n}$为通过该点法线方向的温度变化率。

在直角坐标系中，温度梯度可以表示为三个方向的分量之和，即

$$\mathrm{grad}t=\frac{\partial t}{\partial x}i+\frac{\partial t}{\partial y}j+\frac{\partial t}{\partial z}k \tag{2-3}$$

式中，i、j 和 k 分别为三个坐标轴方向的单位向量；$\frac{\partial t}{\partial x}$、$\frac{\partial t}{\partial y}$和$\frac{\partial t}{\partial z}$分别为温度梯度在三个坐标轴上分量的大小。

2.1.2.2 傅里叶导热定律

对于传热过程的研究，我们感兴趣的是用适当的热量传输速率方程来进行定量计算，利用这些方程可以计算出来在单位时间传输了多少热量。

热传导热量传输速率方程就是傅里叶定律，是法国数学家傅里叶（J. B. Fourier）（见图 2-6）在对各向同性的连续介质物体导热实验的基础上，总结出来的导热的一般规律：导热的热流密度大小与该处的温度梯度成正比，其方向与温度梯度的方向相反，指向温度降低的方向。数学表达式为

$$q=-\lambda\,\mathrm{grad}t=-\lambda\,\frac{\partial t}{\partial n}\vec{\mathrm{n}} \tag{2-4}$$

式（2-4）即是导热基本定律傅里叶定律的数学表达式，它确定了热流密度与温度梯度

之间的正比关系，比例系数 λ 称为热导率（thermal conductivity）或导热系数。grad$t$ 是导热体内某点的温度梯度，$\frac{\partial t}{\partial n}$是通过该点等温面法线方向的温度变化率；$\vec{n}$ 是通过该点的等温线法线方向单位矢量，指向温度升高的方向。

图 2-6 J. B. Fourier（1768—1830 年，法国物理学家，因提出导热基本定律而著名）

式（2-4）同时表明，热流密度也是一个矢量，它与温度梯度同在等温面的法线上，但是方向与之相反，永远指向温度降低的方向。热流密度可以分解成多个不同方向的分量，在直角坐标系中，热流密度矢量的表达式为

$$\bar{q}=q_x i+q_y j+q_z k \tag{2-5}$$

应用傅里叶定律表达式（2-4），式（2-5）可以改写为

$$\bar{q}=-\lambda\left(\frac{\partial t}{\partial x}i+\frac{\partial t}{\partial y}j+\frac{\partial t}{\partial z}k\right) \tag{2-6}$$

因此热流密度矢量沿坐标轴 x、y 和 z 的分量大小分别为

$$q_x=-\lambda\frac{\partial t}{\partial x},\ q_y=-\lambda\frac{\partial t}{\partial y},\ q_z=-\lambda\frac{\partial t}{\partial z} \tag{2-7}$$

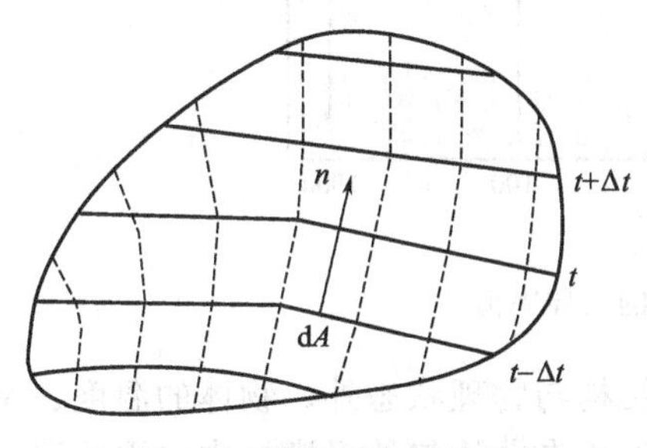

图 2-7 等温线与热流线

类似于流体力学中对流线的研究，在传热学的研究过程中经常用到热流线的概念，热流线是一组与等温线处处垂直的曲线，通过平面上任一点的热流线与该点的热流密度矢量相切，在一个二维的稳态导热问题中，等温线和热流线结合起来可以定量和形象地描述一个导热过程，如图 2-7 所示，实线为等温线，虚线为热流线，表示了微元面积 dA 附近的温度分布及垂直于该微元面积的热流密度矢量的关系。

在整个导热物体中，热流密度矢量的走向可用热流线表示。其特点是相邻两条热流线之间所传递的热流量处处相等，相当于构成一个热流的通道。这种图解的方法历史上曾作为分析二维稳态导热的近似方法被广泛应用，近年来随着数值模拟技术的发展，逐渐被数值计算方法所取代，但是对数值模拟结果的后处理中仍然经常被用到，具体可见本书第 3.6 节。

傅里叶定律是热传导的基础，同时也是定义材料的一个重要属性热导率的表达式，它适用于所有物质，不管它处于固态、液态还是气态。

2.1.3 热导率

应用傅里叶定律，首先要知道热导率，热导率表示基于扩散过程的能量传输的速率，是物质一个重要的热物性参数，表示该物质导热能力的大小。

根据傅里叶定律及式（2-7），在 x 方向的热导率的定义式为

$$\lambda=-\frac{q_x}{\frac{\partial t}{\partial x}} \tag{2-8}$$

由式（2-8）可知，热导率数值上等于在单位温度梯度作用下物体内所产生的热流密度的大小。对于各向同性的材料，热导率与导热的方向无关。如前部分中导热的物理机理所述，热导率取决于物质的物理结构，而这种结构与物质的状态密切相关，一般来说，固体的

热导率大于液体，而液体的又比气体的大；同样是固体，导电金属的热导率又大于非金属固体。如图 2-8 所示，固体的热导率可以比气体大 1000 倍以上，这种差异很大程度上也是由不同状态下分子间距的不同所导致的。不论是金属还是非金属，它的晶体均比它的无定形态具有更好的导热性能；与纯物质相比，晶体中的化学杂质将使其导热性能降低；纯金属比它们相应的合金具有高得多的热导率。例如，温度为 273K 时，纯银的热导率为 418W/(m·K)，纯铜为 387W/(m·K)；空气的热导率为 0.0243W/(m·K)，氢气为 0.175W/(m·K)；水的热导率为 0.552W/(m·K)，水银为 8.21W/(m·K)。

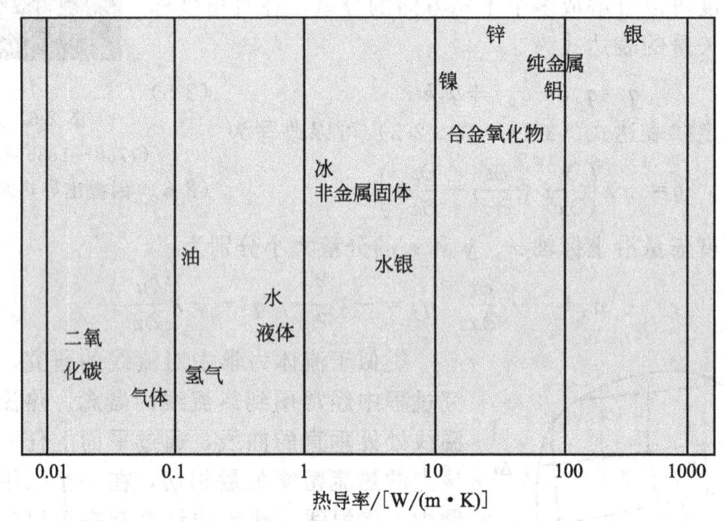

图 2-8 常温常压下物质不同状态的热导率值

热导率的影响因素很多，除了上述物质种类、物质结构与物理状态外，物体的温度、密度、湿度等因素对热导率的影响也很大，因为导热现象发生在非均匀的温度场中，因此温度对热导率的影响显得尤为重要。严格来说，所有物质的热导率都是温度的函数，工程实用计算中，在常见的温度范围内，绝大多数材料可用线性近似关系表达：

$$\lambda=\lambda_0(1+bt) \tag{2-9}$$

式中，t 为温度；b 为常数；λ_0 为该直线延长线与纵坐标的截距。$b>0$ 表示材料的热导率随着温度的升高而增大，即温度越高热传导的能力越强；$b<0$ 正好相反；$b=0$ 则为恒定热导率情形。

通常把热导率小的材料称为保温材料（见图 2-9）。我国国家标准 GB/T 4272—2008 中对保温材料的规定是要求其在平均温度为 25℃时的热导率不应大于 0.08W/(m·K)。常见的保温材料都具有多孔或者纤维状结构，不是均匀介质，对此类物体的导热能力进行评价时，需要用到表观热导率或称折算热导率的概念，其含义是与多孔材料具有相同形状、相同尺寸和边界温度，通过的导热热流量相同的某种假定的均质物体的热导率。多孔材料的孔隙中通常充满空气，空气的热导率很小，所以多孔材料的表观热导率都较小。多孔材料导热性能的一个显著特点是其热导率会随着温度的升高而增大，这是由于温度升高，孔隙内壁面之间辐射传热增强的缘故。

保温材料热导率界定值的大小反映了一个国家保温材料的生产及节能的水平。现在国际上应用的超级保温材料气凝胶，凝胶中空气的成分比例占 99.8%以上，垂直于隔热板方向上的热导率可低达 10^{-4} W/(m·K) 量级。

有些材料（木材、石墨）各向结构不同，各方向上的 λ 也有较大差别，这些材料称为各

图 2-9 常用及超级保温材料

向异性材料。例如树木，顺木纹方向由于质地比较密实，热导率要大于垂直木纹方向。此类材料 λ 必须注明方向。相反，则称为各向同性材料。需要说明的是对各向异性材料物体的导热分析中，热流密度矢量跟温度梯度不一定在同一条直线上，因为不同方向热流密度分量的大小不仅与该方向温度梯度的分量有关，还与热导率的方向性有关。各向异性物体中导热的分析也比各向同性要复杂，本书中一般都是针对各向同性的材料导热进行分析。

2.2 导热微分方程

由前面傅里叶定律可以看出，在分析热传导问题时，对热流量的求取转化成了对物体内部温度场的求取，当温度场获得后，可以计算物体内任一点的传热速率。

要讨论决定物体温度分布的方法，需要运用能量守恒的方法，也就是要定义一个微元的控制体积，分析有关的能量传输过程，并引入相应的速率方程，可以得到一个微分方程，求解出来就得到了导热物体中的温度分布。

2.2.1 导热微分方程的推导

导热分析模型如图 2-10 所示，考虑一个内部存在温度梯度的均匀介质，假定：①所研

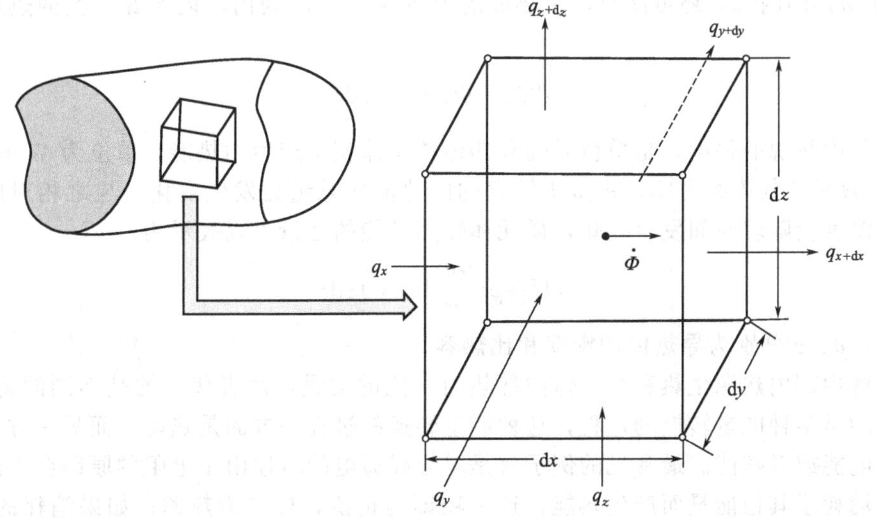

图 2-10 导热分析模型

究的物体是各向同性的连续介质；②热导率、比热容和密度均为已知。要得到其温度分布 $t(x, y, z)$，首先定义一个 $dxdydz$ 大小的微元（控制体积），分析所选定的控制体积中进行的跟能量和能量传输有关的过程。

①因为物体内部有温度梯度，每一个控制表面上都会有热传导发生，热传导过程的导热量遵循傅里叶导热定律，垂直于 x、y 和 z 坐标轴的各控制表面的热流密度分别记为 q_x、q_y 和 q_z，通过每个对应的控制表面的热流密度分别记为 q_{x+dx}、q_{y+dy} 和 q_{z+dz}。

根据热流密度的定义，$d\tau$ 时间间隔内，沿 x 轴方向，经 x 表面导入的热量可以表示为

$$dQ_x = q_x dy dz d\tau \tag{2-10}$$

同样 $d\tau$ 时间间隔内，沿 x 轴方向，经 $x+dx$ 表面导出的热量为

$$dQ_{x+dx} = q_{x+dx} dy dz d\tau \tag{2-11}$$

应用泰勒展开，忽略高阶小量，可得

$$q_{x+dx} = q_x + \frac{\partial q_x}{\partial x}dx \tag{2-12}$$

所以 $d\tau$ 时间间隔内，沿 x 轴方向导入与导出微元体的净热量为

$$dQ_x - dQ_{x+dx} = -\frac{\partial q_x}{\partial x}dx dy dz d\tau \tag{2-13}$$

同样道理，$d\tau$ 时间间隔内，沿 y 轴方向导入与导出微元体的净热量为

$$dQ_y - dQ_{y+dy} = -\frac{\partial q_y}{\partial y}dx dy dz d\tau \tag{2-14}$$

$d\tau$ 时间间隔内，沿 z 轴方向导入与导出微元体的净热量为

$$dQ_z - dQ_{z+dz} = -\frac{\partial q_z}{\partial z}dx dy dz d\tau \tag{2-15}$$

所以，$d\tau$ 时间间隔内，导入与导出微元体的净热量为

$$dQ_\lambda = [dQ_x - dQ_{x+dx}] + [dQ_y - dQ_{y+dy}] + [dQ_z - dQ_{z+dz}] \tag{2-16}$$

根据傅里叶定律表达式，$q_x = -\lambda \dfrac{\partial t}{\partial x}$，$q_y = -\lambda \dfrac{\partial t}{\partial y}$，$q_z = -\lambda \dfrac{\partial t}{\partial z}$，所以

$$dQ_\lambda = \left[\frac{\partial}{\partial x}\left(\lambda \frac{\partial t}{\partial x}\right) + \frac{\partial}{\partial y}\left(\lambda \frac{\partial t}{\partial y}\right) + \frac{\partial}{\partial z}\left(\lambda \frac{\partial t}{\partial z}\right)\right]dx dy dz d\tau \tag{2-17}$$

② 在物体的内部，还可能有产生热能的内热源，$d\tau$ 时间内，内热源产生的热量可以表示为

$$dQ_v = \dot{\Phi} dx dy dz d\tau \tag{2-18}$$

$\dot{\Phi}$ 表示内热源的强度，是单位时间导热体单位体积中产生的热能，单位为 W/m^3。

③ 在微元控制体的内部，物质所储存的内热能的总量会发生变化，与之相对应的是物体内部的温度会随着时间发生变化，微元体热力学能的增量可以表示为

$$dU = \rho c \frac{\partial t}{\partial \tau} dx dy dz d\tau \tag{2-19}$$

式中，ρ、c 分别为导热体的密度和比热容。

微元体内部内热源生热和微元体内部热力学能的增量，两者代表的是不同的物理过程，前者表示的是某种能量转换的过程，这种能量转换的过程一方面是热能，而另一方面可能是化学能、电能或者核能。最常见的例子就是对导线通电的时候由于电阻的原因会生热。如果介质内部消耗了其他能量而产生热能，这一项即为正值，称之为热源；如果消耗的是热能，这一项就是负值，称之为热汇。

微元体中跟能量有关的就是上述三项，运用能量守恒，根据热力学第一定律，微元体的热量平衡可以表述为：在一段时间间隔内，净导入微元体的热量与微元体内热源生成的热量之和，等于微元体热力学能的增加，即

$$dQ_{\lambda} + dQ_{v} = dU \tag{2-20}$$

将式（2-17）、式（2-18）和式（2-19）代入式（2-20）并消去 $dx dy dz d\tau$，可得

$$\rho c \frac{\partial t}{\partial \tau} = \frac{\partial}{\partial x}\left(\lambda \frac{\partial t}{\partial x}\right) + \frac{\partial}{\partial y}\left(\lambda \frac{\partial t}{\partial y}\right) + \frac{\partial}{\partial z}\left(\lambda \frac{\partial t}{\partial z}\right) + \dot{\Phi} \tag{2-21}$$

式（2-21）称为导热微分方程，是确定导热物体内温度随时间和空间变化的完整形式的控制方程，实际应用过程中经常根据特定的条件对完整形式的方程进行简化，主要包括如下几种情形。

① 若物性参数 λ、c 和 ρ 均为常数，则

$$\frac{\partial t}{\partial \tau} = a\left(\frac{\partial^2 t}{\partial x^2} + \frac{\partial^2 t}{\partial y^2} + \frac{\partial^2 t}{\partial z^2}\right) + \frac{\dot{\Phi}}{\rho c} \tag{2-22}$$

$a = \lambda/\rho c$ 称为热扩散率（thermal diffusivity），又称导温系数，反映了导热过程中材料的导热能力（λ）与沿途物质储热能力（ρc）之间的关系。a 值大，即 λ 值大或 ρc 值小，说明物体的某一部分一旦获得热量，该热量能在整个物体中很快扩散。热扩散率表征物体被加热或冷却时，物体内各部分温度趋向于均匀一致的能力。在同样加热条件下，物体的热扩散率越大，物体内部各处的温度差别越小。因此，a 反映导热过程动态特性，是研究非稳态导热的重要物理量。

② 若物性参数为常数且无内热源，则

$$\frac{\partial t}{\partial \tau} = a\left(\frac{\partial^2 t}{\partial x^2} + \frac{\partial^2 t}{\partial y^2} + \frac{\partial^2 t}{\partial z^2}\right) \tag{2-23}$$

③ 若物性参数为常数、无内热源稳态导热，则

$$\frac{\partial^2 t}{\partial x^2} + \frac{\partial^2 t}{\partial y^2} + \frac{\partial^2 t}{\partial z^2} = 0 \tag{2-24}$$

当所研究的导热物体为圆柱形时，如图 2-11 所示，采用柱坐标系比较方便，圆柱坐标系用（r、ϕ、z）表达，所取小微元的体积为 $dv = dr(r d\phi)dz$。

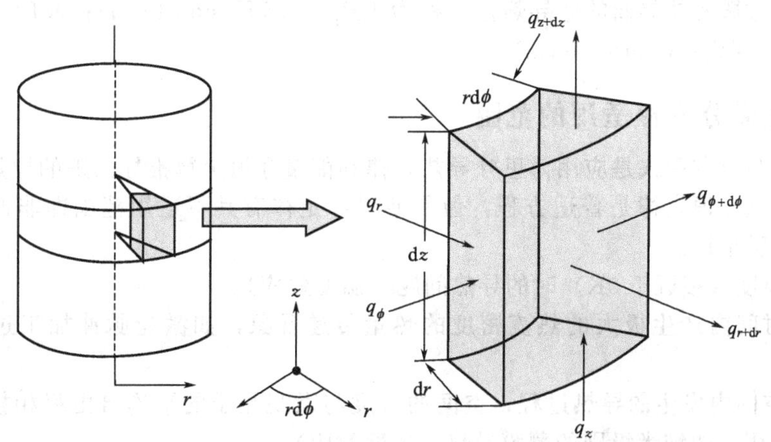

图 2-11 圆柱坐标系中导热分析模型

同样根据傅里叶导热定律，近似认为小微元为正交的六面体，则可得

$$q_r=-\lambda\frac{\partial t}{\partial r},\ q_\phi=-\lambda\frac{\partial t}{r\partial\phi},\ q_z=-\lambda\frac{\partial t}{\partial z} \tag{2-25}$$

应用热量平衡关系，所以圆柱坐标系中的导热方程为

$$\rho c\frac{\partial t}{\partial\tau}=\frac{1}{r}\frac{\partial}{\partial r}\left(\lambda r\frac{\partial t}{\partial r}\right)+\frac{1}{r^2}\frac{\partial}{\partial\phi}\left(\lambda\frac{\partial t}{\partial\phi}\right)+\frac{\partial}{\partial z}\left(\lambda\frac{\partial t}{\partial z}\right)+\dot{\Phi} \tag{2-26}$$

当所研究的导热物体为球形时，如图 2-12 所示，采用球坐标系比较方便，球坐标系用 $(r,\ \phi,\ \theta)$ 表达，所对应的小微元的体积为 $\mathrm{d}v=\mathrm{d}r(r\mathrm{d}\theta)(r\sin\theta\mathrm{d}\phi)$，同样道理，可得

$$q_r=-\lambda\frac{\partial t}{\partial r},\ q_\theta=-\lambda\frac{\partial t}{r\partial\theta},\ q_\phi=-\lambda\frac{1}{r\sin\theta}\frac{\partial t}{\partial\phi} \tag{2-27}$$

所以球坐标中的导热方程为

$$\rho c\frac{\partial t}{\partial\tau}=\frac{1}{r^2}\frac{\partial}{\partial r}\left(\lambda r^2\frac{\partial t}{\partial r}\right)+\frac{1}{r^2\sin^2\theta}\frac{\partial}{\partial\phi}\left(\lambda\frac{\partial t}{\partial\phi}\right)+\frac{1}{r^2\sin\theta}\frac{\partial}{\partial\theta}\left(\lambda\sin\theta\frac{\partial t}{\partial\theta}\right)+\dot{\Phi} \tag{2-28}$$

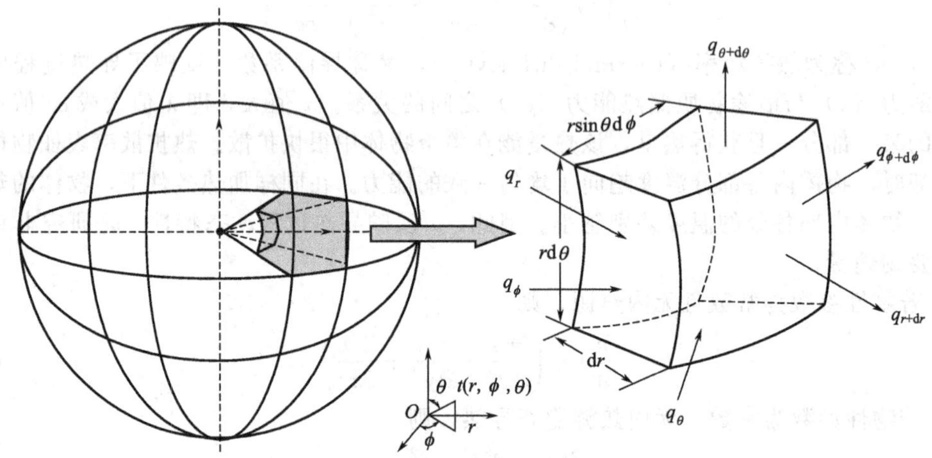

图 2-12　球坐标系中导热分析模型

分析三种坐标系下的导热微分方程式 (2-21)、式 (2-26)、式 (2-28)，可以发现方程左边均是单位时间内微元体热力学能的增量，称为非稳态项 (transient term)；方程右边的前三项之和为通过微元体界面的净导热量，称为扩散项 (diffusion term)；最后一项表示内热源的强度，称为源项 (source term)。

2.2.2　导热微分方程适用的范围

上述导热微分方程式是应用傅里叶导热定律和能量守恒定律推导出来的导热问题的一般方程，虽然能量守恒定律是普适方程，但是傅里叶定律有其不适用范围即非傅里叶导热过程，主要有三种情形。

① 极低温度（接近于 0K）时的导热问题（温度效应）。

② 极短时间内产生极大的热流密度的热量传递现象，如激光脉冲加工过程（时间效应）。

③ 极小空间内发生的导热过程，空间的尺度与微观粒子的平均自由程相接近时，傅里叶定律不再适用，如纳米级别的薄膜导热（尺度效应）。

2.2.3　边界条件和初始条件

导热微分方程式描述物体的温度随时间和空间变化的关系，它没有涉及具体、特定的导

热过程，是通用表达式。求解导热问题，实质上就可以归结为对上述导热微分方程的求解。通过数学方法原则上可以得到上述方程的通解，但是就具体的实际工程而言，不能满足于得出通解，还要得出既能满足导热微分方程，又能满足具体问题所限定的一些附加条件下的特定解。这些使微分方程式得到特定解的附加条件，数学上称为定解条件，或解的唯一性（单值性）条件。

导热微分方程及相应的定解条件构成了一个导热问题完整的数学描述。

对于特定的导热过程，单值性条件包括四个方面：几何条件、物理条件、时间条件和边界条件。几何条件，用来说明导热体的几何形状和大小，如：平壁或圆筒壁、厚度、直径等。物理条件，用来说明导热体的物理特征，如：物性参数热导率、比热容和密度的数值是否随温度变化；有无内热源、大小和分布情况；材料是否各向同性等。

一般来说，求解对象的几何条件和物理条件是已知的。因此非稳态导热问题的定解条件剩下两个：给出初始时刻导热体内的温度分布即初始条件（initial conditions），以及给出导热体边界上过程进行的特点，反映过程与周围环境相互作用的条件即边界条件（boundary conditions）。导热微分方程连同初始条件和边界条件才能完整地描述一个具体的导热问题。对于稳态导热问题，定解条件没有初始条件，仅有边界条件。

导热问题常见的边界条件一般可归纳为三类：第一类、第二类、第三类边界条件（见图2-13）。

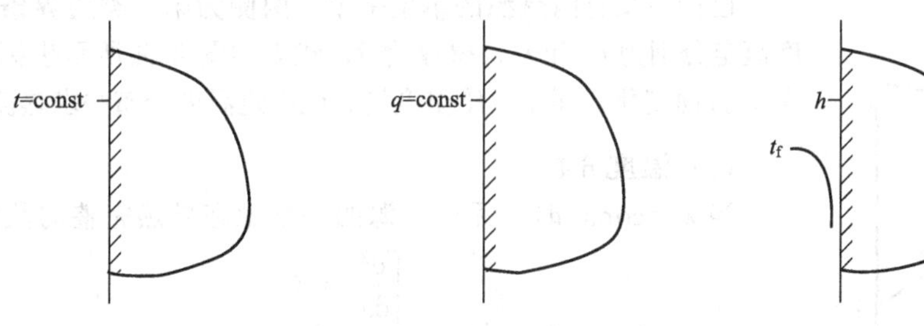

图 2-13　三种边界条件示意图

(1) 第一类边界条件

此类边界条件规定了每个瞬间物体表面上的温度分布值，即 $t_w=f(x, y, z)$。对于非稳态导热，这类边界条件要求给出以下关系：$\tau>0$ 时，$t_w=f_1(\tau)$；在特殊情况下，物体表面的温度在传热过程中为定值，$t_w=\text{const}$。

(2) 第二类边界条件

这类边界条件规定了任何瞬时物体边界上的热流密度值。

对于非稳态导热，这类边界条件要求给出以下关系式：

当 $\tau>0$ 时，$-\lambda\left(\dfrac{\partial t}{\partial n}\right)_w=f_2(\tau)$

式中，n 为表面的法线方向。

绝热边界条件是传热学研究中经常碰到的一种边界条件，是指边界上的热流密度值为0，即没有热流通过边界，它实质上是第二类边界条件的特例。

(3) 第三类边界条件

规定了边界上物体与周围流体间的表面传热系数 h 以及周围流体的温度 t_f。

以物体被冷却为例：$-\lambda\left(\dfrac{\partial t}{\partial n}\right)_w=h(t_w-t_f)$

对于非稳态导热，式中 h、t_f 均是 τ 的函数。

综上所述，对一个导热问题完整的数学描述，应该包括导热微分方程和单值性条件两个方面，缺一不可。对完整的数学描述进行求解，即可得到导热物体内的温度场分布，接着就可以依据傅里叶导热定律确定相应的热流的分布。导热微分方程的求解方法有很多种，目前应用较多的三种基本方法分别是分析解法、数值解法和实验方法。本书中仅对较简单的导热问题进行分析解法的讲解，并简要介绍实验方法和数值解法（第 3.5 节和第 3.6 节），详情请参见其他教材。

2.3 一维稳态导热问题

一维稳态条件下的热传导，是一种简单但是在实际工程里面应用很多的热传导，所谓一维是指温度在空间的变化只需要一个坐标来描述。因此在一个一维热传导问题中，温度梯度仅仅是单一坐标的函数，仅仅在这个方向上发生传热。常见的一维稳态导热为通过无限大平壁、无限长圆筒壁以及球壳的导热。所谓稳态，是指系统的物理量不随时间发生变化。

2.3.1 平壁

2.3.1.1 单层平壁

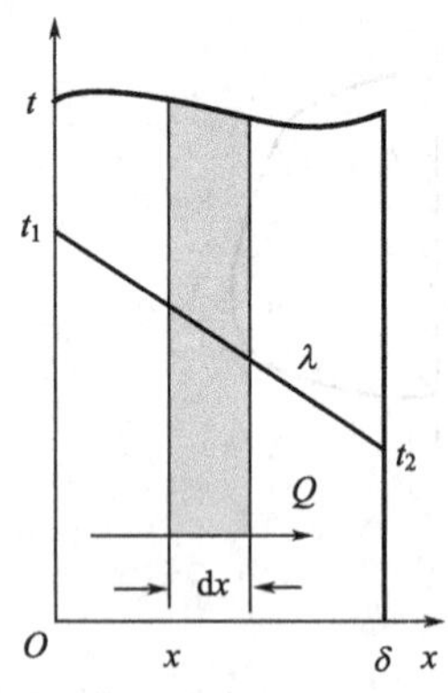

图 2-14 单层平壁

已知一没有内热源的单层平壁，两侧为第一类边界条件，表面温度恒定分别为 t_1 和 t_2，壁厚为 δ，建立如图 2-14 所示坐标系，温度只在 x 方向变化，属于一维温度场。试确定温度分布并求热流密度 q。

(1) 温度分布

当 $\lambda=\text{const}$ 时，无内热源的一维稳态导热完整的数学描述为

$$\begin{cases}\dfrac{\mathrm{d}^2 t}{\mathrm{d}x^2}=0\\ t\mid_{x=0}=t_1\\ t\mid_{x=\delta}=t_2\end{cases}$$

对微分方程连续积分两次得其通解：

$$t=c_1x+c_2$$

式中，c_1、c_2 为常数，由边界条件确定。

代入边界条件，得该条件下其温度分布为

$$t=\frac{t_2-t_1}{\delta}x+t_1$$

由上式可知物体内温度分布呈线性关系，即温度分布曲线的斜率是常数（温度梯度）$\dfrac{\mathrm{d}t}{\mathrm{d}x}=\dfrac{t_2-t_1}{\delta}$。

(2) 热流密度 q

根据傅里叶定律，结合温度分布函数，得通过平壁的热流密度为

$$q=\frac{\lambda(t_1-t_2)}{\delta}=\frac{\lambda}{\delta}\Delta t \tag{2-29}$$

若表面积为 A，则通过平壁的导热热流量则为

$$\Phi=\frac{\lambda A(t_1-t_2)}{\delta}=A\,\frac{\lambda}{\delta}\Delta t \tag{2-30}$$

式（2-29）和式（2-30）是通过平壁导热的计算公式，它们揭示了 q、Φ 与 λ、δ 和 Δt 间的关系。已知其中任意三个量，就可以求出第四个量来。

(3) 热阻的含义

热量传递是自然界的一种转移过程，与自然界的其他转移过程类同，如：电量的转移，动量、质量等的转移。其共同规律可表示为：过程中的转移量=过程中的动力/过程中的阻力。

在电学中，这种规律就是欧姆定律，即

$$I=\frac{U}{R}$$

由前可知，在平板导热中导热热流量 $\Phi=A\frac{\lambda}{\delta}\Delta t$，即

$$\Phi=\frac{\Delta t}{\frac{\delta}{\lambda A}} \tag{2-31}$$

式中，Φ 为热流量，即导热过程的转移量；Δt 为温差，即导热过程的动力；$\frac{\delta}{\lambda A}$为导热过程的阻力。

由此我们可以引出热阻的概念：热转移过程的阻力称为热阻。不同的热量转移有不同的热阻，其分类较多，如导热热阻（见图 2-15）、辐射热阻、对流热阻等。对平板导热而言又分：单位面积的导热热阻（简称面积热阻）$\frac{\delta}{\lambda}$，以及整个平板导热热阻$\frac{\delta}{\lambda A}$。

热阻概念的建立给分析复杂热量传递过程带来很大的便利。可以借用电阻串联和并联的公式来计算热传递过程所形成的总热阻。参照电阻串联，可以得到串联热阻叠加原则：在一个串联的热量传递过程中，若通过各串联环节的热流量相同，则串联过程的总热阻等于各串联环节的分热阻之和。因此，稳态传热过程的热阻是由各个构成环节的热阻组成的，且符合热阻叠加原则。

2.3.1.2 复合壁

复合壁（多层壁）是由几层不同材料叠加在一起组成的。例如建筑房屋的墙壁由白灰内层、水泥砂浆层、红砖（青砖）主体层等组成，锅炉的炉墙也是由耐火层、保温砖层和普通砖层叠合而成的。为方便起见，以图 2-16 所示的三层复合壁的导热问题进行讨论。

假定层与层间接触良好，没有引起附加热阻（也称为接触热阻），也就是说通过层间分界面时不会发生温度降。

已知各层材料厚度为 δ_1、δ_2、δ_3，对应热导率为 λ_1、λ_2、λ_3，多层壁内、外表面温度为 t_1、t_4，其中间温度 t_2、t_3 未知，热导率均为常数，试确定通过多层壁的热流密度 q。

根据平壁导热公式可知各层热阻为

$$\begin{cases}\dfrac{t_1-t_2}{q}=\dfrac{\delta_1}{\lambda_1}\\[2mm]\dfrac{t_2-t_3}{q}=\dfrac{\delta_2}{\lambda_2}\\[2mm]\dfrac{t_3-t_4}{q}=\dfrac{\delta_3}{\lambda_3}\end{cases}$$

对于此类满足无内热源、一维稳态条件的导热问题，根据串联热阻叠加原理得多层壁的总热阻为

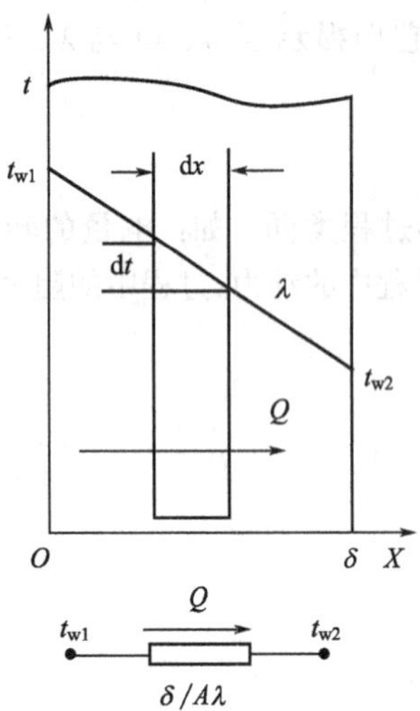

图 2-15 导热热阻的图示

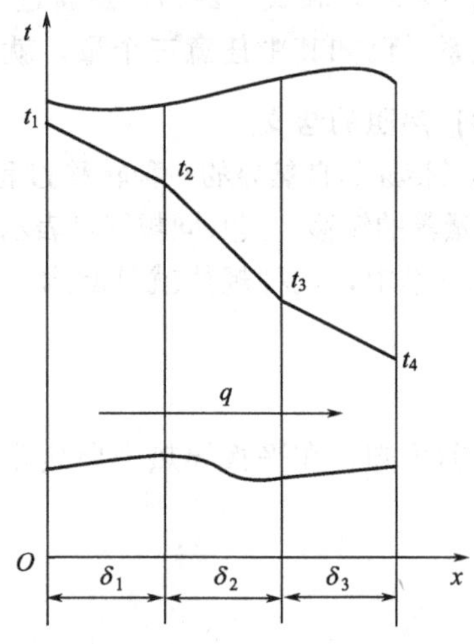

图 2-16 多层平壁

$$\frac{t_1-t_4}{q}=\frac{\delta_1}{\lambda_1}+\frac{\delta_2}{\lambda_2}+\frac{\delta_3}{\lambda_3}$$

则多层壁热流密度计算公式为

$$q=\frac{t_1-t_4}{\dfrac{\delta_1}{\lambda_1}+\dfrac{\delta_2}{\lambda_2}+\dfrac{\delta_3}{\lambda_3}} \tag{2-32}$$

依此类推，n 层多层壁热流密度的计算公式为

$$q=\frac{t_1-t_{n+1}}{\sum\limits_{i=1}^{n}\dfrac{\delta_i}{\lambda_i}} \tag{2-33}$$

解得热流密度后，层间分界面上的未知温度 t_2、t_3 即可依次求出：

$$t_2=t_1-q\frac{\delta_1}{\lambda_1},\ t_3=t_2-q\frac{\delta_2}{\lambda_2} \tag{2-34}$$

说明：当热导率 λ 对温度有依变关系时，即热导率是温度的线性函数 $\lambda=\lambda_0(1+bt)$ 时，只需求得该区域平均温度下的 λ 值，代入以上公式即可求出正确结果。

绪论中曾经讨论过传热过程的热量传递，对于两侧均与流体接触，即处于第三类边界条件下的多层平壁稳态导热，如图 2-17 所示，应用串联热阻叠加原理可得，其总热阻为两侧对流换热热阻与各平壁导热热阻之和，而总的传热驱动力为冷热流体的温度差，即

$$q=\frac{t_{f1}-t_{f2}}{\dfrac{1}{h_1}+\sum\limits_{i=1}^{n}\dfrac{\delta_i}{\lambda_i}+\dfrac{1}{h_2}}$$

【例 2-1】 一台型号为 DZL4-1.25-193-AⅡ（卧式燃煤蒸汽锅炉）的锅炉，炉墙由三层材料叠合组成。最里层为耐火黏土砖，热导率为 1.12W/(m·K)，厚度为 110mm；中间层为硅藻土砖，热导率为 0.116W/(m·K)，厚度为 120mm；最外层为石棉板，热导率为 0.116W/(m·K)，厚度为 70mm。已知炉墙内表面温度为 600℃，外表面温度为 40℃，求炉墙单位面积上的热损失及中间两个界面的温度。

解 假定通过炉墙的导热为一维稳态导热，且炉墙三种材料之间接触良好，没有接触热阻的存在，则由式 (2-33) 可得

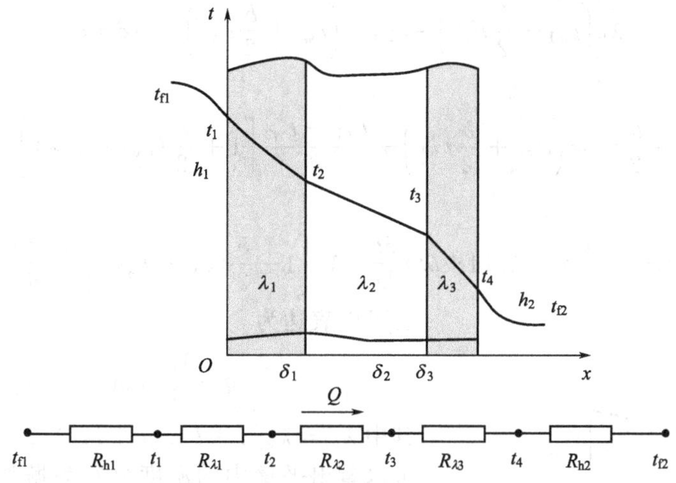

图 2-17　第三类边界条件下多层平壁的稳态导热

$$
\begin{aligned}
q &= \frac{t_1 - t_{n+1}}{\sum\limits_{i=1}^{n} \dfrac{\delta_i}{\lambda_i}} \\
&= \frac{600℃ - 40℃}{\dfrac{0.11\text{m}}{1.12\text{W}/(\text{m}\cdot\text{K})} + \dfrac{0.12\text{m}}{0.116\text{W}/(\text{m}\cdot\text{K})} + \dfrac{0.07\text{m}}{0.116\text{W}/(\text{m}\cdot\text{K})}} \\
&= \frac{560}{1.736}\text{W}/\text{m}^2 = 322\text{W}/\text{m}^2
\end{aligned}
$$

耐火砖与硅藻土砖分界面的温度为

$$t_2 = t_1 - q\frac{\delta_1}{\lambda_1} = 600℃ - 322\text{W}/\text{m}^2 \times \frac{0.11\text{m}}{1.12\text{W}/(\text{m}\cdot\text{K})} = 568.4℃$$

硅藻土砖与石棉板分界面的温度为

$$t_3 = t_2 - q\frac{\delta_2}{\lambda_2} = 568.4℃ - 322\text{W}/\text{m}^2 \times \frac{0.12\text{m}}{0.116\text{W}/(\text{m}\cdot\text{K})} = 235.3℃$$

【例 2-2】 对于一厚度为 δ 的平壁，当平壁材料的热导率是温度的线性函数时 $\lambda = \lambda_0(1 + bt)$（$\lambda_0$、$b$ 为常数），试分析平壁内的温度分布、热流密度，并定性画出 $b>0$、$b=0$ 和 $b<0$ 时的温度分布曲线。

解　此问题满足一维稳态导热条件，因此其微分方程及定解条件为

$$\begin{cases} \dfrac{\text{d}}{\text{d}x}\left(\lambda \dfrac{\text{d}t}{\text{d}x}\right) = 0 \\ x = 0, t = t_{w1} \\ x = \delta, t = t_{w2} \end{cases}$$

将 $\lambda = \lambda_0(1 + bt)$ 代入，则

$$\frac{\text{d}}{\text{d}x}\left[\lambda_0(1+bt)\frac{\text{d}t}{\text{d}x}\right] = 0$$

积分一次，$\lambda_0(1 + bt)\dfrac{\text{d}t}{\text{d}x} = c_1$

再积分一次，$\lambda_0\left(t + \dfrac{b}{2}t^2\right) = c_1 x + c_2$

边界条件代入得

$$\lambda_0\left(t_{w1}+\frac{b}{2}t_{w1}^2\right)=c_2,\lambda_0\left(t_{w2}+\frac{b}{2}t_{w2}^2\right)=c_1\delta+c_2$$

温度分布：

$$t+\frac{b}{2}t^2=\left(t_{w1}+\frac{b}{2}t_{w1}^2\right)-\frac{t_{w1}-t_{w2}}{\delta}\left[1+\frac{b}{2}(t_{w1}+t_{w2})\right]x$$

热流密度：

$$q=-\lambda\frac{dt}{dx}=-\lambda_0(1+bt)\frac{dt}{dx}=\lambda_0\left[1+\frac{b}{2}(t_{w1}+t_{w2})\right]\frac{t_{w1}-t_{w2}}{\delta}$$

也可以表达为

$$q=\frac{\lambda_m}{\delta}(t_{w1}-t_{w2})$$

其中 $\lambda_m=\lambda_0[1+b(t_{w1}+t_{w2})/2]$

可以看出平壁中的温度分布为抛物线形状，且其抛物线的凸凹性取决于系数 b 的正负（见图 2-18）。

当 $b>0$ 时，随着 t 增大，λ 增大，即高温区的热导率大于低温区。根据 $\Phi=\lambda A(dt/dx)$ 可知，高温区的温度梯度 dt/dx 较小，从而形成上凸的温度分布。

当 $b<0$ 时，正好相反，随着 t 增大，λ 减小，高温区的温度梯度 dt/dx 较大，从而形成下凹的温度分布。

因此，除了从公式里直接得出温度场的分布外，还可以利用傅里叶导热定律定性得出温度分布曲线的形状，因为对于稳态的一维导热问题，各处的热流量相等，当导热面积处处相等时，热导率与温度梯度乘积的绝对值是一常数，因此热导率越大的地方其温度梯度的绝对值应该越小，反之越大。

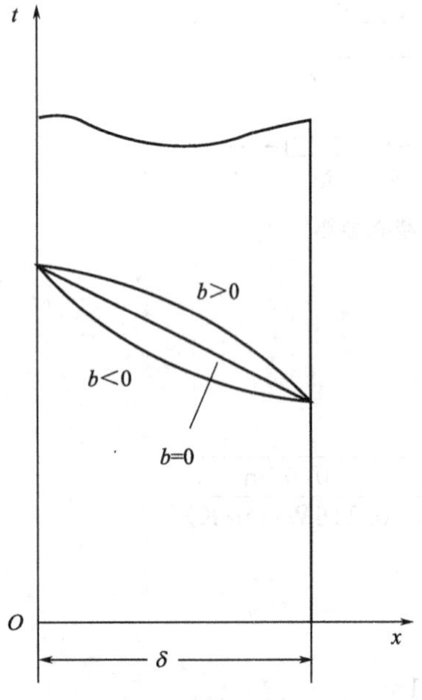

图 2-18　温度分布曲线

2.3.2　圆筒壁

2.3.2.1　单层圆筒壁

已知一长度远大于其外径的圆筒壁，其内、外半径分别为 r_1、r_2，内、外表面温度恒定分别为 t_1、t_2，若采用圆柱坐标系（r，ϕ，z）求解，因为其长度远大于外径，通过圆筒壁两端的散热可以忽略，则圆筒壁的导热成为沿半径方向的一维导热问题，如图 2-19 所示，假设：$\lambda=\text{const}$，且无内热源。求其温度分布及单位长度上的导热量。

(1) 圆筒壁的温度分布

根据圆柱坐标系中的导热微分方程：

$$\rho c\frac{\partial t}{\partial\tau}=\frac{1}{r}\frac{\partial}{\partial r}\left(\lambda r\frac{\partial t}{\partial r}\right)+\frac{1}{r^2}\frac{\partial}{\partial\phi}\left(\lambda\frac{\partial t}{\partial\phi}\right)+\frac{\partial}{\partial z}\left(\lambda\frac{\partial t}{\partial z}\right)+\dot{\Phi}$$

化简可以得到常物性、稳态、一维、无内热源圆筒壁的导热微分方程为

$$\frac{d}{dr}\left(r\frac{dt}{dr}\right)=0 \tag{2-35}$$

如图 2-19 所示建立坐标系，边界条件为

$$\begin{cases}t|_{r=r_1}=t_{w1}\\t|_{r=r_2}=t_{w2}\end{cases}$$

对此方程积分得其通解（连续积分两次）：

$$t=c_1\ln r+c_2$$

式中，c_1、c_2 为常数，由边界条件确定。

代入边界条件，得

$$c_1=\frac{t_{w2}-t_{w1}}{\ln(r_2/r_1)}$$

$$c_2=t_{w1}-\ln r_1\frac{t_{w2}-t_{w1}}{\ln(r_2/r_1)}$$

将 c_1、c_2 代入导热微分方程通解中，得圆筒壁的温度分布为

$$t=t_{w1}+\frac{t_{w2}-t_{w1}}{\ln(r_2/r_1)}\ln(r/r_1) \tag{2-36}$$

由此可见，与平壁中的温度分布呈线性分布不同，圆筒壁中的温度分布呈对数曲线（见图 2-20）。

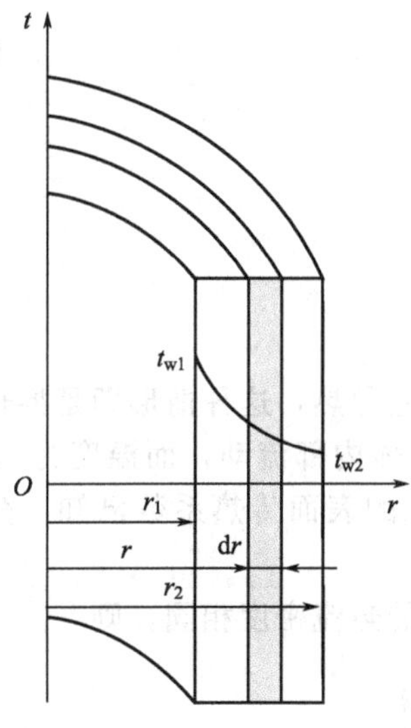

图 2-19　单层圆筒壁

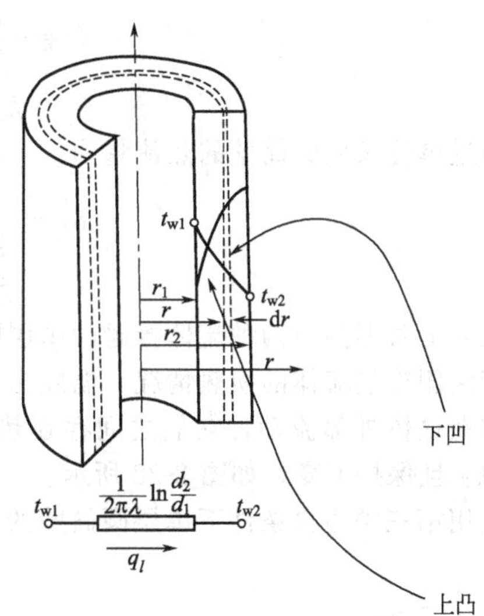

图 2-20　单层圆筒壁的温度分布

因为 $\frac{dt}{dr}=\frac{t_{w2}-t_{w1}}{\ln(r_2/r_1)}\frac{1}{r}$；$\frac{d^2t}{dr^2}=\frac{t_{w1}-t_{w2}}{\ln(r_2/r_1)}\frac{1}{r^2}$

所以，曲线的凹凸性取决于圆筒内、外壁面的温度高低。

若 $t_{w1}<t_{w2}$，则$\frac{d^2t}{dr^2}<0$，向上凸。

若 $t_{w1}>t_{w2}$，则$\frac{d^2t}{dr^2}>0$，向下凹。

上面提到对于稳态的一维导热问题，可以利用傅里叶定律定性判断温度分布曲线的形状，请读者按照上述方法自行判断上述曲线的凹凸性。

(2) 圆筒壁导热的热流密度

对圆筒壁温度分布求导得　$\frac{dt}{dr}=\frac{1}{r}\frac{t_{w2}-t_{w1}}{\ln(r_2/r_1)}$

代入傅里叶定律得通过圆筒壁的热流密度：

$$q=-\lambda\frac{dt}{dr}=\frac{\lambda}{r}\frac{t_{w2}-t_{w1}}{\ln(r_2/r_1)} \tag{2-37}$$

由此可见，通过圆筒壁导热时，不同半径处的热流密度与半径成反比。

(3) 圆筒壁面的热流量

$$\Phi=2\pi rlq=\frac{2\pi l\lambda(t_{w1}-t_{w2})}{\ln(r_2/r_1)} \tag{2-38}$$

由此可见，通过整个圆筒壁面的热流量不随半径的变化而变化。

根据热阻的定义，通过圆筒壁的导热热阻为

$$R=\frac{\Delta t}{\Phi}=\frac{\ln(r_2/r_1)}{2\pi l\lambda} \tag{2-39}$$

2.3.2.2 多层（复合）圆筒壁

对于由不同材料构成的多层圆筒壁的导热问题，如图 2-21 所示，根据热阻叠加原理，其导热热流量可按总温差和总热阻计算，求得通过多层圆筒壁的导热热流量：

$$\Phi=\frac{t_{w1}-t_{w(n+1)}}{\sum_{i=1}^{n}\frac{1}{2\pi\lambda_i l}\ln\frac{r_{i+1}}{r_i}} \tag{2-40}$$

通过单位长度圆筒壁的热流量为

$$q_l=\frac{t_{w1}-t_{w(n+1)}}{\sum_{i=1}^{n}\frac{1}{2\pi\lambda_i}\ln\frac{r_{i+1}}{r_i}}$$

工程上常遇到与两种流体接触的单层圆筒壁和多层圆筒壁导热，这种情形即是换热器中换热管两侧冷热流体的换热情况，温度为 t_{f1} 的较热流体在柱体内部流动，而温度为 t_{f2} 的较冷流体在柱体外部流动，它们之间存在热交换，两侧表面处的表面传热系数已知，分别为 h_1 和 h_2 且保持不变，如图 2-22 所示。

应用第三类边界条件下单层圆筒壁的导热可得三个环节的热流密度相同，则

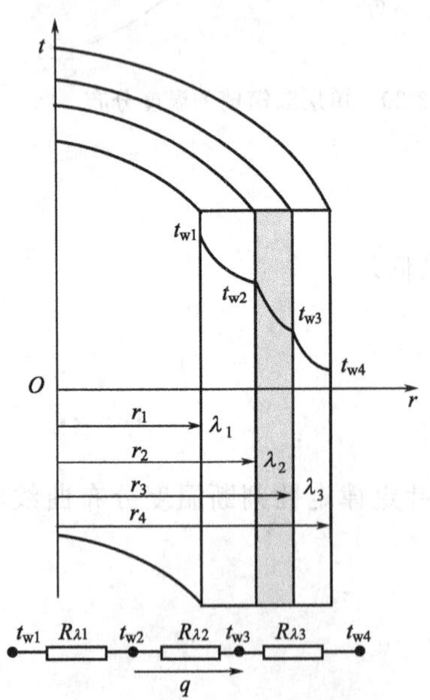

图 2-21　n 层圆筒壁的导热

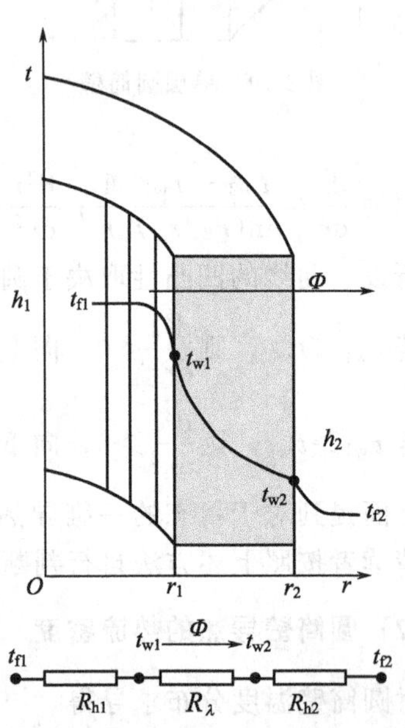

图 2-22　第三类边界条件下 n 层圆筒壁的导热

$$q_l|_{r_1}=2\pi r_1 h_1(t_{f1}-t_{w1})=q_1=\frac{t_{w1}-t_{w2}}{\dfrac{1}{2\pi\lambda}\ln\dfrac{r_2}{r_1}}$$

$$=q_l|_{r_2}=2\pi r_2 h_2(t_{w2}-t_{f2})$$

$$q_1=\frac{t_{f1}-t_{f2}}{\dfrac{1}{h_1 2\pi r_1}+\dfrac{1}{2\pi\lambda}\ln\dfrac{r_2}{r_1}+\dfrac{1}{h_2 2\pi r_2}}=\frac{t_{f1}-t_{f2}}{R_l}$$

同样道理，与两种流体接触的多层圆筒壁应用串联热阻的叠加原则，其热流密度为

$$q_1=\frac{t_{f1}-t_{f2}}{\dfrac{1}{h_1\pi d_1}+\sum\limits_{i=1}^{n}\dfrac{1}{2\pi\lambda_i}\ln\dfrac{d_{i+1}}{d_i}+\dfrac{1}{h_2\pi d_{n+1}}}$$

【例 2-3】为了减少散热损失和保证安全工作，经常在蒸汽管道的外面覆盖保温层，现有一外径为 133mm 的蒸汽管道，管道外壁面的温度为 400℃，按照保温节能要求，保温材料的外侧温度不能超过 50℃。用水泥珍珠岩制品作为保温材料，其热导率为 0.0651＋0.000105 $\{t\}_{℃}$，$\{t\}_{℃}$为材料的平均温度，把每米长管道的热损失 Φ/l 控制在 465W/m 之下，问保温材料厚度应为多少？

解 要求解保温材料的厚度就是要获得保温层圆筒的外径，根据式（2-38），在已知导热量与温差的条件下就能求得内、外半径之比。假设满足：①圆柱坐标的一维问题；②稳态导热两个条件。

首先计算平均温度 $\bar{t}=\dfrac{400℃+50℃}{2}=225℃$

热导率 $\{\bar{\lambda}\}_{W/(m\cdot K)}=0.0651+0.000105\ \{\bar{t}\}_{℃}=0.0651+0.000105\times225$

$\bar{\lambda}=0.0887W/(m\cdot K)$

因为 $d_1=133mm$ 是已知的，要确定保温层的厚度 δ，需先求得 d_2，将式（2-39）改写成

$$\ln\frac{d_2}{d_1}=\frac{2\pi\lambda}{\Phi/l}(t_1-t_2)$$

即 $\ln\{d_2\}_m=\dfrac{2\pi\lambda}{\Phi/l}(t_1-t_2)+\ln\{d_1\}_m$

于是 $\ln\{d_2\}_m=\dfrac{2\pi\times0.087}{465}\times(400-50)+\ln0.133$

$=0.419-2.02=-1.601$

$d_2=0.202m$

保温层的厚度为

$$\delta=\frac{d_2-d_1}{2}=\frac{0.202m-0.133m}{2}=34.5mm$$

2.3.3 球壳

对于内表面和外表面分别为第一类边界条件的空心球壳的导热，在球坐标系下也是一个沿着球半径方向的一维导热问题（见图 2-23），典型的例子是化工厂中球形储罐壁面中的导热问题。

对球坐标系下导热微分方程化简求解可得

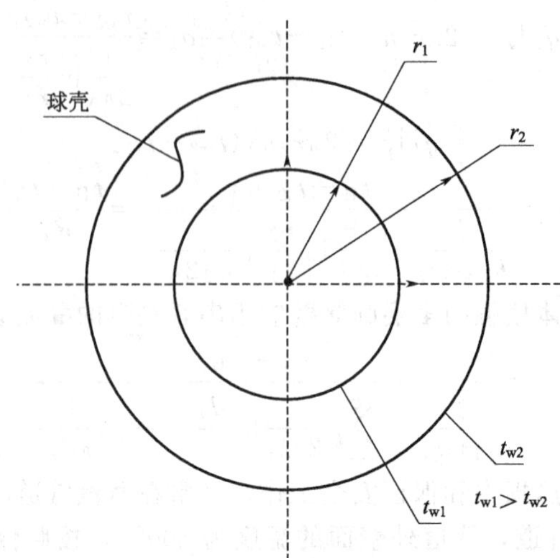

图 2-23　球壳一维导热

$$\frac{\mathrm{d}}{\mathrm{d}r}\left(r^2\frac{\mathrm{d}t}{\mathrm{d}r}\right)=0$$

$$r=r_1,t=t_{w1},r=r_2,t=t_{w2}$$

温度分布为

$$t=t_{w2}+(t_{w1}-t_{w2})\frac{1/r-1/r_2}{1/r_1-1/r_2} \tag{2-41}$$

热流量计算式：

$$\Phi=\frac{4\pi\lambda(t_{w1}-t_{w2})}{1/r_1-1/r_2} \tag{2-42}$$

热阻：

$$R=\frac{1}{4\pi\lambda}\left(\frac{1}{r_1}-\frac{1}{r_2}\right) \tag{2-43}$$

2.3.4　其他变面积或变热导率问题

由上述三种典型的一维导热问题的处理，可以看到一般来说求解导热问题的主要途径分两步：①求解导热微分方程，获得温度场；②根据傅里叶定律和已获得的温度场计算热流量，这样同时获得了温度场的分布和热流量的大小。但是，工程实际中，往往有的时候需要的仅是热量传递的快慢，即热流量的大小，而不关心温度场的分布，此时对于不存在内热源、稳态、第一类边界条件下的一维导热问题，可以不通过温度场而直接获得热流量。具体分析过程如下。

导热物体需要满足一维傅里叶导热定律：

$$\Phi=-\lambda A\ \frac{\mathrm{d}t}{\mathrm{d}x}$$

当热导率及导热面积是变化的时，假定热导率随温度发生变化，导热面积随着坐标方向发生变化，即 $\lambda=\lambda(t)$，$A=A(x)$ 时，代入上式中得

$$\Phi=-\lambda(t)A(x)\frac{\mathrm{d}t}{\mathrm{d}x}$$

分离变量后积分，并注意到稳态时，热流量 Φ 与 x 无关，得

$$\Phi\int_{x_1}^{x_2}\frac{\mathrm{d}x}{A(x)}=-\int_{t_1}^{t_2}\lambda(t)\mathrm{d}t\,\frac{t_2-t_1}{t_2-t_1}=-\frac{\int_{t_1}^{t_2}\lambda(t)}{t_2-t_1}(t_2-t_1)\mathrm{d}t$$

$$\overline{\lambda}=\frac{\int_{t_1}^{t_2}\lambda(t)\mathrm{d}t}{t_2-t_1}$$

$$\Phi=\frac{\overline{\lambda}(t_1-t_2)}{\int_{x_1}^{x_2}\frac{\mathrm{d}x}{A(x)}}$$

当 λ 随温度呈线性分布时，即 $\lambda=\lambda_0+at$，则 $\overline{\lambda}=\lambda_0+a\,\frac{t_1+t_2}{2}$。此结论与【例 2-2】一致。实际上，不论 λ 如何变化，只要能计算出平均热导率，就可以利用前面讲过的所有恒定热导率公式，只是需要将 λ 换成平均热导率。

2.4 有内热源的热传导

前述导热问题的讨论中，物体中的温度分布只是由物体的边界条件确定的，实际工程中还会碰到物体内部的物理过程会对温度的分布产生影响的情况，例如常见的导电体内部通电流的时候会有内部热能产生的过程，此时导热体内的温度分布不仅与边界条件有关，而且还取决于内热源的强度。

2.4.1 有内热源的平壁导热

如图 2-24 所示的平壁，假定其中单位体积的热量产生速率为 $\dot{\Phi}$，其两侧同时与温度为 t_f 的流体发生对流换热，表面传热系数为 h，现在要确定平板中任一 x 处的温度及通过该截面处的热流密度。

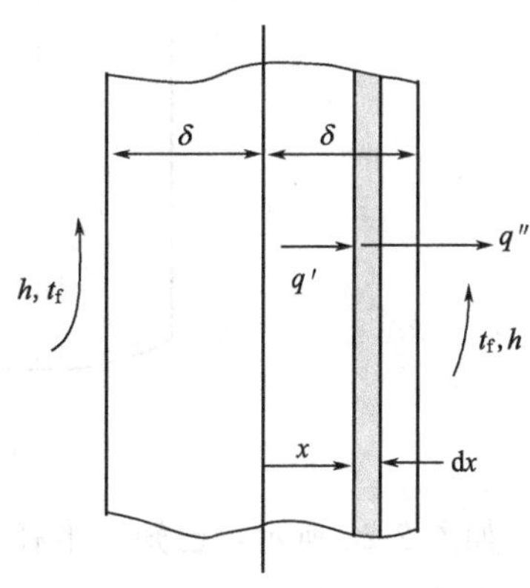

图 2-24 具有均匀内热源的平壁导热

由于对称性，只要研究板厚的一半即可。这样，在板的中心截面上应为第二类边界条件中的绝热边界，而在板的外表面应为第三类边界条件，因此这一问题的数学描述为

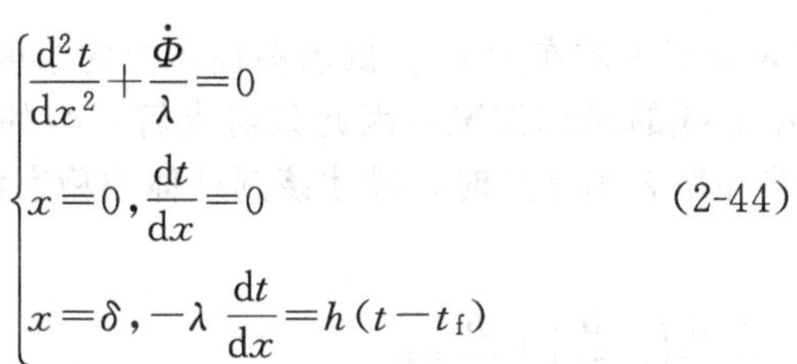

$$\begin{cases}\dfrac{\mathrm{d}^2t}{\mathrm{d}x^2}+\dfrac{\dot{\Phi}}{\lambda}=0\\ x=0,\dfrac{\mathrm{d}t}{\mathrm{d}x}=0\\ x=\delta,-\lambda\,\dfrac{\mathrm{d}t}{\mathrm{d}x}=h(t-t_f)\end{cases}\qquad(2\text{-}44)$$

对微分方程作两次积分，得

$$t=-\frac{\dot{\Phi}}{2\lambda}x^2+c_1x+c_2$$

其中常数 c_1、c_2 由两个边界条件式确定：

$$c_1=0$$

$$c_2=\frac{\dot{\Phi}}{2\lambda}\delta^2+\frac{\dot{\Phi}\delta}{h}+t_f$$

最后可得平板中的温度分布为

$$t=\frac{\dot{\Phi}}{2\lambda}(\delta^2-x^2)+\frac{\dot{\Phi}\delta}{h}+t_f \tag{2-45}$$

任一位置 x 处的热流密度仍然可由温度分布按傅里叶定律得出：

$$q=-\lambda\frac{dt}{dx}=\dot{\Phi}x \tag{2-46}$$

由此可见，与无内热源的平壁解相比，热流密度不再是常数，温度分布也不再是直线而是抛物线，这些都是由内热源引起的变化。

值得指出，给定壁面温度的情形可以看成是当表面传热系数趋于无穷大而流体温度等于壁面温度时的一个特例，当平壁两侧均为给定壁温 t_w 时，平壁中的温度分布可由式（2-45）得出，为

$$t=\frac{\dot{\Phi}}{2\lambda}(\delta^2-x^2)+t_w \tag{2-47}$$

2.4.2 有内热源的圆柱体导热

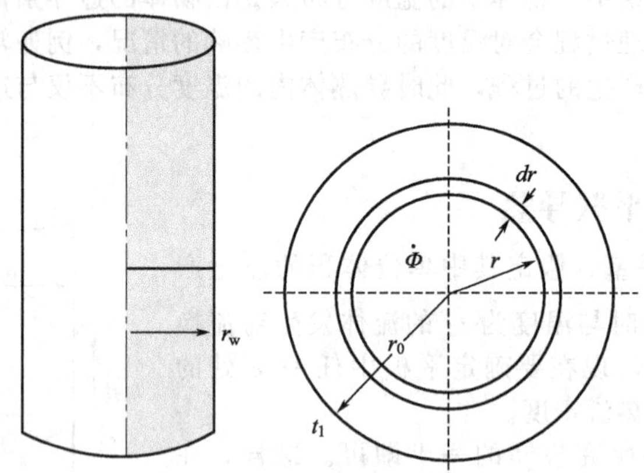

图 2-25 具有内热源的圆柱体导热

如图 2-25 所示，已知一半径为 r_0 的无限长圆柱体处于稳态导热，它的热导率 λ 为常数，内热源强度 $\dot{\Phi}$ 为常数。圆柱体表面温度均布为 t_w。试求圆柱体内的温度分布。

解 由于这是一种关于圆柱体中心线的对称情况，因此只需求解一半的求解域即可，r 坐标的原点取圆柱体的中心线。当热导率 λ 为常数时，描述该圆柱体内稳态温度场的微分方程式为

$$\frac{1}{r}\frac{d}{dr}\left(r\frac{dt}{dr}\right)+\frac{\dot{\Phi}}{\lambda}=0 \tag{2-48}$$

边界条件：

$$r=0,\frac{dt}{dr}=0$$

$$r=r_0,t=t_w \tag{2-49}$$

移项，式（2-48）得

$$\frac{d}{dr}\left(r\frac{dt}{dr}\right)=-\frac{\dot{\Phi}}{\lambda}r \tag{2-50}$$

式（2-50）两侧积分一次得

$$r\frac{\mathrm{d}t}{\mathrm{d}r}=-\frac{\dot{\Phi}}{2\lambda}r^2+C_1 \tag{2-51}$$

式（2-51）两侧除以 r 后再积分一次，可得该微分方程式的通解为

$$t=-\frac{\dot{\Phi}}{4\lambda}r^2+C_1\ln r+C_2 \tag{2-52}$$

代入边界条件：当 $r\rightarrow 0$ 时，$\ln r\rightarrow\infty$，而圆柱体内的实际温度是有限的，因此取 $C_1=0$ 时，该方程的解才符合实际情况。

$$t_{\mathrm{w}}=-\frac{\dot{\Phi}}{4\lambda}r_0^2+C_2 \tag{2-53}$$

$$C_2=\frac{\dot{\Phi}}{4\lambda}r_0^2+t_{\mathrm{w}} \tag{2-54}$$

常数 C_1 和 C_2 代入微分方程式的通解式（2-52）得到圆柱体内的温度表达式为

$$t=\frac{\dot{\Phi}}{4\lambda}(r_0^2-r^2)+t_{\mathrm{w}} \tag{2-55}$$

讨论：对于有内热源的平壁和圆筒壁导热问题，两者的物理条件和边界条件相同，但由于两者的几何条件不同，采用的坐标系也不同，因此解的形式不同。

【例 2-4】某一半径为 r_0 的橡胶材料具有均匀的内热源强度 $\dot{\Phi}$ 并处于稳态导热，该材料处于温度为 t_{f} 的流体中，对流换热系数为 h，假设橡胶材料的热导率已知为 λ，试求该柱体橡胶材料的温度场分布。

解 由式（2-52） $t=-\frac{\dot{\Phi}}{4\lambda}r^2+C_1\ln r+C_2$

同上述分析 $C_1=0$，则式（2-51）简化为

$$\frac{\mathrm{d}t}{\mathrm{d}r}=-\frac{\dot{\Phi}}{2\lambda}r$$

由第三类边界条件得

$$-\lambda\left.\frac{\mathrm{d}t}{\mathrm{d}r}\right|_{r=r_0}=h\left(t|_{r=r_0}-t_{\mathrm{f}}\right)$$

又 $C_2=t\,|_{r=r_0}+\frac{\dot{\Phi}}{4\lambda}r_0^2$，则

$$C_2=t_{\mathrm{f}}+\frac{r_0\dot{\Phi}}{2h}+\frac{\dot{\Phi}}{4\lambda}r_0^2$$

因此该柱体材料的温度场分布为

$$t=-\frac{\dot{\Phi}}{4\lambda}r^2+t_{\mathrm{f}}+\frac{r_0\dot{\Phi}}{2h}+\frac{\dot{\Phi}}{4\lambda}r_0^2$$

2.5 肋片导热问题

2.5.1 肋片的传热

许多场合，例如绪论中的传热过程、处于第三类边界条件下的平壁导热等，会涉及导热和对流的联合作用，为了强化固体和邻近流体之间的传热，最常见的应用是利用扩展表面。这种依附于基础表面上的扩展表面称为肋片。

如图 2-26（a）所示，假定导热体温度固定，若需要强化传热，从牛顿冷却定律可以得到要么增大对流换热系数，要么降低流体的温度，然而在许多场合增大 h 会受到制约，降低流体温度往往也是不现实的。从图 2-26（b）可以发现，借助增大对流换热面积及辐射散热面，以强化换热是一个非常有效的方法。需要特别注意的是在肋片伸展的方向上有表面的对流换热及辐射散热，肋片中沿导热热流传递的方向上热流量是不断变化的，即 $\Phi \neq \mathrm{const}$。

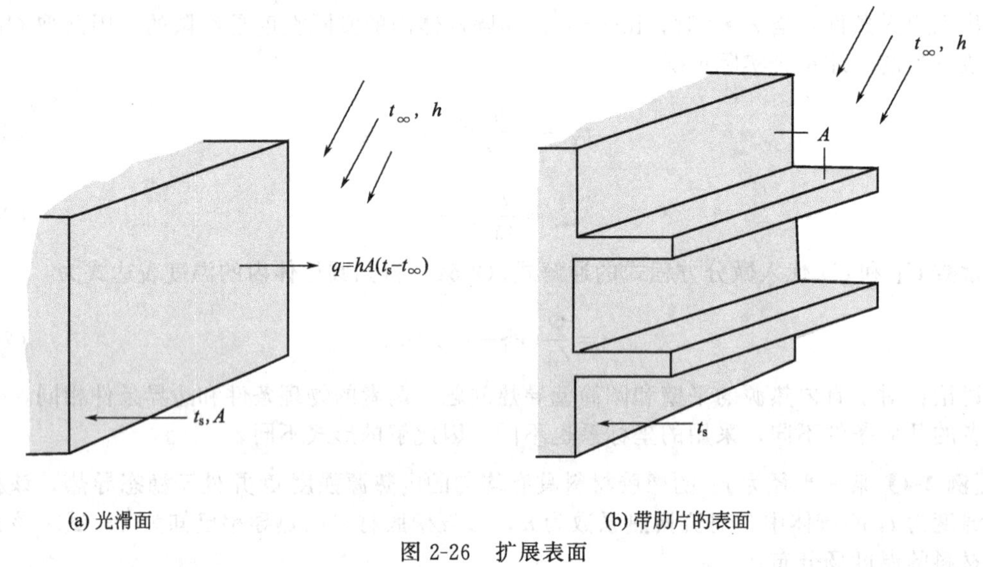

(a) 光滑面 (b) 带肋片的表面

图 2-26 扩展表面

常见肋片的结构如图 2-27 所示有针肋、直肋、环肋、大套片等，其形状有矩形、圆环形、圆柱形等。

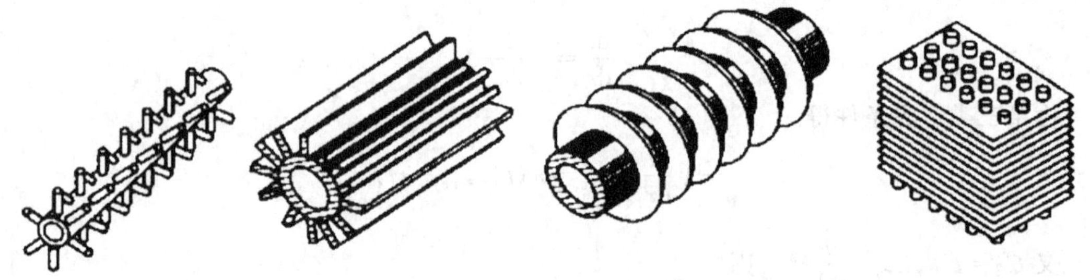

图 2-27 肋片的典型结构

作为工程师，分析肋片导热问题时应关心：一是确定肋片的温度沿导热热流传递的方向是如何变化的；二是确定通过肋片的散热热流量有多少。肋片在工程实际的换热设备中，常用于强化对流换热，如散热器外加肋片、翅片管换热器等都是应用肋片强化换热的典型例子。肋片的形式多种多样，其中最简单的就是等截面直肋。

2.5.2 通过等截面直肋的导热

以矩形肋为例，如图 2-28 所示，肋的高度为 H，厚度为 δ，宽度为 l，与高度方向垂直的横截面积为 A_c，截面周长为 P，纵剖面积为 A_1，已知肋根温度为 t_0，周围流体温度为 t_∞，且 $t_0 > t_\infty$，h 为复合换热的表面传热系数。试确定：肋片中的温度分布及通过肋片的散热量。

为了简化分析，假设：

① 材料热导率 λ 及表面传热系数 h 均为常数，沿肋高方向肋片横截面积 A_c 不变。

② 肋片在垂直于纸面方向（即深度方向）很长，不考虑温度沿该方向的变化，因此取单位长度 $l=1$ 分析。

③ 表面上的换热热阻 $1/h$ 远大于肋片的导热热阻 δ/λ，即肋片上任一截面上的温度均匀不变；一般来说肋片都很薄，而且都是用金属材料制成的，所以基本上都能满足这一条件。

④ 忽略肋片顶端的散热，视为绝热，即 $\mathrm{d}t/\mathrm{d}x=0$。

解 在上述假设条件下，复杂的肋片导热问题就转化为沿肋高方向的一维稳态导热，如图 2-28（b）所示。但是肋片导热不同于前面的平壁和圆筒壁的导热。从图 2-28 中可以看出，肋片的边界为肋根和肋端，分别为第一和第二类边界条件，但肋片的周边也要与周围流体进行对流换热，将该项热量作为肋片的内热源进行处理，这样肋片的导热问题就简化成了一维有内热源的稳态导热问题。其相应的导热微分方程为

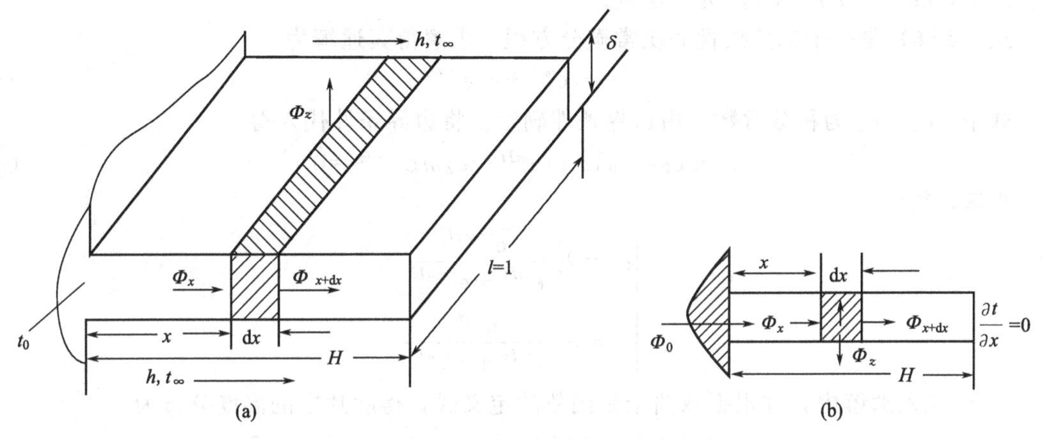

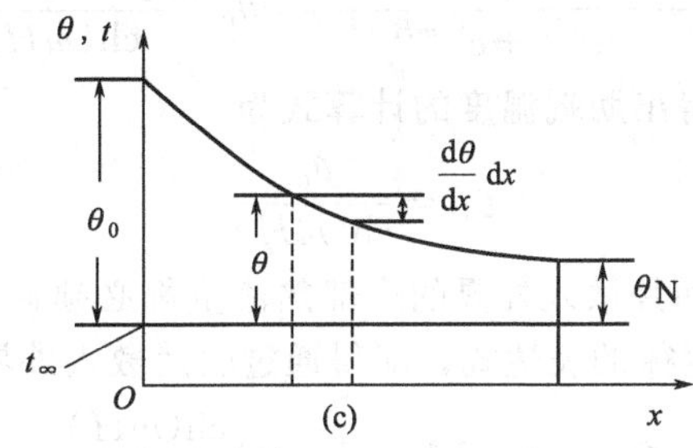

图 2-28　肋片导热分析

$$\frac{\mathrm{d}^2 t}{\mathrm{d}x^2}+\frac{\dot{\Phi}}{\lambda}=0 \tag{a}$$

计算区域的边界条件为

$$\begin{cases} x=0, t=t_0 \\ x=H, \mathrm{d}t/\mathrm{d}x=0 \end{cases} \tag{b}$$

针对长度为 $\mathrm{d}x$ 的微元体，参与换热的截面周长为 P，则微元表面的总散热量为

$$\Phi_s=(P\mathrm{d}x)h(t-t_\infty) \tag{c}$$

微元体的体积为 $A_c\mathrm{d}x$，那么，微元体的折算源项为

$$\dot{\Phi}=-\frac{\Phi_s}{A_c\mathrm{d}x}=-\frac{Ph(t-t_\infty)}{A_c} \tag{d}$$

负号表示肋片向环境散热，所以源项取负。

将式（d）代入式（a），得

$$\frac{\mathrm{d}^2 t}{\mathrm{d}x^2}=\frac{Ph(t-t_\infty)}{\lambda A_c} \tag{e}$$

该式为温度 t 的二阶非齐次常微分方程。为求解方便，引入过余温度 $\theta=t-t_\infty$，使式（e）变形成为二阶齐次方程，可得所研究问题的完整数学描述为

$$\begin{cases}\dfrac{\mathrm{d}^2\theta}{\mathrm{d}x^2}=m^2\theta \\ x=0, \theta=\theta_0=t_0-t_\infty \\ x=H, \dfrac{\mathrm{d}\theta}{\mathrm{d}x}=0\end{cases} \tag{2-56}$$

式中，$m=\sqrt{hP/(\lambda A_c)}$为一常量。

式（2-56）是一个二阶线性齐次常微分方程，求解得其通解为

$$\theta=c_1 \mathrm{e}^{mx}+c_2 \mathrm{e}^{-mx} \tag{f}$$

式中，c_1、c_2 为积分常数，由边界条件确定。将边界条件代入得

$$c_1+c_2=\theta_0, c_1 m\mathrm{e}^{mH}-c_2 m\mathrm{e}^{-mH}=0 \tag{g}$$

求解，得

$$\begin{cases}c_1=\theta_0 \dfrac{\mathrm{e}^{-mH}}{\mathrm{e}^{mH}+\mathrm{e}^{-mH}} \\ c_2=\theta_0 \dfrac{\mathrm{e}^{mH}}{\mathrm{e}^{mH}+\mathrm{e}^{-mH}}\end{cases}$$

将 c_1、c_2 代入通解中，并根据双曲余弦函数的定义式，得肋片中的温度分布为

$$\theta=\theta_0 \frac{\mathrm{e}^{m(H-x)}+\mathrm{e}^{-m(H-x)}}{\mathrm{e}^{mH}+\mathrm{e}^{-mH}}=\theta_0 \frac{\mathrm{ch}[m(H-x)]}{\mathrm{ch}(mH)} \tag{2-57}$$

令 $x=H$，即可从上式得出肋端温度的计算式为

$$\theta_H=\frac{\theta_0}{\mathrm{ch}(mH)} \tag{2-58}$$

据能量守恒定律知，由肋片散入外界的全部热流量都必须通过 $x=0$ 处的肋根截面。将式（2-57）的 θ 代入傅里叶定律的表达式，即得通过肋片散入外界的热流量为

$$\begin{aligned}\Phi_{x=0}&=-\lambda A_c\theta_0(-m)\frac{\mathrm{ch}(mH)}{\mathrm{sh}(mH)} \\ &=\lambda A_c\theta_0 m\,\mathrm{th}(mH)=\frac{hP}{m}\theta_0\,\mathrm{th}(mH)\end{aligned} \tag{2-59}$$

说明：

① 上述结论是在假设肋端绝热的情况下推导出的，即 $x=H$，$\mathrm{d}t/\mathrm{d}x=0$。可应用于大量实际肋片，特别是薄而长结构的肋片，可以获得实用上足够精确的结果。若必须考虑肋端的散热，则 $x\neq H$，$\mathrm{d}t/\mathrm{d}x\neq 0$，上述公式不适用，此时可在肋端添加第三类边界条件进行求解，详见其他文献。

② 计算热流量 Φ 的比较简便的方法。若肋片的厚度为 δ，引入假想高度 $H'=H+\dfrac{\delta}{2}$代替实际肋高 H 仍按式（2-59）计算 Φ。这种处理，实际上是基于这样一种想法，即为了照顾末梢端面的散热而把端面面积铺展到侧面上去。

2.5.3 肋片效率

2.5.3.1 等截面直肋的效率

为了表征肋片散热的有效程度，引入肋片效率的概念，它有以下物理意义：

$$\eta_f=\frac{实际散热量}{假设整个肋表面处于肋基温度下的散热量} \tag{2-60}$$

由上述定义，可以很明显地看出来，已知肋片效率 η_f 即可计算出肋片的实际散热量。对于等截面直肋，其肋片效率为

$$\eta_f=\frac{\frac{hP}{m}\theta_0\text{th}(mH)}{hPH\theta_0}=\frac{\text{th}(mH)}{mH} \tag{2-61}$$

对于直肋，假定肋片长度 l 比其厚度 δ 要大得多，所以可取出单位长度来研究。其中参与换热的周界 $P=2$，于是有

$$mH=\sqrt{\frac{hP}{\lambda A_c}}H=\sqrt{\frac{2h}{\lambda\delta\times 1}}H=\sqrt{\frac{2h}{\lambda\delta}}H \tag{2-62}$$

对于环肋，理论分析表明，肋片效率也是参数 mH 的单值函数。假定环的内半径远大于其厚度，则式（2-62）同样成立。将式（2-62）的分子分母同乘以 $H^{1/2}$，得

$$mH=\sqrt{\frac{hP}{\lambda\delta H}}H^{3/2}=\sqrt{\frac{2h}{\lambda A_L}}H^{3/2} \tag{2-63}$$

式中，$A_L=\delta H$ 为肋片的纵剖面积。实际上，往往采用以肋片效率 η_f 与式（2-63）所示的 mH 或 $\sqrt{\frac{2h}{\lambda A_L}}H^{3/2}$ 为坐标的曲线，来表示各种肋片的理论解的结果，如图 2-29 所示。

2.5.3.2 通过环肋及三角形截面直肋的效率

前面推导的等截面直肋的情况是肋片求解中一种最为简单的情况。变截面直肋或等厚度环肋的情况要复杂一些，因为对于这些情况，截面积 A_c 不能再作为常量处理，因而其基本微分方程式的求解要复杂得多，但是仍然可以按照图 2-29 的形式给出肋片效率曲线图。详情请查阅附录或其他文献。

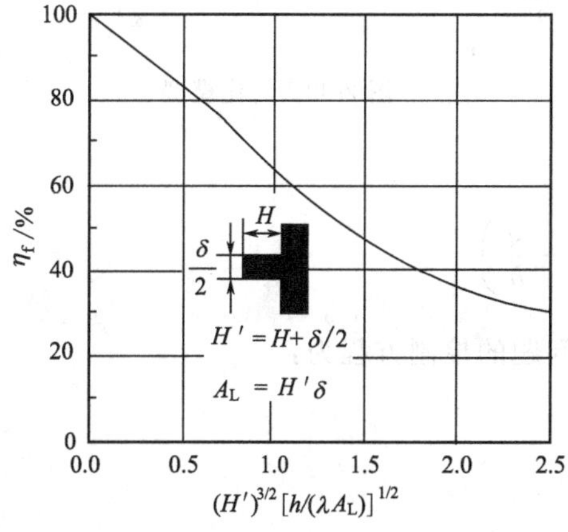

图 2-29 等截面直肋的效率曲线

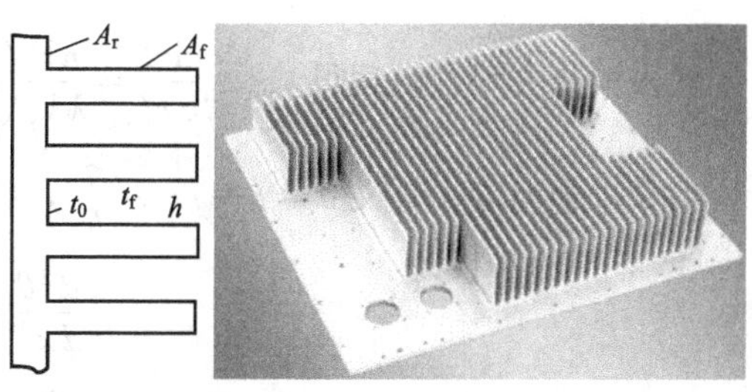

图 2-30 肋化表面示意图

2.5.3.3 肋面总效率

以上讨论的是单个肋片的效率，实际上肋片总是成组地被采用的，如图 2-30 所示，称为肋化表面。设流体的温度为 t_f，流体与整个表面的表面传热系数为 h，肋片的表面积为 A_f，两个肋片之间的根部表面积为 A_r，根部温度为 t_0，则所有肋片与根部面积之和为 A_0，即 $A_0=A_f+A_r$。计算该表面的对流换热量时，若以 t_0-t_f 为温差，则有

$$\begin{aligned}\Phi &=A_r h(t_0-t_f)+A_f\eta_f h(t_0-t_f)=h(t_0-t_f)(A_r+A_f\eta_f)\\ &=A_0 h(t_0-t_f)\left(\frac{A_r+A_f\eta_f}{A_0}\right)=A_0\eta_0 h(t_0-t_f)\end{aligned}$$

其中

$$\eta_0=\frac{A_r+A_f\eta_f}{A_r+A_f}$$

称为肋面总效率。显然，肋面总效率高于肋片效率，肋面总效率的表达式在第 9 章换热器的传热设计中有所应用。

【例 2-5】 平板式太阳能集热器作为一种简单的吸热板结构，示意图如图 2-31 所示。其面向太阳的一面涂有辐射吸收比较高的材料，背面则是一组平行的管子，内通冷却水以吸收太阳辐射，管子间充满绝热材料。假设净吸收的太阳辐射密度为 q，空气温度为 t_f，管子与吸热板结合处温度为 t_0，试确定吸热板中温度分布的数学描述。

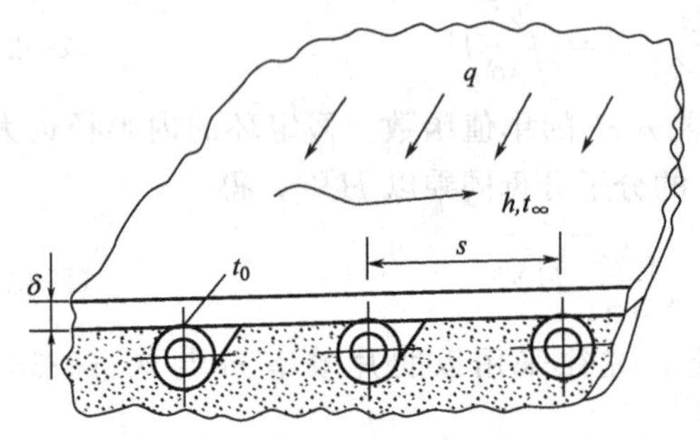

图 2-31　平板式太阳能集热器吸热板示意图

解　对上述问题进行分析，首先可以看出在垂直纸面方向管板的长度远大于厚度，所以可以取一个截面来进行研究；另外由于冷却水管是均匀排列的，所以任意两根相邻管间管板的温度分布是对称的；此外假定板的厚度较薄，可以忽略沿板厚方向的温度变化。则吸热板的温度分布可以简化成如图 2-32 所示的肋片导热问题，应用上文中对肋片导热问题的推导过程，采用肋片导热分析时的前三个假设。

可得肋片的导热微分方程：$\dfrac{d^2t}{dx^2}+\dfrac{\dot{\Phi}}{\lambda}=0$

边界条件：$x=0$，$t=t_0$；$x=s/2$，$\dfrac{dt}{dx}=0$，同时该问题考虑了辐射，假设单元体的周长为 P，则源项 $\dot{\Phi}=-\dfrac{hP(t-t_\infty)+qP}{A}$

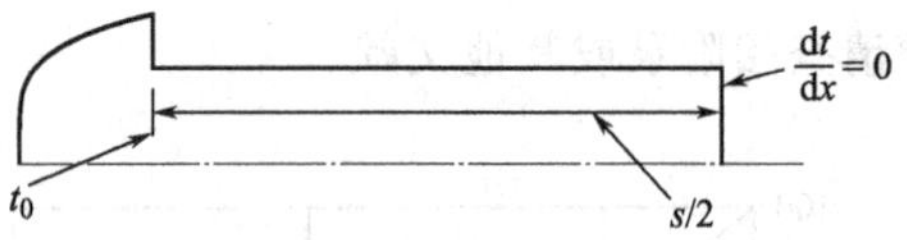

图 2-32　简化模型

代入微分方程，整理得　$\dfrac{d^2t}{dx^2}=\dfrac{hP}{\lambda A_c}\left(t-t_\infty-\dfrac{q}{h}\right)$

引入过余温度，定义 $\theta=t-t_\infty-\dfrac{q}{h}$，得到该问题的控制方程为：

$$\frac{d^2\theta}{dx^2}=m^2\theta$$

定解条件：$x=0$，$\theta=\theta_0$；$x=s/2$，$\dfrac{d\theta}{dx}=0$

本章小结

本章的目的是使读者进一步加深对傅里叶导热定律的理解，熟悉一个导热问题完整的数学描述（包括导热微分方程和定解条件），并对大量工程应用中会碰到的典型的一维稳态导热问题进行求解。读者应能回答下述问题。

(1) 为什么导电金属的热导率一般比非金属固体大？

(2) 写出一般形式的傅里叶导热定律表达式，并说明其适用条件及各符号的含义。

(3) 什么是导热问题的单值性条件？它都包含哪些内容？

(4) 热扩散系数的定义式、物理意义和单位是什么？

(5) 为什么有些物体要加装肋片？加肋片一定会增大传热量吗？

(6) 试说明影响肋片效率的主要因素。

(7) 肋片高度增加会带来肋片效率的下降和散热面积的增大，有人认为，随着肋片高度的增加会出现一个临界高度，超过这个高度后肋片导热的热流量反而会下降，你认为这种说法正确吗？

习　题

2-1　假设有一个厚度为 0.3m 的墙，其热导率为 1.3W/(m·K)，为了保证每平方米的墙壁热损失不超过 50W，在墙外侧覆盖了一层热导率为 0.05W/(m·K) 的保温材料。已知墙壁内、外两侧温度分别为 25℃和 0℃，试确定保温层的厚度。

2-2　试推导圆柱坐标系下的导热微分方程。

2-3　假设一根截面积发生变化的棒正在发生一维稳态导热，热导率为 λ，横截面积公式为 $A(x)=A_0e^{ax}$，体积热源以公式 $q=q_0e^{-ax}$ 的形式产生，棒侧面绝热，试确定该问题的热流量及温度分布。

2-4　火箭燃烧室为外径 130mm 的圆筒，壁厚 2.1mm，热导率为 23.2W/(m·K)。圆筒外壁用冷却水冷却，外壁温度 240℃。通过测量得到热流密度为 4.8×10^{-6}W/m^2，其材料的最高温度不允许超过 700℃，试判断该燃烧室壁面是否处于安全工作温度范围内。

2-5　在平板导热仪中，试件厚度远远小于直径 d，由于安装问题，试件与冷热表面之间存在着厚度为 0.1mm 的空气间隙。假设表面温度分别为 180℃和 30℃，空气间隙的热导率按相应的温度查取，忽略空气间隙的辐射换热，试确定空气间隙的存在给测量带来的误差。

2-6　假设直径为 3mm 的导线，电阻每米为 $2.22\times10^{-3}\Omega$。导线外部包覆 1mm，热导率为 0.15W/(m·K) 的绝缘层。限制绝缘层最高温度不得超过 65℃，最低温度 0℃，试求在该条件下导线中的最大电流。

2-7　一具有内热源 $\dot{\Phi}$、外径为 r_0 的实心长圆柱体向四周散热，温度、表面传热系数均已知。试求解圆柱体稳态温度场的微分方程式。

2-8　一个摩托车气缸外径为 60mm，高 170mm，热导率 180W/(m·K)。为了强化传热，气缸外敷设等厚度的铝合金环肋 10 个，肋厚 3mm，肋高 25mm，假设摩托车表面对流换热系数为 50W/(m^2·K)，空气温度为 28℃，气缸外壁温度为 220℃。分析增加肋片后气缸的散热是原来的多少倍。

2-9　有一砖砌成的烟气通道，内、外壁温度分别为 80℃和 25℃，砖热导率为 1.5W/

(m·K)，试确定每米长的烟道上散热量。

2-10 一烘箱的炉门由两种保温材料 A 和 B 制成，且厚度 $\delta_A=2\delta_B$，已知 $\lambda_A=0.1$W/(m·K)，$\lambda_B=0.06$W/(m·K)，烘箱内空气温度 $t_{f1}=400$℃，内壁面的总表面传热系数 $h_1=50$W/(m²·K)。为安全起见，希望烘箱炉门的外表面温度不得高于 50℃。假设可把炉门导热作为一维问题处理，试决定所需保温材料的厚度。环境温度 $t_{f1}=25$℃，外表面总表面传热系数 $h_1=9.5$W/(m²·K)。

2-11 某房间墙壁（从外到内）由一层厚度为 240mm 的砖层和一层厚度为 20mm 的灰泥构成。冬季外壁面温度为－10℃，内壁面温度为 18℃。求：(1) 通过该墙体的热流密度是多少？(2) 两层材料接触面的温度是多少？已知砖的热导率为 0.7W/(m·K)，灰泥的热导率为 0.58W/(m·K)。

2-12 有一厚度 $\delta=400$mm 的房屋外墙，热导率为 0.5W/(m·K)。冬季室内空气温度 $t_1=20$℃，和墙内壁面之间对流换热的表面传热系数 $h_1=4$W/(m²·K)。室外空气温度 $t_2=-10$℃，和外墙之间对流换热的表面传热系数 $h_2=6$W/(m²·K)。如果不考虑热辐射，试求通过墙壁的传热系数，单位面积的传热量和内、外壁面温度。

2-13 一单层玻璃窗，高 1.2m，宽 1m，玻璃厚 0.3mm，玻璃的热导率 $\lambda=1.05$W/(m·K)，室内、外的空气温度分别为 20℃和 5℃，室内、外空气与玻璃窗之间对流换热的表面传热系数分别为 $h_1=5$W/(m²·K) 和 $h_2=20$W/(m²·K)，试求玻璃窗的散热损失及玻璃的导热热阻、两侧的对流换热热阻。

参考文献

[1] 伊萨琴科，奥西波娃，苏科梅尔．传热学［M］．王丰，冀守礼，周筠清等译．北京：高等教育出版社，1987：14.

[2] Eckert E R G，Drake R M Jr. Analysis of heat and mass transfer［M］. International student edition. Tokyo: McGraw-Hill Kogakusha，Ltd，1972：12-17，24.

[3] Holman J P. Heat transfer［M］. 9th ed. New York：Mc Graw-Hill Book Company，2002：7.

[4] 奚同庚．无机材料热物性学［M］．上海：上海人民出版社，1981：92-122.

[5] 国家建筑材料工业局技术情报标准研究所，国家建筑材料工业局南京玻璃纤维研究设计院．GB/T 4272—92 设备及管道绝热技术通则［S］．北京：中国标准出版社，1992.

[6] 姜任秋．热传导与动量传递中的瞬态冲击效应［M］．北京：科学出版社，1997：44-45.

[7] 刘静．微米/纳米尺度传热学［M］．北京：科学出版社，2001：161-163，179，291.

[8] 陶文铨．数值传热学［M］．第 2 版．西安：西安交通大学出版社，2001.

[9] 杨世铭，陶文铨．传热学［M］．第 4 版．北京：高等教育出版社，2006：34-35.

[10] 弗兰克，大卫德维特，狄奥多尔伯格曼等．传热和传质基本原理［M］．葛新石，叶宏译．北京：化学工业出版社，2007：98-101.

[11] 张洪济．热传导［M］．北京：高等教育出版社，1992：90-97，102-104，119-124，337-361.

[12] Schneider P J. Conduction［M］//Rohsenow W M，Hartnett J P，Ganic E N. Handbook of heat transfer, fundamentals. 2nd ed. New York：McGraw-Hill Book Company，1985：4.156-4.162.

3 非稳态导热

在自然界和许多工程问题中，热量的传递是和时间有关的，例如：轮胎硫化工艺过程中，轮胎在胶囊内被加热时，要了解轮胎的不同部位的温度随时间的变化，确定轮胎在胶囊内停留的时间，即硫化时间，防止硫化不足和过硫化，对轮胎的生产过程有至关重要的意义。对于这类非稳态导热问题，需要确定：物体内部温度场随时间的变化，或确定其内部温度达某一极限值所需的时间。在本章中，我们从求解适当形式的导热微分方程入手，对零维、一维和半无限大物体的非稳态导热进行分析，得到当系统的热边界条件发生变化时，物体内温度随时间的变化。

3.1 非稳态导热概述

3.1.1 两类非稳态导热

物体的温度随时间而变化的导热过程称为非稳态导热。通常来说根据物体内温度随时间而变化的特征不同又可以分为两类：一类是物体的温度随时间作周期性变化，称为周期性非稳态导热。如墙体的温度在一天内随室外气温的变化而作周期性变化；在一年内随季节的变化而作周期性变化。本书中不讨论周期性非稳态导热问题，感兴趣的读者可以参阅相关文献。另一类是物体的温度会随着时间的推移逐渐趋于恒定的值，称为瞬态导热问题。例如一个固体的周围热环境突然发生变化形成的导热问题，初始时处于均匀温度，突然放到温度较低的液体中进行淬火的金属锻件，金属锻件的温度会随着时间的推移而逐渐降低，最终达到冷却液体的温度。

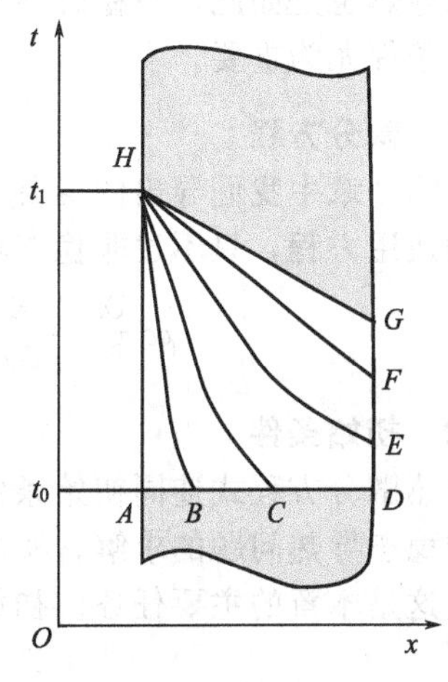

图 3-1 非稳态导热过程中的温度分布

我们仅分析后一种非稳态导热过程的特点。如图 3-1 所示，假设一平壁，其初始温度为 t_0，令其左侧的表面温度突然升高到 t_1 并保持不变，而右侧仍与温度为 t_0 的空气接触，平壁的温度分布通常要经历以下的变化过程。首先，物体与高温表面靠近部分的温度很快上升，而其余部分仍保持原来的温度 t_0，如图 3-1 中曲线 HBD。随着时间的推移，由于物体导热，温度变化波及范围扩大，以致在一定时间后，右侧表面温度也逐渐升高，图 3-1 中曲线 HCD、HE、HF 示意性地表示了这种变化过程。最终达到稳态时，温度分布保持恒定，如图 3-1 中曲线 HG（若热导率为常数，则 HG 是直线）。

以上分析表明，在上述非稳态导热过程中，物体中的温度分布存在着两个不同阶段。

(1) 非正规状况阶段（右侧面不参与换热）

其特点是温度的变化从表面逐渐向物体内部深入，物体内各点的温度变化对时间的变化率各不相同，在这一阶段，温度分布呈现出主要受初始温度分布控制的特性。

(2) 正规状况阶段（右侧面参与换热）

当过程进行到一定深度时，物体初始温度分布的影响逐渐消失，物体中的温度分布主要取决于边界条件及物性。正规状况阶段的温度变化规律是本章讨论的重点。周期性非稳态导热不存在正规状况与非正规状况两个阶段之分，这也是周期性与瞬态非稳态导热的一个很大的区别。

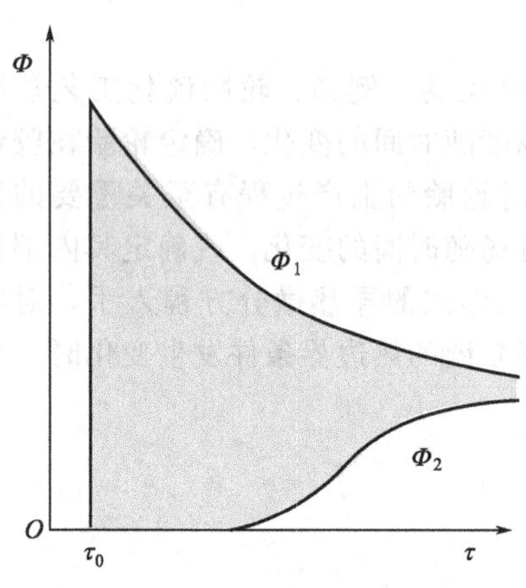

图 3-2　平板非稳态导热过程中两侧表面上导热量随时间的变化

在上述平壁由于左侧表面温度突然升高发生的非稳态导热过程中，在与热流量方向相垂直的不同截面上热流量不相等，这是非稳态导热区别于稳态导热的一个特点。

其原因是，由于在热量传递的路径上，物体各处温度的变化要积聚或消耗能量，所以，在热流量传递的方向上热流量并不是一个常数（$\Phi \neq \text{const}$）。

图 3-2 定性地示出了图 3-1 所示的非稳态导热平板，从左侧面导入的热流量 Φ_1 及从右侧面导出的热流量 Φ_2 随时间变化的曲线。在整个非稳态导热过程中，这两个截面上的热流量是不相等的，但随着过程的进行，其差别逐渐减小，直至达到稳态时热流量相等。图 3-2 中有阴影部分就代表了平板升温过程中所积聚的能量。

3.1.2　非稳态导热的数学描述

第 2 章中指出，一个导热问题完整的数学描述包括控制方程和定解条件两个方面，对于非稳态导热也是如此，与稳态导热不同的是，对于非稳态导热其定解条件中某时刻或者初始时刻的条件尤为重要。

(1) 微分方程

在第 2 章中我们导出的导热微分方程是描述所有导热问题（包括稳态导热和非稳态导热）的通用方程，只不过非稳态项在稳态导热过程中为 0，而在非稳态导热中不为 0。

$$\rho c\frac{\partial t}{\partial \tau}=\frac{\partial}{\partial x}\left(\lambda\frac{\partial t}{\partial x}\right)+\frac{\partial}{\partial y}\left(\lambda\frac{\partial t}{\partial y}\right)+\frac{\partial}{\partial z}\left(\lambda\frac{\partial t}{\partial z}\right)+\dot{\Phi}$$

(2) 初始条件

导热微分方程式连同初始条件及边界条件一起，完整地描述了一个特定的非稳态导热问题。非稳态导热问题的求解，实质上归结为在规定的初始条件及边界条件下求解导热微分方程式，这是本章的主要任务。初始条件的一般形式为

$$t(x,y,z,0)=f(x,y,z) \tag{3-1}$$

一个实际中经常遇到的简单特例是初始温度均匀，即

$$t(x,y,z)=t_0 \tag{3-2}$$

(3) 边界条件

边界条件的表示方法已在第 2 章中讨论过，分为第一类、第二类和第三类边界条件，在瞬态非稳态导热问题中最常见的是处于第三类边界条件下，导热体内的温度对周围对流换热的边界条件的响应。

为了说明第三类边界条件下非稳态导热时物体中的温度变化特性与边界条件参数的关系，分析一简单情形。

假设有一块厚 2δ 的金属平板，初始温度为 t_0，突然将它置于温度为 t_∞ 的流体中进行冷却，表面传热系数为 h，平板热导率为 λ。分析此非稳态导热问题，仅受两个因素的影响：一是物体内部的导热；二是边界上与外部流体的对流换热。因此分析内部导热面积热阻 δ/λ 与外部对流热阻 $1/h$ 的相对大小的不同，可以得知平板中温度场的变化会出现以下三种情况（如图 3-3 所示）。

① $1/h \ll \delta/\lambda$：这时，由于表面对流换热热阻 $1/h$ 几乎可以忽略，相当于表面对流换热系数很大的情形，因而过程一开始平板的表面温度就被冷却到 t_∞。随着时间的推移，平板内部各点的温度逐渐下降而趋近于 t_∞，如图 3-3（a）所示。

② $\delta/\lambda \ll 1/h$：这时，平板内部导热热阻 δ/λ 几乎可以忽略，没有热阻则没有温度差，因而任一时刻平板中各点温度接近均匀，并随着时间的推移整体地下降，逐渐趋近于 t_∞，如图 3-3（b）所示。

③ $1/h$ 与 δ/λ 的数值比较接近：这时，平板中不同时刻的温度分布介于上述两种极端情况之间，如图 3-3（c）所示。

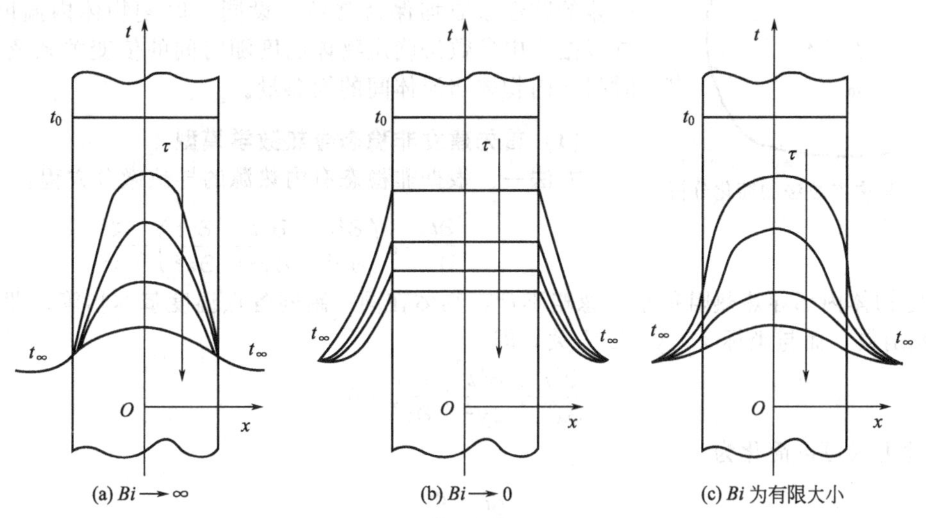

图 3-3　毕渥数 Bi 对平板温度场变化的影响

(4) 毕渥数

由上述分析可见，表面对流换热热阻 $1/h$ 与导热热阻 δ/λ 的相对大小对物体中非稳态导热温度场的分布有重要影响。因此，在传热学上引入表征二者比值的无量纲数称为毕渥数。类似流体力学中表征流动状态为层流还是湍流的 Re 数，这类表征某一物理现象或过程特征的无量纲数也称为特征数，或准则数。

① 毕渥数定义式：

$$Bi=\frac{\delta/\lambda}{1/h}=\frac{\delta h}{\lambda} \tag{3-3}$$

② Bi 的物理意义：Bi 是固体内部导热热阻与其界面上对流换热热阻之比，其大小反映了物体在非稳态条件下内部温度场的分布规律。

③ 特征长度：需要注意的是，在特征数的表达式中，δ 是厚度，指特征数定义式中的几何尺度，称为特征长度。

3.2 零维非稳态导热——集中参数法

3.2.1 集中参数法

(1) 定义

非稳态导热问题的求解，最简单的应当是当固体内的导热热阻远远小于外部对流换热热阻 $\delta/\lambda \ll 1/h$，即 $Bi \to 0$ 时，固体内的温度趋于一致，此时可认为整个固体在同一瞬间均处于同一温度下，这时需求解的温度仅是时间的一元函数，而与坐标无关，好像该固体原来连续分布的质量与热容量汇总到一点上，而只有一个温度值那样。这种忽略物体内部导热热阻的简化分析方法称为集中参数法。

(2) 集中参数法的计算方法

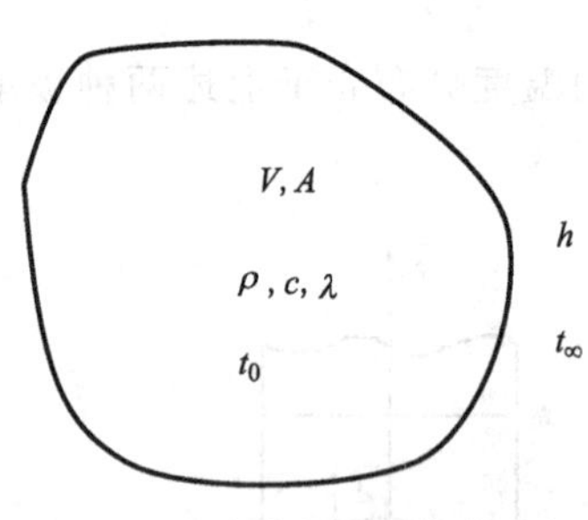

图 3-4 集中参数法的简化分析

假定有一任意形状的物体（见图 3-4），体积为 V，面积为 A，初始温度为 t_0，在初始时刻，突然将其置于温度恒为 t_∞ 的流体中，且 $t_0 > t_\infty$，固体与流体间的表面传热系数 h，固体的物性参数均保持常数。设同一时刻物体内温度相等。试根据集中参数法确定物体温度随时间的依变关系及在一段时间 τ 内物体与流体间的换热量。

(1) 首先建立非稳态导热数学模型

方法一：根据非稳态有内热源的导热微分方程：

$$\frac{\partial t}{\partial \tau}=a\left(\frac{\partial^2 t}{\partial x^2}+\frac{\partial^2 t}{\partial y^2}+\frac{\partial^2 t}{\partial z^2}\right)+\frac{\dot{\Phi}}{\rho c}$$

假定物体内部导热热阻很小，忽略不计，物体在同一瞬间各点温度基本相等，即 t 仅是 τ 的一元函数，而与坐标 x，y，z 无关，即

$$\frac{\partial^2 t}{\partial x^2}+\frac{\partial^2 t}{\partial y^2}+\frac{\partial^2 t}{\partial z^2}=0$$

因此上式可以简化为

$$\frac{\mathrm{d}t}{\mathrm{d}\tau}=\frac{\dot{\Phi}}{\rho c} \tag{a}$$

$\dot{\Phi}$ 可视为广义内热源，界面上交换的热量应折算成整个物体的体积热源，即

$$-\dot{\Phi}V=hA(t-t_\infty) \tag{b}$$

由于 $t > t_\infty$，物体被冷却，$\dot{\Phi}$ 应为负值。

由式 (a)、式 (b) 得

$$\rho c V\frac{\mathrm{d}t}{\mathrm{d}\tau}=-hA(t-t_\infty) \tag{3-4}$$

式 (3-4) 即为导热微分方程式。若 $t_0 < t_\infty$，物体被加热，上述导热微分方程式仍然

成立。

方法二：除了直接利用第 2 章得到的导热微分方程外，也可以根据能量守恒原理，建立物体的热平衡方程，即

物体与环境的对流散热量＝物体内能的减少

则有
$$\rho cV\frac{\mathrm{d}t}{\mathrm{d}\tau}=-hA(t-t_\infty)$$

与方法一所建立的微分方程相同。

(2) 物体温度随时间的依变关系

引入过余温度：$\theta=t-t_\infty$

则式 (3-4) 表示为

$$\rho cV\frac{\mathrm{d}\theta}{\mathrm{d}\tau}=-hA\theta$$

其初始条件为

$$\theta(0)=t_0-t_\infty$$

将 $\rho cV\frac{\mathrm{d}\theta}{\mathrm{d}\tau}=-hA\theta$ 分离变量求解微分方程 $\frac{\mathrm{d}\theta}{\theta}=-\frac{hA}{\rho cV}\mathrm{d}\tau$

对时间 τ 从 0→τ 积分，则

$$\int_{\theta_0}^{\theta}\frac{\mathrm{d}\theta}{\theta}=-\int_0^{\tau}\frac{hA}{\rho cV}\mathrm{d}\tau$$

$$\ln\frac{\theta}{\theta_0}=\frac{hA}{\rho cV}\tau$$

即

$$\frac{\theta}{\theta_0}=\frac{t-t_\infty}{t_0-t_\infty}=\exp\left(-\frac{hA}{\rho cV}\tau\right) \tag{3-5}$$

其中：
$$\frac{hA}{\rho cV}\tau=\frac{hV}{\lambda A}\frac{\lambda}{(V/A)^2\rho c}\tau=\frac{h(V/A)}{\lambda}\frac{a\tau}{(V/A)^2}=Bi_VFo_V \tag{3-6}$$

V/A 是导热体体积与表面积之比，具有长度的量纲，记为 l 。

通过量纲分析可以发现，$\frac{hA}{\rho cV}\tau$ 为一数值，没有量纲；毕渥数 $Bi_V=\frac{hl}{\lambda}$ 如前文所述，为一特征数，因此 $Fo_V=\frac{a\tau}{l^2}$ 也为一无量纲数，称其为傅里叶数。

故得
$$\frac{\theta}{\theta_0}=\frac{t-t_\infty}{t_0-t_\infty}=\exp(-Bi_VFo_V) \tag{3-7}$$

由此可见，采用集中参数法分析时，物体内的过余温度随时间呈指数曲线关系变化。而且开始变化较快，随后逐渐变慢。

指数函数中的 $\frac{hA}{\rho cV}$ 的量纲与 $1/\tau$ 的量纲相同，如果时间 $\tau=\frac{\rho cV}{hA}$，则

$$\frac{\theta}{\theta_0}=\frac{t-t_\infty}{t_0-t_\infty}=\exp(-1)=0.368=36.8\%$$

故将 $\frac{\rho cV}{hA}$ 称为时间常数，记为 τ_c。其物理意义为，表示物体对外界温度变化的响应程度。

当时间 $\tau=\tau_c$ 时，物体的过余温度已是初始过余温度值的 36.8%。当经历 4 倍时间常数的时间，即 $\tau=4\tau_c$ 时，物体的过余温度是初始过余温度的 1.83%，工程上经常认为这时为

非稳态导热已经达到恒定值的状况阶段，时间继续推移，物体的温度变化将很小，可以忽略。

(3) 换热量的计算

确定从初始时刻到某一瞬时这段时间内，物体与流体所交换的热流量，首先可以利用温度对时间的导数求得瞬时热流量。

将$\frac{dt}{d\tau}$代入瞬时热流量的定义式可得

$$\Phi=-\rho cV\frac{dt}{d\tau}=-\rho cV(t_0-t_\infty)\left(-\frac{hA}{\rho cV}\right)\exp\left(-\frac{hA}{\rho cV}\tau\right)=hA(t_0-t_\infty)\exp\left(-\frac{hA}{\rho cV}\tau\right) \quad (3\text{-}8)$$

式中，负号是为了使 Φ 恒取正值而引入的。

若 $t_0<t_\infty$（物体被加热），则用 $t_\infty-t_0$ 代替 t_0-t_∞ 即可。

然后求得从时间 $\tau=0\sim\tau$ 时刻间的总热流量：

$$Q_\tau=\int_0^\tau \Phi d\tau=-\rho cV\frac{dt}{d\tau}=(t_0-t_\infty)\int_0^\tau hA\exp\left(-\frac{hA}{\rho cV}\tau\right)d\tau$$

$$=(t_0-t_\infty)\rho cV\left[1-\exp\left(-\frac{hA}{\rho cV}\tau\right)\right] \quad (3\text{-}9)$$

从式（3-9）中也可以看出，在 $0\sim\tau$ 这段时间间隔内，物体与流体之间所交换的热量即是物体温度降低所释放的热量。

3.2.2 集中参数法的判别条件

已经证明对于形如平板、圆柱和球这一类的物体，如果毕渥数满足以下条件：

$$Bi_V=\frac{h(V/A)}{\lambda}\leqslant 0.1M \quad (3\text{-}10)$$

则物体中各点间过余温度的偏差小于5%。其中 M 是与物体几何形状有关的量纲为1的数。

对于无限大平板：$M=1$；无限长圆柱：$M=1/2$；球：$M=1/3$。

式（3-10）中，特征长度为 V/A，对于不同几何形状，其值不同，具体如下。

厚度为 2δ 的平板：$\frac{V}{A}=\frac{A\delta}{A}=\delta$

半径为 R 的圆柱：$\frac{V}{A}=\frac{\pi R^2 l}{2\pi R l}=\frac{R}{2}$

半径为 R 的球：$\frac{V}{A}=\frac{\frac{4}{3}\pi R^3}{4\pi R^2}=\frac{R}{3}$

由此可见，对于平板：$Bi_V=Bi$；圆柱：$Bi_V=Bi/2$；球体：$Bi_V=Bi/3$。

因此，集中参数法的判别条件也可写为：$Bi=\frac{hl}{\lambda}\leqslant 0.1$，这里 l 是特征长度，对于平板是指平板的半厚 δ；对于圆柱体和球体，是指半径 R。

3.2.3 毕渥数 Bi_V 与傅里叶数 Fo_V 的物理意义

(1) Bi_V 定义

表征固体内部单位导热面积上的导热热阻与单位面积上的换热热阻（即外部热阻）之比，即

$$Bi_V=\frac{h(V/A)}{\lambda}$$

Bi_V 越小，表示内热阻越小，外部热阻越大。此时采用集中参数法求解的结果就越接近实际情况。物理意义：Bi_V 的大小反映了物体在非稳态导热条件下，物体内温度场的分布规律。

(2) Fo_V 定义

Fo_V 表征两个时间间隔相比所得的量纲为 1 的时间，即

$$Fo_V = \frac{a\tau}{l^2} = \frac{\tau}{l^2/a}$$

分子 τ 是从边界上开始发生热扰动的时刻起到所计时刻为止的时间间隔。a 为热扩散率，因此分母可视为边界上发生的有限大小的热扰动穿过一定厚度的固体层扩散到 l^2 的面积上所需的时间。物理意义：表示非稳态导热过程进行的程度，Fo_V 越大，热扰动就越深入地传播到物体内部，因而物体内各点的温度越接近周围介质的温度。

【例 3-1】 直径为 1mm 的金属丝置于温度为 25℃的恒温油箱中，其电阻值为 0.01Ω/m，设电流强度为 120A 的电流突然经过此导线并保持不变，导线表面与油之间的表面传热系数为 550W/(m²·K)。当导线温度稳定后其值为多少？从通电开始瞬间到导线温度与稳定值相差 1℃所需要的时间为多少？设表面传热系数为常数并保持不变，导线的 $c=500\text{J}/(\text{kg}\cdot\text{K})$，$\rho=8000\text{kg/m}^3$，$\lambda=25\text{W}/(\text{m}\cdot\text{K})$。

解 ①由稳态过程热平衡得

$$h\pi Dl(t_w - t_\infty) = I^2Rl$$

$$\begin{aligned} t_w &= I^2Rl/(h\pi Dl) + t_\infty \\ &= (120\text{A})^2 \times 0.01\Omega/\text{m}/[550\text{W}/(\text{m}^2\cdot\text{K}) \times 3.14 \times 0.001\text{m}] + 25℃ \\ &= 108.4℃ \end{aligned}$$

② $$Bi_V = \frac{h(V/A)}{\lambda} = \frac{h[(\pi D^2 l/4)/(\pi Dl)]}{\lambda}$$

代入数据可得

$$Bi_V = 0.0055 < 0.05$$

故可采用集中参数法。

令过余温度 $\theta = t - t_\infty$，$\tau=0$，$\theta=0$

由非稳态过程热平衡得：

$$\rho c V \frac{d\theta}{d\tau} + hA\theta = I^2Rl$$

解如上一阶线性非齐次微分方程可得

$$\theta = \frac{I^2Rl}{hA} + \left(-\frac{I^2Rl}{hA}\right) e^{-\frac{hA}{\rho Vc}\tau}$$

导线的稳定温度为 108.4℃，通电瞬间到导线温度与稳定温度相差 1℃即 $t_1=107.4℃$，代入数据，解得 $\tau \approx 8.04\text{s}$。

3.3 典型一维非稳态导热

第 3.2 节零维问题分析中，物体的温度仅跟时间有关系，跟空间坐标无关，但是并不是所有的非稳态导热都能满足这种条件，温度分布往往会跟空间坐标有关，稍微复杂一点的情况是仅在一个坐标方向上发生变化，分别对应直角坐标系、柱坐标系和球坐标系下的无限大

平板、无限长圆柱和球的非稳态导热。

本节介绍第三类边界条件下无限大平板、无限长圆柱、球的分析解及应用。如何理解无限大物体，如：当一块平板的长度、宽度远大于其厚度时，平板的长度和宽度的边缘向四周的散热对平板内的温度分布影响很少，以至于可以把平板内各点的温度看作仅是厚度的函数时，该平板就是一块“无限大”平板。若平板的长度、宽度、厚度相差较小，但平板四周绝热良好，则热量交换仅发生在平板两侧面，从传热的角度分析，也可简化成一维导热问题。

3.3.1 无限大平板的分析解

如图 3-5 所示，厚度 2δ 的无限大平板，初温 t_0，初始瞬间将其放于温度为 t_∞ 的流体中，而且 $t_\infty > t_0$，流体与板面间的表面传热系数为一常数 h，平板的热导率、热扩散率均为常数，板内无内热源。试确定在非稳态过程中板内的温度分布。

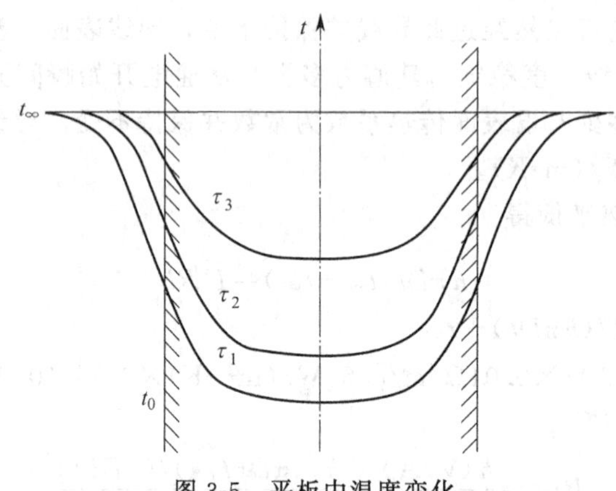

图 3-5 平板中温度变化

因为平板两面对称受热，所以其内温度分布以其中心截面为对称面。建立坐标系时，仅需讨论半个平板的导热问题。

对于 $x \geqslant 0$ 的半块平板，其导热微分方程及定解条件为

$$\frac{\partial t}{\partial \tau}=a\frac{\partial^2 t}{\partial x^2}(0<x<\delta,\tau>0) \tag{3-11}$$

$$t(x,0)=t_0(0\leqslant x\leqslant\delta) \tag{3-12}$$

$$\left.\frac{\partial t(x,\tau)}{\partial x}\right|_{x=0}=0(对称) \tag{3-13}$$

$$h[t(\delta,\tau)-t_\infty]=-\lambda\left.\frac{\partial t(x,\tau)}{\partial x}\right|_{x=\delta} \tag{3-14}$$

引入过余温度 $\theta=t(x,\tau)-t_\infty$，上述四式简化为

$$\frac{\partial \theta}{\partial \tau}=a\frac{\partial^2 \theta}{\partial x^2}(0<x<\delta,\tau>0) \tag{3-15}$$

$$\theta(x,0)=\theta_0(0\leqslant x\leqslant\delta) \tag{3-16}$$

$$\left.\frac{\partial \theta(x,\tau)}{\partial x}\right|_{x=0}=0 \tag{3-17}$$

$$h\theta(\delta,\tau)=-\lambda\left.\frac{\partial \theta(x,\tau)}{\partial x}\right|_{x=\delta} \tag{3-18}$$

对偏微分方程$\frac{\partial\theta}{\partial\tau}=a\frac{\partial^2\theta}{\partial x^2}$分离变量求解得

$$\frac{\theta(x,\tau)}{\theta_0}=2\sum_{n=1}^{\infty}e^{-\beta_n^2\frac{a\tau}{\delta^2}}\frac{\sin\beta_n\cos\left(\beta_n\frac{x}{\delta}\right)}{\beta_n+\sin\beta_n\cos\beta_n}\tag{3-19}$$

其中离散值β_n是下列超越方程的根，称为特征值：

$$\tan(\beta_n)=\frac{Bi}{\beta_n}(n=1,2,\cdots)\tag{3-20}$$

式中，Bi为以δ为特征长度的毕渥数，超越方程的根是周期函数曲线$y=\tan x$与双曲线$y=\frac{Bi}{x}$的交点，可知β_n为正的递增数列，当$Bi=1$时，其前四项分别为0.86、3.43、6.44、9.53。

由此可见：平板中的无量纲过余温度θ/θ_0与三个无量纲数有关：以平板厚度一半δ为特征长度的傅里叶数、毕渥数以及x/δ，即

$$\frac{\theta}{\theta_0}=\frac{t(x,\tau)-t_\infty}{t_0-t_\infty}=f\left(Fo,Bi,\frac{x}{\delta}\right)\tag{3-21}$$

3.3.2 分析解的讨论

(1) 平板中任一点的过余温度与平板中心的过余温度的关系

对于式(3-19)，由其中反映时间影响的部分$e^{-\beta_n^2\frac{a\tau}{\delta^2}}=e^{-\beta_n^2 Fo}$可以看出，该式为一快速衰减的无穷级数，计算表明，当$Fo>0.2$时，采用该级数的第一项与采用完整的级数计算平板中心温度的误差小于1%，因此，当$Fo>0.2$时，用级数的第一项代替整个级数，所带来的误差工程计算是可以允许的，此时采用以下简化结果：

$$\frac{\theta(x,\tau)}{\theta_0}=\frac{2\sin\beta_1}{\beta_1+\sin\beta_1\cos\beta_1}e^{-\beta_1^2 Fo}\cos\left(\beta_1\frac{x}{\delta}\right)\tag{3-22a}$$

式中，β_1为超越方程式(3-20)解的第一项，其值与Bi有关。

由式(3-22a)可知：如果用θ_m表示平板中心($x=0$)的过余温度，则由式(3-22a)可得$Fo>0.2$以后有

$$\frac{\theta_m(\tau)}{\theta_0}=\frac{2\sin\beta_1}{\beta_1+\sin\beta_1\cos\beta_1}e^{-\beta_1^2 Fo}=f(Bi,Fo)\tag{3-22b}$$

平板中任一点的过余温度$\theta(x,\tau)$与平板中心的过余温度$\theta(0,\tau)=\theta_m(\tau)$之比为

$$\frac{\theta(x,\tau)}{\theta_m(\tau)}=\cos\left(\beta_1\frac{x}{\delta}\right)=f\left(Bi,\frac{x}{\delta}\right)\tag{3-23}$$

此式反映了非稳态导热过程中一种很重要的物理现象，即当$Fo>0.2$以后，虽然$\theta(x,\tau)$与$\theta_m(\tau)$各自均与τ有关，但其比值与τ无关，而仅取决于几何位置(x/δ)及边界条件(Bi)。也就是说，初始条件的影响已经消失，无论初始条件分布如何，只要$Fo>0.2$，$\frac{\theta(x,\tau)}{\theta_m(\tau)}$之值就是一个常数，也就是无量纲的温度分布是一样的。非稳态导热的这一阶段就是前面已提到的正规状况或充分发展阶段。确认正规状况阶段的存在具有重要的工程实用意义。因为工程技术中所关心的非稳态导热过程常常处于正规状况阶段，此时的计算可以采用简化公式(3-22)。

(2) 非稳态导热过程中传递的热量

① 从物体初始时刻到平板与周围介质处于热平衡，这一过程中传递的热量为

$$Q_0 = \rho c V(t_0 - t_\infty) \tag{3-24}$$

此值为非稳态导热过程中传递的最大热量。

② 从初始时刻到某一时刻 τ，这段时间内所传递的热量 Q 为

$$Q = \rho c \int_V [t_0 - t(x,\tau)] \mathrm{d}V$$

③ Q 与 Q_0 之比：

$$\frac{Q}{Q_0} = \frac{\rho c \int_V [t_0 - t(x,\tau)] \mathrm{d}V}{\rho c V(t_0 - t_\infty)} = \frac{1}{V}\int_V \frac{(t_0 - t_\infty) - (t - t_\infty)}{(t_0 - t_\infty)} \mathrm{d}V$$

$$= 1 - \frac{1}{V}\int_V \frac{(t - t_\infty)}{(t_0 - t_\infty)} \mathrm{d}V = 1 - \frac{\overline{\theta}}{\theta_0} \tag{3-25}$$

式中，$\overline{\theta} = \overline{\theta}$ (τ) 为时刻 τ 物体的平均过余温度，$\overline{\theta} = \frac{1}{V}\int_V (t - t_\infty) \mathrm{d}V$ 。

对于无限大平板，当 $Fo > 0.2$ 后，将式 (3-22) 代入 $\overline{\theta}$ 的定义式，可得

$$\frac{\overline{\theta}(\tau)}{\theta_0} = \frac{1}{V}\int_V \frac{t - t_\infty}{t_0 - t_\infty} \mathrm{d}V = \frac{2\sin\beta_1}{\beta_1 + \sin\beta_1 \cos\beta_1} e^{-(\beta_1^2 Fo)} \frac{\sin\beta_1}{\beta_1} \tag{3-26}$$

圆柱体与球是工程中常见的另外两种简单的可以当成一维处理的典型几何形体。在第三类边界条件下，它们的一维（温度仅在半径方向发生变化）非稳态导热问题也可用分离变量法获得用无穷级数表示的精确解。解的具体形式在本书中不再一一列出，感兴趣的读者请参考其他文献。

3.3.3 诺谟图

如前所述，当 $Fo > 0.2$ 时，可采用上述计算公式求得非稳态导热物体的温度场及交换的热量，工程上为便于计算，将按分析解的级数第一项式绘制成线算图，称为诺谟图，如图 3-6～图 3-8 所示，其中前两者是用以确定温度分布的图线，称海斯勒图。

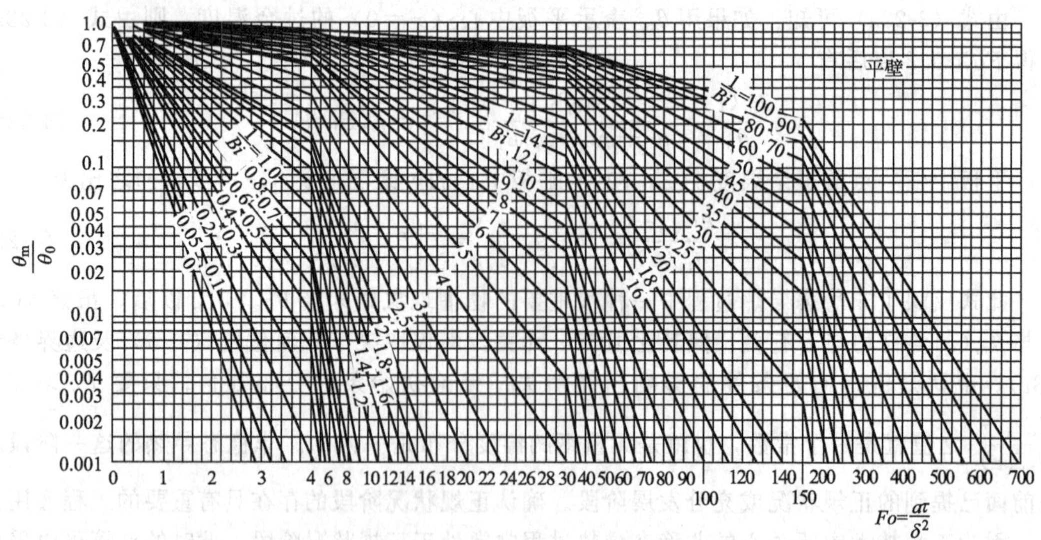

图 3-6　无限大平板中心温度的诺谟图

下面介绍诺谟图的绘制步骤。以无限大平板为例，首先根据式（3-22b）给出$\frac{\theta_m}{\theta_0}$随$Fo$及$Bi$变化的曲线（此时$x/\delta=0$），然后根据式（3-23）确定$\frac{\theta}{\theta_m}$的值，于是平板中任意一点$\frac{\theta}{\theta_0}$的值便为

$$\frac{\theta}{\theta_0}=\frac{\theta_m}{\theta_0}\frac{\theta}{\theta_m} \tag{3-27}$$

同样，从初始时刻到时刻τ物体与环境间所交换的热量，可采用式（3-24）、式（3-25）

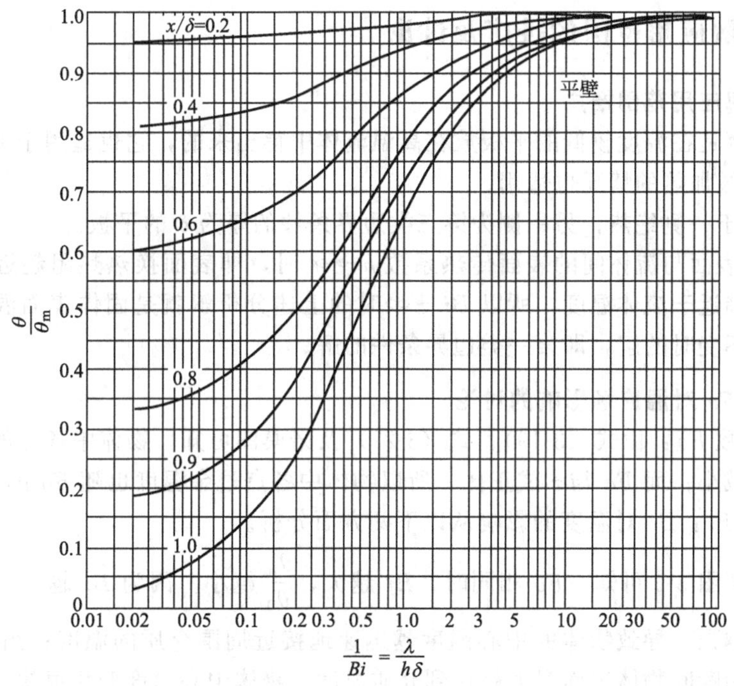

图 3-7 无限大平板的$\frac{\theta}{\theta_m}$曲线

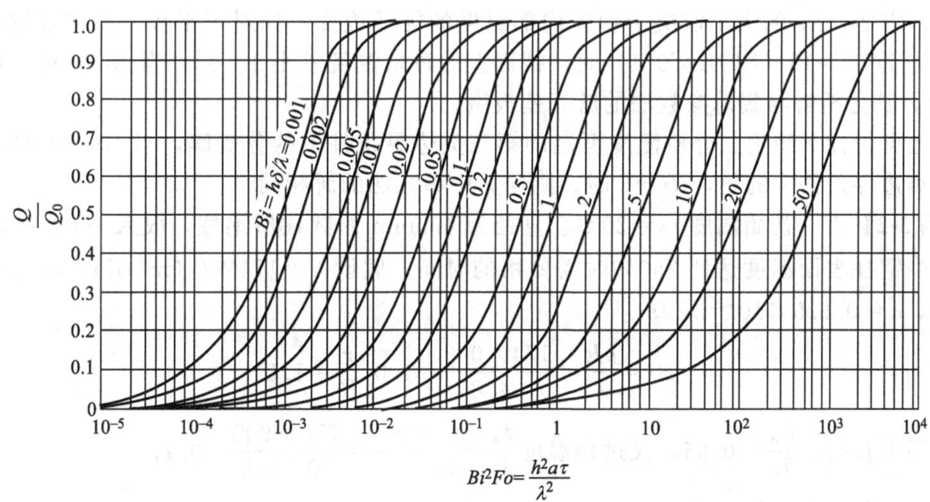

图 3-8 无限大平板的$\frac{Q}{Q_0}$曲线

作出$\frac{Q}{Q_0}=f(Fo, Bi)$的图线。无限大平板的$\frac{\theta_m}{\theta_0}$计算图线如图 3-6 所示，图中横坐标为 Fo，纵坐标为板中心与初始时刻过余温度之比，图中每条线对应于不同的 Bi。图 3-7 表达的是同一时刻、不同位置过余温度与板中心过余温度之比$\frac{\theta}{\theta_m}$随着 Bi 的变化，图中每条线所对应的是不同的位置。图 3-8 表示的是从开始到某时刻非稳态导热过程中所传递的热量与所能传递的最大热量之比$\frac{Q}{Q_0}$，如式（3-26）所表达的，图中横坐标为 Bi^2Fo，不同曲线代表不同的 Bi 情形。圆柱体及球体的相应图线见书后附录。

3.3.4　分析解应用范围的推广及讨论

（1）分析解应用范围推广

上述分析解是在温度较低的平板放在高温流体中得出来的，它也适用于下列情形：

① 对物体被加热的情况也适用。

② 也适用于一侧绝热，另一侧为第三类边界条件的厚为 δ 的平板。

③ 当固体表面与流体间的表面传热系数 $h\to\infty$时，即表面换热热阻趋近于零时，固体的表面温度就趋近于流体温度，所以 $Bi\to\infty$时的上述分析解就是固体表面温度发生一突然变化然后保持不变时的解，即第一类边界条件的解。

（2）*Bi* 与 *Fo* 对温度场影响的讨论

① 傅里叶数 Fo：由式（3-19）、式（3-22）及诺谟图可知，物体中各点的过余温度随时间 τ 的增加而减小；而 Fo 与 τ 成正比，所以物体中各点过余温度也随 Fo 的增大而减小。

② 毕渥数 Bi：Bi 对温度的影响从以下两方面分析。

一方面，从图 3-6 可知，Fo 相同时，Bi 越大，$\frac{\theta_m}{\theta_0}$越小。因为 Bi 越大，意味着固体表面的换热条件越强，导致物体的中心温度越迅速地接近周围介质的温度；当 $Bi\to\infty$时，意味着在过程开始瞬间物体表面温度就达到介质温度，物体中心温度变化最快，所以在诺谟图中 $1/Bi=0$ 时的线就是壁面温度保持恒定的第一类边界条件的解。

另一方面，Bi 的大小取决于物体内部温度的扯平程度。如对于平板，从诺谟图 3-7 中可知：当 $1/Bi>10$（即 $Bi<0.1$）时，截面上的过余温度差小于 5%，当 Bi 下限一直推到 0.01 时，其分析解与集总参数法的解相差极微。

综上可得如下结论：介质温度恒定的第三类边界条件下的分析解，当 $Bi\to\infty$时，转化为第一类边界条件下的解，$Bi\to 0$ 时，则与集中参数法的解相同。

【例 3-2】 有一初始温度 $t_0=20℃$、直径为 400mm 的圆柱形钢柱，放入 900℃的炉中加热，求当钢柱表面温度达到 750℃时需要用的时间。假设 $h=174\mathrm{W/(m^2\cdot K)}$，$\lambda=38.4\mathrm{W/(m\cdot K)}$，$a=0.695\times10^{-5}\mathrm{m^2/s}$。

解
$$Bi=\frac{hR}{\lambda}=\frac{174\times0.2}{34.8}=1.0,\frac{r}{R}=1.0$$

从图中查得，$\frac{\theta_w}{\theta_m}=0.65$，又过余温度$\frac{\theta_w}{\theta_0}=\frac{t_w-t_\infty}{t_0-t_\infty}=\frac{750-900}{20-900}=0.17$

因此，$\frac{\theta_m}{\theta_0}=\frac{\theta_w}{\theta_0}/\frac{\theta_w}{\theta_m}=0.17/0.65=0.262$，由 $Bi=1.0$ 查得 $Fo=0.96$

则 $\tau=0.96\dfrac{R^2}{a}=5525\text{s}=1.535\text{h}$

讨论：从【例 3-2】可以看出，使用诺谟图求解非稳态导热问题时非常简洁方便，但是也有缺点，最大的缺点是准确度有限，误差较大。目前，随着计算技术的发展，直接应用分析解及简化拟合公式计算的方法受到重视，读者可以参考其他文献。

3.4 半无限大物体的非稳态导热

3.4.1 半无限大物体的概念

几何上从 $x=0$ 的界面开始可以向正的 x 方向及其他两个坐标（y，z）方向无限延伸的物体，称为半无限大物体。

实际中不存在这样的半无限大物体，但研究物体中非稳态导热的初始阶段时，则有可能把实际物体当作半无限大的物体来处理。例如，假设有一块几何上为有限厚度的平板，起初具有均匀温度，后其一侧表面突然受到热扰动，或者壁温突然升高到一定值并保持不变，或者突然受到恒定的热流量密度加热，或者受到温度恒定的流体的加热或冷却。当扰动的影响还局限在表面附近，而尚未深入到平板内部中去时，就可有条件地把该平板视为“半无限大”物体。工程导热问题中有不少情形可按半无限大物体处理。

3.4.2 半无限大物体定性温度分布

对于半无限大物体，假定物体的热物性参数为常数，没有内热源，初始温度均匀为 t_0，在 $\tau=0$ 的时刻，$x=0$ 的侧面突然受到热的扰动，归纳起来就是上述三种类型边界条件，随着时间的推移，其定性的温度分布如图 3-9 所示。

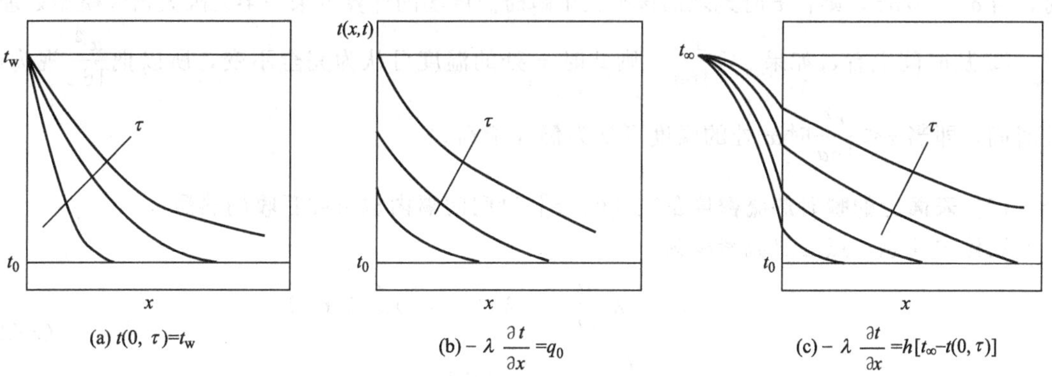

图 3-9 三类边界条件下半无限大物体的定性温度分布

3.4.3 第一类边界条件下半无限大物体非稳态导热温度场的分析解

如图 3-10 所示，设一个半无限大物体初始温度均匀为 t_0，在 $\tau=0$ 时刻，$x=0$ 的一侧表面温度突然升高到 t_w，并保持不变，试确定物体内温度随时间的变化和在时间间隔 τ 内的热流量。

(1) 物体内的温度分布

根据半无限大物体的定义，这一问题的数学描述为

$$\frac{\partial t}{\partial \tau}=a\frac{\partial^2 t}{\partial x^2} \tag{3-28}$$

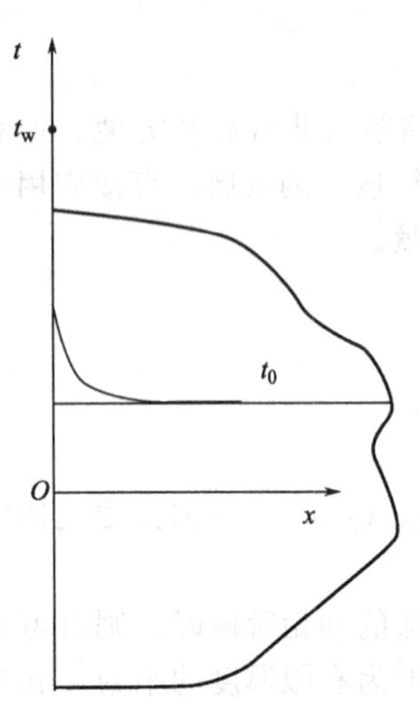

图 3-10　第一类边界条件下半无限大物体温度分布示意图

初始条件为：　$\tau=0, t(x,0)=t_0$　(3-29)

边界条件为：$x=0, t(0,\tau)=t_w; x\to\infty, t(x,\tau)=t_0$　(3-30)

引入过余温度：$\theta=t(x,\tau)-t_w$，则有

$$\frac{\partial\theta}{\partial\tau}=a\frac{\partial^2\theta}{\partial x^2}$$

$$\tau=0, \theta(x,0)=\theta_0=t_0-t_w$$

$$x=0, \theta(0,\tau)=t_w-t_w=0; x\to\infty, \theta(\infty,\tau)=t_0-t_w$$

将微分方程$\frac{\partial\theta}{\partial\tau}=a\frac{\partial^2\theta}{\partial x^2}$分离变量并求解得分析解为

$$\frac{\theta}{\theta_0}=\frac{t-t_w}{t_0-t_w}=\frac{2}{\sqrt{\pi}}\int_0^{\frac{x}{2\sqrt{a\tau}}}e^{-\eta^2}d\eta=\mathrm{erf}\left(\frac{x}{2\sqrt{a\tau}}\right)=\mathrm{erf}\eta \tag{3-31}$$

式中，无量纲变量$\eta=\frac{x}{2\sqrt{a\tau}}$，erf$\eta$为误差函数，它随$\eta$的变化而变化，其具体函数值由附录可知。

当$\eta=2$时，$\frac{\theta}{\theta_0}=0.9953$，就是说当$\eta\geqslant2$，即$\frac{x}{2\sqrt{a\tau}}\geqslant2$时，该处的温度仍认为等于$t_0$（无量纲过余温度的变化小于0.5%），由此得到以下两个重要参数。

① 从几何位置上说，若$x\geqslant4\sqrt{a\tau}$，则时刻τ时x处的温度可认为未发生变化。

所以，对于一块初始温度均匀的厚为2δ的平板，当其一侧温度突然变化到另一恒定温度时，若$\delta\geqslant4\sqrt{a\tau}$，则在$\tau$时刻之前该平板中瞬时温度场的计算可采用半无限大物体模型处理。

② 从时间上看，如果$\tau\leqslant\frac{x^2}{16a}$，则此时$x$处的温度可认为完全不变，所以把$\frac{x^2}{16a}$视为惰性时间，即当$\tau<\frac{x^2}{16a}$时$x$处的温度可认为仍等于$t_0$。

(2) 表面上的瞬时热流密度及在 [0，τ] 时间间隔内放出或吸收的热量

物体中任意一点的热流密度为

$$q_x=-\lambda\frac{\partial t}{\partial x}=-\lambda(t_0-t_w)\frac{\partial}{\partial x}(\mathrm{erf}\eta)=\lambda\frac{t_w-t_0}{\sqrt{\pi a\tau}}e^{-x^2/(4a\tau)} \tag{3-32}$$

则表面上$x=0$处的热流密度为

$$q_w=\lambda\frac{t_w-t_0}{\sqrt{\pi a\tau}} \tag{3-33}$$

在 [0，τ] 时间间隔内，流过面积A的总热流流量为

$$Q=A\int_0^\tau q_w d\tau=A\int_0^\tau\lambda\frac{t_w-t_0}{\sqrt{\pi a\tau}}d\tau=2A\sqrt{\frac{\tau}{\pi}}\sqrt{\rho c\lambda}(t_w-t_0) \tag{3-34}$$

由此可见：

① 半无限大物体在第一类边界条件影响下被加热或冷却时，界面上的瞬时热流量与时间的平方根成反比。

② 在时间 $[0,\tau]$ 内交换的总热量则正比于$\sqrt{\rho c\lambda}$及时间的平方根。

其中：$\sqrt{\rho c\lambda}$称为吸热系数，它除了与物体的导热性能有关外，还与物体的密度和比热容有关，表示物体从与其接触的高温物体吸热的能力。

3.4.4 半无限大物体概念的适用范围

只适于物体非稳态导热的初始阶段，当物体表面上的热扰动已深入传递到物体内部时，就不再适用，则应采用第 3.3 节的分析方法。

【例 3-3】 半无限大的物体初始温度 $t_0=25℃$，后其表面温度突然上升至 50℃并保持此温度不变。试计算当温度扰动传递至 $x=0.01\text{m}$、0.1m、1.0m、10m 四个地点时，发生 0.1℃温度变化所需要的时间。($a=10^{-5}\text{m}^2/\text{s}$)

解 当四个地点温度升高 0.1℃后有

$$\frac{t_w-t(x)}{t_w-t_0}=\frac{50-25.1}{50-25}=0.996$$

利用双精度数据对误差函数作数值积分可得 $\eta=2.0352$ 时 $\text{erf}\eta=0.996$。

因此$\dfrac{x}{2\sqrt{a\tau}}=2.0352$，即 $\tau=\dfrac{x^2}{4.0704^2a}$。

四个地点的计算结果如表 3-1 所示。

表 3-1 四个地点的计算结果

x/m	0.01	0.1	1.0	10
τ/s	0.6036	60.357	6035.67	603567

3.5 热导率的实验测量方法

热导率作为物质的重要物理参数，在化工、能源、动力工程等领域有着重要的用途，是许多工业流程和产品设计中必不可少的基础数据。然而，热导率随着材料的成分、结构和温度变化很大，测定热导率几乎成为研究物质导热性的主要途径之一。目前常用的测量材料热导率的方法主要分为稳态法和非稳态法。前者主要有平板法、保护热板法等；后者有瞬态热带法、热线法和热探针法等。本书分别以热流法和热探针法作为稳态法和非稳态法的代表简述其测量原理。

3.5.1 稳态热流法

如前文所述，稳态法的实验原理根据傅里叶定律，在稳态条件下，当通过材料的热流量为 Q 时，其热导率可通过如下公式计算得到：

$$\lambda=\frac{Q\delta}{A(t_1-t_2)} \tag{3-35}$$

式中，λ 为试样的热导率，W/(m·K)；δ 为试样的厚度（两测温点之间的距离），m；A 为垂直于试样热方向的横截面积，m^2；t_1、t_2为试样两侧的温度，K。

稳态热流法实验原理如图 3-11 所示。将一定厚度的待测样品插入两个平板间，设置一定的温度梯度。使用校正过的热流传感器测量通过待测样品的热流量。测量样品的厚度、温度梯度及通过样品的热流即可利用式（3-45）求得样品的热导率。

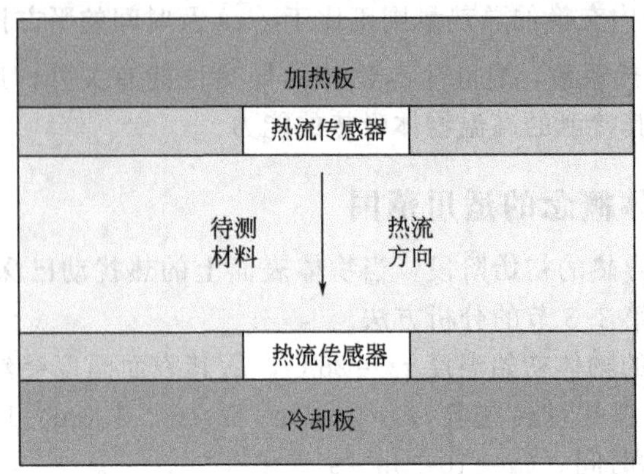

图 3-11　稳态热流法实验原理示意图

稳态法的优点是导热计算相对比较简单，测量过程易于操作，无需对测量装置进行标定，应用比较广泛；缺点是实验测量时间长，维持稳态比较困难，测量试样为片状，不能从多角度进行测量。而且用热电偶测温时需要用冰水混合物进行冷端温度补偿，系统的集成度与自动化程度也较低。

3.5.2　非稳态热探针法

(1) 热探针物理模型

热探针是一种尖头、能够插入材料内部的细长针状探头。它是将带绝缘层的铜丝置于一带有尖头的金属套管中，缝隙填充高导热硅脂，防止内部存在空气，影响热流的传递。初始状态下，热探针和待测介质处于同一温度，探针内部加有铜丝作为加热元件，当对热探针内的铜丝施加电压时，热探针就相当于一个单位长度上产生恒定功率为 q 的线热源，会引起铜丝、金属套管和待测样品温度的升高，只要测出探针温度随时间的变化，并计算温度随时间对数变化的斜率，就可以求得被测样品的热导率，具体推导过程见理论分析部分，其物理模型如图 3-12 所示。

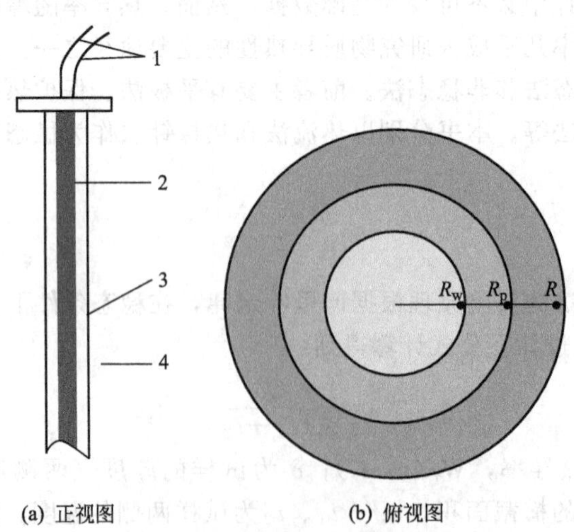

图 3-12　热探针物理模型

1—引出导线；2—加热铜丝；3—金属套管；4—待测介质

(2) 理论分析

理论上，这是在一个无限大、各向同性介质中的一维径向瞬态传热问题，如果热探针测量的为不均匀介质，那么测量的结果为沿径向的等效热导率。根据导热微分方程，将热探针中铜丝、金属套管、待测样品三部分分别用数学方法描述如下。

铜丝：

$$\frac{1}{r}\frac{\partial}{\partial r}\left(r\frac{\partial\theta_w}{\partial r}\right)+\frac{q}{\pi r_w^2\lambda_w}=\frac{1}{a_w}\frac{\partial\theta_w}{\partial t}(0<r<r_w,t>0) \tag{3-36}$$

金属套管：

$$\frac{1}{r}\frac{\partial}{\partial r}\left(r\frac{\partial\theta_p}{\partial r}\right)=\frac{1}{a_p}\frac{\partial\theta_p}{\partial t}(r_w<r<r_p,t>0) \tag{3-37}$$

待测样品：

$$\frac{1}{r}\frac{\partial}{\partial r}\left(r\frac{\partial\theta_m}{\partial r}\right)=\frac{1}{a_m}\frac{\partial\theta_m}{\partial t}(r>r_p,t>0) \tag{3-38}$$

初始条件：

$$\theta_w(r,0)=\theta_p(r,0)=\theta_m(r,0)=0 \tag{3-39}$$

边界条件：此时铜丝与金属套管之间、金属套管与待测样品之间的边界条件是我们在导热问题分析中经常会碰到的一类边界条件，称为界面连续条件，它要求两个紧密接触的表面上温度相等，热流密度也要相等。

$$\theta_w(r_w,t)=\theta_p(r_w,t) \tag{3-40}$$

$$\lambda_w\left(\frac{\partial\theta_w}{\partial_r}\right)_{r_w}=\lambda_p\left(\frac{\partial\theta_p}{\partial_r}\right)_{r_w} \tag{3-41}$$

$$\theta_p(r_p,t)=\theta_m(r_p,t) \tag{3-42}$$

$$\lambda_p\left(\frac{\partial\theta_p}{\partial_r}\right)_{r_p}=\lambda_m\left(\frac{\partial\theta_m}{\partial_r}\right)_{r_p} \tag{3-43}$$

式中，θ 为热探针、待测样品与初始温度的温差，℃；a 为热扩散率，m^2/s；λ 为热导率，W/(m·K)；t 为加热时间，s；q 为加热铜丝单位长度的加热功率，W/m；r 为径向坐标，m；下标 w、p、m 分别代表加热铜丝、金属套管、待测样品。

将微分方程式结合边界条件对 t 进行拉普拉斯变换，最终 λ_m 可表达为

$$\lambda_m=\frac{q}{4\pi}\Bigg/\frac{\mathrm{d}\,\overline{\theta_w}(\tau)}{\mathrm{d}\ln\tau} \tag{3-44}$$

因此只要测得加热功率以及温度对时间的对数变化即可得到待测样品的热导率。

(3) 测量系统的组成

根据热探针法测量材料热导率的测量原理，建立适合测量橡胶等软体复合材料热导率的测量系统（见图 3-13）。该系统由计算机、直流稳压电源、标准电阻、热探针、数据采集仪、可调精密电阻组成。

图 3-13 中 R_w 为热探针内加热铜丝的电阻；R_m 为可调精密电阻；R_n 为定值标准电阻，稳定电路中电流；R_1，R_2，R_3，R_4 为高阻值的高精度标准电阻。

(4) 测量系统的工作原理

在进行实验操作时，首先调节可调精密电阻 R_m 的阻值，使得初始平衡态时开尔文电桥的偏高电压（输出电压）V_{out} 为 0，调节直流稳压电源，这时热探针内加热铜丝内部会产生电流，铜丝电阻会发生变化，引起输出电压 V_{out} 变化，利用数据采集系统对输出电压随着加

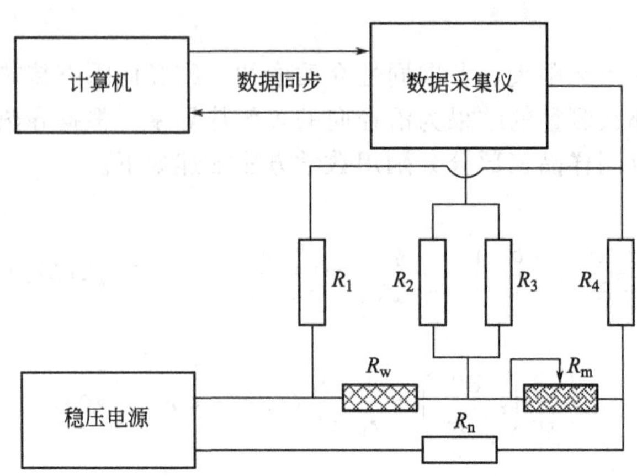

图 3-13 测量系统示意图

热时间变化的信号进行采集，并输入计算机进行处理即可计算待测样品的热导率。

在测量系统中，热探针温度因通入恒定电流而发生变化，其内部加热铜丝电阻发生变化，在整个测量实验过程中，该变化值 ΔR_w 远小于加热铜丝在初始平衡态时的电阻 R_{w0}，$\Delta R_w \ll R_n$，所以通过热探针的电流 I 近似是一个常数，输出电压 dV_{out} 可表示为

$$dV_{out}=\frac{1}{2}I\,dR_w \tag{3-45}$$

通过加热铜丝单位长度上的加热功率为

$$q=I^2R_{w0}/L \tag{3-46}$$

对于纯金属来说，电阻随温度的变化比较规则，在温度变化范围不大时，电阻与温度之间的关系为：$R=R_{w0}\ (1+\beta\bar{\theta})$。

把式（3-45）和式（3-46）代入式（3-44）中，可得

$$\lambda_m=\frac{I^3R_{w0}^2\beta}{8\pi L}\bigg/\frac{dV_{out}}{d\ln\tau}=KI^3\bigg/\frac{dV_{out}}{d\ln\tau} \tag{3-47}$$

式中，β 为电阻温度系数；L 为有效长度；$K=\dfrac{R_{w0}^2\beta}{8\pi L}$为仪器常数，只跟热探针中加热丝的长度和材料有关。

式（3-47）就是整个测量系统的测量依据。上述的非稳态热探针测量系统在对橡胶复合材料不同方位导热性能研究中得到很好的应用。

3.6 热导率的数值模拟方法

3.6.1 概述

随着科技的飞速发展，人们越来越重视导热材料的开发与应用。传统的金属导热材料绝缘性差、易腐蚀等缺点限制了其应用，在这种情况下，橡胶等高分子材料逐渐受到人们的关注。但是，高分子材料的导热性能比较差，目前提高高分子材料热导率的主流方法是加入导热填料。填充型复合材料导热性能的研究方法主要有理论研究、实验研究和数值模拟研究三种。理论研究是按照前文所述热阻分析方法，通过对复合材料热阻串并联关系的研究得到的。实验研究就是通过热导率的测量装置对不同复合材料导热性能进行研究。但是大量的实验测试数据表明，理论推导的预测函数难以准确地预测复合材料的热导率；而大量的实验测

量经济上可行性较低。随着计算机性能的不断提高和模拟软件的开发利用，用数值模拟的方法对问题的分析研究取得了重大进展。因此计算机技术与数值模拟为热导率的计算提供了有效的帮助，如有限元法、有限差分法、蒙特卡罗法、分子动力学模拟等。目前有限元分析是常用的计算机仿真模拟方法。其基本思路主要是：把原来在空间与时间坐标系中连续的物理量的场（如速度场、温度场、浓度场等），用一系列有限个离散点即节点上的值的集合来代替，通过一定的原则建立起这些离散点上变量值之间关系的代数方程（离散方程），求解所建立起来的代数方程以获得所求解变量的近似值。通过数值模拟的方法，可以减少成本、降低风险、缩短设计时间等。

3.6.2 导热性能数值模拟理论基础

对颗粒填充体系进行导热模拟研究，提高其模拟的精确度，选择三维模型是最佳的。根据均匀化方法原理，假设复合材料的宏观结构是由周期性分布的微结构单元在空间中重复堆积构成的，而微结构单元是由不同材料或者非均匀材料组成的基础胞元。因此，根据均匀化理论，只需选取一个基础胞元作为代表体积单元来研究即可获得复合材料总体的性质。图 3-14 所示为简化的传热模型。

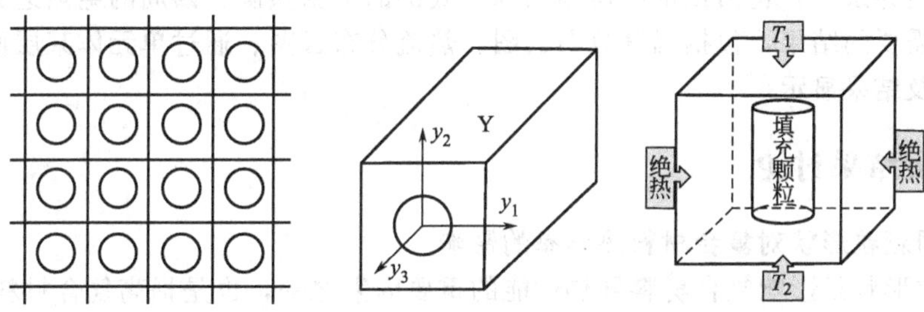

图 3-14 等效体积单元 RVE 的传热模型（假定填充圆柱形颗粒）

图 3-14 所示为填充橡胶复合材料传热过程等效体积单元的物理模型。在等效体积单元顶部和底部施加恒定温度载荷，其余四面施加绝热边界条件，热流由顶部流入，由底部流出。

理论同样是基于傅里叶导热定律

$$dQ=\lambda\frac{\partial T}{\partial L}dA \tag{3-48}$$

式中，λ 为热导率；A 为横截面积；L 为两个等温边界之间的距离；T 为温度；$\frac{\partial T}{\partial L}$ 为 L 方向的温度梯度。

流入流出元胞的总热流，可以通过傅里叶导热定律对两个等温面中的任一个积分得到：

$$Q=\int_{-L/2}^{L/2}\int_{-L/2}^{L/2}\left(\lambda\frac{\partial T}{\partial z}\right)_{z=L/2}dx\,dy \tag{3-49}$$

如此，则给定温度差，求解出温度场，进而求出边界上的热流，可以得到等效热导率为

$$\lambda=\frac{QL}{\Delta T\,dA} \tag{3-50}$$

3.6.3 ANSYS 热分析基础

通常利用 ANSYS 软件有限元求解上述问题，求解等效热导率。ANSYS 软件是融结构、流体、电磁场、温度场分析于一体的大型通用有限元分析软件，并与多数制图软件接口实现

数据共享和交换。ANSYS 热分析模块主要包括热传导、热对流、热辐射三种热传递方式，可以计算一个系统或部件的温度分布及其他热物理参数，如热量的获取或损失、热梯度、热流密度（热通量）等，此外还可以分析相变、接触热阻等问题。ANSYS 热分析基于能量守恒原理的导热微分方程，通过对控制容积的离散求解计算各节点的温度，可以导出其他热物理参数。

下面利用 ANSYS 有限元软件对均匀分布情况下颗粒形状、体积分数以及球形颗粒空间随机分布对橡胶复合材料导热性能的影响进行讨论，并以此为例介绍导热性能数值模拟研究方法。

对于用 ANSYS 软件对填充型橡胶复合材料导热性能的数值模拟，基本步骤如下：

① 在 Engineering Data 项目中输入材料的性能参数。

② 在 Geometry 项目中进行几何建模，主要采用颗粒在材料基体中均匀分布的模型，考虑颗粒空间分布对复合材料的影响时采用的是随机分布的模型。

③ 在 Setup 项目中进入 Mechanical 分析环境，给建立的几何模型分配材料属性。

④ Meshing 网格划分，网格是计算机模拟过程中不可分割的一部分，网格直接影响到精度、收敛性和解决方案的速度。

⑤ 施加边界条件，包括顶部的恒温热源、底部的恒温热源、四周的绝热边界条件。

⑥ 设置需要的结果，包括温度分布云图、热流分布云图、通过单元体某层面的热流量。

⑦ 求解及结果显示。

3.6.4 分析结果讨论

(1) 不同颗粒形状对复合材料热导率的影响

填充颗粒形状是影响复合材料导热性能的重要因素之一，也是提高复合材料导热性能的有效途径之一。在此选用了球体颗粒、四面体颗粒、六面体颗粒、圆柱体颗粒，建立了不同颗粒形状填充橡胶复合材料模型，如图 3-15 所示。在相同的体积分数、模拟条件下，计算其热导率，最后分析得出不同颗粒形状对橡胶复合材料导热性能的影响。模拟过程中假设基体和填充颗粒是质地均匀、各向同性的，基体与填料之间紧密无缝隙。

通过网格划分，施加边界条件求解得到温度云图分布如图 3-16 所示。

从温度分布云图中可以清楚地看到在热流传递过程中温度在橡胶复合材料导热单元中的变化及单元中的温度场分布，不同的颜色分别代表不同的温度区间，红色表示最高的温度，蓝色代表最低的温度，在填充颗粒附近，温度变化范围明显比橡胶材料基体的小，这是因为填充颗粒的热导率比材料基体的大很多，颗粒及其附近的基体材料的导热热阻相对小很多，根据傅里叶定律，在相同的热流量下，热导率大、导热热阻小的物体温度梯度小，在接近颗粒附近热阻小，所以温度变化也就小。

为了更加清晰地反映温度分布及热流流动的方向、大小，绘制球形颗粒传热单元的温度等值线图及热流矢量图，如图 3-17 所示。

从热流矢量图中，可以反映出单元中热流流动的方向及大小，其中箭头的方向代表了热流的方向，线条的颜色代表了热流的强弱，红色最强，蓝色最弱。从图中可知，在填充颗粒与橡胶材料基体连接的边界上，热流值比较大，在温度梯度方向上，首先热流聚集指向填充颗粒，然后再呈现发散状流向橡胶材料基体。由于填充颗粒的热导率大，即填充颗粒的热阻比橡胶材料基体的小，根据最小热阻力法则，热流会集中流向导热热阻比较小的填充颗粒。

图 3-18 表明了不同颗粒形状对复合材料导热性能的影响，由于圆柱形填料的高取向性，沿着轴向方向具有较高的热导率，因此在相同体积分数下，其导热性能远远大于其他形状填

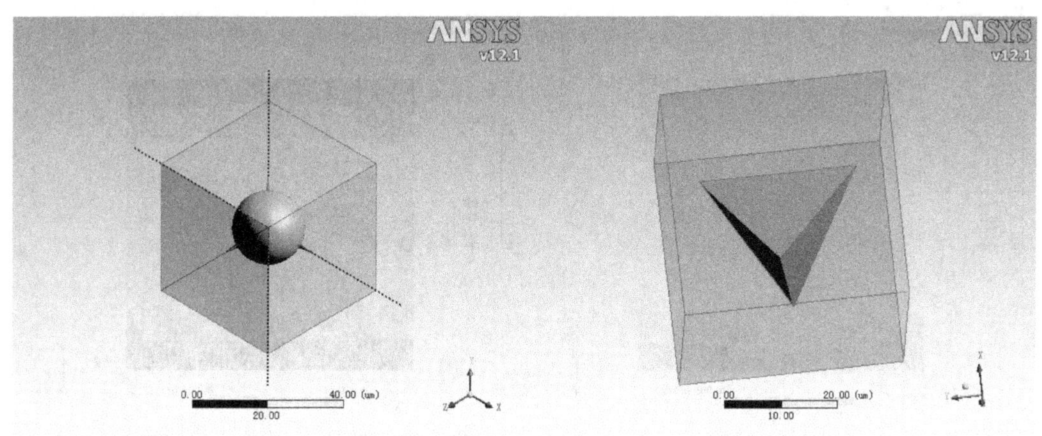

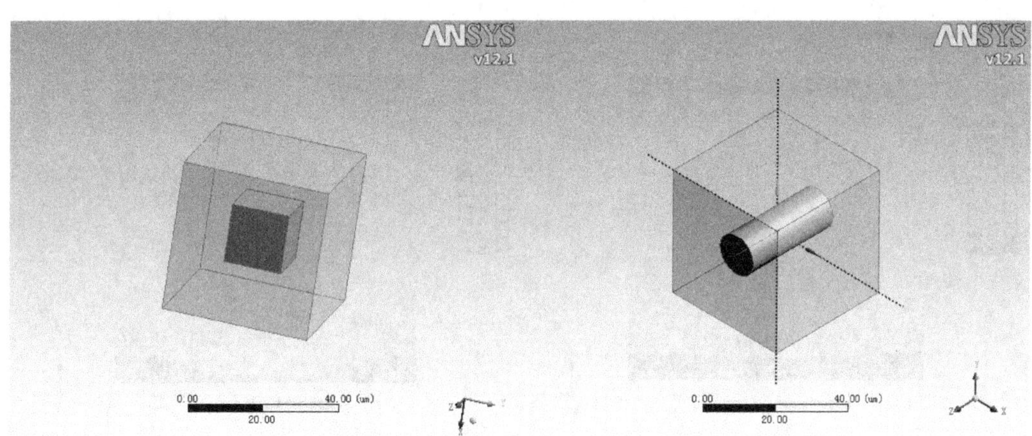

图 3-15　不同颗粒形状填充橡胶复合材料模型

料的导热性能。

(2) 热导率与空间分布的关系

填充颗粒的空间分布是影响复合材料导热性能的一个非常重要的因素。现有实验研究证明，在同一填充体系下，不同颗粒空间分布能够引起体系导热性能的显著差异。对于确定填充体积分数的复合材料体系，颗粒空间分布是影响体系导热性能的关键因素。当填充量达到一定程度时，填充颗粒会形成网链结构，在导热体系中称为导热网链。影响颗粒空间分布的因素很复杂，包括填充颗粒与基体自身的性质、复合材料的加工工艺、偶联剂及其他添加剂的使用等。

尽管对颗粒空间分布会引起整个体系导热性能变化已有定性的认识，但是由于颗粒空间分布非均匀性的复杂程度，不能定量描述结构的详细信息，给传统理论研究带来很大的困难。目前最有效的研究颗粒非均匀体系的方法是将非均匀体系均匀化，建立代表体积单元进行数值求解。

在给定体积的基体内随机生成代表 AlN 颗粒的较小的球，在确保小球不相互重合且落在基体内的前提下，顺序添加颗粒小球，直至达到指定的填充分数时停止添加，生成随机分布的稳态热分析三维 RVE 模型，如图 3-19（b）所示，图 3-19（a）所示为均匀分布 RVE 模型，将填料放置在基体正中。我们假定：①基体与填充粒子接触理想，即不存在接触热阻的影响；②填充粒子和基体均匀连续且导热性已知；③基体边界采用周期性条件，使得填充

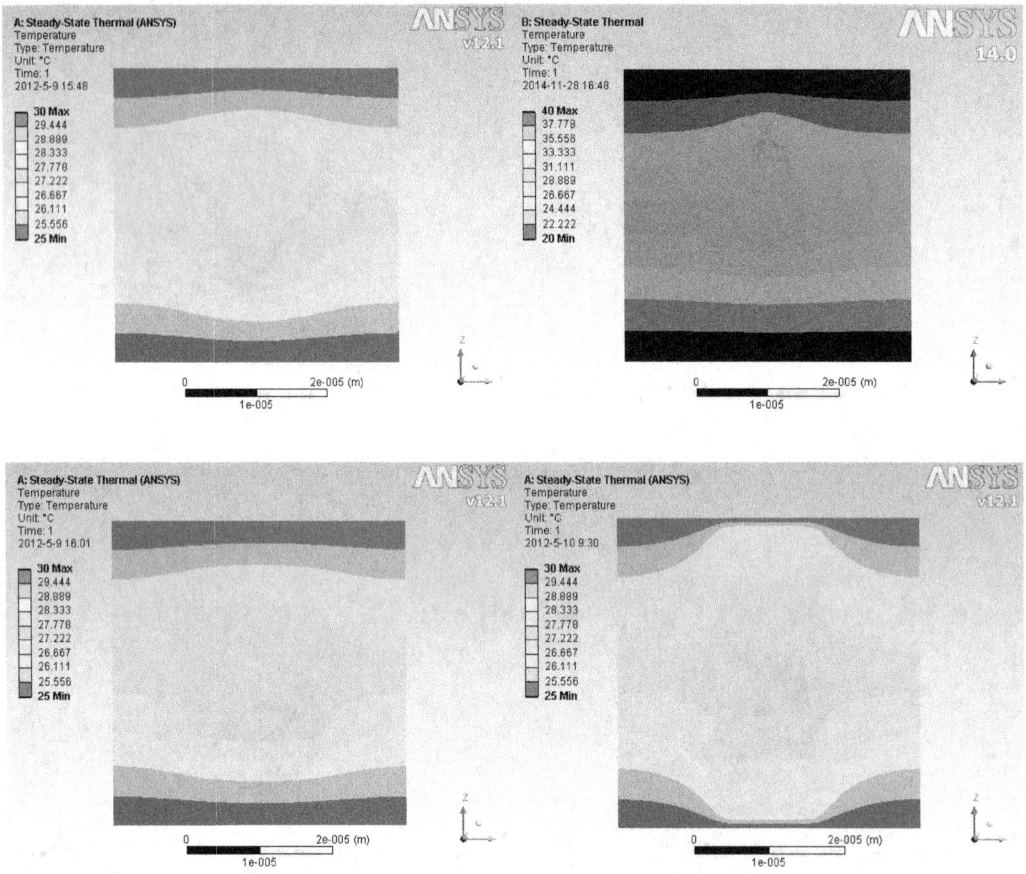

图 3-16　温度分布云图

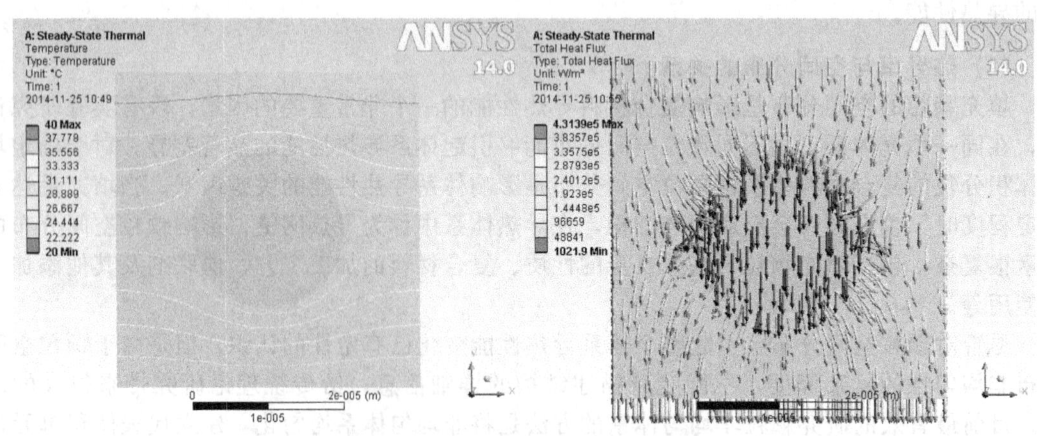

图 3-17　温度等值线图及热流矢量图

粒子在基体中周期性分布。保证每个单元胞体可以代表整个复合材料的性质。

对于创建的 RVE 模型，我们应用 Ansys Workbench 中的稳态热分析模块求解，边界条件设置为：沿 y 轴上、下面施加第一类边界条件，其余四个面绝热，如图 3-19 所示。

图 3-20 展示了不同体积分数下的氮化铝/三元乙丙橡胶均匀分布和随机分布下的热导

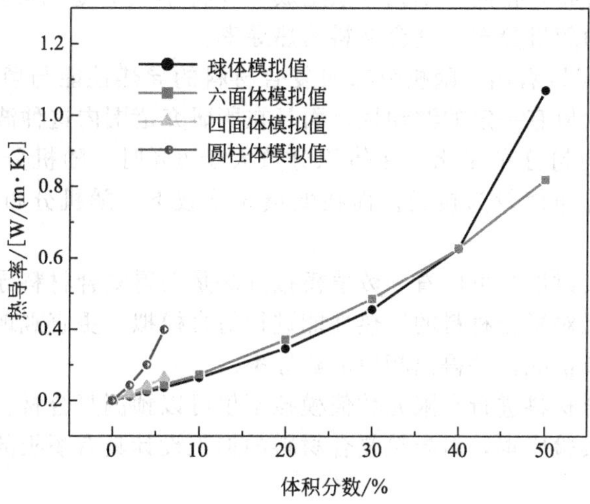

图 3-18 不同体积分数下不同形状填充颗粒的热导率

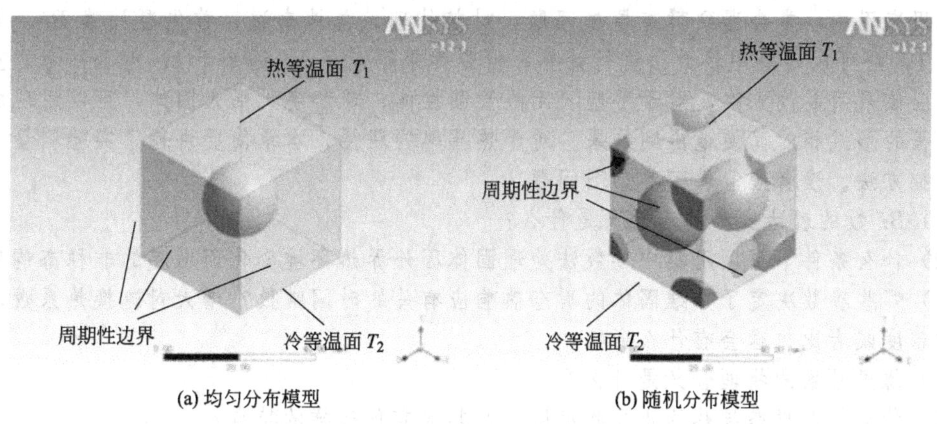

(a) 均匀分布模型 (b) 随机分布模型

图 3-19 几何模型及边界条件

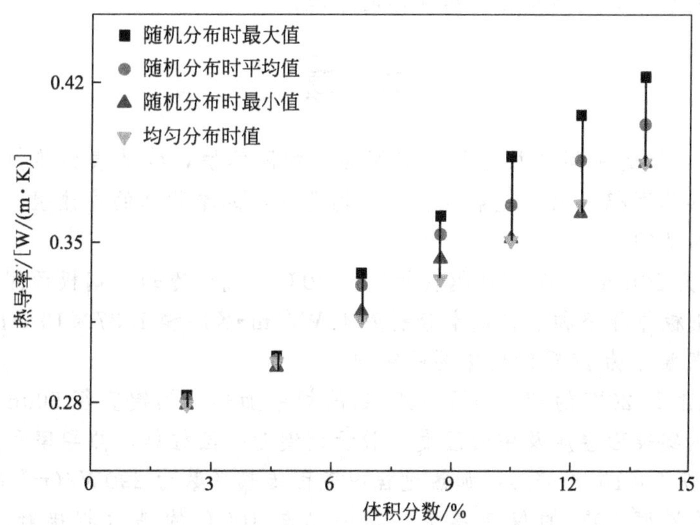

图 3-20 不同空间分布下复合材料的热导率分布

率。其中，对于随机分布，在同一填充分数生成了 5 种不同的随机模型并进行了数值计算，取其结果的平均值作为随机分布下复合材料的热导率。

从图 3-20 中我们可以看出，随机分布时复合材料的导热性能与填充粒子的空间分布有直接关系，其热导率的值有一定的波动性，而且在所研究范围内这种波动性随体积分数的增大逐渐增加。此外与均匀分布相比，在体积分数大于 6%时，随机分布热导率的平均值略高，但最小值与均匀分布值较为接近。而在低填充分数下，随机分布值与均匀分布值基本重合。

从上述结果分析及讨论中可以看到数值模拟方法是获得复合材料导热性能的非常有效的一种方法，应用有限元对复合材料的导热性能进行仿真模拟，更直观地表现出复合材料的传热过程与温度场的分布情况，并得出相应的热导率。

对填充型导热复合材料进行有限元数值模拟不仅可以预测复合材料的热导率，而且还可以减少实验次数降低实验成本，对导热复合材料的加工设计具有积极的指导意义。

本章小结

工程应用中，常会遇到瞬态导热问题，对其处理，总地来说，首先要计算 Bi，如果其远小于1，则可以用集中参数法进行计算。但是如果不满足 Bi 远小于 1，就必须考虑空间的影响，应该采用其他方法，对于平壁、无限长圆柱体、球和半无限大固体，可以用现成的图或者方程的形式相对简便地得到结果。对于热导率的获得，本章简要讲述了实验测量方法和数值模拟方法。读者应能够回答如下问题。

(1) Bi 数的表达式和物理含义是什么？

(2) 什么条件下可以用集中参数法处理固体因外界热环境变化而引起的非稳态响应？

(3) 哪些参数决定了零维固体的瞬态热响应有关的时间常数？增大对流换热系数，增大固体的密度或者比热容会有什么影响？

(4) 傅里叶数的物理含义是什么？

(5) 什么是非稳态导热的正规状况阶段？其具有什么样的特点？

(6) 试分别定性画出半无限大固体在三类边界条件下，物体中温度随时间变化的图像。

(7) 简要说明热探针法测量材料热导率的原理。

习　题

3-1　一温度已知的房间中放置初始温度为 t 的固体块，物体表面传热系数已知为 h_0，物体体积为 V，换热面积为 A，比热容和密度均已知，忽略物体的内热阻，试列出物体温度随时间变化的微分方程。

3-2　一厚度为 20mm、500℃的钢板放置于 20℃空气中冷却，钢板两侧表面传热系数为 35W/(m^2·K)，钢板热导率和热扩散率分别为 45W/(m·K) 和 1.37×10^{-5}m^2/s，试分析当钢板冷却至与空气温差为 20℃时所需要的时间。

3-3　初始温度为 20℃的钢锭置于 1500℃的炉中加热，钢锭直径 500mm。试求在炉中 2h、3h 和 5h 时钢锭表面温度及中心温度。假设钢锭为一圆柱体，热导率和热扩散率分别为 43.5W/(m·K)、7.5×10^{-6}m^2/s，加热过程中表面传热系数为 290W/(m^2·K)。

3-4　一初始温度 30℃的厚金属板，其一侧与 100℃的沸水相接触。在离开此表面 10mm 处由热电偶测得 3min 后该处的温度为 70℃。该材料的密度和比热容分别为 $\rho=$

2200kg/m^3、c=700J/(kg·K)，试计算该材料的热导率。

3-5 某一水银温度计，水银泡长 20mm，内径 4mm，初始温度 t_0，现用其测量储气罐中气体的温度。设水银同气体的对流传热系数为 11.63W/(m·K)，试计算此条件下温度计的时间常数。水银的物性参数为 c=0.138J/(kg·K)，ρ=13100kg/m^3，λ=10.36W/(m·K)。

3-6 半无限大物体初始温度 20℃，其表面温度突然上升至 60℃并保持不变。试计算当热扰动传递至 0.01m、0.5m、1m、5m 四个点并使得该点温度发生 0.2℃变化所需要的时间。其中热扩散率 $a=2\times10^{-5}$m^2/s。

3-7 在一无限大平板的非稳态导热过程中，测得某一瞬间在板的厚度方向上的三点 A、B、C 处的温度分别为 t_A=180℃、t_B=130℃、t_C=9℃，A 与 B 及 B 与 C 各相隔 1cm，材料的热扩散率 $a=1.1\times10^{-5}$m^2/s，试估计在该瞬间 B 点温度对时间的瞬时变化率。该平板的厚度远大于 A、C 之间的距离。

3-8 对于一个无内热源的长圆柱体的非稳态导热问题，在某一瞬间测得 r=2cm 处温度的瞬时变化率为−0.5K/s，试计算此时此处圆柱单位长度上热流量沿半径方向的变化率，并说明热流密度矢量的方向。已知 λ=43W/(m·K)，$a=1.2\times10^{-5}$m^2/s。

3-9 一平板表面积为 A，初始温度为 t，其一侧表面突然受到热流 q 的加热，另一面受温度为 t_∞ 的空气冷却，对流换热系数为 h，试列出物体温度随时间的变化方程式并求解。假设内阻不计，其他物性参数均为已知。

3-10 试解释 72℃的铁和 600℃的木材摸上去的感觉一样的原因。

参考文献

[1] 章熙民，任泽霈，梅飞鸣. 传热学 [M]. 第 2 版. 北京：中国建筑工业出版社，1993：66-72.

[2] 陈启高. 建筑热物理基础 [M]. 西安：西安交通大学出版社，1991：235-267.

[3] Holman J P. Heat transfer [M]. 8th ed. New York: McGraw-Hill，Inc，1997：144.

[4] Cengel Y A. Heat transfer, A practical approach [M]. Boston: WCB McGraw-Hill，1998：228.

[5] 杨世铭，陶文铨. 传热学 [M]. 第 4 版. 北京：高等教育出版社，2006：124-125.

[6] Schneider P J. Conduction heat transfer [M]. Reading: Addison Wesley，1955.

[7] Heisler M P. Temperature charts for conduction and temperature heating [J]. Trans ASME，1947，69 (1)：227-236.

[8] 卢建航. 用准稳态法测定橡胶及橡胶基复合材料的导热系数和比热容 [J]. 轮胎工业，2001，21 (5)：305-309.

[9] 贾菲霖，李林，史庆藩. 稳态发测算导热系数的原理 [J]. 材料科学与工程学报，2011，29 (4)：609-613.

[10] 段占立，马连湘. 稳态法导热系数测量仪的改进设计 [J]. 青岛科技大学学报，2009，30 (4)：353-360.

[11] 李仕通，彭超义，邢素丽等. 导热型碳纤维增强聚合物基复合材料的研究进展 [J]. 材料导报，2012，26 (7)：79-84.

[12] 吴广力，焦剑，邹亮等. 高导热聚合物基纳米复合材料的研究进展 [J]. 中国胶黏剂，2011，20 (12)：55-60.

[13] 陶文铨. 数值传热学 [M]. 第 2 版. 西安：西安交通大学出版社，2001：25.

[14] Zhou WY, Qi SH, Li HD, et al. Study on insulating thermal conductive BN/HDPE composites [J]. Thermochimica Acta，2007，452 (1)：36-42.

4 对流传热的理论基础

本章是对流传热的理论基础，旨在揭示对流传热过程的物理本质、数学描述方法以及进行实验研究的基本原则。本章主要内容包括：对流传热问题的机理及其影响因素的定性分析、对流传热过程的数学描述、边界层理论以及指导对流传热问题实验研究方法。本章的内容应用数学的表述方法较多，读者在学习过程中要着重掌握各种数学表达式所反映的物理意义，以能更好地理解对流传热过程的物理本质。

4.1 对流传热概述

4.1.1 局部和平均表面传热系数

流体流过固体表面时流体与固体间的热量交换称为对流传热。对流传热的热流速率方程可用牛顿冷却公式表示，即

$$q=h\Delta t=h(t_w-t_f) \tag{4-1}$$

式中，q 为热流密度，W/m^2；h 为表面传热系数，$W/(m^2 \cdot K)$；t_w为壁面温度，K；t_f为流体温度，K。它表明对流传热时单位面积的换热量 q 正比于壁面与流体之间的温度差。工程计算中规定换热量总是取正值，因此温差也总取正值。

当流体流过面积为 A 的固体接触面时，通过对流传热的换热量为

$$\Phi=hA\Delta t_m \tag{4-2}$$

式中，Δt_m 为换热面 A 上流体与固体表面的平均温差。

由于流体沿固体表面流动的情况是变化的，因此流体与固体表面换热时各处的表面传热系数也是变化的，故而流体与固体表面传热系数有局部值与平均值之分。当来流以均匀速度通过与其温度不同的固体表面时，流体将与固体表面之间发生对流传热，其局部热流速率可以表示为

$$q_x=h_x\Delta t_x \tag{4-3}$$

该式就是以局部值表示的牛顿冷却公式，下标 x 表示各量均为表面特定地点 x 处的局部值。

局部热流密度在整个换热表面上积分就得到了总换热量，即

$$Q=\int_A q_x \mathrm{d}A_x=\int_A h_x\Delta t_x \mathrm{d}A_x \tag{4-4}$$

若流体与固体表面温差是恒定的，那么有

$$h=\frac{Q}{A\Delta t}=\frac{1}{A}\int_A h_x \mathrm{d}A_x \tag{4-5}$$

式中，h 为流体流经面积为 A 的固体接触面上的平均表面传热系数。

4.1.2 换热微分方程式

图 4-1 示出了黏性流体在近壁面处流出的变化。当黏性流体流过壁面时，由于黏性力的作用，黏性流体在贴近壁面的流速会逐渐向壁面方向减小，直到贴壁处流体将被滞止而处于无滑移状态，即流体的流速为零，在流体力学中称为贴壁处的无滑移边界条件。

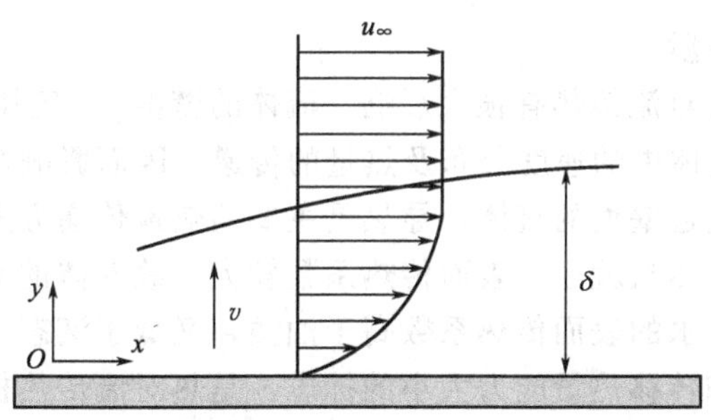

图 4-1 壁面附近速度分布示意图

贴壁处这一极薄的流体层相对于壁面是不流动的，壁面与流体之间的热量交换只能以导热的方式通过这个流体层。如果不考虑辐射，那么对流传热量就等于贴壁流体层的导热量，应用傅里叶定律有

$$q=-\lambda\left.\frac{\partial t}{\partial y}\right|_{y=0} \tag{4-6}$$

式中，$\partial t/\partial y\mid_{y=0}$ 为贴壁处壁面法线方向上的流体温度变化率；λ 为流体的热导率。

将牛顿冷却公式（4-1）与式（4-6）联立，可得以下关系式：

$$h=-\frac{\lambda}{\Delta t}\left.\frac{\partial t}{\partial y}\right|_{y=0} \tag{4-7}$$

式（4-7）称为换热微分方程式，它将对流传热表面传热系数与流体的温度场联系起来，该式被应用于分析解法、数值法以及实验法中。对流表面传热系数的大小将取决于流体的导热能力和温度分布，特别是近壁处的流体温度的变化率。

4.1.3 对流传热的影响因素

对流传热过程实际上是在流体与壁面之间存在温度差的条件下，热传导和热对流两种机理联合作用下发生的流体与固体表面之间的热量交换过程。影响对流传热的因素也就是影响热传导和热对流作用的因素，即影响流体中热量传递以及流体流动的因素。这些因素归纳起来可以分为以下 5 个方面。

(1) 引起流动的原因

由于引起流动的原因不同，对流传热可以分为强制对流传热和自然对流传热两种。强制对流是通过诸如泵和风机等外界动力源施加强迫力使管道中流体的动能和静压力提高，从而获得宏观速度。自然对流通常是由于流体中存在温度差，由此产生密度差异从而导致浮升力引起流体的运动。两种流动的成因不同，流体中的速度也有差别，所以传热规律不一样。通常是流速越高，流体的掺混就越激烈，对流传热就越强。强制对流时的速度一般高于自然对流，所以前者的表面对流传热系数也常高于后者。

(2) 流动状态

从流体力学中可知，在固体表面附近流动的黏性流体存在两种不同的流动状态，层流和湍流。层流时流体微团沿着主流方向作规则的缓慢分层运动，此时分子扩展作用主导着动量和热量的交换，即动量传递靠分子黏性，热量传递靠导热。湍流时流体内部存在强烈的涡旋运动使各部分之间充分混合，此时流体的热量传递主要是依靠混合引起的热对流作用。所以，对同种流体而言，在其他条件相同时，湍流时的表面传热系数要大于层流时的表面传热系数。区分流体流动状态的无量纲参数叫雷诺数，记为 Re，将在后面章节中介绍。

(3) 流体的热物理性质

流体的热物理性质对对流传热有很大影响。流体的密度 ρ、定压比热容 c_p、热导率 λ 和动力黏度 η 等都会影响流体中的速度分布及热量的传递，因而影响对流传热。对流传热包括流体的导热作用，特别是近壁处的流体，导热是主要的热量传递方式。热导率大，则流体内部、流体与壁面间的导热热阻就小，表面传热系数较大，故气体的对流表面传热系数一般低于液体的表面传热系数；水的表面传热系数高于油类，又低于液态金属。流体密度和比热容的乘积是反映流体携带和转移热量能力大小的标志，是热对流传热机理的主要来源，c_p 和 ρ 大的流体单位体积能携带的热量更多，即以对流作用转移热量的能力大，故表面传热系数大。例如，20℃时，水的 $\rho c_p \approx 4180\text{kJ/(m}^3\cdot\text{K)}$，而空气的 $\rho c_p \approx 1.21\text{kJ/(m}^3\cdot\text{K)}$。两者相差悬殊，造成在强制对流情况下，水的表面传热系数约为空气的 100～150 倍。

流体的流态对对流传热有强烈影响，黏性流体流过壁面时，流体与壁面之间或流体内部不同流速层之间总会引起抵制流动的内摩擦力。而流体的动力黏度对流体流态影响很大，从而影响对流传热。黏度大的流体，流速就较低，往往处于层流状态，使对流传热表面传热系数减小，如在相同条件下黏度大的油类、液态氟利昂与水相比一般就处于层流状态，其表面传热系数也低于水的表面传热系数。此外，反映流体热膨胀性大小的流体的体胀系数对自然对流传热有重要影响。

需要强调的是，流体的各项热物性参数都是温度的函数，在流体与固体表面存在换热的条件下流体中各点的温度不同，导致物性也不相同，这一特点使对流传热计算更加复杂。为了简化计算，在求解实际对流传热问题时一般选取某个有代表性的温度值作为计算热物性参数的依据，这个参考温度称为定性温度。所有由实验得出的对流传热计算式，称为关联式或特征数方程，都必须对定性温度作出明确的规定。

(4) 流体有无相变

在流体没有相变时，对流传热中的换热过程是依靠流体显热的变化实现的；而在有相变的换热过程中（如凝结和沸腾），流体相变热（潜热）的释放或吸收常起主要作用。单位质量流体的潜热一般比显热大得多。因此，一般有相变的对流传热系数比无相变的对流传热系数大。

(5) 换热表面的几何参数

换热表面的几何因素包括换热表面的形状、大小、换热表面与流体运动方向的相对位置以及换热表面的状态（光滑或粗糙）。换热面的几何因数对换热强度有着非常重要的影响。首先要区分对流传热问题在几何特征方面的类型，即分清是内部流动还是外部流动换热，因为这两者的速度场、温度场以及换热规律是不同的。在同一几何类型的问题中，换热表面的几何形状以及几何布置等因素对流动状态以及表面传热系数的大小都有一定的影响。

在处理实际对流传热问题时，经常用特征长度来表示几何因素对换热的影响。比如管内流动换热是以直径为特征长度的；沿平板的流动则以流动方向的尺寸作为特征长度。采用特征长度来处理实际对流传热问题有一定的依据，但也带有经验的性质，故有其使用局限性。

4.1.4 对流传热现象的分类

对流传热涉及面广，由上述讨论可知影响对流传热现象的因素很多，为了得到适用于工程计算的对流表面传热系数公式，有必要按其主要影响因素进行分类研究。表 4-1 给出了目前工程上最常见的对流传热现象分类。

表 4-1 对流传热现象分类

<table>
<tr><th>相态</th><th>流态</th><th>流动起因</th><th>几何因素</th><th>基本类型</th></tr>
<tr><td rowspan="12">无相变
(单相)</td><td rowspan="12">层流、
过渡流、湍流</td><td rowspan="7">强制对流</td><td rowspan="2">内部流动</td><td>圆管内强制对流传热</td></tr>
<tr><td>其他形状截面管道内的对流传热</td></tr>
<tr><td rowspan="5">外部流动</td><td>外掠平板的对流传热</td></tr>
<tr><td>外掠单根圆管的对流传热</td></tr>
<tr><td>外掠圆管管束的对流传热</td></tr>
<tr><td>外掠其他截面形状柱体的对流传热</td></tr>
<tr><td>射流冲击传热</td></tr>
<tr><td rowspan="5">自然对流</td><td rowspan="3">大空间</td><td>沿竖板/竖管的自然对流传热</td></tr>
<tr><td>水平圆/非圆管道自然对流传热</td></tr>
<tr><td>水平板(热面朝上/朝下)</td></tr>
<tr><td rowspan="2">有限空间</td><td>竖立管道或夹层</td></tr>
<tr><td>水平管道</td></tr>
<tr><td rowspan="4">有相变</td><td colspan="2" rowspan="2">凝结传热</td><td colspan="2">管内凝结</td></tr>
<tr><td colspan="2">管外凝结</td></tr>
<tr><td colspan="2" rowspan="2">沸腾传热</td><td colspan="2">大容器沸腾</td></tr>
<tr><td colspan="2">管内沸腾</td></tr>
</table>

4.1.5 对流传热的研究方法

研究对流传热的方法，也就是获得对流传热面表面传热系数 h 表达式的方法，主要有 4 种：①分析法；②实验法；③比拟法；④数值法。下面就这 4 种研究方法分别作简要介绍。

(1) 分析法

分析法是指对描述某一类对流传热问题的偏微分方程及相应的定解条件并运用数学分析手段进行求解，从而获得速度场和温度场的分析解的方法，包括精确解法和近似解法。分析解能深刻揭示各主要影响因素与表面传热系数间的内在联系以及影响程度的大小，有利于提高对对流传热现象物理本质的理解，也是评价其他方法所得结果的标准与依据。

(2) 实验法

对流传热问题的多样性和复杂性决定了能够求得分析解的问题种类非常有限，因此通过实验获得表面传热系数的计算式仍是研究各种对流传热工程问题的主要依据。同时，实验也是检查验证其他方法求解的一种方法。为了减少实验次数、提高实验测定结果的通用性，对流传热的实验研究应该在相似原理指导下进行。

(3) 比拟法

利用流体中动量传递和热量传递的共性或类似特性，建立起表面传热系数与阻力系数间的相互关系并从中求得对流传热的表面传热系数的方法，称为比拟法。应用比拟法，可通过比较容易用实验测定的阻力系数来获得相应的表面传热系数的计算公式。在传热学发展的早期，比拟法广泛应用于解决工程湍流换热问题。随着实验测试技术及计算机技术的发展，近年来这一方法已经很少使用。但是，这一方法所依据的动量传递及热量传递在机理上的类似性，有助于初学者理解与分析对流传热过程。

(4) 数值法

对流传热的数值计算法是近 30 年来随着计算机技术进步发展起来的一种新手段。它的实施难度比导热问题的数值求解大得多，因为对流传热的数值求解增加了两个难点，即对流项的离散及动量方程中的压力梯度项的数值处理。关于数值法的详细介绍请参阅陶文铨院士所著的《数值传热学》一书。

4.2 对流传热微分方程组及定解条件

为了理解对流传热过程中各主要物理量之间的关系及定解条件在其中的作用，有必要对对流传热过程进行完整的数学描述。在不考虑多组分流体质量传递的前提下，对流传热问题完整的数学描述包括对流传热微分方程组及定解条件，前者包括质量守恒（即连续性方程）、动量守恒及能量守恒这三大守恒方程。连续性方程和动量方程已在流体力学中建立，本书不再推导，下面将重点研究能量守恒微分方程的推导过程及对流传热完整控制方程和定解条件。

为了简化，推导对流传热数学模型时作下列假设：①二维流动；②连续介质；③流体为不可压缩的牛顿型流体，空气、水以及许多工业用油类等流体的切应力都服从牛顿黏性定律，都属牛顿型流体，少数高分子溶液如油漆、泥浆等不遵守牛顿黏性定律称为非牛顿性流体；④流体物性参数为常数，无内热源；⑤黏性耗散产生的耗散热可忽略不计。除高速的气体流动及一部分化工用流体等的对流传热外，工程中常见的对流传热问题大都满足上述假定。

4.2.1 连续性方程

把流体视为连续介质，并规定不存在内部质量源时，根据质量守恒关系，流入与流出控制体积的质量流量的差值一定等于控制体积内的质量随时间的变化率。由此推导出不可压缩流体的质量守恒定律表达式，即连续性方程：

$$\frac{\partial u}{\partial x}+\frac{\partial v}{\partial y}=0 \tag{4-8}$$

4.2.2 动量微分方程

对于流体中的任意微元控制体积，所有作用在该体积上的外力总和必定等于控制体积中流体的动量变化率。所有外力包括表面力（法向压力和切向黏性力）和体积力（重力、离心力、电磁力等）。按照上述守恒关系可以推出 x 方向和 y 方向的动量微分方程：

$$\rho\left(\frac{\partial u}{\partial \tau}+u\frac{\partial u}{\partial x}+v\frac{\partial u}{\partial y}\right)=F_x-\frac{\partial p}{\partial x}+\eta\left(\frac{\partial^2 u}{\partial x^2}+\frac{\partial^2 u}{\partial y^2}\right) \tag{4-9}$$

$$\rho\left(\frac{\partial v}{\partial \tau}+u\frac{\partial v}{\partial x}+v\frac{\partial v}{\partial y}\right)=F_y-\frac{\partial p}{\partial y}+\eta\left(\frac{\partial^2 v}{\partial x^2}+\frac{\partial^2 v}{\partial y^2}\right) \tag{4-10}$$

上面两个方程式等号左侧为流体的惯性力，等号右侧各项依次为体积力、压力梯度和黏性力，这就是著名的纳维-斯托克斯方程（Navier-Stokes equation，简称 N-S 方程）在前述简化假设条件下的表达式。对于体积力可以忽略、流体物性参数等于常数的情形，应能够从以上三个方程中解出 u、v、ρ 三个未知量。对于不能忽略体积力的自然对流传热问题，动量方程将与能量方程相耦合，无法单独求解。若流体物性参数是温度的函数，则整个问题也将成为耦合问题，求解难度将明显提高。

4.2.3 能量微分方程

能量微分方程描述流体对流传热时温度与有关物理量的联系。它的导出基于能量守恒定律及傅里叶导热定律，因此它是热力学第一定律在对流传热这一特定情况下的具体应用。在满足上述假设条件的情况下，微元控制体积的能量守恒关系表现为：单位时间内流体因热对流和通过控制体边界面净导入的热量总和，加上单位时间内界面上作用的各种力对流体所做的功，等于控制体积内流体总能量的变化率。以图 4-2 所示的笛卡尔坐标系中微元体作为分析对象，它是固定在空间一定位置的一个控制体，其界面上不断地有流体进、出，因而是热力学中的一个开口系统。根据热力学第一定律有

$$\Phi=\frac{\partial U}{\partial \tau}+(q_m)_{\text{out}}\left(h+\frac{1}{2}v^2+gz\right)_{\text{out}}-(q_m)_{\text{in}}\left(h+\frac{1}{2}v^2+gz\right)_{\text{in}}+W_{\text{net}} \tag{4-11}$$

式中，q_m 为质量流量；h 为流体比焓；下标“in”及“out”表示进及出；U 为微元体的热力学能；Φ 为通过界面由外界导入微元体的热流量；W_{net} 为流体所做的净功。考虑到流体流过微元体时位能及动能的变化可以忽略不计，流体也不做功，于是有

$$\Phi=\frac{\partial U}{\partial \tau}+(q_m)_{\text{out}}h_{\text{out}}-(q_m)_{\text{in}}h_{\text{in}} \tag{a}$$

对于二维问题，在 $\mathrm{d}\tau$ 时间内从 x、y 两个方向以导热方式进入微元体的净热量为

$$\Phi\mathrm{d}\tau=\lambda\left(\frac{\partial^2 t}{\partial x^2}+\frac{\partial^2 t}{\partial y^2}\right)\mathrm{d}x\,\mathrm{d}y\,\mathrm{d}\tau \tag{b}$$

在 $\mathrm{d}\tau$ 时间内，微元体中流体温度改变了 $\frac{\partial t}{\partial \tau}\mathrm{d}\tau$，其热力学能的增量为

$$\Delta U=\rho c_p\,\mathrm{d}x\,\mathrm{d}y\,\frac{\partial t}{\partial \tau}\mathrm{d}\tau \tag{c}$$

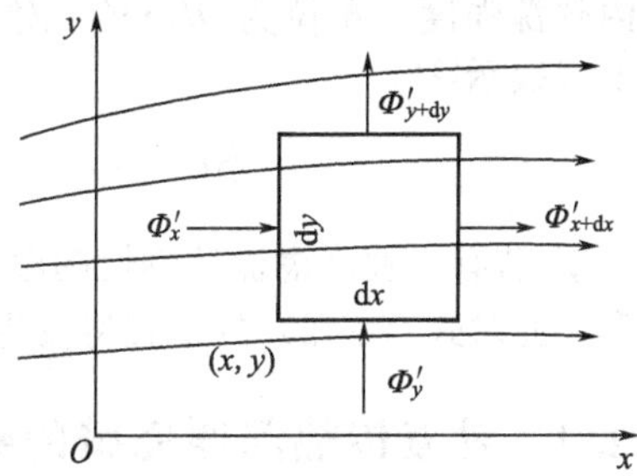

图 4-2 流体微元的能量平衡分析

由于流体流进、流出微元体所带入、带出的焓差可分别从 x 及 y 方向加以计算。在 $\mathrm{d}\tau$ 时间内，由 x 处的截面进入微元体的焓为

$$H_x=\rho c_p ut\,\mathrm{d}y\,\mathrm{d}\tau \tag{d}$$

而在相同的 $\mathrm{d}\tau$ 内由 $x+\mathrm{d}x$ 处的界面流出微元体的焓为

$$H_{x+\mathrm{d}x}=\rho c_p\left(t+\frac{\partial t}{\partial x}\mathrm{d}x\right)\left(u+\frac{\partial u}{\partial x}\mathrm{d}x\right)\mathrm{d}y\,\mathrm{d}\tau \tag{e}$$

将两式相减可得 $\mathrm{d}\tau$ 时间在 x 方向上由流体净带出微元体的热量，略去高阶无穷小后为

$$H_{x+\mathrm{d}x}-H_x=\rho c_p\left(t\frac{\partial u}{\partial x}+u\frac{\partial t}{\partial x}\right)\mathrm{d}x\,\mathrm{d}y\,\mathrm{d}\tau \tag{f}$$

同理，y 方向上的相应表达式为

$$H_{y+\mathrm{d}y}-H_y=\rho c_p\left(t\frac{\partial v}{\partial y}+v\frac{\partial t}{\partial y}\right)\mathrm{d}x\mathrm{d}y\mathrm{d}\tau \tag{g}$$

于是，在单位时间内由于流体的流动而带出微元体的净热量为

$$\begin{aligned}(q_m)_{\mathrm{out}}h_{\mathrm{out}}-(q_m)_{\mathrm{in}}h_{\mathrm{in}}&=\rho c_p\left[\left(u\frac{\partial t}{\partial x}+v\frac{\partial t}{\partial y}\right)+\left(t\frac{\partial u}{\partial x}+t\frac{\partial v}{\partial y}\right)\right]\mathrm{d}x\mathrm{d}y\\&=\rho c_p\left(u\frac{\partial t}{\partial x}+v\frac{\partial t}{\partial y}\right)\mathrm{d}x\mathrm{d}y\end{aligned} \tag{h}$$

将式（b）、式（c）、式（h）代入式（a）并化简，即得到二维、常物性、无内热源的能量微分方程：

$$\rho c_p\left(\frac{\partial t}{\partial \tau}+u\frac{\partial t}{\partial x}+v\frac{\partial t}{\partial y}\right)=\lambda\left(\frac{\partial^2 t}{\partial x^2}+\frac{\partial^2 t}{\partial y^2}\right) \tag{4-12}$$

分析式（4-12）可得如下结论。

① 方程左侧第一项为非稳态项，表示所研究的控制容积中，流体温度随时间的变化。当计算稳态对流传热问题时，将略去非稳态项，式（4-12）可以改写成：

$$\rho c_p(U\cdot\mathrm{grad}t)=\lambda\left(\frac{\partial^2 t}{\partial x^2}+\frac{\partial^2 t}{\partial y^2}\right) \tag{4-13}$$

这里将对流项简写为速度矢量与温度梯度的点积形式。

② 方程左侧第二、第三项是对流项，表示由于流体中的热传导而净导入该控制容积的热量，反映了流体的运动和掺混对换热所起的作用。如果流体流速为零，该方程自动退化为常物性、无内热源的导热微分方程。

③ 式（4-12）表明，在流体的运动过程中，热量的传递除了依靠流体的流动（对流项）外，还有导热引起的扩散作用。

④ 假如流体中有内热源（黏性耗散作用所产生的热量、化学反应的生成热等），可以证明，只要在式（4-12）的右侧增加源项 $\dot{\Phi}(x,y)$ 就得出有内热源时的能量方程，$\dot{\Phi}(x,y)$ 为内热源强度，单位为 $\mathrm{W/m^3}$。对于二维常物性流体，其黏性耗散所产生的内热源强度可以用下式表示[3]：

$$\dot{\Phi}(x,y)=\eta\left\{2\left[\left(\frac{\partial u}{\partial x}\right)^2+\left(\frac{\partial v}{\partial y}\right)^2\right]+\left(\frac{\partial u}{\partial x}+\frac{\partial v}{\partial y}\right)^2\right\} \tag{4-14}$$

⑤ 若有必要考虑流体物性随温度的变化，还必须补充相关物性随温度变化的具体方程式。注意，此时式（4-12）的形式将发生变化。可压缩流体能量方程与分析可参阅文献［3］。

4.2.4 对流传热问题完整的数学描述

把式（4-8）、式（4-9）、式（4-10）、式（4-12）放在一起，就得到了不可压缩、常物性、无内热源的二维流动对流传热问题的完整描述，也称为控制方程组。从理论上讲，这四个方程在相应的边界条件下就可以求解流体的 u、v、p、t 四个未知量。然而由于纳维-斯托克斯方程的复杂性和非线性，要针对实际问题在整个流场内数学上求解上述方程组却是非常困难的。直至1904年德国科学家普朗特提出著名的边界层概念，并用它对纳维-斯托克斯方程进行了实质性的简化，才使黏性流体流动与换热问题的数学分析解得到突破性发展。在对流传热中我们仅考虑稳态问题，所以下面仅简要介绍对流传热问题最常见的几种边界条件。

（1）第一类边界条件

规定边界处的流体温度分布，即流体受到已知温度壁面的加热或冷却。若是固体边界，

则认为该处的流体温度等于固体壁面的温度，可以表示为

$$t_w = f(x, y, z) \tag{4-15}$$

作为特例，若该温度分布等于常数，则称为恒壁温边界条件。当壁面另一侧发生表面传热系数极大的相变换热时，这一侧的单相流体就近似处于这种状况。另外，对于连续流体界面（例如管槽的入口和出口），则应该给出流体在该处的温度分布状态。

(2) 第二类边界条件

给定边界上加热或冷却流体的热流密度，即

$$q_w = -\lambda \left.\frac{\partial t}{\partial n}\right|_w = f(x, y, z) \tag{4-16}$$

最简单的情况是热流密度等于常数，此时的边界条件称为恒热流边界条件。和导热一样，给定热流密度其实就是给定壁面处的温度梯度。壁面外通电均匀加热，电子元器件正常工作时的散热以及核燃料元件对压力水的放热等均属于这一类边界条件。

(3) 第三类边界条件

更一般的边界条件是给出壁面另一侧流体的对流传热情况（假设壁的厚度非常小），经常给出流体温度 t_f 以及它与壁面间的表面传热系数 h。可以看出这实际上就是两种流体之间的传热过程。由于获得表面传热系数是求解对流传热问题的最终目的，因此一般地说求解对流传热问题时没有第三类边界条件。但是，如果流体通过一层薄壁与另一种流体发生热交换，则另外一种流体的表面传热系数可以出现在所求解问题的边界条件中。对流传热问题的定解条件的数学表达比较复杂，这里不再深入讨论。

4.3 边界层与边界层换热微分方程组

4.3.1 流动边界层

流动边界层，也称速度边界层（velocity boundary layer），是指黏性流体在固体表面附近流体速度发生剧烈变化的一个薄层。根据流体的分布，普朗特提出可以把整个流场分为两个区域：紧贴壁面的边界层区和边界层以外的主流区，也称势流区。在边界层区内，速度梯度很大，故即使像水和空气这样黏性相当小的介质，切应力的作用也不能忽视。在这个黏滞力不能忽略的薄层之内，运用数量级分析的方法可以对纳维-斯托克斯方程作实质性的简化，从而可以获得不少黏性流动问题的分析解。实际上，在边界层以内切应力和惯性力处于同一数量级。在主流区，速度梯度几乎等于零，黏性切应力的影响可以忽略不计，即可把主流区内的流体视为无黏性的理想流体。

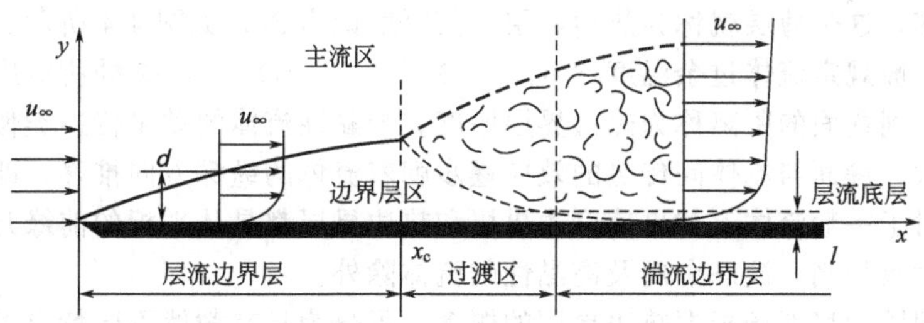

图 4-3　流体掠过平板时流动边界层的发展

图 4-3 所示为沿平板的二维无界流动，黏性流体以均匀的速度 u_∞ 流过平板上方（垂直纸面方向视为无限长）。在连续介质假定下，紧贴壁面的流体速度必定等于零，即黏性流体与固

体壁面之间不存在相对滑移，也就是在 $y=0$ 时，流体速度为零。从 $y=0$ 处 $u=0$ 开始，流体的速度随着离开壁面距离 y 的增加而急剧增大，经过一个薄层后 u 增大到十分接近远离壁面的主流速度。这个薄层就是流动边界层，其厚度视规定的接近主流速程度的不同而不同。通常规定边界层内流体速度达到主流速度的99%处的距离 y 为流动边界层厚度，记作 δ。

前面已指出，流体的流动可分为层流和湍流两大类。流动边界层在壁面上的发展过程也显示出，在边界层内也会出现层流和湍流两类状态不同的流动。如图 4-3 所示为流体掠过平板时边界层的发展过程。速度等于 u_∞ 的流体均匀流过平板，在平板的起始段，δ 很薄。随着 x 的增大，由于壁面黏滞力的影响逐渐向流体内部传递，边界层外缘的位置不断向外推移，相应于流动边界层厚度逐渐变厚。在一定距离 x_c 以内，流体始终保持层流状态，称为层流边界层（laminar boundary layer），这个距离称为临界距离。它的数值由临界雷诺数 $Re_c=u_\infty x_c/\nu$ 确定。沿流动方向随着边界层厚度的增加，壁面对外缘流体的影响和控制作用减弱，边界层内部黏滞力和惯性力的对比向着惯性力相对强大的方向变化，促使边界层内的流动变得不稳定起来。自距前缘 x_c 处起，流动朝着湍流过渡，最终过渡为旺盛湍流。此时流体质点在沿 x 方向流动的同时，又作着紊乱的不规则脉动，故称为湍流边界层（turbulent boundary layer）。对于沿平板的外部流动，发生流态转变的雷诺数与固体表面的粗糙程度以及来流本身的湍流度等因素有关，一般在（2×10^5）～（3×10^6）之间。来流扰动强烈、壁面粗糙时较易发生流态转变，甚至在雷诺数低于下限值时就发生流态转变，这时可取 $Re_c=5\times10^5$。

湍流边界层的主体核心虽处于湍流状态，但在紧靠壁面的极薄层中，因速度梯度极高，致使黏性剪切力仍起着关键作用，流动形态也仍以层流为主，这个极薄层称为湍流边界层的黏性底层（viscous sublayer）。在湍流核心与黏性底层之间存在着起过渡性质的缓冲层（buffer layer）。

边界层厚度是远远小于沿流动方向壁面尺寸的一个很小的量。整个边界层内，壁面处的法向速度梯度具有最大值。由图 4-3 中的速度分布曲线可看出层流边界层的速度分布为抛物线状。在湍流边界层中，黏性底层的速度梯度较大，近于直线；而在湍流核心，质点的脉动强化了动量传递，速度变化较为平缓。流体的黏性只在边界层区才明确地显现出来，而在边界层以外，可以忽略黏性的影响，即把主流区的流体视为无黏性的理想流体。

4.3.2 热边界层

热边界层（thermal boundary layer）也称温度边界层，是波尔豪森在 1921 年首先提出来的。当流体与壁面间存在着温差而产生对流传热时，该温差也主要发生在壁面附近一个很薄的流体层内。在这个很薄的流体层内流体温度发生剧烈变化，在此薄层之外，流体的温度梯度几乎等于零，这个薄层就称为热边界层，其厚度记为 δ_t，如图 4-4 所示。对于外掠平板的对流传热，一般规定流体过余温度比 $(t_w-t)/(t_w-t_f)=0.99$ 处所对应位置为热边界层的外缘，该处到壁面的距离称为热边界层厚度。与黏性流体的动量传递类似，随着离前缘的距离逐步增大，壁面与流体间传热的效应逐步朝着流体的纵深方向推移，即热边界层的厚度不断增大。对于一般流体，如果速度边界层和热边界层都是从平板的前缘开始发展，它们厚度的数量级大致相当，液态金属及高黏性的流体除外。

对流传热问题的温度场根据热边界层的概念，可分为具有截然不同特点的两个区域：热边界层区与主流区。热边界层区以内温度变化非常剧烈，导热机理起着重要作用；在主流区，流体中的温度变化率可视为零，故研究对流传热问题时仅需考虑热边界层内的热量传递。

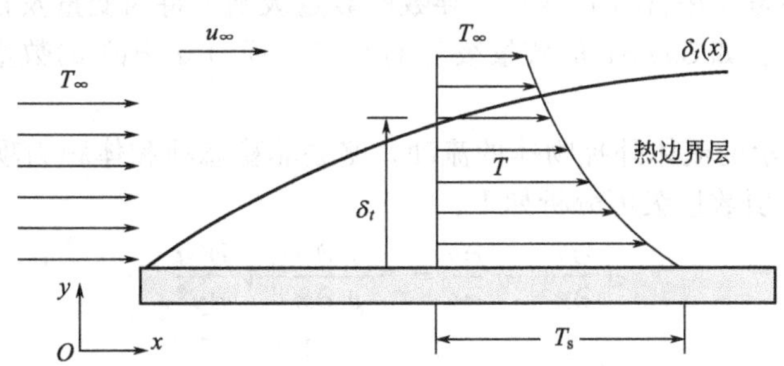

图 4-4 流体沿等温平板流动时的热边界层

4.3.3 普朗特数

流动边界层的厚度反映了流体动量扩散能力的大小。流动边界层越厚，即表面对流体速度的影响区域越远，流体的动量扩散能力就越强。流体的扩散能力可用流体的运动黏度系数定量地表示，即运动黏度系数大的流体，其流动边界层越厚。热边界层的厚度反映了流体热扩散能力的强弱，热边界层越厚，则表面对流体温度的影响区域越远，热扩散能力就越强。流体热扩散率定量地表示了流体热扩散能力，热扩散率越大的流体，其热边界层越厚。

流体的流动边界层必定会影响对流传热，因此，传热学中定义普朗特数为热边界层与流动边界层的相对厚度，即

$$Pr=\nu/a=c_p\eta/\lambda \tag{4-17}$$

Pr 为一个由几个物性参数组合而成且没有量纲的数，称为特征数。Pr 反映了流体中动量扩散与热扩散能力的对比，其大小可以判断流动边界层和热边界层的相对厚度情况。从 Pr 的定义式中可以看出，当 $\nu/a=1$ 时，热边界层与流动边界层具有相同的厚度，即 $\delta_t=\delta$。除液态金属的 Pr 为 0.01 的数量级外，常用流体的 Pr 在 0.6～4000 之间，例如各种气体的 Pr 大致在 0.6～0.7 之间。流体的运动黏性反映了流体中由于分子运动而扩散动量的能力，这一能力越大，黏性的影响传递得就越远，因而流动边界层越厚。同样也可以对热扩散率作出类似的讨论。因此 v/a 的比值，即 Pr 反映了流动边界层与热边界层厚度的相对大小。在液态金属中，流动边界层厚度远小于热边界层厚度；对于空气，两者大致相等；而对于高 Pr 的油类（Pr 在 10^2～10^3 数量级范围内），则流动边界层的厚度远大于热边界层厚度。

4.3.4 边界层换热微分方程组

将纳维-斯托克斯方程结合流动边界层的特点，应用数量级分析方法简化后，可得出适用于流动边界层的动量方程。数量级分析是指通过比较方程式中各项数量级的相对大小，把数量级较大的项保留下来，而舍去数量级较小的项，实现方程式的合理简化，其在工程问题分析中具有广泛的实用意义。运用数量级分析方法时，首先要确立各项数量级的标准，而这个标准依据分析问题性质而不同。这里采用各量在作用区间的积分平均绝对值的确定方法。下面将以不可压缩常物性流体在重力场作用和耗散热都可被忽略时的二维稳态强制对流换热问题为例，来讲述这种简化处理方法。

(1) 流动边界层内的动量方程

在流动边界层内，从壁面到 $y=\delta$ 处，主流方向流速 u 的积分平均绝对值显然远远大于垂直于主流方向的流速 v 的积分平均绝对值。因此，若把边界层内 u 的数量级定为 1，则 v

的数量级必定是个小量，用符号 δ 表示。导数的数量级则可将因变量及自变量的数量级代入导数的表达式而得出。如 $\partial u/\partial x$ 的数量级为 $1/1=1$，而 $\partial^2 u/\partial y^2$ 的数量级则为 $(1/\delta)/\delta=1/\delta^2$。

对于如图 4-3 所示的流体外掠物体的流动，略去非稳态项和体积力项，边界层中二维稳态动量微分方程的各项数量级可分析如下：

$$u\frac{\partial u}{\partial x}+v\frac{\partial u}{\partial y}=-\frac{1}{\rho}\frac{\partial p}{\partial x}+\nu\frac{\partial^2 u}{\partial y^2}$$

数量级　　$1\frac{1}{1}$　　$\delta\frac{1}{\delta}$　　$1\frac{1}{1}$　　$\frac{1}{\delta^2}$

考虑到流体动力黏度 υ 有

1　　1　　$1\frac{1}{1}$　　$\frac{\nu}{\delta^2}$

上式结果表明要使等号前后的项有相同的数量级，运动黏度 ν（$\nu=\eta/\rho$）必须具有 δ^2 的数量级，除液态金属外的流体都满足这一分析。于是层流边界层内黏性流体的稳态动量方程为

$$u\frac{\partial u}{\partial x}+v\frac{\partial u}{\partial y}=-\frac{1}{\rho}\frac{\mathrm{d}p}{\mathrm{d}x}+\nu\frac{\partial^2 u}{\partial y^2} \tag{4-18}$$

与二维稳态的纳维-斯托克斯方程相比，上述运动微分方程的特点是：①在 u 方程中略去了主流方向的二阶导数项；②略去了关于速度 v 的动量方程；③由于边界层内的压力 p 仅沿 x 方向变化，因此可将$\frac{\partial p}{\partial x}$改写成$\frac{\mathrm{d}p}{\mathrm{d}x}$，$x$ 方向的压力梯度$\frac{\mathrm{d}p}{\mathrm{d}x}$可由边界层外理想流体的伯努利方程求得，即

$$\frac{\mathrm{d}p}{\mathrm{d}x}=-\rho u_\infty\frac{\mathrm{d}u_\infty}{\mathrm{d}x} \tag{4-19}$$

则动量守恒方程可改写为

$$u\frac{\partial u}{\partial x}+v\frac{\partial u}{\partial y}=u_\infty\frac{\mathrm{d}u_\infty}{\mathrm{d}x}+\nu\frac{\partial^2 u}{\partial y^2} \tag{4-20}$$

如果主流速度 u_∞ 为常数，那么

$$u\frac{\partial u}{\partial x}+v\frac{\partial u}{\partial y}=\nu\frac{\partial^2 u}{\partial y^2} \tag{4-21}$$

(2) 热边界层内的能量方程

根据热边界层的特点，运用数量级分析的方法，可将上节中的能量方程式（4-12）进行简化，得出适用于热边界层的能量方程：

$$u\frac{\partial t}{\partial x}+v\frac{\partial t}{\partial y}=a\left[\frac{\partial}{\partial x}\left(\frac{\partial t}{\partial x}\right)+\frac{\partial}{\partial y}\left(\frac{\partial t}{\partial y}\right)\right]$$

数量级　　$1\frac{1}{1}$　$\delta\frac{1}{\delta}$　$\frac{1}{1}\Big/1$　$\delta^2\frac{1}{\delta^2}$

由于等号后方括号内的两个项中，$\frac{\partial^2 t}{\partial x^2}\ll\frac{\partial^2 t}{\partial y^2}$，因而可以把主流方向的二阶导数项$\frac{\partial^2 t}{\partial x^2}$略去。于是得到二维、稳态、无内热源的热边界层能量方程为

$$u\frac{\partial t}{\partial x}+v\frac{\partial t}{\partial y}=a\frac{\partial^2 t}{\partial y^2} \tag{4-22}$$

通过上述分析，得到二维、稳态、无内热源的层流边界层换热微分方程组为

质量守恒方程 $$\frac{\partial u}{\partial x}+\frac{\partial v}{\partial y}=0$$

动量守恒方程 $$u\frac{\partial u}{\partial x}+v\frac{\partial u}{\partial y}=-\frac{1}{\rho}\frac{\mathrm{d}p}{\mathrm{d}x}+\nu\frac{\partial^2 u}{\partial y^2}$$

能量守恒方程 $$u\frac{\partial t}{\partial x}+v\frac{\partial t}{\partial y}=a\frac{\partial^2 t}{\partial^2 y^2}$$

可见主流速度 u_∞ 为常数时的边界层的动量方程式（4-21）和能量方程式（4-22）有完全一致的表达式，这意味着边界层中动量传递与能量传递的规律相似，这两种传递过程可以相互比拟。只要知道主流速度在 x 方向的变化规律，压力梯度就可确定。显然，当主流速度为常数时，压力梯度就为零，在求得边界层内的温度分布之后，就可以求出局部表面传热系数。这样，3 个方程包括 3 个未知数 u、v 和 t，方程组是封闭的。

对对流传热进行完整的数学描述不仅包括连续性方程、动量微分方程、能量微分方程和对流传热微分方程，还应包括方程组取得唯一解的定解条件，在稳态对流传热条件下，一般只需给出表面条件及势流区的速度条件、温度或热流条件。对于流体纵掠平板对流传热问题，若主流场是均速 u_∞、均温 t_∞，并给定恒壁温，即 $y=0$ 时的 $t=t_w$ 问题，其定解条件可表示为

$$y=0\text{ 时},u=0,v=0,t=t_w$$
$$y\to\infty\text{时},u\to u_\infty,t\to t_\infty$$

微分方程组不仅适用于层流对流传热，也适用于湍流对流传热，此时式中物理量均为脉动的瞬时值。这里必须指出，它们是在边界层理论指导下推导出来的，凡是不符合流动边界层和热边界层的特性的场合都不适用，例如黏性油、液态金属、流体纵掠平壁时 Re 很小以及流体横掠圆管时流体脱离区等。

4.4 对流传热的实验研究

前面提及的分析法、实验法、比拟法、数值法等是目前研究对流传热问题的主要方法，这四种方法的共性是它们都是以特定换热现象所遵循的微分方程组以及相应的定解条件为出发点，但具体的实施方法各不相同。由于数学上的困难，分析解和数值解往往都需要对复杂的对流传热现象作出相应的简化假设，或者在求解中采用一些经验、半经验的系数、常数，这些经验数据一般也是通过实验获得。而在各种简化假设下求得的分析解或者数值解的正确性和可信程度都需要实验验证。因此，实验方法是研究对流传热问题不可缺少的重要手段。

理论解的结果需要用实验来检验，实验方法也必须以正确的理论作为指导。这里说的理论有两个方面的含义：一是传热学的基本原理；二是指导实验如何设计、布置、实施以及其表达、应用等的方法理论，即相似原理。由于影响对流传热的因素很多，若是按照常规的实验方法每个变量都要考虑，需要的实验次数是巨大的，这是人力、物力、财力所不允许的。例如，表面传热系数的影响因素就有流速 u、换热表面特征长度 l、流体密度 ρ、动力黏度 η、热导率 λ 以及比定压热容 c_p 6 个因素。若是按照常规实验方法每个变量各变化 10 次，其他 5 个参数保持不变，则共需要进行 100 万次实验。然后按照相似理论，可以把所有的影响因素以某种合理的方式组合成少数几个无量纲特征数，并从整体上把它们看作综合变量。这样做不仅使问题的变量数目大大减少，而且对扩大实验结果的应用范围极有益处。

4.4.1 相似原理

相似原理从描述物理过程中导出现象的基本规律，以相似特征数的形式来表示各综合无

量纲数组之间应遵循的相互关系，并将这些关系作为实施实验、整理数据以及推广应用实验结果的基本依据。相似理论研究的是相似现象之间的关系。首先，相似原理仅适用于同类现象，同类现象是指现象的内容相同，并且描述现象的微分方程也相同的物理现象。例如同一对流传热问题分别为层流和湍流时，现象都是对流传热，其微分方程形式也一致，因此层流和湍流对流传热就是同类现象。其次，与现象有关的所有物理量必须一一对应，即每个物理量各自相似。最后，对于非稳态问题，要求在相应的时刻各物理量的空间分布相似；对于稳态问题，则只需考虑空间分布场。此外还需注意，物理现象相似应该以几何相似为前提。

相似原理指出，凡同类现象，若同名已定特征数相等，且单值性条件相似，那么这两个现象一定相似。特征数是指由涉及对流传热问题的几个参数组合而成的无量纲参数，如 Pr、Re 等。已定特征数指由影响对流传热系数的几个自变量组合而成的特征数，比如在强制对流传热中一般为 Pr、Re，显然已定特征数可以在实验中自由变化。待定特征数是指在该特征数中包含待求解的参数——对流传热系数，传热学中将这一特征数称为努塞尔数 Nu，其定义为 $Nu=hl/\lambda$。

所谓单值性条件则是指影响过程进行并使所研究的问题能被唯一确定下来的条件，包括两个现象的：

① 几何条件。换热表面的几何形状、尺寸、位置以及表面粗糙度等。

② 初始条件。指非稳态问题中初始时刻的物理量分布，稳态时无此项条件。

③ 物理条件。流体的物理特征，即速度分布、物性参数等。

④ 边界条件。所研究系统边界上的速度、温度或热流密度等条件。

上述分析实际上给出了判断两个同类现象是否相似的充分必要条件，而且寻找对流传热系数和多个自变量的关系转化为寻找待定准则数和少数几个已定准则数间的关系问题，是指导对流传热模化实验最重要的理论依据。值得指出的是，这里的单值性条件与分析解法中数学描述的定解条件是一致的，只是在相似原理中，为了强调各个与现象有关的量之间的相似性，特别增加了几何条件与物理条件两项。

相似原理还强调相似现象一个十分重要的特性，即相似现象的同名特征数相等。例如两个管内强制对流传热问题 1 和 2，如果 $Pr_1=Pr_2$、$Re_1=Re_2$，则这两个现象相似，根据这一结论还可以得出它们的 $Nu_1=Nu_2$。这一结论为实验研究结果的应用提供了理论指导。

描述物理过程的微分方程的积分结果，可以用相似特征数之间的函数关系表示。在相似理论和量纲分析理论中可以用 π 定理表述无量纲特征数之间的关系，即一个表示 n 个物理量间关系的量纲一致的方程式，一定可以转换成包含 $n-r$ 个独立的无量纲物理量群间的关系式。r 是 n 个物理量中所要涉及的基本量纲的数目。

显然对于彼此相似的物理现象，这个无量纲数群（即相似特征数群）间的关系都相同。因此，从某个具体的物理过程所获得的特征数方程也适用于所有其他与之相似的同类物理现象。将 π 定理应用于某个物理过程时，关键在于确定 n 与 r 的数值。有关量纲分析方法的详细论述和应用介绍请参阅文献［5，6］。

4.4.2 相似分析法获取特征数

所谓相似分析法就是指在已知物理现象数学描述的基础上，建立两现象之间的一系列比例系数，尺寸相似倍数，并导出这些相似系数之间的关系，从而获得无量纲量的方法。例如两个相似的对流传热现象，在固体表面上按牛顿冷却定律所定义的 h 与流体温度的关系式如下：

现象 1
$$h'=-\frac{\lambda'}{\Delta t'}\frac{\partial t'}{\partial y'}\bigg|_{y'=0} \tag{a}$$
现象 2
$$h''=-\frac{\lambda''}{\Delta t''}\frac{\partial t''}{\partial y''}\bigg|_{y''=0} \tag{b}$$
与现象有关的各物理量场应分别相似，即
$$\frac{h'}{h''}=C_h,\frac{\lambda'}{\lambda''}=C_\lambda,\frac{t'}{t''}=C_t,\frac{y'}{y''}=C_l \tag{c}$$
将式(c) 代入式(a)，得
$$\frac{C_hC_l}{C_\lambda}h''=-\frac{\lambda''}{\Delta t''}\frac{\partial t''}{\partial y''}\bigg|_{y''=0} \tag{d}$$
比较式(d) 和式(b)，可得
$$\frac{C_hC_l}{C_\lambda}=1 \tag{e}$$
式(e) 表达了换热现象相似倍数的制约关系，再将式(c) 代入到式(e)，得
$$\frac{h'y'}{\lambda'}=\frac{h''y''}{\lambda''} \tag{f}$$
也就是 $Nu'=Nu''$。类似地，通过动量微分方程式可以导出 $Re'=Re''$，这表明运动相似的两流体的雷诺数必定相等。

同理从能量微分方程式可以导出：
$$\frac{u'l'}{a'}=\frac{u''l''}{a''}，Pe'=Pe''$$

表明对于热量传递现象相似的流体，其贝克莱（Peclet）数 Pe 一定相等。从 Pe 表达式可以看出：
$$Pe=\frac{\nu}{a}\frac{ul}{\nu}=PrRe$$

对于自然对流流动，动量微分方程式右侧需增加体积力项，体积力与压力梯度合并成浮升力：
$$浮升力=(\rho_\infty-\rho)g=\rho\alpha_v\theta g$$
式中，α_v 为流体的体胀系数，K^{-1}；g 为重力加速度，m/s^2；θ 为过余温度，$\theta=t-t_\infty$，℃。

改写后适用于自然对流的动量微分方程为
$$u\frac{\partial u}{\partial x}+\nu\frac{\partial u}{\partial y}=\alpha_v\theta g+\nu\frac{\partial^2 u}{\partial y^2} \tag{4-23}$$
对式(4-23) 进行相似分析，可以得出一个新的无量纲量
$$Gr=\frac{g\alpha_v\Delta tl^3}{\nu^2} \tag{4-24}$$

式中，Gr 为格拉晓夫（Grashof）数，它表征流体浮升力与黏性力的比值，$\Delta t=(t_w-t_\infty)$

以上通过相似分析导出的 Re、Pr、Nu、Gr 这四个无量纲量是研究稳态无相变对流传热问题常用的特征数，它们反映了物理量间的内在联系，现简要介绍一下它们的物理意义。雷诺数 Re，是流体流动状态的定量描述，反映了流体中的惯性力与黏滞力的相对大小。在特征数方程中，它代表流动状态对换热的影响。普朗特数 $Pr=\nu/a$，由流体中两个同类物性相除构成，表示流体传递动量和传递热能能力的相对大小。不同种类流体的 Pr 差别极大，

即使同一种流体在不同温度下的 Pr 差别也很大，特别是油类介质。从流动和换热特性上常把流体分成三类：$Pr \ll 1$（液态金属）、$Pr \approx 1$（一般流体）、$Pr \gg 1$（各种油类）。数学上能严格证明，在边界条件完全一致的情况下，若 $Pr=1$，则层流时的无量纲温度场和无量纲速度场完全重合。努塞尔数 Nu 是对流传热问题中的待定特征数，它表示换热表面上的无量纲过余温度梯度。格拉晓夫数 Gr 从带有浮升力项的动量微分方程中导出，表示自然对流中的驱动力，即浮升力与黏性力的相对比值。

在已知相关物理量的前提下，采用量纲分析也可获得无量纲量。鉴于对反映流动和换热现象的准则已经研究得比较清楚，量纲分析对于初学传热学的人来说已经不是很重要了。此外，在流体力学中已详细讲述了量纲分析法，有需要的读者可参阅流体力学中的相关介绍，本书不再讲述量纲分析法的内容。

4.4.3 特征数方程（实验关联式）

对流传热问题的分析中，特征数方程常被表示成幂函数的形式，如

$$Nu=CRe^n \tag{4-25a}$$

$$Nu=CRe^nPr^m \tag{4-25b}$$

式中，C、n、m 等常数均要由实验数据确定。但是这并不是特征数方程的唯一表达形式，特征数方程采用哪种函数形式是由实验数据的具体分布情况而定的，以所拟合的特征数方程能最好最清楚地代表数据点为原则。在实验点非常多的情况下，应用幂函数可以很好地表示实验数据点间的关系。采用这种形式的关联式可以在双对数坐标系中绘制成一条直线，简化了计算。对式(4-25a) 两侧分别取对数就可以得到以下直线方程的表达式：

$$\lg Nu=\lg C+n\lg Re \tag{4-26}$$

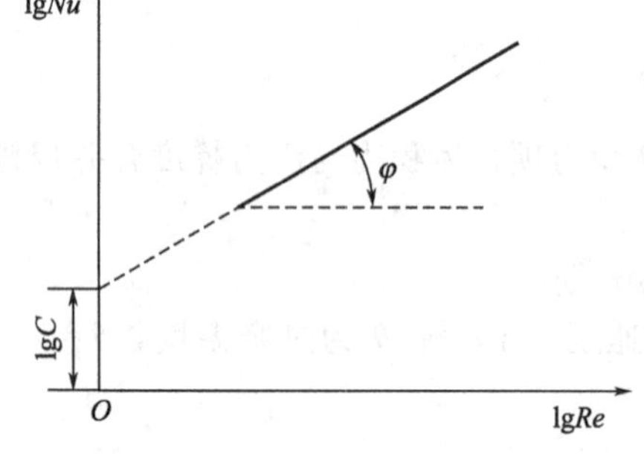

图 4-5　$Nu=CRe^n$ 双对数图图示

其中，n 就是对数坐标图上 $\lg Nu$-$\lg Re$ 直线的斜率，如图 4-5 所示。当 $\lg Re=0$ 时直线 $\lg Nu$-$\lg Re$ 在纵坐标轴上的截距即为 $\lg C$。

对于式(4-25b) 所示的特征数方程需要确定 C、n、m 三个常数，在实验数据所包含的 Re 和 Pr 范围内，可以分两步求出。首先，根据经验可以把 Pr 的幂指数 m 确定下来，则特征数方程就可表示为

$$\lg(Nu/Pr^m)=\lg C+n\lg Re$$

这时就可以应用最小二乘法求得待定系数或者可以从图上得到 C 和 n。对于有大量实验点的关联式的整理，最小二乘法可以可靠地确定关联式中的各常数。例如，对于管内湍流对流传热，可利用薛武德（Sherwood）得到的同一 Re 下不同种类流体的实验数据从图 4-6 上首先确定 m 值。

由式(4-25b) 取对数可得

$$\lg Nu=\lg C'+m\lg Pr \tag{4-27}$$

指数 m 由图上直线的斜率确定，即

$$m=\frac{\lg Nu-\lg C'}{\lg Pr}=\frac{\lg 200-\lg 40}{\lg 62-\lg 1.15}\approx 0.4$$

然后再以 $\lg(Nu/Pr^{0.4})$ 为纵坐标，用不同 Re 的管内湍流传热实验数据确定 C 和 n，参看图 4-7。从图上可得 $C=0.023$，$n=0.8$，于是就得到流体被加热时的管内湍流对流传

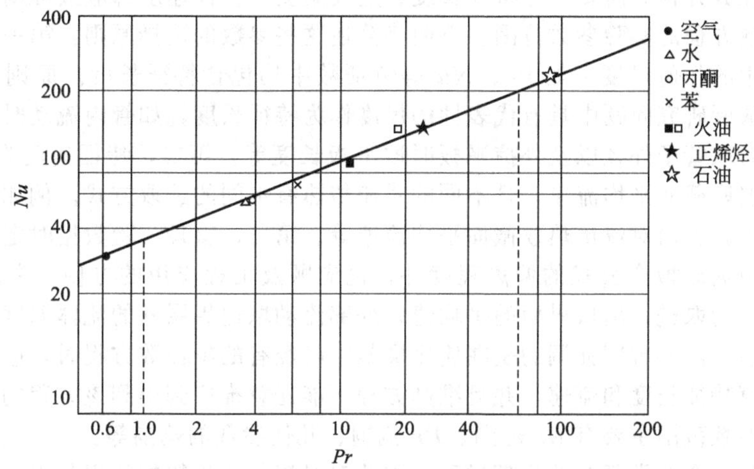

图 4-6 *Pr* 对管内湍流强制对流传热的影响

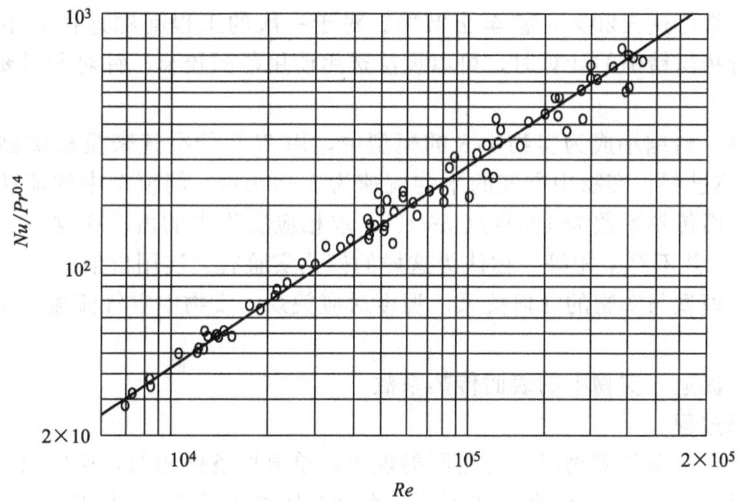

图 4-7 管内湍流强制对流传热的实验结果

热的关联式

$$Nu=0.023Re^{0.8}Pr^{0.4} \tag{4-28}$$

由于影响对流传热实验的因素很多，相互之间均有关联，会相互影响，因此关联式要达到很高的精度是极其困难的。对于有大量实验点的关联式的整理，采用最小二乘法确定关联式中各常数值是可靠的方法。实验点与关联式符合程度的常用表示方式有：大部分实验点与关联式偏差的正负百分数，例如90%的实验点偏差在±10%以内，或用全部实验点与关联式偏差绝对值的平均百分数以及最大偏差的百分数来表示等。

式(4-25a) 和式(4-25b) 是传热学中应用最广的实验数据整理形式。对于空气或烟气这类流体，其 *Pr* 几乎是常数，它们对应的强制对流传热特征数方程可以采用简单的形式式(4-25a)。在实验数据所包含的 *Re*、*Pr* 范围内，直接用多元线性回归方法求待定系数 *C*、*n* 和 *m*。当 *Re* 的实验范围较宽时，其指数 *n* 常随 *Re* 范围的变动而变化，这时可采用分段常数的处理方法。对于 *Re* 的实验范围很宽的情形，Churchill 等提出了采用比较复杂的函数形式将所有的实验结果都包括在同一个关联式中，这就避免了分段处理的麻烦。

在使用特征数方程时需要注意特征长度、定性温度、特征速度都应按准则式规定的方式选取以及特征数方程的实验参数范围。下面将简述这些参数的选择原则：第一，特征长度是包含在特征数中的几何尺度，如 Re、Nu 等特征数中均包含特征长度。原则上，在整理实验数据时，应取所研究问题中具有代表性的尺度作为特征长度，如管内流动时取管内径，外掠单管或管束时取管子外径以及外掠平板时取平板长度等。第二，特征速度为计算 Re 时用到的流速，一般取截面平均流速，且不同的对流传热有不同的选取方式。例如流体外掠平板传热取来流速度，管内对流传热取截面平均流速等。第三，整理实验数据时定性温度的选取除应考虑实验数据对拟合公式的偏离程度外，也应顾及工程应用的方便。常用的选取方式有：通道内部流动取进、出口界面的平均值，外部流动取边界层外的流体温度或取这一温度与壁面的平均值。需要特别强调的是在应用文献中已经有的特征数方程时，应该按该准则式规定的方式计算特征长度和流速，并且准则方程不能任意推广到得到该方程的实验参数的范围以外，这种参数范围主要有 Re 范围、Pr 范围、几何参数的范围等。

对流传热是一个非常复杂的物理过程，因此对对流传热规律的认识是很困难的，需要很长时间的探索。在此过程中针对某一问题所提出的实验关联式都有其验证范围，有一部分被后来更准确的公式所代替，还有一部分公式在今天仍然被使用。应用每个实验关联式所造成的不确定度，常常可达±20%，甚至±25%。对于一般的工程问题这样的不确定度是允许的，当需要进行相当精确的计算时，可以设法选用使用范围较窄、针对所需要情形整理的专门关联式。

【例 4-1】 在一台缩小成为实物 1/8 的模型中，用 20℃的空气来模拟实物中平均温度为 200℃空气的加热过程。实物中空气的平均流速为 6.03m/s，问模型中的流速应为多少？若模型中的平均表面传热系数为 195W/(m²·K)，求相应实物中的值。在这一实验中，模型与实物中流体的 Pr 并不严格相等，你认为这样的模化实验有无实用价值？

解 已知：模型与实物的几何关系、温度对应关系，实物中空气流速，模型中表面传热系数。

求：模型中流速、实物中的表面传热系数。

假设：稳态过程。

分析与计算：模型与实物研究的是同类现象，单值性条件相似，所以只要已定准则 Re、Pr 彼此相等即可实现相似。根据相似理论，模型与实物中的 Re 应相等。

空气在 20℃和 200℃时的物性参数分别为

20℃：$\lambda=2.59\times10^{-2}\text{W/(m·K)}$，$\nu=15.06\times10^{-6}\text{m}^2/\text{s}$，$Pr=0.703$

200℃：$\lambda=3.93\times10^{-2}\text{W/(m·K)}$，$\nu=34.85\times10^{-6}\text{m}^2/\text{s}$，$Pr=0.680$

由 $\dfrac{u_1 l_1}{\nu_1}=\dfrac{u_2 l_2}{\nu_2}$，可得

$$u_1=\frac{\nu_1}{\nu_2}\frac{l_2}{l_1}u_2=\frac{15.06\times10^{-6}\text{m}^2/\text{s}}{34.85\times10^{-6}\text{m}^2/\text{s}}\times8\times6.03\text{m/s}=20.85\text{m/s}$$

又 $Nu_1=Nu_2$，则

$$h_2=\frac{l_1}{l_2}\frac{\lambda_2}{\lambda_1}h_1=\frac{1}{8}\times\frac{3.93\times10^{-2}\text{W/(m·K)}}{2.59\times10^{-2}\text{W/(m·K)}}\times195\text{W/(m}^2\text{·K)}=36.99\text{W/(m}^2\text{·K)}$$

上述模化实验，虽然模型与流体的 Pr 并不严格相等，但十分接近。因此这样的模化实验还是有实用价值的。

【例 4-2】 对于空气横掠如图 4-8 所示的正方形截面柱体（$l=0.5$m）的情形，有人通过实验测得了下列数据：$u_1=15$m/s、$h_1=40$W/(m²·K)、$u_2=20$m/s、$h_2=50$W/(m²·K)，

其中 h_1、h_2 为平均表面传热系数。对于形状相似但 $l=1\text{m}$ 的柱体，试确定当空气流速为 $u_3=15\text{m/s}$ 及 $u_4=20\text{m/s}$ 时的平均表面传热系数。设在所讨论的情况下空气的对流传热准则方程具有以下形式：

$$Nu=CRe^nPr^m$$

四种情形下的定性温度均相同，特征长度为 l。

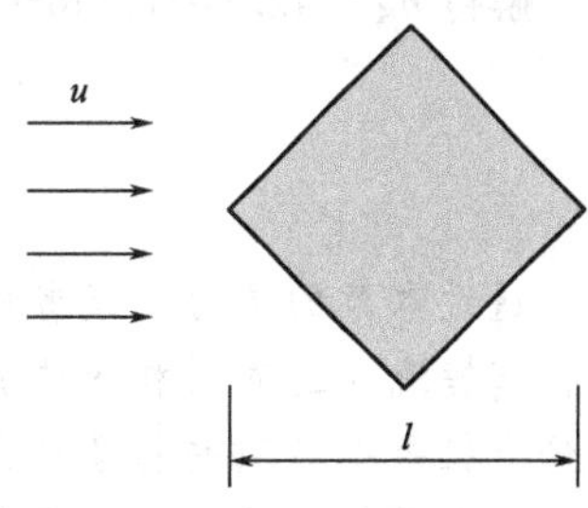

图 4-8 【例 4-2】图

解 已知：一物体几何尺寸、风速不同时表面传热系数；两相似物体定性温度相同。

求：另一相似物体与参照物体相同风速时的平均表面传热系数。

假设：稳态过程。

分析与计算：由 $Nu=\dfrac{hl}{\lambda_f}$、$Re=\dfrac{ul}{\nu_f}$ 得

① $l=0.5\text{m}$、$u_1=15\text{m/s}$、$h_1=40\text{W/(m}^2\cdot\text{K)}$

$$Nu_1=\frac{40\text{W/(m}^2\cdot\text{K)}\times0.5\text{m}}{\lambda_f}=\frac{20\text{W/(m}\cdot\text{K)}}{\lambda_f},Re_1=\frac{15\text{m/s}\times0.5\text{m}}{\nu_f}=\frac{7.5\text{m}^2/\text{s}}{\nu_f}$$

② $l=0.5\text{m}$、$u_2=20\text{m/s}$、$h_2=50\text{W/(m}^2\cdot\text{K)}$

$$Nu_2=\frac{50\text{W/(m}^2\cdot\text{K)}\times0.5\text{m}}{\lambda_f}=\frac{25\text{W/(m}\cdot\text{K)}}{\lambda_f},Re_2=\frac{20\text{m/s}\times0.5\text{m}}{\nu_f}=\frac{10\text{m}^2/\text{s}}{\nu_f}$$

③ $l=1\text{m}$、$u_3=15\text{m/s}$

$$Nu_3=\frac{h_3l}{\lambda_f},Re_3=\frac{15\text{m/s}\times1\text{m}}{\nu_f}=\frac{15\text{m}^2/\text{s}}{\nu_f}$$

④ $l=1\text{m}$、$u_4=20\text{m/s}$

$$Nu_4=\frac{h_4l}{\lambda_f},Re_4=\frac{20\text{m/s}\times1\text{m}}{\nu_f}=\frac{20\text{m}^2/\text{s}}{\nu_f}$$

根据 $Nu=CRe^nPr^m$，二者相似且四种情形下的定性温度均相同，因此 C、Pr^m、n 均相同。那么，由①与②两种情形可得

$$\begin{cases}\dfrac{20\text{W/(m}\cdot\text{K)}}{\lambda_f}=C\left(\dfrac{7.5\text{m}^2/\text{s}}{\nu_f}\right)^nPr^m\\[2ex]\dfrac{25\text{W/(m}\cdot\text{K)}}{\lambda_f}=C\left(\dfrac{10\text{m}^2/\text{s}}{\nu_f}\right)^nPr^m\end{cases}$$

可得，$\dfrac{20}{25}=\left(\dfrac{7.5}{10}\right)^n$，最后求得 $n=0.766$。

将 $n=0.766$ 代入式③可得

$\dfrac{h_3\times1\text{m}}{\lambda_f}=C\left(\dfrac{15\text{m}^2/\text{s}}{\nu_f}\right)^{0.766}Pr^m$ 并与式①相除，得

$$\frac{h_3}{20}=\left(\frac{15}{7.5}\right)^{0.766}$$

解得 $h_3=34.25\text{W/(m}^2\cdot\text{K)}$

将 $n=0.766$ 代入式④得

$\dfrac{h_4\times1\text{m}}{\lambda_f}=C\left(\dfrac{20\text{m}^2/\text{s}}{\nu_f}\right)^{0.766}Pr^m$，与式①相除得

$$\frac{h_4}{20}=\left(\frac{20}{7.5}\right)^{0.766}$$

解得 $h_4=42.80\text{W}/(\text{m}^2\cdot\text{K})$。

本章小结

通过本章的学习，读者应从定性上熟练掌握对流传热的机理及其影响因素与牛顿冷却公式。掌握流动边界层和热边界层的概念与特点以及它们间的相互关系。了解边界层对流传热微分方程组中各项的物理意义。理解相似原理与在相似理论指导下的实验研究方法，进一步提出针对具体换热过程的强化传热措施。了解特征数的物理意义和正确选用对流传热特征数关联式的注意事项。在理解以上知识的基础上，读者应会回答以下问题。

(1) 何谓对流传热？影响对流传热的因素有哪些？

(2) 导出对流传热问题完整数学描述的理论依据是什么？对流传热问题完整的数学描述应包括什么内容？既然大多数实际对流传热问题无法求得其精确解，那么建立对流传热问题的数学描述有什么意义？

(3) 边界层的主要特点以及引入边界层概念的意义是什么？

(4) 对流传热问题中引入相似原理的意义是什么？什么叫两个同类的物理现象相似？相似物理现象有什么共性？怎么样才能做到两个物理现象相似？

(5) 相似准则之间存在什么样的关系？判别现象相似的条件是什么？

(6) 简述对流传热常用特征数及其物理意义。

(7) 简述整理实验数据的方法。

习　题

4-1　由对流传热微分方程 $h=-\dfrac{\lambda}{\Delta t}\dfrac{\partial t}{\partial y}\bigg|_{y=0}$ 可知，该式中没有出现流速，有人因此得出结论：表面传热系数 h 与流体速度无关。试判断这种说法的正确性。

4-2　利用数量级分析的方法，对流体外掠平板的流动，从动量微分方程导出边界层厚度的如下变化关系式 $\dfrac{\delta}{x}\approx\dfrac{1}{\sqrt{Re_x}}$，其中 $Re_x=\dfrac{u_\infty x}{\nu}$。

4-3　对流传热边界层微分方程组是否适用于黏度很大的油和 Pr 很小的液态金属？为什么？

4-4　20℃的水以 2m/s 的流速平行地流过一块平板，试计算离开平板前缘 10cm 及 20cm 处的流动边界层厚度及该两截面上边界层内流体的质量流量（以垂直于流动方向的单位宽度计）。取边界层内的流速为三次多项式分布。

4-5　温度为 50℃、压力为 1.01325×10^5Pa 的空气，平行掠过一块表面温度为 100℃的平板上表面，平板下表面绝热。平板沿流动方向长度为 0.2m，宽度为 0.1m。按平板长度计算的 Re 为 4×10^4。试确定：

(1) 平板表面与空气间的表面传热系数和传热量；

(2) 如果空气流速增大一倍，压力增大到 10.1325×10^5Pa，计算平板表面与空气的表面传热系数和传热量。

4-6　试通过对外掠平板的边界层动量方程式 $u\dfrac{\partial u}{\partial x}+\nu\dfrac{\partial u}{\partial y}+v\dfrac{\partial^2 u}{\partial y^2}$ 沿 y 方向作积分（从 $y=0$ 到 $y\geqslant\delta$），导出下列边界层的动量积分方程。提示：在边界层外边界上 $\nu_\delta\neq0$。

$$\rho\frac{\mathrm{d}}{\mathrm{d}x}\int_0^\delta u(u_\infty-u)\mathrm{d}y=\eta\left(\frac{\partial u}{\partial y}\right)_{y=0}$$

4-7 取外掠平板边界层的流动由层流转变为湍流的临界雷诺数 Re_c 为 5×10^5，试计算25℃的空气、水以及14号润滑油达到 Re_c 时所需的平板长度，取 $u_\infty=1\text{m/s}$。

4-8 一个形状不规则的物体特征尺寸为1m，表面温度均匀且 $t_w=300℃$，把它置于120℃的空气中冷却，气流速率 $u_\infty=100\text{m/s}$，表面的热流密度达到 800W/m^2。假如另一物体具有和它相同的几何形状，但特征尺寸是4m，在相同的表面温度和流体温度情况下，如果空气流速等于20m/s，它的平均表面传热系数将是多少？

4-9 用平均温度为50℃的空气来模拟平均温度为400℃的烟气的外掠管束的对流传热，模型中烟气流速在10～15m/s的范围内变化。模型采用与实物一样的管径，问模型中空气的流速应在多大范围内？

4-10 对于恒壁温边界条件的自然对流传热，试用量纲分析方法导出 $Nu=f(Gr,Re)$。提示：在自然对流传热中，$g\alpha_v\Delta t$ 起相当于强制对流中流速的作用。

4-11 对于常物性流体横向掠过管束时的对流传热，当流动方向上的排数大于10时，实验发现，管束的平均表面传热系数 h 取决于下列因素：流体速度 u，流体物性 ρ、c_p、η、λ，几何参数 d、s_1、s_2。试用量纲分析方法证明，此时的对流传热关系式可以整理成

$$Nu=f(Re,Pr,s_1/d,s_2/d)$$

4-12 用低温空气管内对流传热实验模拟高温烟气的传热状态。平均温度为20℃的空气流经 $d=100\text{mm}$ 的管道，欲模拟250℃、流速为14m/s的烟气在内径 $d=0.2\text{m}$ 管道中的传热状态。问空气实验台的流速应该确定为多大才能保证两者的流态完全相同？

4-13 空气横掠单管的数据见表4-2，试将表中数据整理成特征数关联式。

表 4-2 空气横掠单管的数据

参数	1	2	3	4	5	6	7	8	9	10
$Re\times10^{-3}$	4.00	6.87	8.04	9.55	11.60	14.00	14.10	20.20	22.40	24.00
Nu	37.8	44.1	50.6	56.4	62.5	70.0	74.5	86.1	90.9	100.0

4-14 如图4-9所示，以水为流体介质进行管内强制对流传热实验。管道的内径 $d=16\text{mm}$，长度为2m。测得的实验数据如表4-3所示。试由这些数据整理出管内强制对流传热的计算关联式，并把它画在相应的坐标图上。

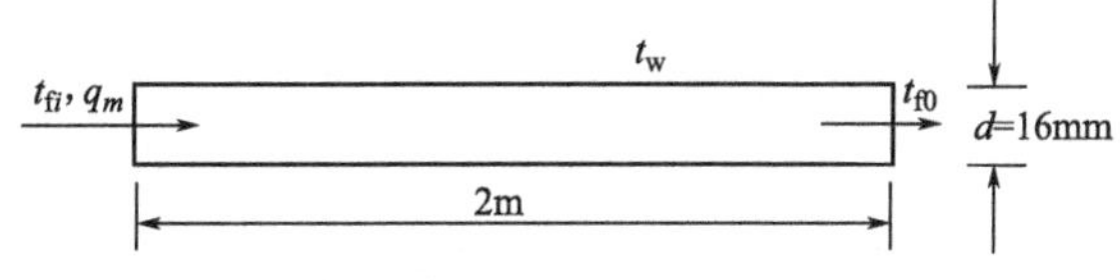

图4-9 题4-14图

表 4-3 管内强制对流传热实验的数据

测点序号	入口水温 t_1/℃	出口水温 t_2/℃	壁面温度 t_w/℃	流量 q_m/(kg/s)
1	78.5	42.7	34.4	0.044
2	91.5	50.3	41.2	0.0757
3	90.5	52.4	42.9	0.0938
4	90.3	54.2	44.8	0.11
5	92.5	66.3	59.4	0.134

续表

测点序号	入口水温 t_1/℃	出口水温 t_2/℃	壁面温度 t_w/℃	流量 q_m/(kg/s)
6	90.4	57.4	47.4	0.145
7	90.8	59.2	50.6	0.125
8	90.5	46.2	37.3	0.0589
9	90.8	60.9	51.2	0.177
10	74.8	53.7	43.5	0.248
11	79.9	60.0	50.4	0.344
12	81.5	71.5	66.6	0.456

参考文献

[1] 姚钟鹏，王瑞君．传热学［M］．第2版．北京：北京理工大学出版社，2003.

[2] 陶文铨．数值传热学［M］．第2版．西安：西安交通大学出版社，2001.

[3] Schlichting H. Boundary layer theory［M］. 7th ed. New York：McGraw-Hill Book Company，1979.

[4] 杨世铭，陶文铨．传热学［M］．第4版．北京：高等教育出版社，2006.

[5] Isaacson E de St Q，Isaacson M de St Q. Dimensional methods in engineering and physics［M］. London：Edward，1974.

[6] 王丰．相似理论及其在传热学中的应用［M］．北京：高等教育出版社，1990.

[7] 杨小琼．传热学计算机辅助教学丛书［M］．西安：西安交通大学出版社，1992：113-121.

[8] Churchill S W，Chu H H S. Correlating equations for laminar and turbulent free convection from a horizontal cylinder［J］. Int. J Heat Mass Transfer. 1975，18：1049-1057.

[9] Cengel Y A. Heat Transfer，A practical approach［M］. Boston：WCB McGraw-Hill，1998：228.

[10] Holman J P. Heat Transfer［M］. 10th ed. New York：McGraw-Hill Book Company，2010.

[11] Incropera F P，DeWitt D P. Fundamentals of heat and mass transfer［M］. 5th ed. New York：John Wiley & Sons，2002.

5 单相对流传热的实验关联式

单相流体对流传热时由于流体流过固体表面产生宏观位移，因此除了温差会影响对流传热外，流体的流动状态、壁面形状以及驱动力都会对传热产生重要影响。本章主要介绍诸如管槽内强制对流，外掠平板、单管及管束强制对流，大空间与有限空间自然对流等典型的各类单相对流传热的基本特点、实验结果和实验关联式，以适应工程计算的需要。在最后还将简要介绍微尺度传热以及纳米流体传热的特点及研究进展。

5.1 管内强制对流传热的实验关联式

管内强制对流传热，包括各种截面管道内的流动传热，它们的共同特点是流动边界层和热边界层在发展过程中受到管壁形状的限制，故其流动和传热情况都呈现出与外部自由流动不同的规律。此外，大量工业实际问题中的常见流动和传热形式就是管内强制对流传热，如过热蒸汽在过热器中的加热、冷却水在冷凝器管内流动时的吸热、内燃机用的管片式或管带式水散热器和机油冷却器中的对流传热。事实上，在各种热交换器中绝大部分属于内部流动，或者是同时具有内部、外部两种流动与传热形式。而这些换热问题都需要依靠这一节所讲的实验关联式来计算。本节将从管内流动与换热的边界层分析入手，根据能量守恒方程给出流体在圆管以及非圆形截面通道内的换热规律及其应用。

5.1.1 管槽内强制对流流动和换热的特征

5.1.1.1 流动入口段与充分发展段

考虑流体从大空间进入一根圆管时的流动，如图 5-1 所示，设入口截面具有均匀的速度分布。由于管的横截面是有限的，流体在管内的受迫流动在管壁限制以及流体内部黏性力的作用下。因此从入口处开始便形成流动边界层，并且沿管长 x 方向从零开始不断发展到汇合于管道中心线处，即边界层增厚到与半径相等时边界层闭合在一起。若流体与管壁之间存在热交换，那么管壁处的热边界层也有一个从零开始增长到汇合于管子中心线的过程。将流动边界层从管道入口处到汇合于管道中心线处的这一段管长称为流动入口段（entrance region)。在这段管长范围内，管横截面上的速度分布随 x 变化。当流动边界层汇合于管道中心线后，管截面上的速度分布不再随距离 x 变化，称为流动充分发展段（fully developed region)。

在来流流速均匀的情况下，若边界层流体的流动在入口段已发生层流、湍流转变，则充

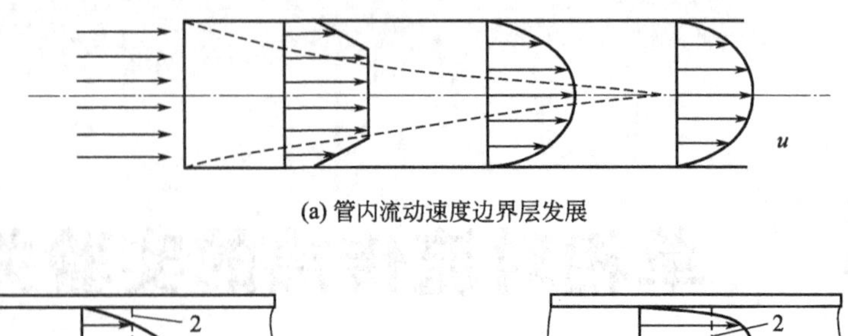

(a) 管内流动速度边界层发展

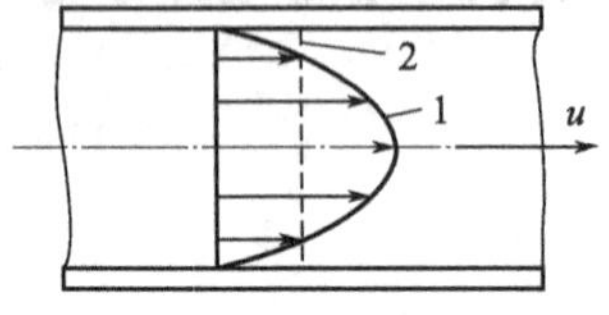

(b) 充分发展的层流速度分布

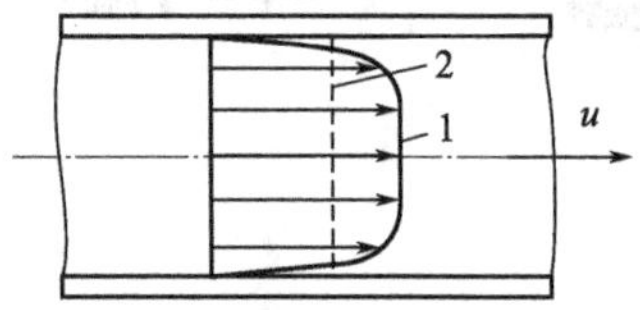

(c) 充分发展的湍流速度分布

图 5-1　管内流动速度边界层入口段和充分发展段

1—速度分布；2—平均流速

分发展段为湍流流动，整个管道中流体流动也为湍流；若边界层内流体流动在入口段一直为层流，则充分发展段的流动也为层流，整个管内流体的流动为层流状态。判断管内流动流态由雷诺数确定。

$$Re_{\mathrm{f}}=\frac{u_{\mathrm{m}}d}{\nu} \tag{5-1}$$

其中速度是管截面平均速度 u_{m}；特征尺寸为管内径 d；ν 为运动黏度。Re 下标 f 表示确定流体运动黏度的温度，定性温度 t_{f} 取流体在管道进、出口处温度 t_{f}'、t_{f}''的平均值，即

$$t_{\mathrm{f}}=\frac{t_{\mathrm{f}}''+t_{\mathrm{f}}'}{2}$$

从流体力学可知，流体在管道内的流动可以分为层流和湍流两种流态。一般认为，$Re<2300$ 为层流，$2300\leqslant Re\leqslant 10^4$ 为过渡区，$Re>10^4$ 为旺盛湍流。流体的流动状态不同，其表面传热系数也将会有显著的不同，目前尚未有一个特征数关系式可以完全描述这三个流态的表面传热系数。传热学普遍采用的是对层流、过渡流和湍流这三种流态的对流传热规律分别研究，得到它们各自的特征数关联式，再组合起来实现对整个流态的求解。

管内流动的截面平均速度由质量守恒方程确定，若流体不可压缩，则

$$u_{\mathrm{m}}=\frac{1}{\rho A_{\mathrm{c}}}\int_{A_{\mathrm{c}}}\rho u(r,x)\mathrm{d}A=\frac{2}{R^2}\int_0^{r_0}u(r,x)r\mathrm{d}r=\frac{q_v}{A_{\mathrm{c}}} \tag{5-2}$$

式中，A_{c} 为管截面面积；q_v 为通过管截面的体积流量。对于任何确定的轴向位置，只要知道截面上的速度分布函数 $u(r)$，就可以求出截面平均速度。

分析层流入口段的速度分布，可得出管内层流的相对流动入口段长度

$$x_{\mathrm{ent},l}/d\approx 0.05Re \tag{5-3}$$

5.1.1.2　热入口段和热充分发展段

管内流体受迫流动时，若流体温度与管壁温度不同，那么从管入口段开始将形成热边界层，并随管长 x 方向不断增厚，直到边界层厚度 δ_t 等于管半径 R，边界层闭合在一起，如图 5-2 所示。这一区段称为热入口段，在该段内管中心部分的流体不参与换热，它的温度等于进口处流体的温度；流体温度的变化全部集中在近壁处的热边界层内。热入口段之后为热充分发展段。在热充分发展段流体全部参与换热，尽管管截面上的流体温度分布仍随轴向坐标 x 变化，但截面上的无量纲温度分布 $(t_{\mathrm{w}}-t)/(t_{\mathrm{w}}-t_{\mathrm{f}})$ 已不再随 x 变化，即

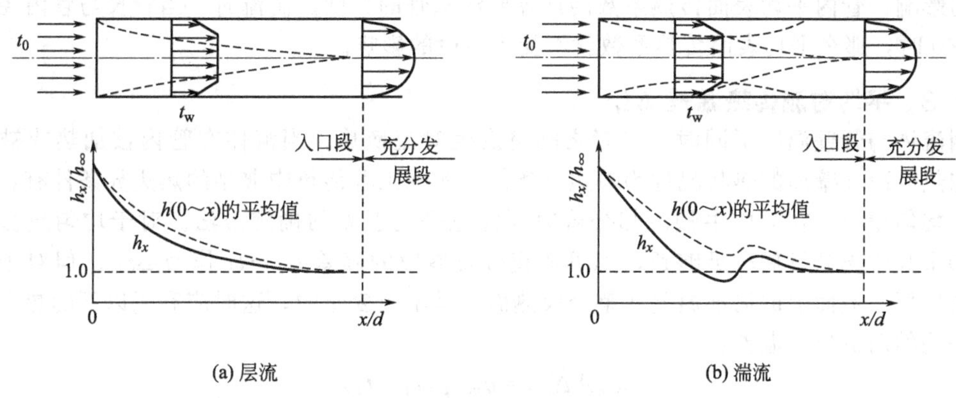

图 5-2 管内对流传热局部表面传热系数 h_x 的沿程变化

$$\frac{\partial}{\partial x}\left(\frac{t_w-t}{t_w-t_f}\right)=0$$

式中，t 为 x 截面上任一点的温度；t_f 为 x 截面流体的平均温度；t_w 为 x 处的管壁温度。那么根据上式就可以很容易得到管壁处（$r=R$）的无量纲温度梯度不随 x 变化，即

$$\frac{\partial}{\partial r}\left(\frac{t_w-t}{t_w-t_f}\right)_{r=R}=\text{常数}$$

再结合常物性流体换热微分方程式(4-5)，可得

$$h_x=-\frac{\lambda}{(t_w-t_f)_x}\left(\frac{\partial t}{\partial r}\right)_{r=R}=\text{常数}$$

上式表明，常物性流体在管内受迫层流或湍流换热时，热充分发展段的表面传热系数将保持不变，不再随轴向坐标（管长方向）x 变化，对常壁温和常热流两种热边界均是如此，如图 5-2 所示。

入口段的热边界层较薄，局部表面传热系数高于充分发展段，且沿着主流方向逐渐降低，如图 5-2(a) 所示。如果边界层中出现湍流，则因湍流的扰动与混合作用又会使局部表面传热系数有所提高，再逐渐趋于一个定值，如图 5-2(b) 所示。图 5-2 以管内流动与换热同时进入充分发展段为例，定性地表达了局部表面传热系数 h_x 和平均表面传热系数 h 沿管长变化的情况。在层流情况下，要流经较长的距离 h_x 才趋于不变。实验研究表明，层流时热入口段长度由下式确定：

$$\frac{l}{d}\approx 0.05RePr \tag{5-4}$$

可见，层流时 $Pr<1$ 的流体的热入口段长度比流动入口段短，而 $Pr>1$ 的流体正好相反。值得指出的是 Pr 非常大的油类介质（因黏度高更容易处于层流状态），它们的热入口段长度将会很长，以至于对所有实用的换热设备来说，可能直到出口也没达到热充分发展状态（但速度分布已经达到充分发展了）。这个特点对把握高 Pr 流体的管内对流换热规律有重要的指导意义。

图 5-2(b) 所示的混合流（含层流、过渡流和湍流）的局部表面传热系数 h_x 和平均表面传热系数 h 沿管长变化情况与层流时不同。当边界层流动转变为湍流后，h_x 有一些回升，然后迅速地趋于稳定值；并且湍流热入口段的长度比层流短得多，为管径的 10～45 倍。

图 5-2 还表明，在热进口段，无论是层流还是湍流，由于边界层较薄，表面传热系数要比热充分发展段的高，这种现象称为入口效应，这个特点可用来强化设备的传热。鉴于入口

效应的影响，管内平均表面传热系数的计算要注意管的长度。湍流时，当管长与管内径之比 $l/d>60$ 时，那么平均表面传热系数就不受入口段的影响。

5.1.1.3 平均对流传热温差 Δt_m

当流体与管壁温度不同时，二者之间将发生对流换热。当流体在管内被加热或被冷却时，加热或冷却壁面的热状况称为热边界条件。实际工程传热中典型的热边界条件有：均匀热流和均匀壁温。在运用牛顿冷却公式时要注意平均温差的确定方法。对于均匀热流的情形，如果其中充分发展段足够长，则可取充分发展段的温差 t_w-t_f 作为 Δt_m。但对于均匀壁温的情形，截面上的局部温差在整个换热面上是不断变化的，这时应利用以下的热平衡式确定平均的对流传热温差：

$$h_m A\Delta t_m = q_m c_p (t_f''-t_f') \tag{5-5}$$

式中，q_m 为质量流量；t_f''、t_f'分别为出口、进口截面上的平均温度；Δt_m 按对数平均温差计算，即

$$\Delta t_m = \frac{t_f''-t_f'}{\ln\dfrac{t_w-t_f'}{t_w-t_f''}} \tag{5-6}$$

当进口截面与出口截面上的温差比 $(t_w-t_f'')/(t_w-t_f')$ 在 0.5～2 之间时，算术平均温差 $t_w-\dfrac{t_f''+t_f'}{2}$与上述对数平均温差的差别小于 4%。

5.1.2 管内湍流换热实验关联式

管内流体强制对流换热时，其相似准则方程式可以写成幂函数形式，即

$$Nu = CRe^m Pr^n$$

式中，C、m、n 三个常数由实验数据确定。流体流态不同，其换热规律随之不同，由实验获得的实验关联式也有差别。因此，在实际计算中，必须先算出 Re，判明流态；再根据流态选用合适的实验关联式进行计算。下面将介绍常用的、准确度较高的几种光滑管内流体强制对流传热的实验关联式。

5.1.2.1 Dittus-Boelter 关联式

Dittus-Boelter 关联式是计算光滑管内充分发展湍流的传热系数的一个传统的经验式：

$$Nu_f = 0.023 Re_f^{0.8} Pr_f^n \tag{5-7}$$

加热流体时，$n=0.4$；冷却流体时，$n=0.3$。式中，定性温度采用流体平均温度（即管道进、出口两个截面平均温度的算术平均值），特征长度为管内径。实验验证范围为 $Re_f=10^4\sim1.2\times10^5$，$Pr_f=0.6\sim100$，$l/d\geqslant60$。上式适用于流体与壁面温度具有中等温差的场合，流体与壁面中等传热温差 Δt：对于气体不超过 50℃，对于水不超过 20～30℃，对于$\dfrac{1}{\eta}\dfrac{d\eta}{dt}$大的油类不超过 10℃。

使用 Dittus-Boelter 关联式时，若实际的管内强制对流传热的单值性条件与实验时的单值性条件不相似，则需要对该实验关联式进行相应的修正，以使计算更精确。影响管内强制对流传热的单值性条件主要三个：管长（长管和短管）、管弯度（直管和弯管）以及流体和管内表面间的传热温差。考虑到上述三个条件可能会影响实际情况与实验控制条件的差异，故在实际的管内强制对流传热计算中可将式(5-7) 右边依实际条件分别乘上管长修正系数 c_l、弯管修正系数 c_R 和温度修正系数 c_t。

(1) 管长修正系数 c_l

前面已定性地讨论过入口效应，即入口段由于热边界层较薄而具有比充分发展段高的表面传热系数。从图 5-2 可以看出，管道的入口效应使得对流传热在入口段的 h_x 较大。对于较长的管道（$l/d \geqslant 50$），入口段较大的 h_x 对整个管道平均传热系数 h 的影响趋于稳定，h 不会因管长的变化产生显著变化。对于较短的管道（$l/d < 50$），入口段较大的 h_x 对整个管道的平均传热系数 h 有明显影响，在此范围内管长发生变化，h 也会有明显变化。此外，当管道变短时，入口段较大的 h_x 会增大短管的平均传热系数，这就是短管入口效应对管内对流传热的强化作用。显然，此时短管对流传热系数将要大于按式(5-7) 的计算值，因为式(5-7) 是在实验室中长管条件下得到的结果。

在式(5-7) 右边乘以管长修正系数 c_l 所得到的就是适合短管对流传热系数求解的修正关联式。但究竟高出多少要视不同入口条件（入口为尖角还是圆角，加热段前有否辅助入口段等）而定。对于通常工业设备中常见的尖角入口，推荐以下的入口效应修正系数：

$$c_l = 1 + \left(\frac{d}{l}\right)^{0.7} \tag{5-8}$$

用式(5-7) 计算的 Nu 数，乘上 c_l 后即为包括入口段在内的总长为 l 的管道的平均 Nu。

(2) 温度修正系数 c_t

如果流体中存在大的温差，那么光滑管内贴壁处的流体与管中心的流体在流体属性上就可能出现很可观的差异。实际上来说，截面上的温度并不均匀，导致速度分布发生畸变。图 5-3 绘出了换热时速度分布畸变的现象：曲线 1 为等温流的速度分布。因液体的黏度随温度的降低而升高，当管内液体被加热时，近壁处液体的温度要比管中心部分液体的温度高，故近壁处液体的黏度下降，流速加快，而管中心部分的液体流速相对减慢，形成了图 5-3 中曲线 3 所示的速度分布。液体被冷却的情况与被加热时相反，相应的速度分布如图中曲线 2 所示。气体的黏度随温度变化与液体相反，即被加热时，黏度增大，管截面上气体的速度分布为曲线 2；气体被冷却时，黏度下降，速度分布为曲线 3。显然，近壁处曲线 3 的温度梯度要比曲线 2 的大，即在其他条件相同的情况下，液体被加热（气体被冷却）时的表面传热系数大于液体被冷却（气体被加热）时的表面传热系数。也就是说，近壁处流速增强会加强换热，反之会减弱换热，这说明了不均匀物性场对换热的影响。

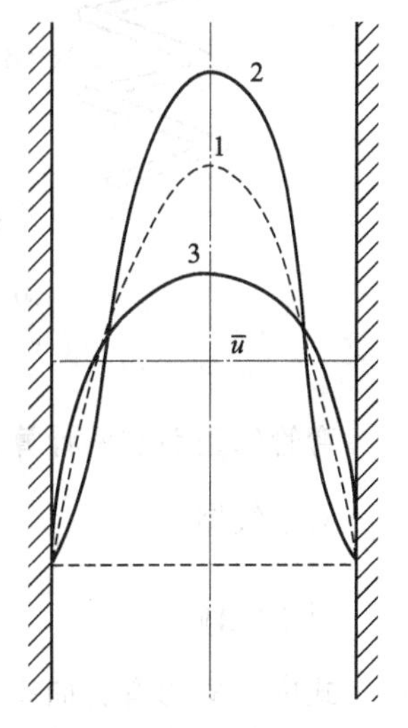

图 5-3 管内速度分布随换热情况的畸变

1—等温流动；2—液体冷却或气体加热；3—液体加热或气体冷却

综上所述，不均匀物性场对换热的影响，视液体还是气体，加热还是冷却，以及温差的大小而异。当实际传热温差在式(5-7) 所适用的中等传热温差范围内时，直接利用式(5-7) 计算表面传热系数；而当实际的对流传热温差超出实验控制范围时，应该将式(5-7) 计算所得的表面传热系数乘以温差修正系数 c_t，得到结果即为大传热温差的解，其计算式为

对于气体，

被加热时
$$c_t = \left(\frac{T_\mathrm{f}}{T_\mathrm{w}}\right)^{0.5} \tag{5-9a}$$

被冷却时
$$c_t = 1.0 \tag{5-9b}$$

对于液体，

被加热时
$$c_t=\left(\frac{\eta_f}{\eta_w}\right)^{0.11} \tag{5-10a}$$

被冷却时
$$c_t=\left(\frac{\eta_f}{\eta_w}\right)^{0.25} \tag{5-10b}$$

式中，T 为热力学温度，K；η 为动力黏度，Pa·s；下标 f、w 分别表示以流体平均温度及壁面温度来计算流体的动力黏度。

(3) 弯管修正系数 c_R

弯管修正系数 c_R 反映弯管处的二次环流对换热的影响。如图 5-4 所示，流体流过弯曲管道时，离心力的作用使得流体压力在弯管内、外侧呈现外侧高内侧低的分布情形。在这一压差作用下流体在弯管内、外侧之间形成垂直于主流的二次环流。而这种二次环流在直管道内是不会产生的。因此流体在弯管道内的这种流动特点会使得弯管内的强制对流传热规律不同于直管道。这时可以将式(5-7) 计算所得的直管道表面传热系数乘以一个弯管修正系数 c_R，便可得到弯管表面传热系数。

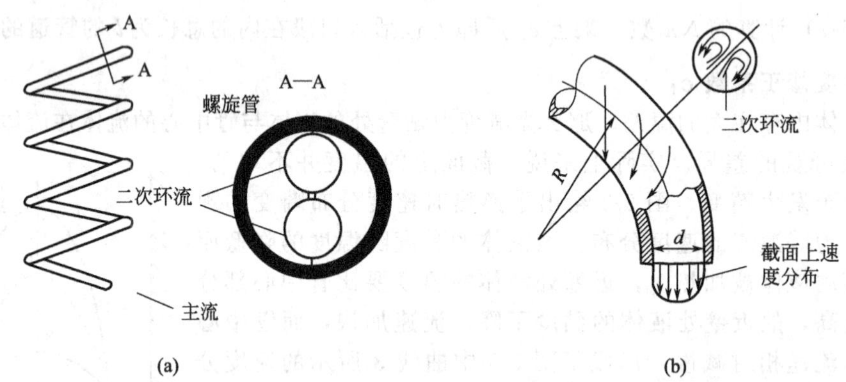

图 5-4 螺旋管中的流动

弯管修正系数的计算和管内流体有关，推荐的 c_R 计算式为

对于气体
$$c_R=1+1.77\frac{d}{R} \tag{5-11a}$$

对于液体
$$c_R=1+10.3\left(\frac{d}{R}\right)^3 \tag{5-11b}$$

式中，R 为弯管曲率半径。从上述两式可以看出，$c_R>1$，表明弯管内的对流传热强于直管，这与弯管内流体的二次环流一致。二次环流增强了流体对管壁面的扰动，但同时其阻力比直管会有明显增加，导致对流传热强度下降。流体在螺旋盘管内的对流传热必须考虑弯管修正，关于螺旋管强化对流传热的详细讨论与分析可参见文献［2］。

此外，对于非圆形截面槽道，如采用当量直径（equivalent diameter）作为特征尺度，则由圆管得出的湍流传热公式就可近似地予以应用。当量直径的计算式为

$$d_e=\frac{4A_c}{P} \tag{5-12}$$

式中，A_c 为槽道的流动截面积，m^2；P 为润湿周长，即槽道壁与流体接触面的长度，m。例如，对于内管外径为 d_1、外管内径为 d_2 的同心套管环状通道，有

$$d_e=\frac{\pi(d_2^2-d_1^2)}{\pi(d_2+d_1)}=d_2-d_1 \tag{5-13}$$

5.1.2.2 Gnielinski 公式

Gnielinski 推荐了一个更适合光滑管内湍流的较新的关联式：

$$Nu_f=\frac{(f/8)(Re-1000)Pr_f}{1+12.7\sqrt{f/8}(Pr_f^{2/3}-1)}\left[1+\left(\frac{d}{l}\right)^{2/3}\right]c_t \tag{5-14a}$$

对于液体

$$c_t=\left(\frac{Pr_f}{Pr_w}\right)^{0.01},\frac{Pr_f}{Pr_w}=0.05\sim20 \tag{5-14b}$$

对于气体

$$c_t=\left(\frac{T_f}{T_w}\right)^{0.45},\frac{T_f}{T_w}=0.5\sim1.5 \tag{5-14c}$$

式中，l 为管长；f 为管内湍流流动的 Darcy 阻力系数，按弗洛年可（Filonenko）公式计算，

$$f=(1.82\lg Re-1.64)^{-2} \tag{5-15}$$

式(5-14) 的实验验证范围为：$Re_f=2300\sim10^6$，$Pr_f=0.6\sim10^5$。

Gnielinski 公式是迄今为止计算准确度最高的一个关联式。在所依据的 800 多个实验数据中，90%的数据与关联式的最大偏差在±20%以内，大部分在±10%以内。同时，在应用 Dittus-Boelter 公式时关于温差以及长径比的限制，在 Gnielinski 公式中已经作了考虑。对于非圆形截面通道，采用当量直径后 Gnielinski 公式也适用。当需要较高的计算准确度时推荐使用这一公式。

在应用以上两个关联式时，还要注意以下几点：

① Gnielinski 公式可以应用于过渡区，但 Dittus-Boelter 公式仅能用于旺盛湍流的范围。一般地，由旺盛湍流得出的实验关联式，当应用于过渡区时都得出偏高的表面传热系数的结果。

② 以上两式都只适用于水力光滑区，对于粗糙管，作为初步的计算可以采用 Gnielinski 公式，其中阻力系数按粗糙管的数值代入。

③ 这两个关联式都仅适用于平直的管道。

5.1.2.3 液态金属管内强制对流传热

液态金属所独有的热物理性质使它成为某些特殊换热场合的首选介质。最重要的例子是液态金属钠用作快中子增殖反应堆的冷却剂。金属钠的导热性能极好，是一般液体的几十到上百倍，而黏度与水相差不太多，这是导致液态钠的 Pr 极低的根本原因。

参见图 5-5，液态金属 $Pr\ll1$ 的特点使得在对流换热时它的速度边界层和温度边界层的相对状况与一般流体完全不一样，使换热具有不同的规律。以 $Pr=0.01$ 为例，外掠平板时它的速度边界层只有温度边界层厚度的 1/6 左右。因为热导率很高，所以在液态金属的对流换热中轴向导热占据重要地位，而一般流体的对流换热中这是不予考虑的。另外，液态金属对管壁的润湿性以及表面的洁净程度对换热有重大影响。这里推荐适用于光滑圆管的充分发展湍流的实验关联式。

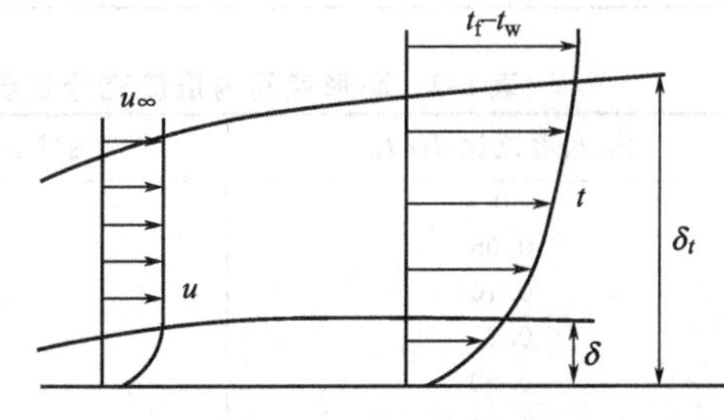

图 5-5 液态金属的速度边界层和热边界层

对于均匀热流边界条件，用 E. J. Skupinshi 等用钠钾混合物在恒热流条件下得出的管内换热关联式

$$Nu_f=4.82+0.0185(Re_fPr)^{0.8} \tag{5-16}$$

其中，特征长度为内径，定性温度为流体平均温度。实验验证范围为：$3.6\times10^3<Re_f<9.05\times10^5$ 和 $10^2<Re_fPr<10^4$。

对于均匀壁温边界条件，用 R. A. Seban 和 T. T. Shimazaki 计算恒壁温光滑管内充分发展的湍流换热关联式

$$Nu_f=5.0+0.025(Re_fPr)^{0.8} \tag{5-17}$$

其中，特征长度及特性温度取法同上。实验验证范围为 $Re_fPr>100$。

5.1.3 管槽内层流强制对流传热关联式

管槽内层流充分发展对流传热的理论分析工作做得比较充分，已经有许多结果供选用，表 5-1～表 5-3 给出了一些代表性的结果。值得指出的是，严格的管内强制层流对流传热仅存在于小直径横管、管壁与流体温差较小以及流速较低的情况。由表 5-1 可以看出以下特点：对于同一截面形状的通道，均匀热流条件下的 Nu 总是高于均匀壁温下的 Nu（对圆管来讲要高 19%），可见层流条件下热边界条件的影响不能忽略。对于表中所列的等截面直通道情形，常物性流体管内层流充分发展时的 Nu 只与热边界条件和管截面形状有关，而与轴向坐标 x 无关，并为一常数，这与湍流时有很大的不同。即使用当量直径作为特征长度，不同截面管道层流充分发展的 Nu 也不相等。这说明对于层流，当量直径仅仅是一几何参数，不能用它来统一不同截面通道的换热与阻力计算的表达式。

表 5-1 不同截面形状的管内层流充分发展换热的 Nu

截面形状	$Nu=hd_e/\lambda$		$fRe(Re=hd_e/v)$
	均匀热流	均匀壁温	
正三角形	3.11	2.47	53
正方形	3.61	2.98	57
正六边形	4.00	3.34	60.22
圆形	4.36	3.66	64
长方形			
$b/a=2$	4.12	3.39	62
$b/a=3$	4.79	3.96	69
$b/a=4$	5.43	4.44	73
$b/a=8$	5.59	5.60	82
$b/a=\infty$	8.23	7.54	96

表 5-2 环形空间内层流充分发展换热的 Nu（一侧绝热，另一侧均匀壁温）

内、外径之比 d_i/d_o	内壁 Nu_i(外壁绝热)	外壁 Nu_o(内壁绝热)
0	—	3.66
0.05	17.46	4.06
0.10	11.56	4.11
0.25	7.37	4.23
0.50	5.74	4.43
1.00	4.86	4.86

表 5-3 环形空间内层流充分发展对流传热的 Nu（内、外侧均维持均匀热流）

内、外径之比 d_i/d_o	内壁 Nu_i	外壁 Nu_o
0	—	4.364
0.05	17.81	4.792
0.10	11.91	4.834
0.20	8.499	4.833
0.40	5.683	4.979
0.60	5.912	5.099
0.80	5.680	5.240
1.00	5.485	5.485

实际工程换热设备中，层流时的传热常常处于入口段的范围。对于这种情形，推荐采用下列齐德-泰特（Sieder-Tate）公式来计算长 l 管道的平均 Nu：

$$Nu_f=1.86\left(\frac{Re_f Pr_f}{l/d}\right)^{1/3}\left(\frac{\eta_f}{\eta_w}\right)^{0.14} \tag{5-18}$$

此式的定性温度为流体平均温度 t_f（但 η_w 按壁温计算），特征长度为管径。实验验证范围为

$$Pr_f=0.48\sim16700,\frac{\eta_f}{\eta_w}=0.0044\sim9.75,\left(\frac{Re_f Pr_f}{l/d}\right)^{1/3}\left(\frac{\eta_f}{\eta_w}\right)^{0.14}\geqslant2$$

且管子处于均匀壁温。值得指出，当以

$$\left(\frac{Re_f Pr_f}{l/d}\right)^{1/3}\left(\frac{\eta_f}{\eta_w}\right)^{0.14}=2$$

的条件代入式(5-18) 时，得出 $Nu=3.74$，比 3.66 仅高 1.6%，所以可以认为式(5-18) 主要适用于均匀壁温的条件，这也是大多数工程技术中可以近似实现的情形。

管内强制对流传热问题大都是以求表面传热系数和换热量为基本目标的，使用上述实验关联式时需要特别注意的问题有：

① 对于所有管内强制对流换热问题，除非特别说明，其定性温度都是进出口截面平均温度的算术平均值。

② 特征尺寸需区别对待。湍流和过渡流采用当量直径；而对于层流，事实上当量直径的概念并不能把不同截面形状管道的对流换热关联式完全统一起来，所以必须谨慎使用。

③ 若无特别说明，本节的实验关联式均是针对光滑的直管道，仅少数公式可用于计算粗糙管，而对弯管道应该另加修正系数。

④ 多数公式针对长管，即充分发展段的换热。

5.1.4 过渡区对流传热关联式

当 $Re_f=2300\sim10^4$ 时，管内流动状态为过渡流。这时管内流体的流动状态根据来流湍流程度和管道内表面的粗糙程度的不同可能为层流，或转变为湍流，也可能时而层流时而湍流。过渡区这种复杂的流动状态导致了传热计算的困难，同时也降低了实验关联式使用的可靠性。过渡状态下对流换热实验关联式可参阅文献［7］。这里介绍 Gnielinski 关联式[8]。

液体

$$Nu_f=0.012(Re_f^{0.87}-280)Pr_f^{0.4}\left[1+\left(\frac{d}{L}\right)^{2/3}\right]\left(\frac{Pr_f}{Pr_w}\right)^{0.11} \tag{5-19a}$$

实验验证范围：$Re_f=2300\sim10^4$，$Pr_f=1.5\sim500$，$\frac{Pr_f}{Pr_w}=0.05\sim20$

气体

$$Nu_f=0.0214(Re_f^{0.87}-100)Pr_f^{0.4}\left[1+\left(\frac{d}{L}\right)^{2/3}\right]\left(\frac{T_f}{T_w}\right)^{0.45} \tag{5-19b}$$

实验验证范围：$Re_f=2300\sim10^4$，$Pr_f=0.6\sim1.5$，$T_f/T_w=0.5\sim1.5$

以上两式，与 1930—1974 年十余位研究者的 800 多个实验数据相比较，90%的点偏差都在±20%以内。

此外，在 $Re_f=2300\sim6000$ 的范围内，用

$$Nu_f=0.16(Re_f^{2/3}-125)Pr_f^{1/3}\left[1+\left(\frac{d}{L}\right)^{2/3}\right]\left(\frac{\eta_f}{\eta_w}\right)^{0.14} \tag{5-20}$$

这一关联式计算黏性油的对流传热系数准确性相对更高一些。方程中已经考虑了温度和管长修正。弯管也要进行相应的修正。

【例 5-1】 初温为 30℃的水，以 0.875kg/s 的流量流经一套管式换热器的环形空间。该环形空间的内管外壁温维持在 100℃，换热器外壳绝热，内管外径为 40mm，外管内径为 60mm。求：①把水加热到 50℃时的套管长度；②管子出口截面处的局部热流密度。

解 已知：水在套管式换热器环形空间对流换热相关的几何参数和物性参数。

求：① 套管长度；

② 管子出口处的局部热流密度。

假设：管内强制流动换热的定性温度为进、出口截面平均温度的算术平均值，即 $t_f=(30℃+50℃)/2=40℃$，从附录查得 $\lambda=0.635\text{W/(m·K)}$，$c_p=4174\text{J/(kg·K)}$，$\mu=653.3\times10^{-6}\text{kg/(m·s)}$，$Pr=4.31$。

套管壁厚 $d_c=60\text{mm}-40\text{mm}=20\text{mm}$

由此得

$$Re=\frac{4\dot{m}d_c}{\pi(D^2-d^2)\mu}=\frac{4\times0.857\text{kg/s}\times0.02\text{m}}{3.1416\times[(0.06\text{m})^2-(0.04\text{m})^2]\times653.3\times10^{-6}\text{kg/(m·s)}}$$

$$=16702>10^4$$

流动处于旺盛湍流区。

采用式(5-7) 计算 h

$$Nu_f=0.023Re_f^{0.8}Pr_f^{0.4}=0.023\times16702^{0.8}\times4.31^{0.4}=98.6$$

$$h=\frac{\lambda}{d_c}Nu_f=\frac{0.635\text{W/(m·K)}}{0.02\text{m}}\times98.6=3130.5\text{W/(m}^2\text{·K)}$$

由热平衡式 $c_p\dot{m}(t''-t')=Ah(t_w-t_f)=\pi dlh(t_w-t_f)$，可得

$$l=\frac{c_p\dot{m}(t''-t')}{\pi dh(t_w-t_f)}=\frac{4174\text{J/(kg·K)}\times0.857\text{kg/s}\times(50℃-30℃)}{3.1416\times0.04\text{m}\times3130.5\text{W/(m}^2\text{·K)}\times(100℃-40℃)}=3.0\text{m}$$

管子出口截面处的局部热流密度为

$$q=h\Delta t=3130.5\text{W/(m}^2\text{·K)}\times(100℃-50℃)=156.5\text{kW/m}^2$$

讨论：本题显示了管内强制对流换热问题的一半计算方法和步骤。计算中正确使用准则式是非常重要的。那么应用准则式时应当注意的问题有正确采用定性温度和特征尺寸、弄清楚该准则式的实验验证范围。

【例 5-2】 14 号润滑油流经内径 $d=16\text{mm}$、壁温 $t_w=50℃$的圆管，油的入口温度 $t_i=130℃$，出口温度降至 $t_o=70℃$。如果油的流量为 $u_m=0.4\text{m/s}$，求油与管壁间的表面传热系数、总换热量以及管子的总长度。

解 已知：油的恒壁温管内流动换热。

求：表面传热系数、总换热量以及管子总长度。

假设：稳态管内对流换热；常物性流体不可压缩；忽略动能和势能的变化。

分析与计算：管内强制对流传热的定性温度为进、出口截面平均温度的算术平均值，即 $t_f=(130℃+70℃)/2=100℃$，从附录查得润滑油的物性参数为 $\eta_f=1.185\times10^{-2}\text{Pa·s}$，$\eta_w=10.938\times10^{-2}\text{Pa·s}$，$\nu=14.0\times10^{-6}\text{m}^2/\text{s}$，$Pr=190$，$\lambda=0.1416\text{W/(m·K)}$，$\rho=846.4\text{kg/m}^3$

润滑油的质量流量为

$$q_m=\rho uA=846.4\text{kg/m}^3\times0.4\text{m/s}\times3.1416\times(0.016\text{m})^2/4=0.068\text{kg/s}$$

由此得

$$Re=\frac{u_m d}{\nu}=\frac{0.4\text{m/s}\times0.016\text{m}}{14.0\times10^{-6}\text{m}^2/\text{s}}=457.14$$

流动属于层流，选用式(5-18) 计算包含层流入口段在内的管内对流换热 Nu，假设管长 $L=100\text{m}$，则

$$Nu_f=1.86\left(\frac{Re_f\,Pr_f}{l/d}\right)^{1/3}\left(\frac{\eta_f}{\eta_w}\right)^{0.14}$$

$$=1.86\times\left(\frac{457.14\times190}{100/0.016}\right)^{1/3}\times\left(\frac{1.185\times10^{-2}\text{Pa·s}}{10.938\times10^{-2}\text{Pa·s}}\right)^{0.14}=3.276$$

$$h=3.276\times\frac{0.1416\text{W/(m·K)}}{0.016\text{m}}=28.99\text{W/(m}^2\text{·K)}$$

总的传热量应该为

$$\Phi=q_m c(t_o-t_i)=0.068\text{kg/s}\times2.265\times10^3\text{J/(kg·K)}\times(130℃-70℃)=9.24\text{kW}$$

流体与管壁间的全程平均传热温差为

$$\Delta t_m=\frac{t_i-t_o}{\ln[(t_i-t_w)/(t_o-t_w)]}=\frac{60℃}{\ln(80/20)}=43.3℃$$

总传热量也可表示为 $\Phi=h\pi dL\Delta t_m$，所以完成该传热量必须的管长应该为

$$L=\frac{\Phi}{h\pi d\Delta t_m}=\frac{9.24\times10^3\text{W}}{28.99\text{W/(m}^2\text{·K)}\times3.1416\times0.016\text{m}\times43.3℃}=146.4\text{m}$$

若采用表 5-2 中恒壁温条件下圆形管内层流对流强制换热的平均 Nu 为 3.66 计算，则有

$$h=3.66\times\frac{0.1416\text{W/(m·K)}}{0.016\text{m}}=32.39\text{W/(m}^2\text{·K)}$$

计算得到管长为

$$L=\frac{\Phi}{h\pi d\Delta t_m}=\frac{9.24\times10^3\text{W}}{32.39\text{W/(m}^2\text{·K)}\times3.1416\times0.016\text{m}\times43.3℃}=131.1\text{m}$$

二者计算误差为 10.45%。

讨论：本题为管内层流强制对流传热问题，需注意定性温度和特征尺寸的选取。而本题中实验关联式中包含有未知的管长，因此需要采用先假设、再验证的迭代方法。在选用实验关联式进行计算时，要特别注意管长与对流换热充分发展段的关系。一味迭代下去，会得出不合逻辑的结果。

对于管内流动换热，无论是层流还是湍流，也无论是恒壁温还是恒热流边界条件，虽然确定物性时用算术平均温度，但是在利用能量平衡关系式求解管长时必须用对数平均温差。否则会使计算结果产生明显误差。

5.2 流体外掠平板对流传热

流体外掠平板是指来流方向和板长方向平行，这种对流传热问题也包括流体掠过曲率相对很小的平滑弧形表面，如飞机机翼、机身等。

5.2.1 流动和传热特点

流体外掠平板时的边界层发展规律如图 4-3 所示。若流体在纵掠平板过程中发生了层流、湍流转变，则流体纵掠平板的边界层在平板前部是层流边界层，在后部是湍流边界层，称这样的边界层为混合边界层。在板长 x 距离处的流体流态转变由临界雷诺数 $Re_c=u_\infty x_c/\nu$ 确定。一般取流体纵掠平板层流边界层向湍流边界层转变的临界雷诺数为 $Re_c=5\times10^5$。

由于流体纵掠平板的边界层厚度可一直增长下去，因而其局部表面传热系数 h_x 沿板长的变化规律和圆管有所不同。图 5-6 示出了流体纵掠平板局部表面传热系数 h_x 沿板长的变化规律。无论是层流还是湍流，都没有出现 h_x 保持常数的情况，而是持续下降，这和平板边界层厚度一直增长是一致的。

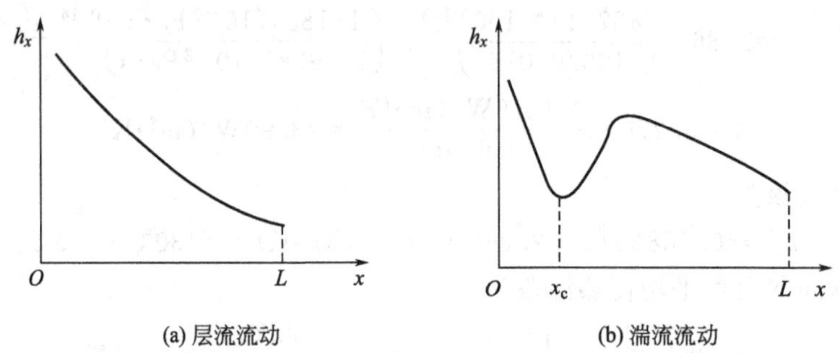

图 5-6 流体纵掠平板局部表面传热系数 h_x 的变化规律

5.2.2 流体外掠等温平板传热的层流分析解

对于流体外掠平板的情形，利用普朗特边界层理论对方程组进行实质性简化，并假设平板表面温度为常数。在边界层动量方程中引入 $\mathrm{d}p/\mathrm{d}x=0$ 的条件，可以解出二维平板稳态层流时截面上的速度场和温度场的分析解。问题的数学模型由方程组式(4-20)、式(4-21)、式(4-22) 和以下相应的边界条件共同组成：

$$y=0,\ u=\nu=0,\ t=t_w$$

$$y=\infty,\ u=u_\infty,\ t=t_\infty$$

通过相似变化将动量方程变成关于 η 的常微分方程，连同相应的边界条件：

$$f'''+\frac{1}{2}ff'''=0$$

$$f(0)=f'(0)=0, f'(\infty)=1$$

求解该方程，可以得到以下结论。

离开前缘 x 处的边界层厚度为

$$\delta(x)=\frac{5.0}{\sqrt{u_\infty/\nu x}}=\frac{5.0x}{\sqrt{Re_x}} \tag{5-21}$$

该式表明沿平板层流边界层厚度与流动方向距离的二次方根成正比关系，而与主流速度的二次方根成反比关系，即在同等条件下主流速度越高边界层将越薄。得出速度分布后，可以进一步得到壁面上的局部摩擦因数和沿板长 L 的平均摩擦因数，即范宁（Fanning）局部摩擦因数：

$$C_{\mathrm{f},x}=\frac{\tau_{\mathrm{w},x}}{\rho u_{\infty}^{2}/2}=\frac{0.664}{\sqrt{Re_x}} \tag{5-22}$$

从速度和温度的数值解中还可得出一个重要关系式，即流动边界层与热边界层厚度之比：

$$\frac{\delta}{\delta_t}\cong Pr^{1/3} \tag{5-23}$$

从式(5-23) 可以看出，普朗特数 Pr 表征了流动边界层与热边界层的相对大小。

局部表面传热系数

$$h_x=0.332\frac{\lambda}{x}(Re_x)^{1/2}(Pr)^{1/3} \tag{5-24a}$$

以上三式中，Re_x 是以 x 为特征长度的雷诺数，$Pr=\nu/a$，称为普朗特数。

式(5-24a) 可以表示成局部努塞尔数的形式：

$$Nu_x=\frac{h_x x}{\lambda}=0.332Re_x^{1/2}Pr^{1/3} \tag{5-24b}$$

适用范围为 $0.6<Pr<50$，$Re_x<5\times10^5$，特性温度为 $t_{\mathrm{m}}=(t_{\mathrm{w}}+t_{\infty})/2$，特征尺寸为 x。

从上面的结果分析可得：

① $Pr=1$ 时，层流速度边界层与温度边界层厚度相等，即两者重合。

② $Pr\neq1$（在 0.6～1.5 范围内）时，式(5-24) 中的 Pr 项实际上是体现物性对换热影响的一种修正，如果 Pr 超出该范围，修正项的指数将偏离 1/3。

③ 从上面的公式可以看出，在层流范围内，局部摩擦因数和局部努塞尔数随板长 x 的变化规律一致，都存在着 0.5 次幂的关系。而且它们在 $0\sim L$ 长度内的平均值也都等于端点处（$x=L$）局部值的 2 倍，但局部表面传热系数 h_x 沿板长的变化规律就不同了。

④ 在应用上述公式进行具体计算时，由于流体的物理性质都与温度有关，因此会遇到采用什么温度确定流体物性的问题。这种用以确定特征数中流体物性的温度称为定性温度。对于边界层类型的对流传热，规定采用边界层中流体的平均温度为定性温度，即 $t_{\mathrm{m}}=(t_{\mathrm{w}}+t_{\infty})/2$。

⑤ 对于 Pr 特别小的液态金属，以上各式不适用。对于 Pr 非常高的油类介质，流动边界层厚度远大于热边界层厚度，上述换热计算式必须另行推导。

由于计算不同 x 处的局部传热系数时所用的温差都是（$t_{\mathrm{w}}-t_{\infty}$）（假定平板加热流体），因此将式(5-24b) 从 $0\sim l$ 进行积分，可得整个平板的对流传热表面传热系数为

$$Nu_l=0.664Re_l^{1/2}Pr^{1/3} \tag{5-24c}$$

式中，Nu_l、Re_l 表示这两个特征数中的特征长度是平板的全长 l。特别需要指出的是，在一般的传热学文献中，都把 $Re=5\times10^5$ 作为边界层流动进入湍流的标志，称之为临界雷诺数，记为 Re_{c}，而且式(5-24) 的使用范围也近似地延拓到 $Re=5\times10^5$，本书以后也采用这样的处理。

5.2.3 比拟理论求解湍流对流换热方法

湍流是工业领域中各种对流换热应用中存在最普遍的流动状态。湍流运动最大的特点是

随机性，即非线性，这使得湍流运动规律十分复杂，也增大了其研究的难度。工程上采用比拟方法计算湍流换热。比拟理论是指利用两个不同物理现象之间在控制方程方面的类似性，通过测定其中一种现象的规律而获得另一种现象基本关系的方法。下面以流体外掠等温平板的湍流换热为例说明比拟理论的依据。

当流体作湍流运动时，除了主流方向的运动外，流体微团还作不规则的随机脉动。因此，当流体中一个微团从一个位置脉动到另一个位置时将产生两个作用：①不同流速层之间有附加的动量交换，产生了附加的切应力；②不同温度层之间的流体产生附加的热量交换。这种由于湍流脉动而产生的附加切应力及热量传递称为湍流切应力及湍流热流密度。湍流脉动所引起的附加切应力和热流密度必然导致湍流中心的热量传递与流动阻力之间存在内在的联系。比拟理论试图通过比较容易测定的阻力系数来获得相应的换热 Nu 的表达式。

若把湍流附加切应力表示成与层流分子黏性扩散引起的切应力，即黏性应力完全相同的形式，并与之相加，就得到湍流时总切应力的计算公式：

$$\tau=\tau_l+\tau_t=\rho\nu\frac{\mathrm{d}u}{\mathrm{d}y}+\rho\nu_t\frac{\mathrm{d}u}{\mathrm{d}y}=\rho(\nu+\nu_t)\frac{\mathrm{d}u}{\mathrm{d}y} \tag{5-25a}$$

同理，湍流中的总热流密度可表示为

$$q=q_l+q_t=-\left(\rho c_p a\frac{\mathrm{d}t}{\mathrm{d}y}+\rho c_p a_t\frac{\mathrm{d}t}{\mathrm{d}y}\right)=-\rho c_p(a+a_t)\frac{\mathrm{d}t}{\mathrm{d}y} \tag{5-25b}$$

以上两式中，ν_t、a_t分别为湍流动量扩散率（turbulent momentum diffusivity，也称湍流黏度 turbulent viscosity）和湍流热扩散率（turbulent thermal diffusivity），且其量纲分别与 ν 及 a 相同。

对于层流边界层动量方程和能量方程，只需以时均值代替瞬时值，以（$\nu+\varepsilon_{\mathrm{m}}$）及（$a+\varepsilon_t$）代替 ν 和 a，就可得到适用于湍流边界层的情形，其中，ε_{m}为湍流动量扩散率，ε_t为湍流热扩散率。那么，湍流边界层的动量方程与能量方程为

$$u\frac{\partial u}{\partial x}+\nu\frac{\partial u}{\partial y}=(\nu+\varepsilon_{\mathrm{m}})\frac{\partial^2 u}{\partial y^2} \tag{5-26a}$$

$$u\frac{\partial t}{\partial x}+\nu\frac{\partial t}{\partial y}=(a+\varepsilon_t)\frac{\partial^2 t}{\partial y^2} \tag{5-26b}$$

引入下列无量纲量

$$x^*=x/l,\ y^*=y/l,\ u^*=u/u_\infty,\ \nu^*=\nu/u_\infty,\ \Theta=\frac{t-t_{\mathrm{w}}}{t_\infty-t_{\mathrm{w}}}$$

则有

$$u^*\frac{\partial u^*}{\partial x^*}+\nu^*\frac{\partial u^*}{\partial y^*}=\frac{1}{u_\infty l}(\nu+\varepsilon_{\mathrm{m}})\frac{\partial^2 u^*}{(\partial y^*)^2} \tag{5-27}$$

$$u^*\frac{\partial \Theta}{\partial x^*}+\nu^*\frac{\partial \Theta}{\partial y^*}=\frac{1}{u_\infty l}(a+\varepsilon_t)\frac{\partial^2 \Theta}{(\partial y^*)^2} \tag{5-28}$$

边界条件为

$$y^*=0,\ u^*=0,\ \nu^*=0,\ \Theta=0$$

$$y^*=\delta/l,\ u^*=1,\ \nu^*=\nu_\delta/u_\infty,\ \Theta=1$$

雷诺认为，湍流附加切应力和热流密度均由脉动所致，因此可以假定 $\varepsilon_{\mathrm{m}}/\varepsilon_t=Pr_t=1$，这里的 Pr_t 为湍流普朗特数。虽然近年来的实验测定表明，在实际流动与换热中 Pr_t 还与其他因素有关，一般在 1.0～1.6 之间，但此处的 $Pr_t=1$ 还是可以作为一个较好的近似假定。如果取 $Pr_t=1$，则流动边界层厚度与热边界层厚度相同，即 u^* 与 Θ 应有完全相同的解，那么就有

$$\left.\frac{\partial u^*}{\partial y^*}\right|_{y^*=0}=\left.\frac{\partial \Theta}{\partial y^*}\right|_{y^*=0}$$

而

$$\left.\frac{\partial u^*}{\partial y^*}\right|_{y^*=0}=\left.\frac{\partial u}{\partial y}\right|_{y=0}\frac{l}{u_\infty}=\left.\eta\frac{\partial u}{\partial y}\right|_{y=0}\frac{l}{u_\infty\eta}=\tau_w\frac{l}{u_\infty\eta}=c_f\frac{Re}{2}$$

$$\left.\frac{\partial \Theta}{\partial y^*}\right|_{y^*=0}=\left.\frac{\partial\left(\dfrac{t-t_w}{t_\infty-t_w}\right)}{\partial(y/l)}\right|_{y=0}=-\left.\frac{\lambda}{t_w-t_\infty}\frac{\partial t}{\partial y}\right|_{y=0}\frac{l}{\lambda}=\frac{h_{x=l}l}{\lambda}=Nu_{x=l}$$

注意，在上述分析中，我们并未对长度 l 作限制，实际上，只要在平板上湍流边界层的范围内，上述分析均成立。因此，上述分析给出了任意一个 $x=l$ 处的局部阻力系数 c_f 及努塞尔数 Nu_x 的关系，即

$$Nu_x=\frac{c_f}{2}Re_x \tag{5-29}$$

式(5-29) 表明，若能通过实验确定湍流阻力系数 c_f 的计算公式，就可得出相应的换热关联式。

实验测得平板上湍流边界层阻力系数的计算式为

$$c_f=0.0592Re_x^{-1/5} \quad (Re_x\leqslant 10^7) \tag{5-30}$$

将式(5-30) 代入式(5-29) 就可得到局部努塞尔数的计算公式，即

$$Nu_x=0.0296Re_x^{4/5} \tag{5-31}$$

这就是著名的雷诺比拟，其仅在 $Pr_t=1$ 时才成立。此后由契尔顿 (Chilton) 及柯尔本 (Colburn) 对雷诺比拟进行了修正，提出了修正雷诺比拟，也称 Chilton-colburn 比拟，其表达式如下：

$$\frac{c_f}{2}=StPr^{2/3}=j \quad (0.6<Pr<60) \tag{5-32}$$

式中，St 为斯坦顿数 (Stanton)，其定义为

$$St=\frac{Nu}{RePr} \tag{5-33}$$

j 为 j 因子 (j factor)，在制冷、低温工业的换热器设计中应用较广。对流换热的特征数方程也常常表示成 j 因子的计算式。式(5-33) 称为科尔伯恩比拟 (Colburn analogy)，它给出了在平板上层流边界层流体摩擦和换热之间的关系，因此平板的换热系数可以通过测量无换热时平板的摩擦阻力来确定。该式也可用于平板上的湍流边界层，修正后还可用于管内湍流流动，但是不能用于管内的层流流动。

当平板长度 l 大于临界长度 x_c 时，平板上的边界层就可看成由层流段 ($x<x_c$) 及湍流段 ($x>x_c$) 组成，如图 5-7 所示。因此，对于 $Re>5\times10^5$ 的外掠等温平板的流动，整个平板的平均表面传热系数 h_m 应该按下式计算：

$$h_m=\frac{\lambda}{l}\left[0.332\left(\frac{u_\infty}{\nu}\right)^{1/2}\int_0^{x_c}\frac{dx}{x^{1/2}}+0.0296\left(\frac{u_\infty}{\nu}\right)^{4/5}\int_{x_c}^{l}\frac{dx}{x^{1/5}}\right]Pr^{1/3}$$

积分后可得

$$Nu_m=[0.664Re_c^{1/2}+0.037(Re^{4/5}-Re_c^{4/5})]Pr^{1/3} \tag{5-34a}$$

式中，Re_c 为临界雷诺数，如采取 $Re_c=5\times10^5$，则上式化为

$$Nu_m=0.037(Re^{4/5}-871)Pr^{1/3} \tag{5-34b}$$

式(5-34a) 和式(5-34b) 中的 Re 是以平板全长 l 为特征长度的雷诺数。

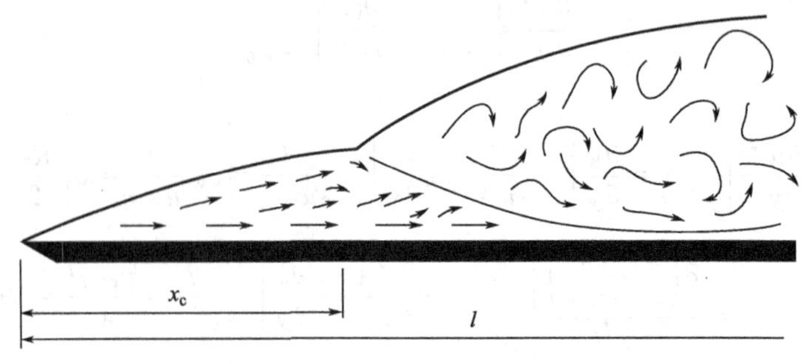

图 5-7 流体纵掠平板混合流对流换热

【例 5-3】温度为 20℃的空气在一个大气压力下，以 10m/s 的速度纵向流过一块长 400mm、温度为 60℃的平板。计算距离平板前缘 20mm、50mm、100mm、150mm、200mm、250mm、300mm、350mm、400mm 处的速度边界层厚度和热边界层厚度。

解　已知：板尺寸、壁温、空气温度、流速。

求：速度边界层和热边界层厚度。

假设：流动处于稳态。

分析与计算：空气的物性参数按板壁温度与空气温度的平均值确定，定性温度为

$$t_f=(20℃+60℃)/2=40℃$$

查附录 3 得到 40℃时空气的相关物性参数为：

$\rho=1.128\text{kg/m}^3$，$c_p=1.005\text{kJ/(kg·K)}$，$\lambda=2.76\times10^{-2}\text{W/(m·K)}$，$\nu=16.96\times10^{-6}\text{m}^2/\text{s}$，$Pr=0.699$

雷诺数为 $Re_x=\dfrac{ul}{\nu}=\dfrac{10\text{m/s}\times0.40\text{m}}{16.96\times10^{-6}\text{m}^2/\text{s}}=2.36\times10^5<5\times10^5$

流动处于层流范围内，其流动边界层厚度按式(5-21)计算：

$$\delta(x)=\frac{5.0}{\sqrt{u_\infty/\nu x}}=5.0\times\sqrt{\frac{16.96\times10^{-6}\text{m}^2/\text{s}}{10\text{m/s}}}\sqrt{x}$$

$$=6.51\times10^{-3}\text{m}^{1/2}\sqrt{x}\ (x\text{ 与 }\delta\text{ 的单位都是 m})$$

$$=0.0651\text{cm}^{1/2}\sqrt{x}\ (x\text{ 与 }\delta\text{ 的单位都是 cm})$$

热边界层厚度可按式(5-23)计算：

$$\delta_t=\frac{\delta}{Pr^{1/3}}=\frac{\delta}{0.699^{1/3}}=1.13\delta$$

δ 与 δ_t 的计算结果表示于图 5-8 中。

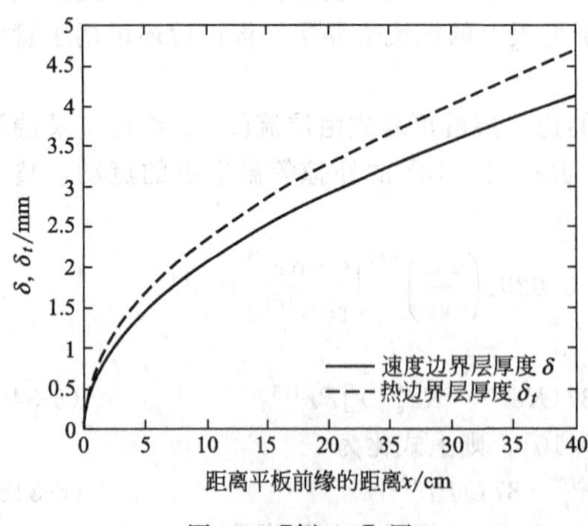

图 5-8【例 5-3】图

【例 5-4】一个大气压下，20℃的空气以 35m/s 的速度掠过平板，平板长 0.75m，且平板温度保持在 60℃。假定沿 z 方向的深度取单位长度，试计算平板的换热量。

解　已知：板尺寸、空气温度、流速、壁温。

求：单位面积的换热量。

假设：二维稳态外掠平板流动换热，常物性，流体与壁面温度皆为常数，无内热源。

定性温度为 $t_f=(20℃+60℃)/2=40℃$

查附录得到40℃时空气的相关物性参数为：

$\rho=1.128\text{kg/m}^3$，$c_p=1.005\text{kJ/(kg·K)}$，$\lambda=2.76\times10^{-2}\text{W/(m·K)}$，$\nu=16.96\times10^{-6}\text{m}^2/\text{s}$，$Pr=0.699$

雷诺数为 $Re_x=\dfrac{ud}{\nu}=\dfrac{35\text{m/s}\times0.75\text{m}}{16.96\times10^{-6}\text{m}^2/\text{s}}=1.55\times10^6>5\times10^5$

故边界层为湍流。因此我们可应用式(5-34b) 来计算整个平板的平均换热：

$$\begin{aligned}Nu_L&=0.037(Re_L^{0.8}-871)Pr^{1/3}\\&=0.037\times[(1.55\times10^6)^{0.8}-871]\times0.699^{1/3}\\&=2009.9\end{aligned}$$

$$h=\frac{Nu_L\lambda}{d}=\frac{2009.9\times2.76\times10^{-2}\text{W/(m·K)}}{0.75\text{m}}=73.96\text{W/(m}^2\text{·K)}$$

$$\Phi=Ah(t_w-t_\infty)=0.75\text{m}\times1.0\text{m}\times73.96\text{W/(m}^2\text{·K)}\times40\text{K}=2218.8\text{W}$$

5.3 外部强制对流传热实验关联式

外部流动强制对流的特点是换热面上的流动边界层和热边界层可以自由发展，不受邻近壁面的限制。因而在外部流动中存在着一个边界层外的区域，那里无论是速度梯度还是温度梯度都可以忽略。本节将分别按横掠单管、外掠球体及横掠管束来介绍对流传热的实验关联式。

5.3.1 流体横掠单管的实验关联式

流体横掠单管流动时，其流动方向与单管轴线相垂直。这时边界层内会出现与沿平板流动不同的一些特点，除具有边界层特征外，还要发生绕流脱体引起回流、旋涡和涡束。例如汽车行驶时，车后往往有回流和旋涡，会扬起灰尘，因此汽车后面的玻璃窗总是制成固定不能开启的。这种流动特征理所当然地要影响换热。

5.3.1.1 流动和传热特点

观察图5-9(a)，流体在一足够大的空间内流过圆管，并且其在圆管表面上的边界层可以自由发展。把流体正对圆管的点称为前滞止点，从这一点开始边界层对称地沿上、下两个半圆柱表面发展。根据势流理论，流体流过圆管所在位置时，在圆管前部由于流动截面的缩小，流速会逐渐增大而流体的压力会逐渐减小，这个区域称为顺压梯度区域，即 $\mathrm{d}p/\mathrm{d}x<0$。而在后半部由于流动截面的增大，流速逐渐降低，压力逐渐增大，此时称为逆压梯度，有 $\mathrm{d}p/\mathrm{d}x>0$。但是由于流体黏性力的作用，在圆管的前部会形成流动边界层，而此边界层的特点由沿程压力变化引起。按照边界层理论的基本观点，在同一个位置处边界层内、外具有相同的静压值。在压力升高的条件下，紧靠壁面的流体消耗自身的动能克服压力增长向前流动，速度分布趋于平缓。近壁处流体层由于速度不高，动能不大，在克服上升压力时会越来越困难，最终会在壁面某个位置速度梯度变为0，即 $\partial u/\partial y|_{y=0}=0$。这个转折点称为绕流脱体的起点（或称分离点）。此后，近壁处流体产生与原流动方向相反的回流，即负的速度梯度，导致在圆管的尾部出现一个充满旋涡的尾流区。从绕流脱体的起点开始边界层内缘脱离壁面，如图5-9(b) 中虚线所示，故称流动脱体。脱体起点的位置取决于 Re。$Re<10$ 时不出现脱体；$10<Re\leqslant1.5\times10^5$ 时边界层为层流，发生脱体的位置将出现在 $\varphi=80°\sim85°$处；而 $Re\geqslant1.5\times10^5$ 时，边界层在脱体前已转变为湍流，由于湍流时边界层内流体的动

能比层流时大，故脱体的发生推后到 $\varphi=140°$处。

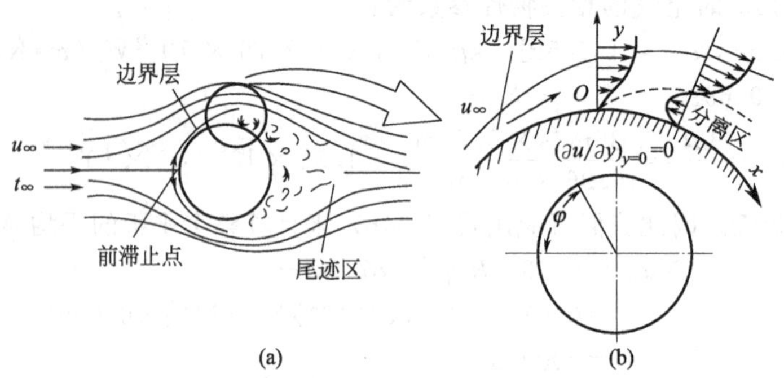

图 5-9　流体横掠单管时的流动状况

上述绕流圆管时边界层的状况和流动脱体决定了外掠圆管换热的特征。图 5-10 给出了恒热流边界条件下，空气外绕单管时局部 Nu 随圆心角 φ 的变化规律。由图可见，从前滞止点开始在 $\varphi=0°\sim80°$范围内，由于层流边界层不断增厚，局部 Nu 随着圆心角 φ 的增大而递降。当 $Re<10^5$时，在 $\varphi\approx80°$附近出现 Nu_φ 的局部极小值，随后因发生边界层分离而重新增大。这个回升点反映了绕流脱体的起点，这是由于脱体区的扰动强化了换热。当$Re>10^5$时，则大约在 $\varphi=80°\sim90°$的地方出现第一次局部极小值，随后便急剧上升，这个变化对应着边界层从层流向湍流的转变。局部 Nu 的第二次下降对应着湍流边界层内速度梯度从正值降到零的过程，大约在 $\varphi=140°$附近出现第二个局部 Nu 的极小值，随后再度上升。这是由于发生流动脱体，尾流区旋涡的剧烈掺混运动使得 Nu 上升。图中局部 Nu 随雷诺数 Re 增大是因为边界层厚度减薄的缘故。

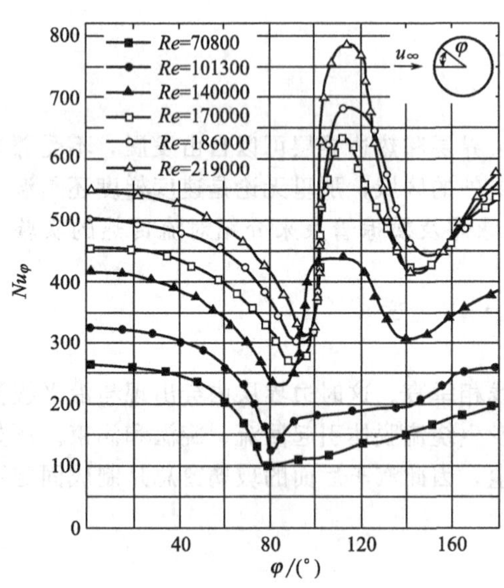

图 5-10　外绕圆管换热的局部 Nu 随圆心角 φ 和雷诺数 Re 的变化关系

5.3.1.2　实验关联式

在工程计算中，需要关注的是沿管周边的平均表面传热系数。故实验关联式给出的是包含平均表面传热系数的平均努塞尔数。流体横掠圆管的平均表面传热系数采用下面的分段幂次关联式表示：

$$Nu=CRe^nPr^{1/3} \tag{5-35}$$

式中，常数 C 及系数 n 可以从表 5-4 中查到；定性温度为 $(t_\infty+t_w)/2$，特征长度为管外径，Re 中的特征速度为来流速度 u_∞。

该式对空气的实验温度验证范围为 $t_\infty=15.5\sim980℃$，$t_w=21\sim1046℃$。上式是根据对空气的实验结果而推广到液体的。式(5-35) 也适用于气体横掠非圆截面柱体时的换热，几种常见截面形状的柱体受流体横掠时对流传热关联式中的常数 C 和 n 的选取见表 5-5，这时特征尺寸采用图中的 l，定性温度为 $(t_\infty+t_w)/2$。

表 5-4 横掠圆管换热关联式(5-35) 中 C 与 n 的值

Re	C	n
0.4～4	0.989	0.330
4～40	0.911	0.385
40～4000	0.683	0.466
4000～40000	0.193	0.618
40000～400000	0.0266	0.805

表 5-5 气体横掠非圆管时式(5-35) 中的 C 与 n 的值

截面形状	Re	C	n
l	$(5\times10^3)\sim10^5$	0.246	0.588
l	$(5\times10^3)\sim10^5$	0.102	0.675
l	$(5\times10^3)\sim(1.95\times10^4)$ $(1.95\times10^4)\sim10^5$	0.160 0.0385	0.638 0.782
l	$(5\times10^3)\sim10^5$	0.153	0.638
l	$(4\times10^3)\sim(1.5\times10^4)$	0.228	0.731

经常使用的流体横掠单管对流传热的实验关联式还有茹卡乌斯卡斯公式：

$$Nu_f=CRe_f^n Pr_f^{0.37}\left(\frac{Pr_f}{Pr_w}\right)^{1/4} \tag{5-36}$$

实验验证范围为 $Pr_f=0.7\sim500$，$Re_f=1.0\times10^6$。式中，C 和 n 值根据 Re 大小从表 5-6 中查取，Re 特征速度为单管外的最大流速。当 $Pr_f>10$ 时，Pr 的指数应改为 0.36。

表 5-6 流体横掠单管时式(5-36) 中的常数 C 和系数 n 值

Re	C	n
1～40	0.75	0.4
40～1000	0.51	0.5
$1000\sim2\times10^5$	0.26	0.6
$2\times10^5\sim1\times10^6$	0.076	0.7

关联式(5-35) 和关联式(5-36) 虽然形式简单，但对于宽广的 Re 范围需分段选用常数。Churchill 与 Bernstein 对流体横向外掠单管提出了以下在整个实验范围内都适用的准则式：

$$Nu=0.3+\frac{0.62Re^{1/2}Pr^{1/3}}{[1+(0.4/Pr)^{2/3}]^{1/4}}\left[1+\left(\frac{Re}{282000}\right)^{5/8}\right]^{4/5} \tag{5-37}$$

此式的定性温度为 $(t_\infty+t_w)/2$，并适用于 $RePr>0.2$ 的情形。

5.3.1.3 冲击角修正

值得指出的是，上述介绍的各实验关联式都是指来流方向与单管（圆柱）轴线相垂直的情形，即冲击角 $\varphi=90°$。而当流体斜向冲刷单管时，其冲击角 $\varphi<90°$，此时一方面流体斜向冲刷单管在管外表面流程变长，相当于流体绕流椭圆管，从而形状阻力减小，边界层分离

点后移，回流区缩小，减小了回流的强化传热作用。另一方面，由于旋涡区的缩小，减小了圆管曲率对圆管后半部换热的强化作用。这两方面使得流体斜向冲刷单管时的平均表面传热系数低于其垂直冲刷单管时的情形。因此，根据上述关联式计算的平均表面传热系数应乘以一个小于 1 的冲击角修正系数 c_φ。c_φ 可根据冲击角 φ 的大小从表 5-7 中选取。从表中可以看出 φ 越小，c_φ 也越小。

表 5-7　流体斜向冲刷单管对流传热的冲击角修正系数 c_φ

$\varphi/(°)$	15	30	45	60	70	80	90
c_φ	0.41	0.70	0.83	0.94	0.97	0.99	1.00

5.3.2　流体外掠球体的实验关联式

绕流球体时的对流换热在工业上也有很重要的应用背景，如填充床和流化床中球形固体颗粒外部的绕流及换热。绕流球体时边界层的情况和绕流圆柱时类似，液态的转变以及分离流动的出现皆对换热产生重要影响，只是前者属于三维问题，这方面的计算关联式较多，维特克（S. Whitaker）推荐用下式确定流体外掠圆球的平均表面传热系数：

$$Nu=2+(0.4Re^{1/2}+0.06Re^{2/3})Pr^{0.4}\left(\frac{\eta_\infty}{\eta_w}\right)^{1/4} \tag{5-38}$$

定性温度为来流温度 t_∞，特征长度为球体直径，适用范围为：$0.71<Pr<380$，$3.5<Pr<7.6\times10^4$。实际上，在流体趋于静止即 $Re=0$ 的极限情况下，从上式可以得出 $Nu=2$，这正是球形颗粒与无限厚的静止流体间发生纯导热时的换热强度。

对于空气，麦克亚当斯（W. H. Mcadams）推荐了如下计算式：

$$Nu=0.33Re^{0.6},20<Re<1.5\times10^5 \tag{5-39a}$$

对于空气外的其他气体有

$$Nu=0.37Re^{0.6}Pr^{1/3},25<Re<1.5\times10^5 \tag{5-39b}$$

这两个关联式的定性温度均为 $(t_\infty+t_w)/2$。

5.3.3　流体横掠管束的实验关联式

流体外掠管束换热现象在各类换热设备中最为常见，如管壳式换热器，电站锅炉的过热器、再热器，管箱式省煤器，空气预热器，热管换热器，汽车的水箱散热器，空调机的蛇形管散热器，空冷冷凝器（带肋片）等。

5.3.3.1　流动和传热特点

流体在管束中的流动与横掠单管的流动不同，管束中并排着的管子将影响四周邻近管子的扰流运动，而这种影响的大小与管子外径 d、管间距 S（横向间距 S_1、纵向间距 S_2）和管子排列形式等因素有关。此外，管束一般安装在某一通道内，故管束中的流动与通道中的流动密切相关。

流体横掠管束从前排向后排的流动过程中，流动截面积先变大后缩小。故流体在流动过程中交替地进行加速、减速的过程强化了流体对管束表面的扰动。显然，管间距的大小影响流体加速和减速的剧烈程度，从而对对流传热产生影响。在换热设备中，流体横掠管束的流动状态经常是湍流。

在管束中，各排管的流动特性在很大程度上取决于管子的排列形式。管束常用的排列方式有顺排和叉排两种，见图 5-11。流体绕流顺排和叉排管束的情形是不同的。叉排时流体在管间交替收缩和扩张的弯曲通道中流动，比顺排时在管间走廊通道的流动扰动强烈，因此一般地说叉排时的换热比顺排强。但是顺排管束的阻力损失小于叉排，且易于清洗，所以叉排、顺排的选择要全面平衡。

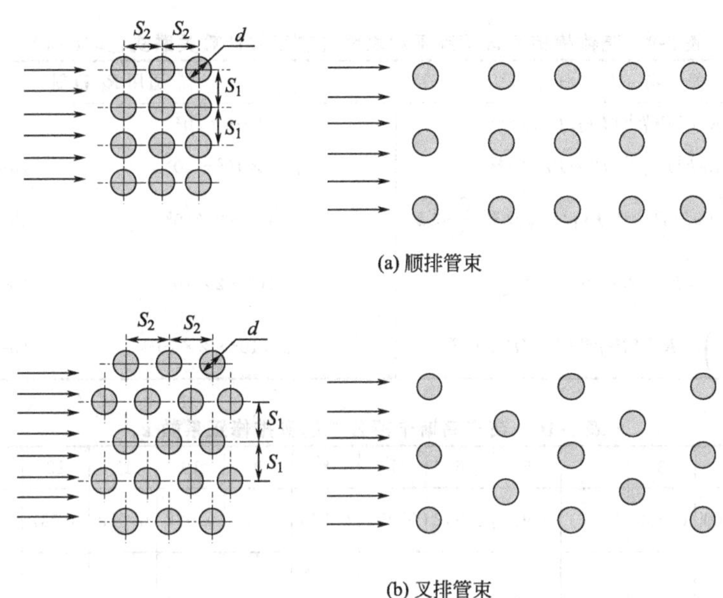

图 5-11　管束排列方式

影响管束平均传热性能的因素有流动 Re、流体的 Pr，一般选管束中最大流速为特征流速。对于给定的排列方式，涉及的因素是管外径 d、纵向间距 S_1和横向间距 S_2。这 3 个尺寸的相对大小会改变边界层状况以及尾流区旋涡的作用范围，从而给管束的平均换热强度带来重要影响。尤其是对于叉排管束，S_1和 S_2相对大小的不同会涉及产生最大流速的位置。此外，沿着主流方向流体流过每一排（对于顺排）或每两排（对于叉排）管子时，流体的运动不断周期性地重复，当流过主流方向的管排数达到一定数目后，流动与换热会进入周期性地充分发展阶段。在该局部地区，每排管子的平均表面传热系数保持为常数。整个管束的平均值的计算则需要经历更多的管排数使其进入与管排数无关的状态。在进行实验研究时，一般先确定整个管束的平均表面传热系数与管排数无关时的实验关联式，然后引入考虑排数减少时的影响。当流体进、出管束的温度变化比较大时，需要考虑物性变化的影响。作为考虑这种影响的一种实用方式，可采用物性修正因子 $(Pr_f/Pr_w)^{0.25}$。

5.3.3.2 实验关联式

茹卡乌斯卡斯（Zhukauskas）给出了一套在很宽的 Pr 变化范围内使用的管束平均表面传热系数关联式，要求管束的排数大于 16，如果不到 16 排则要乘以一个排数修正因子。这些公式列出于表 5-8 和表 5-9 中，式中定性温度为管束进、出口流体平均温度；Pr_w 按管束的平均壁温确定；Re 中的流速取管束中最小截面处的平均流速，即管间最大流速 u_{max}；特征长度为管子外径。这些关联式适用于 $Pr=0.6 \sim 500$ 的范围。对于排数小于 16 的管束，其平均表面传热系数应按表 5-8、表 5-9 计算所得值再乘以小于 1 的修正值 ε_n，ε_n列于表5-10中。

表 5-8 流体横掠顺排管束平均表面传热系数计算关联式(≥16 排)

关 联 式	适用 Re 范围	
$Nu_f=0.9Re_f^{0.4}Pr_f^{0.36}(Pr_f/Pr_w)^{0.25}$	$1\sim10^2$	(5-40a)
$Nu_f=0.52Re_f^{0.5}Pr_f^{0.36}(Pr_f/Pr_w)^{0.25}$	$10^2\sim10^3$	(5-40b)
$Nu_f=0.27Re_f^{0.63}Pr_f^{0.36}(Pr_f/Pr_w)^{0.25}$	$10^3\sim2\times10^5$	(5-40c)
$Nu_f=0.033Re_f^{0.8}Pr_f^{0.36}(Pr_f/Pr_w)^{0.25}$	$2\times10^5\sim2\times10^6$	(5-40d)

表 5-9 流体横掠叉排管束平均表面传热系数计算关联式(≥16 排)

关 联 式	适用 Re 范围	
$Nu_f=1.04Re_f^{0.4}Pr_f^{0.36}(Pr_f/Pr_w)^{0.25}$	$1\sim5\times10^2$	(5-41a)
$Nu_f=0.71Re_f^{0.5}Pr_f^{0.36}(Pr_f/Pr_w)^{0.25}$	$5\times10^2\sim10^3$	(5-41b)
$Nu_f=0.35\left(\frac{S_1}{S_2}\right)^{0.2}Re_f^{0.6}Pr_f^{0.36}(Pr_f/Pr_w)^{0.25},\frac{S_1}{S_2}\leqslant2$	$10^3\sim2\times10^5$	(5-41c)
$Nu_f=0.40Re_f^{0.6}Pr_f^{0.36}(Pr_f/Pr_w)^{0.25},\frac{S_1}{S_2}>2$	$10^3\sim2\times10^5$	(5-41d)
$Nu_f=0.031\left(\frac{S_1}{S_2}\right)^{0.2}Re_f^{0.8}Pr_f^{0.36}(Pr_f/Pr_w)^{0.25}$	$2\times10^5\sim2\times10^6$	(5-41e)

表 5-10 茹卡乌斯卡斯公式的管排修正系数 ε_n

总排数	1	2	3	4	5	6	7	8	9	10	11	12	13	14	15
顺排 $Re>10^3$	0.700	0.800	0.865	0.910	0.928	0.942	0.954	0.965	0.972	0.978	0.983	0.987	0.990	0.992	0.994
叉排 $10^2<Re<10^3$	0.832	0.874	0.914	0.939	0.955	0.963	0.970	0.976	0.980	0.984	0.987	0.990	0.993	0.996	0.999
$Re>10^3$	0.619	0.758	0.840	0.897	0.923	0.942	0.954	0.965	0.971	0.977	0.982	0.986	0.990	0.994	0.997

流体流过管束间的最大流速 u_{max} 的计算可由图 5-12 导出。

顺排管束：

$$u_{max}=u_f'\frac{S_1}{S_1-d} \tag{5-42}$$

叉排管束：

当 $(S_2'-d)<(S_1'-d)/2$ 时，$u_{max}=\frac{u_f'S_1}{2(S_2'-d)}$，其中 $S_2'=[S_2^2+(S_1/2)^2]^{1/2}$；

当$(S_2'-d)>(S_1'-d)/2$ 时，$u_{max}=u_f'\frac{S_1}{S_1-d}$。

在以上各式中，u_f'为流体进入管束前的流速，此时流体温度为入口温度。如果来流为气体，还应注意将计算得到的温度为 t_f'时的 u_{max}修正为气体定性温度(平均温度)t_f 下的最大流速 $u_{f,max}$：

$$u_{f,max}=u_{max}T_f/T_f'$$

式中，T_f、T_f'分别为气体的平均温度和入口温度。

采用肋片管(翅片管)是强化换热的有效途径。工程技术中许多类型的气-液换热器常在气侧采用不同形式的肋片管。流体横掠肋片管束的换热性能不仅与肋片管的结构参数(如肋片的高度、间距、形状等)有关，还与肋片管的制造工艺(影响肋片及管件的接触热阻)有关，此时流体的流动状态如图 5-13 所示。在文献中汇总了多种肋片管的换热关联式，可供选用。

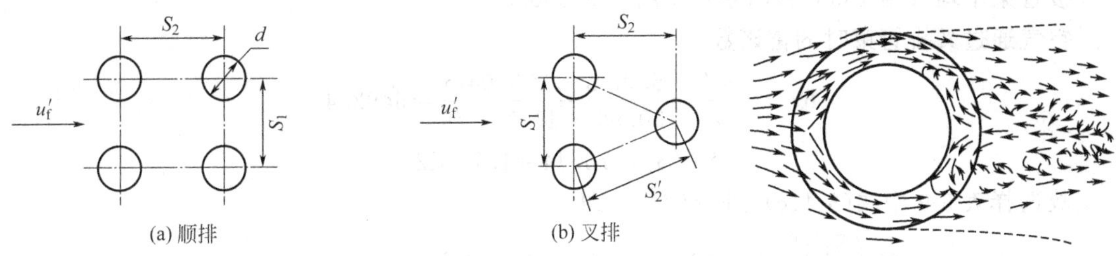

图 5-12 管束中的流速分布

图 5-13 绕流肋片管时的流场状况

【例 5-5】 测定流速的热线风速仪是利用流速不同对圆柱体的冷却能力不同，从而导致电热丝温度及电阻值不同的原理制成的。用电桥测定电热丝的阻值可推得其温度。今有直径为 0.1mm 的电热丝垂直于气流方向放置，来流温度为 20℃，电热丝温度为 40℃，加热功率为 17.8W/m。试确定此时的流速。（略去其他热损失）

解 已知：电热丝直径、温度及加热功率，来流温度。

求：来流的流速。

假设：电热丝与气流间为稳态换热；电热丝表面温度均匀；忽略其他热损失。

分析与计算：按牛顿冷却公式，整个换热管的平均表面传热系数为

$$h=\frac{q_l}{\pi d(t_w-t_f)}=\frac{17.8\text{W/m}}{3.1416\times0.1\times10^{-3}\text{m}\times(40-20)\text{K}}=2833\text{W/(m}^2\cdot\text{K)}$$

定性温度为 $t_m=(t_w+t_f)/2=(40℃+20℃)/2=30℃$

相应的物性参数为

$$\lambda=0.0267\text{W/(m}\cdot\text{K)},\nu=16\times10^{-6}\text{m}^2/\text{s},Pr=0.701$$

$$Nu=\frac{hd}{\lambda}=\frac{2833\text{W/(m}^2\cdot\text{K)}\times0.1\times10^{-3}\text{m}}{0.0267\text{W/(m}\cdot\text{K)}}=10.61$$

利用表 5-4 中第三种情形计算，$Nu=0.683Re^{0.466}Pr^{1/3}$，则可得

$$Re=\left(\frac{Nu}{0.683Pr^{1/3}}\right)^{1/0.466}=\left(\frac{10.61}{0.683\times0.701^{1/3}}\right)^{1/0.466}=464.3$$

Re 在 40～4000 之间，符合第三种情形的适用范围，故参数选取正确。

最后可得

$$u=\frac{\nu}{d}Re=\frac{16\times10^{-6}\text{m}^2/\text{s}}{0.1\times10^{-3}\text{m}}\times464.3=74.3\text{m/s}$$

【例 5-6】 某锅炉厂生产的 220t/h 高压锅炉，其低温段空气预热器的设计参数为：叉排布置，$S_1=76$mm，$S_2=44$mm，管子为 $\phi40$mm×1.5mm，平均温度为 150℃的空气横向冲刷管束，流动方向的总排数为 44。管排中心线截面上的空气流速（即最小截面上的流速）为 5.03m/s。试确定管束与空气间的平均表面传热系数。管壁平均温度为 185℃。

解 已知：锅炉叉排管束的有关数据。

求：管束与空气间的平均表面传热系数。

假设：常物性、散热损失忽略不计、忽略空气的辐射换热。

分析与计算：来流温度为 150℃，管壁平均温度为 185℃，则定性温度为

$$t_f=(150℃+185℃)/2=167.5℃$$

查附录得到相应的物性参数为

$\rho=0.802\text{kg/m}^3$，$c_p=1.019\text{kJ/(kg}\cdot\text{K)}$，$\lambda=3.69\times10^{-2}\text{W/(m}\cdot\text{K)}$，$\nu=30.99\times10^{-6}\text{m}^2/\text{s}$，$Pr=0.6816$

按管束平均壁温 185℃查附录得 $Pr_w=0.68025$

空气通过叉排管束时的雷诺数

$$Re_x=\frac{ud}{\nu}=\frac{5.03\text{m/s}\times 0.04\text{m}}{30.99\times 10^{-6}\text{m}^2/\text{s}}=6492.4$$

$$S_1/S_2=76/44=1.73<2$$

故选择表 5-9 中式(5-41c) 进行计算，即

$$Nu_f=0.35\left(\frac{S_1}{S_2}\right)^{0.2}Re_f^{0.6}Pr_f^{0.36}\ (Pr_f/\ Pr_w)^{0.25}$$

$$=0.35\times\left(\frac{76\times 10^{-3}\text{m}}{44\times 10^{-3}\text{m}}\right)^{0.2}\times 6492.4^{0.6}\times 0.6816^{0.36}\times\left(\frac{0.6816}{0.68025}\right)^{0.25}$$

$$=65.96$$

所以

$$h=\frac{Nu_f\lambda}{d}=\frac{65.96\times 3.69\times 10^{-2}\text{W/(m·K)}}{0.04\text{m}}=60.85\text{W/(m}^2\text{·K)}$$

讨论：

① 与管内对流传热存在多个关联式的情形相类似，流体外掠管束也有不同的关联式，同一个问题的计算结果相互间也有一定的差异。

② 作为例题，直接给出了为采用关联式所需的条件，但在工程实际中测定换热管子表面的平均温度是很困难的。比较接近实际应用条件的计算模型是：测定了流体进、出管排处的平均温度，流体的流量，给出管排的几何条件。

5.4 大空间与有限空间内自然对流传热的实验关联式

自然对流是指流体的流动不依靠泵或风机等外力，而是依靠流体与表面间存在温差传热所导致的靠近表面处的流体不均匀温度场引起的流体内部密度差所产生的浮力作用。由自然对流引起的运动流体与壁面间的热量传递称为自然对流传热。自然对流传热有大空间和有限空间内自然对流传热两类。前者在加热（或冷却）表面的四周并不存在其他足以阻碍流体流动的物体，边界层的发展不受限制和干扰，流动可充分展开，例如高大建筑物的外墙或架空热力管道周围的空气流动。如果流体空间相对狭小，边界层无法自由展开，则称为有限空间内的自然对流传热，如平行平板或同心圆柱夹层、供热管沟以及电缆沟等。

在各类对流传热方式中，自然对流传热的热流密度最低，一般仅 $10\sim10^2\text{W/m}^2$ 的量级，但其固有的安全、经济与无噪声等特点使其仍被广泛地应用于多种工业技术中。功率密度较低的电子器件的冷却，一般家用冰箱冷冻室、冷藏室中的气流流动，热力管道、热力设备、锅炉炉体等与周围空气之间的换热都是自然对流换热。它的强度取决于流体沿固体换热表面的流动状态及其发展情况，而这又与流体流动的空间和换热表面的形状、尺寸、表面与流体之间的温差、流体的种类等许多因素有关，是一个受众多因素影响的复杂过程。

5.4.1 大空间自然对流流动和传热特点

以一块温度分布均匀的竖平壁周围空气的自然对流为例，分析大空间自然对流换热过程的流动与换热特点。如图 5-14 所示，竖平壁表面温度 t_w 高于周围空气的主流温度 t_∞，使得近壁处的空气被加热而升温，引起空气内部的温度分布不均匀，产生热边界层。在热边界层内，近壁处空气温度升高导致密度下降，受浮力作用沿壁面向上运动，形成流动边界层，并

且速度边界层下部为层流边界层。若竖壁足够高或壁面与空气温差足够大，则在壁面的某个位置层流会发展为湍流。

热边界层内的温度分布如图 5-14(a) 所示，贴壁处，流体温度等于竖板的壁面温度 t_w，在离开壁面的方向上逐渐降低并且降低速度减慢，直至周围环境温度 t_∞。边界层内速度分布曲线代表了自然对流的特点，如图 5-14(b) 所示。贴壁流体由于黏性作用速度为零，在边界层外界温度不均匀作用消失，其速度也等于零，使得在边界层的某个位置必定存在一个速度的局部极值。也就是说自然对流边界层内速度分布呈两头小中间大的单峰形状。值得指出的是，在层流自然对流中虽然流体的运动起因于温度差，但却只有当 $Pr \approx 1$ 或者更小的时候，流动边界层的厚度才与热边界层厚度基本相等，对于 Pr 非常大的流体，热边界层的厚度远低于速度边界层的厚度。

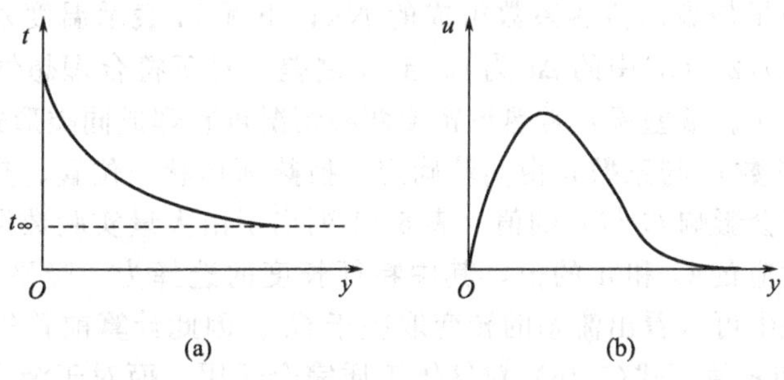

图 5-14 沿等温竖板的层流自然对流边界层

自然对流边界层有层流和湍流之分，因此它们的对流传热规律也不同。图 5-15 示出了热竖平壁自然对流局部表面传热系数 h_x 沿板长的变化规律。在壁的下部，自然对流刚开始形成，流动是有规则的层流。层流时换热热阻完全取决于薄层的厚度。从换热壁面下端开始，随着高度的增加，层流薄层的厚度也逐渐增加。与此相对应局部表面传热系数 h_x 也随高度增加而减小，见图 5-15 中 A 处。如果竖板足够高，到一定位置，流体的流动会从层流发展成为湍流，湍流时表面传热系数比层流时明显提高（图 5-15 中 B 处）。现已查明，当流动进入旺盛湍流时，局部表面传热系数几乎是个常量，如图 5-15 中 C 处。

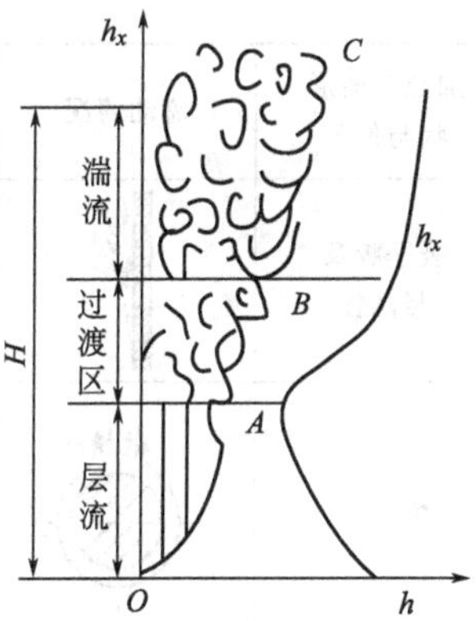

图 5-15 沿热竖壁自然对流局部表面传热系数的变化

5.4.2 大空间自然对流传热的实验关联式

选用自然对流传热实验关联式计算对流传热系数时，采用格拉晓夫数（Gr）作为流体流动状态判断的依据，其定义为

$$Gr=\frac{g\alpha_v \Delta t l^2}{\nu u_0}\frac{u_0 l}{\nu}=\frac{g\alpha_v \Delta t l^3}{\nu^2} \tag{5-43}$$

格拉晓夫数表示作用在流体上的浮升力和黏性力的相对大小，其在自然对流传热问题中的作用与雷诺数在强制对流中的作用相当。Gr 增大表明浮升力作用相对增大。从微分方程组的其他方程还可以得到 Re、Pr 和 Nu 等准则。其中，$Re=f(Gr)$，而不是一个独立的准则。于是，原则上自然对流传热准则方程式应为

$$Nu=F(Gr,Pr) \tag{5-44}$$

如果对自然对流的能量方程作类似于上面的推导，则可以得出另外一个无量纲数，称为瑞利（Rayleigh）数（Ra）：

$$Ra=GrPr=\frac{g\alpha_v\Delta tl^3}{a\nu} \tag{5-45}$$

5.4.2.1 均匀壁温

沿竖立等温平壁上升的层流自由运动是自然对流传热中最典型的一种。设壁面温度为 t_w，环境温度（即未受壁面温度影响的流体温度）为 t_∞，则此时牛顿冷却公式即 Gr 中的温差取为 t_w-t_∞（流体被加热时）或 $t_\infty-t_w$（流体被冷却时），工程计算中广泛采用以下形式的大空间自然对流传热实验关联式：

$$Nu_m=C(GrPr)_m^n \tag{5-46}$$

式中，Nu_m为由平均表面传热系数组成的 Nu；下标 m 表示温度采用边界层的算术平均温度 $t_m=(t_w+t_\infty)/2$。Gr 中的 Δt 为 t_w与 t_∞之差，对于符合理想气体性质的气体，Gr 中的体胀系数 $\alpha_v=1/T$。常壁温及常热流密度两种情况可整理成同类形式的关联式。

式(5-46）中的常数 C 与系数 n 由实验确定。换热面形状、位置、热边界条件以及层流或湍流不同的流态都会影响 C 与 n 的值。表 5-11 列出了由大量实验数据确定的竖平板及竖圆柱、横圆柱表面对应的 C 和 n 的值，其中特征长度的选择为：竖平板及竖圆柱取高度，横圆柱取外径。从表中可以看出流态的转变取决于 Gr。因此计算前首先要确定 Gr 的大小，才能选定合适的 C 和 n 值。式(5-46）对气体工质完全适用，而对于液态工质，为考虑物性与温度的依变关系，需要在式(5-46）的右端乘上一个反映物性变化的校正因子，一般推荐采用 $(Pr_f/Pr_w)^{0.11}$，其中下标 f 与 w 分别表示以流体温度与壁面温度为定性温度。

表 5-11　式(5-46）中的常数 C 和系数 n

加热表面形状与位置	流动情况	流态	常数 C 及系数 n		Gr 适用范围
			C	n	
竖平板及竖圆柱		层流	0.59	1/4	$1.43\times10^4\sim3\times10^9$
		过渡	0.0292	0.39	$3\times10^9\sim2\times10^{10}$
		湍流	0.11	1/3	$>2\times10^{10}$
横圆柱		层流	0.48	1/4	$1.43\times10^4\sim5.76\times10^8$
		过渡	0.0165	0.42	$5.76\times10^8\sim4.65\times10^9$
		湍流	0.11	1/3	$>4.65\times10^9$

对于竖圆柱表面自然对流传热，理论分析证明只要其曲率半径没有小到会对流动和换热产生明显影响的程度，就可按表 5-11 与竖壁用同一个关联式，即只要满足

$$\frac{d}{H}\geqslant\frac{35}{Gr_H^{1/4}} \tag{5-47}$$

曲率对换热的影响将不超过 5%。而对于直径小而高的竖圆柱或竖丝，边界层厚度与直径相差不大而不能忽略曲率的影响，并且在极低 Gr 时，这种竖圆柱的自然对流传热进入以导热机理为主的范围。对于不符合式(5-47）条件的竖圆柱的换热，则不可忽略圆柱曲率对边界层的影响，其计算推荐使用文献［26］提供的实验关联式。

对于其他几何形状的自然对流传热规律，目前还缺少以 Gr 为判断依据的关联式。为计算方便，下面的关联式仍以 $Ra=GrPr$ 为判据确定水平面即球体自然对流传热平均表面传

热系数。对于水平板，浮升力与壁面相垂直。对于向上的热表面［见图 5-16(a)］或者向下的冷表面［见图 5-16(b)］，流体均可以在浮升力或下沉力的作用下充分展开，对流换热相对比较强。反之，若热表面向下［见图 5-16(c)］或冷表面向上［见图 5-16(d)］，流体的运动受到板的阻挡，只能从板的边缘（有限大的板）再向上或向下流动，换热较弱。极限情况下，若热表面朝下且板无限大，则流体与壁面的换热将基本上属于导热方式。

恒壁温时水平热面向上或冷面向下的情形［见图 5-16(a)、(b)］：

$$Nu=0.54(GrPr)^{1/4},10^4\leqslant GrPr\leqslant 10^7$$
$$Nu=0.15(GrPr)^{1/4},10^7\leqslant GrPr\leqslant 10^{11} \tag{5-48}$$

对于热面向下或冷面向上的情形［见图 5-16(c)、(d)］：

$$Nu=0.27(GrPr)^{1/4},10^5\leqslant GrPr\leqslant 10^{10} \tag{5-49}$$

以上两式中，定性温度为 $t_m=(t_w+t_\infty)/2$，特征长度为 $L=A_p/P$，其中，A_p、P 分别为水平板的换热面积及周界长度。

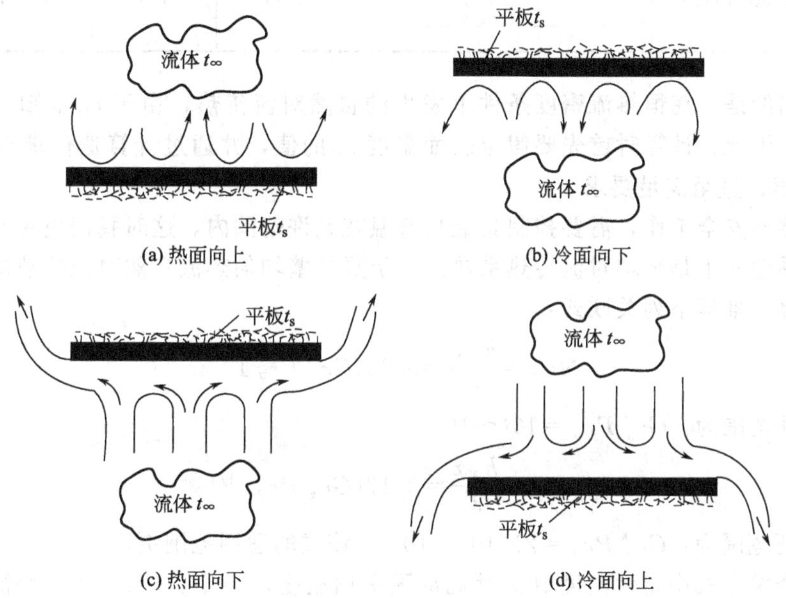

图 5-16 水平板自然对流传热的流动图像[4]

丘吉尔推荐的球体外部自然对流换热关联式为

$$Nu=2+\frac{0.589(GrPr)^{1/4}}{[1+(0.469/Pr)^{9/16}]^{4/9}} \tag{5-50}$$

定性温度同上，特征长度为球体直径，适用范围为：$Pr\geqslant 0.7$，$GrPr\leqslant 10^{11}$。

5.4.2.2 均匀热流边界条件

很多处于自由流动散热状态的电子器件，包括芯片的边界条件基本上都是均匀热流密度的加热条件。这时壁面温度 t_w 是未知数，而且沿着壁面高度方向换热温差是逐渐变化的。故 Gr 中的温差也是未知的，而热流密度 q 一般是已知的。为避免 Gr 中包含未知量，实验数据整理通常采用以下的定义式：

$$Gr^*=GrNu=\frac{g\alpha_v qL^4}{\lambda\nu^2} \tag{5-51}$$

均匀加热条件下平均表面传热系数的计算式成为

$$Nu=B(Gr^{*}Pr)^{m} \tag{5-52}$$

这些准则式的定性温度取平均温度 t_m，特征长度对矩形取短边长。由于以上成果是在保持二维条件下取得的，对于长边接近短边长度的矩形，其长边端部影响不可忽略，准则式提供的 Nu 将偏小。式(5-52) 中常数 B 及指数 m 的值见表 5-12。

表 5-12　式(5-52) 中的常数 B 和指数 m

加热表面形状与位置	流动图示	常数 B 和指数 m		Gr^{*} 适用范围
		B	m	
水平板热面朝上或冷面朝下		1.076	1/6	$(5.47\times10^{5})\sim(1.12\times10^{8})$
水平板热面朝下或冷面朝上		0.747	1/6	$(5.47\times10^{5})\sim(1.12\times10^{8})$

需要指出的是，在恒热流密度条件下发生的自然对流传热，由于 t_w 未知，故流体热物性不能确定。因此，计算时首先要假定表面温度 t_w 的值，并通过计算迭代求出的 h 值检验原假定的 t_w 值，直至满足要求。

电子元器件安全工作，需要控制其最高壁温在允许范围内，这时我们更关心元器件的局部对流传热系数而不是平均对流传热系数。对于竖平壁均匀热流自然对流传热的局部对流传热系数的计算，推荐下列关联式：

$$Nu_x=\frac{h_x x}{\lambda}=0.60(Gr_x^{*}Pr_x)^{1/5} \tag{5-53}$$

实验验证范围为：$Gr_x^{*}Pr_x=10^{5}\sim10^{11}$

$$Nu_x=\frac{h_x x}{\lambda}=0.17(Gr_x^{*}Pr_x)^{1/4} \tag{5-54}$$

实验验证范围为：$Gr_x^{*}Pr_x=2\times10^{3}\sim10^{16}$。该式的适用范围更广。

上面两个关联式中定性温度取 x 处局部膜平均温度 $t_m=(t_x+t_\infty)/2$，特征尺寸取距平板下端距离 x。由图 5-15 所示的热竖平壁自然对流局部表面传热系数 h_x 沿板长的变化规律可知，壁温最高点只能出现在竖平壁最上端或层流、湍流转变点处。在计算局部壁温 t_{wx} 时仍然需要使用假设-检验迭代计算方法。

对于高为 L 的竖直平板的均匀热流加热情形，如果取平板中点的壁温 $t_{L/2}$ 作为确定 Gr 中温差以及牛顿冷却公式中温差的壁面温度，则对于均匀壁温得出的关联式仍能很好地适用于确定均匀热流密度时的平均表面传热系数。

无论是均匀壁温，还是均匀热流密度，其实验关联式的指数 n 都为常数，根据 Nu 和 Gr 的定义，可知湍流时的大空间自然对流表面传热系数与特征长度大小无关，这种特征称为自模化。它为通过实验手段研究湍流状态的自然对流换热提供了相当大的方便。利用这一特征，湍流自然对流的实验研究，可以用比已定特征数相等所要求的更小尺寸的模型进行模型研究，而只要保证仍处于湍流的范围就可以了。

5.4.3　有限空间自然对流传热的实验关联式

流体在有限空间内的自然对流流动和传热，除与流体的性质、两壁间的温差有关外，还与冷、热表面的形状、尺寸大小和相对位置有关。下面以竖直空气夹层为例介绍有限空间自然对流传热计算的处理方法。由于传热是在有限空间内进行的，流体运动受到腔体的限制，流体的加热与冷却在腔体内同时进行，因此腔体的壁面存在高温与低温之分，设温度分别为 t_h、t_c，如图 5-17 所示。图中未标注的上、下壁面为绝热壁面。此时 Gr 与牛顿冷却公式中的温差自然取为 t_h-t_c，流体的定性温度取为 $(t_h+t_c)/2$，而特征尺寸则取为冷、热壁面间的距离 δ。夹层中高温壁处的空气被加热，沿壁面上升，从壁面下端开始形成自然对流边界层，并自下而上沿壁面逐渐增厚。由于低温壁面温度低于空气温度，在低温壁处空气被冷却而下降，从而在低温壁处产生类似的边界层。由于夹层厚度 δ 远小于夹层高度 H，两个边界层在形成和发展的过程中会相互干扰，使其进一步的发展受到限制。夹层中，空气以导热和对流传热两种方式将高温壁的热量传递给低温壁。夹层内的流动主要取决于以夹层厚度 δ 为特征尺度的 Gr：

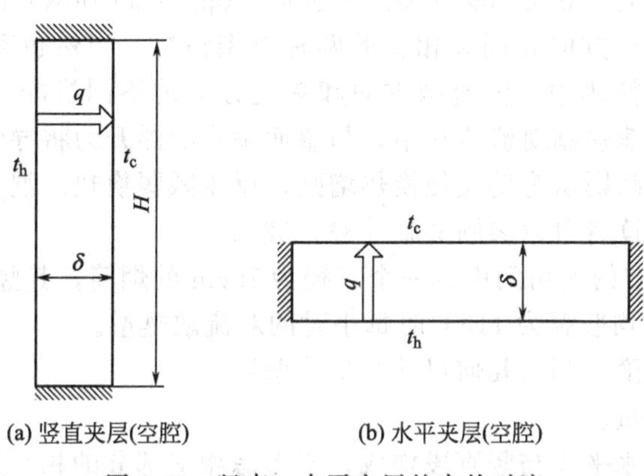

(a) 竖直夹层(空腔)　　(b) 水平夹层(空腔)

图 5-17　竖直、水平夹层的自然对流

$$Gr_\delta=\frac{g\alpha_v(t_h-t_c)\delta^3}{\nu^2} \tag{5-55}$$

对于竖夹层当 $Gr_\delta\leqslant2860$，对于水平夹层（底面为热面），当 $Gr_\delta\leqslant2430$ 时夹层内的热量传递依靠导热。当 Gr_δ 超过上述数值时，夹层内开始形成自然对流，并且随着 Gr_δ 的增大，对流的展开越来越剧烈，当其达到一定值时会出现从层流向湍流的过渡与转变。

对于空气在夹层内的自然对流传热，推荐以下计算关联式：

竖夹层：

$$Nu=0.197(Gr_\delta Pr)^{1/4}\left(\frac{H}{\delta}\right)^{-1/9},8.6\times10^3\leqslant Gr_\delta\leqslant2.9\times10^5 \tag{5-56a}$$

$$Nu=0.073(Gr_\delta Pr)^{1/4}\left(\frac{H}{\delta}\right)^{-1/9},2.9\times10^5\leqslant Gr_\delta\leqslant1.6\times10^7 \tag{5-56b}$$

其实验验证范围为 $11\leqslant\frac{H}{\delta}\leqslant42$。

水平夹层（底面向上散热）：

$$Nu=0.212(Gr_\delta Pr)^{1/4},1.0\times10^4\leqslant Gr_\delta\leqslant4.6\times10^5 \tag{5-57a}$$

$$Nu=0.061(Gr_\delta Pr)^{1/3},Gr_\delta>4.6\times10^5 \tag{5-57b}$$

5.4.4 混合对流传热

在前面分别介绍强制对流传热和自然对流传热问题时没有考虑对方的存在。实际上，对流传热问题中由于流体各部分之间无法避免的温差，自然对流总会不程度地存在。同时考虑强制对流和自然对流的情况成为混合对流传热。应用相似分析法可知，Gr 中包含着浮升力与黏滞力的比值，而由惯性力与黏滞力的对比可得 Re。从对包含体积力项的动量微分方程的分析中，可以得知衡量强制对流与自然对流相对强弱的无量纲特征数是浮升力与惯性力的对比。这个对比参量可从特征数 Gr、Re 的组合中消去黏度得到：

$$\frac{g\alpha_v \Delta t l^3}{\nu^2}\frac{\nu^2}{u^2 l^2}=\frac{Gr}{Re^2} \tag{5-58}$$

它反映了自由流动的驱动力即浮升力，与强制流动的驱动力即惯性力之间的相对比较，这就是判断自然对流影响程度的依据。一般在工程上采用的处理原则是：当 $Gr/Re^2 \geqslant 0.1$ 时自然对流的影响不能忽略，而 $Gr/Re^2 \geqslant 10$ 时强制对流的影响相对于自然对流可以忽略不计。当 $0.1 \leqslant Gr/Re^2 \leqslant 10$ 时称为混合对流，此时两种对流传热的作用应加以考虑。

在混合对流传热问题中，研究的重点主要集中在分析自然对流对强制对流的影响程度上。文献中经常见到助流（assisting flow）和反流（opposing flow）的称呼，它们分别是指自由流动方向与强制流动方向相同和相反的两种典型情况，当然也存在两者相互垂直的情况。在竖直管道的强制换热中，依流动方向和热流方向的不同搭配，将分别产生助流和反流。而在水平管道的低速强制对流传热中，与壁面垂直的浮升力将导致流体的二次流动，使换热得到增强。有的文献则认为助流使换热增强，反流减弱换热。混合对流换热是一个相当复杂的问题，有兴趣的读者可以参阅文献［31，32］。

【例 5-7】 室温为 5℃的大房间中有一个直径为 15cm 的烟筒，其竖直部分高 2m，水平部分长 10m。求烟筒的平均壁温为 115℃时每小时的对流散热量。

解 已知：室内温度、烟筒几何尺寸与平均壁温。

求：单位时间散热量。

假设：整个烟筒由水平段与竖直段构成，不考虑相交部分的相互影响，分别按水平和竖直段单独计算。

分析与计算：平均温度 $t_m=(t_w+t_\infty)/2=(5℃+115℃)/2=60℃$

由附录查得，60℃时空气的相关物性为

$\rho=1.060\text{kg/m}^3$，$\lambda=0.029\text{W/(m·K)}$，$\nu=18.97\times10^{-6}\text{m}^2/\text{s}$，$Pr=0.696$，$c_p=1.005\text{kJ/(kg·K)}$

① 烟筒竖直部分的散热

$$Gr=\frac{g\alpha_v \Delta t l^3}{\nu^2}=\frac{9.8\text{m}^2/\text{s}\times(2.0\text{m})^3\times(115-5)\text{K}}{(18.97\times10^{-6}\text{m}^2/\text{s})^2\times(273+60)\text{K}}=7.20\times10^{10}$$

由表 5-11 可知为湍流，其

$Nu=0.11(GrPr)^{1/3}=0.11\times(7.20\times10^{10}\times0.696)^{1/3}=405.55$，所以：

$$h=Nu\,\frac{\lambda}{l}=405.55\times\frac{0.029\text{W/(m·K)}}{2.0\text{m}}=5.88\text{W/(m}^2\text{·K)}$$

$\Phi_1=\pi dlh(t_w-t_\infty)=3.1416\times0.15\text{m}\times2.0\text{m}\times5.88\text{W/(m}^2\text{·K)}\times110\text{K}=609.6\text{W}$

② 烟筒水平部分的散热

$$Gr=\frac{g\alpha_v \Delta t l^3}{\nu^2}=\frac{9.8\text{m}^2/\text{s}\times(0.15\text{m})^3\times(115-5)\text{K}}{(18.97\times10^{-6}\text{m}^2/\text{s})^2\times(273+60)\text{K}}=3.04\times10^{7}$$

由表 5-11 知此时流动为层流，于是

$$GrPr=3.04\times10^7\times0.696=2.12\times10^7$$

$$Nu=0.48\times(3.04\times10^7)^{1/4}=35.64$$

$$h=Nu\,\frac{\lambda}{l}=35.64\times\frac{0.029\text{W/(m·K)}}{0.15\text{m}}=6.89\text{W/(m}^2\text{·K)}$$

$\Phi_2=\pi dlh(t_w-t_\infty)=3.1416\times0.15\text{m}\times10\text{m}\times6.89\text{W}/(\text{m}^2\cdot\text{K})\times110\text{K}=3571.5\text{W}$

烟筒的总散热量

$$\Phi_e=\Phi_1+\Phi_2=609.6\text{W}+3571.5\text{W}=4181.1\text{W}$$

讨论：烟筒的总散热量还应包括辐射换热。取烟筒的发射率为 0.85，周围环境温度为 5℃，则烟筒的辐射换热量可近似地按式(1-5) 估算：

$$\begin{aligned}\Phi_r&=A\varepsilon\sigma(T_1^4-T_2^4)\\&=3.1416\times0.15\text{m}\times(2.0\text{m}+10\text{m})\times0.85\times5.67\times10^{-8}\text{W}/(\text{m}^2\cdot\text{K}^4)\times(388^4-278^4)\text{K}^4\\&=4548.8\text{W}\end{aligned}$$

这里又一次看到，对于这类表面温度不很高的物体，辐射换热量与自然对流换热量在数量级上是相当的。

【例 5-8】一块有内部电加热的正方形薄平板，边长 30cm，被竖直地置于静止的空气中，空气温度为 35℃。为防止平板内部电热丝过热，其表面温度不允许超过 150℃。试确定所允许的电热器的最大功率。平板表面辐射换热系数取为 8.52W/(m²·K)。

解 已知：平板几何尺寸、平板自然对流换热量与辐射换热量叠加。

求：电热器最大功率。

假设：稳态传热，常物性，大空间竖表面自然对流，辐射包壳处于环境温度。

分析与计算：

平均温度 $t_m=(t_w+t_\infty)/2=(35℃+150℃)/2=92.5℃$

查附录得 92.5℃对应的空气物性参数为

$\rho=0.9655\text{kg/m}^3$，$\lambda=0.0315\text{W}/(\text{m}\cdot\text{K})$，$\nu=22.36\times10^{-6}\text{m}^2/\text{s}$，$Pr=0.6895$，$c_p=1.009\text{kJ}/(\text{kg}\cdot\text{K})$

$$Gr=\frac{g\alpha_v\Delta tl^3}{\nu^2}=\frac{9.8\text{m}^2/\text{s}\times(0.3\text{m})^3\times(150-35)\text{K}}{(22.36\times10^{-6}\text{m}^2/\text{s})^2\times(273+92.5)\text{K}}=1.66\times10^8$$

由表 5-11 可知为层流

$$Nu=0.59\times(1.66\times10^8\times0.6895)^{1/4}=61.03$$

$$h=Nu\frac{\lambda}{l}=61.03\times\frac{0.0315\text{W}/(\text{m}\cdot\text{K})}{0.3\text{m}}=6.41\text{W}/(\text{m}^2\cdot\text{K})$$

则自然对流换热量为

$$\Phi_c=hA\Delta t=6.41\text{W}/(\text{m}^2\cdot\text{K})\times(0.3\text{m})^2\times(150-35)\text{K}=66.3\text{W}$$

辐射换热量为

$$\Phi_r=Ah_r\Delta T=8.52\text{W}/(\text{m}^2\cdot\text{K})\times(0.3\text{m})^2\times(150-35)\text{K}=88.2\text{W}$$

总散热量为 $\Phi_e=\Phi_c+\Phi_r=66.3\text{W}+88.2\text{W}=154.5\text{W}$

由于平板可以两面同时散热，故允许的电加热功率为 $2\times154.5\text{W}=309\text{W}$。

【例 5-9】太阳能集热器吸热表面的平均温度为 85℃，其上覆盖表面的温度为 35℃，两表面形成相距 5cm 的夹层。试确定在每平方米夹层上空气自然对流的散热值。研究表明，当 $Gr_\delta Pr\leqslant1700$ 时不会产生自然对流而是纯导热工况。试对本例确定不产生自然对流的两表面间间隙的最大值，此时的散热量为多少（不包括辐射部分）？

解 已知：集热器及热表面的温度，上表面温度，上表面与吸热面之间的距离。

求：自然对流散热量。

假设：空气在地面向上散热的水平夹层的自然对流换热。

分析与计算：①平均温度 $t_m=(t_w+t_\infty)/2=(85℃+35℃)/2=60℃$

由附录查得，60℃时空气的相关物性为

$\rho=1.060\text{kg/m}^3$，$\lambda=0.029\text{W/(m·K)}$，$\nu=18.97\times10^{-6}\text{m}^2/\text{s}$，$Pr=0.696$，$c_p=1.005\text{kJ/(kg·K)}$

$$Gr_\delta=\frac{g\alpha_v\Delta tl^3}{\nu^2}=\frac{9.8\text{m}^2/\text{s}\times(0.05\text{m})^3\times(85-35)\text{K}}{(18.97\times10^{-6}\text{m}^2/\text{s})^2\times(273+60)\text{K}}=5.11\times10^5>4.6\times10^5$$

符合公式(5-57b) 的实验验证范围，于是有

$$Nu=0.061(Gr_\delta Pr)^{1/3}=0.061\times(5.11\times10^5\times0.696)^{1/3}=4.32$$

$$h=Nu\frac{\lambda}{l}=4.32\times\frac{0.029\text{W/(m·K)}}{0.05\text{m}}=2.51\text{W/(m}^2\text{·K)}$$

则每平方米上空气自然对流的散热量为

$$q=h\Delta t=2.51\text{W/(m}^2\text{·K)}\times(85-35)\text{K}=125.5\text{W/m}^2$$

② 要求有限空间内传热不产生自然对流传热的最大表面间隙，只要满足 $Gr_\delta Pr\leqslant1700$ 即可，则

$$Gr_\delta Pr=\frac{g\alpha_v\Delta tl^3}{\nu^2}Pr=\frac{9.8\text{m}^2/\text{s}\times l^3\times(85-35)\text{K}}{(18.97\times10^{-6}\text{m}^2/\text{s})^2\times(273+60)\text{K}}\times0.696\leqslant1700$$

$l^3\leqslant6.002\times10^{-7}\text{m}$，即 $l\leqslant8.42\times10^{-3}\text{m}$

即不产生自然对流两表面间间隙的最大值为 $8.42\times10^{-3}\text{m}$。

此时的散热量为

$$q=\frac{\lambda\Delta t}{l}=\frac{0.029\text{W/(m·K)}\times50\text{K}}{0.00842\text{m}}=172.2\text{W/m}^2$$

5.5 冲击射流传热的实验关联式

冲击射流是流体对固体壁面或液体表面等的直接冲击流动，即气体或液体在压差的作用下通过喷嘴喷射到被冷却或加热的表面上，流程短、流速快，在靶面上形成较大的压力差使得被冲击表面上的流动边界层薄，冲击换热系数比常规的表面传热系数高几倍甚至一个数量级，从而在受冲击的区域产生很强的换热效果。因此，冲击射流传热是一种极其有效的强化局部传热或传质的方法。

冲击射流强化传热技术不仅受到科学工作者的重视，而且在工业过程中有着越来越多的应用，如内燃机冷却、金属热处理、航空发动机及燃气轮机叶片冷却、平板玻璃回火以及微电子设备的热控制等等。按喷嘴形式可以分为狭缝冲击射流和圆形冲击射流；按介质类型可分为气体冲击射流、液体冲击射流和多相冲击射流；按其受限程度可分为受限冲击射流和非受限冲击射流。为满足实际生产工艺的需要，也可以同时采用一排喷嘴，图 5-18 所示为几种冲击射流传热的应用。

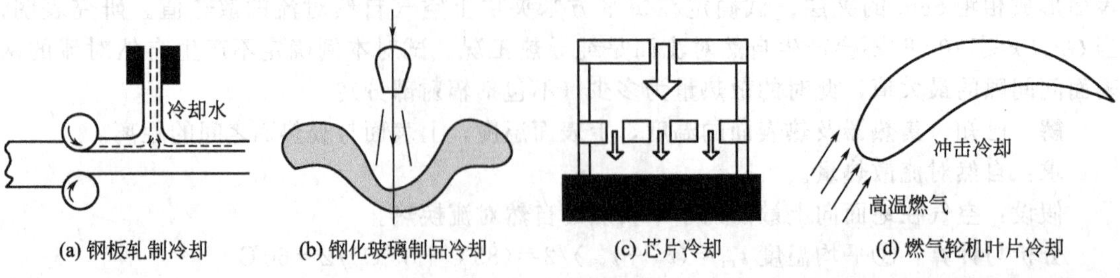

图 5-18 冲击射流传热的应用

5.5.1 单孔冲击射流的流场分布

被冲击表面的换热特性依赖于冲击射流的流场分布，因此，要得到换热面的传热特性必须要研究靶面上的流场分布。在形成稳定的流动形态后，单孔冲击射流的流场通常可分为三个特征区域，即自由射流区、滞止区和壁面射流区，如图 5-19 所示。在不同的流动区域，流体具有不同的流动特性和传热特性。

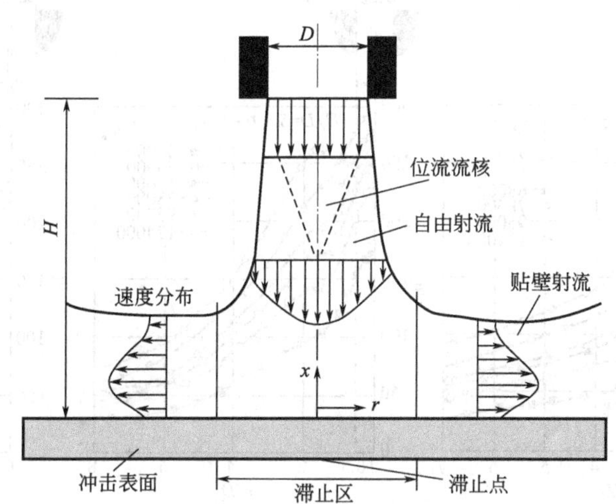

图 5-19 单孔喷嘴冲击射流结构示意图

自由射流区是指流体从射流孔高速冲出到接近冲击换热面之前的区域。在自由射流区中，射流与边界处流体之间产生质量、动量和能量的卷吸，射流流体与环境流体相互掺混，引起射流轴向速度衰减、射流扩张、总流量不断增大，射流的直径随射流长度的增加而线性增加。自由射流区根据射流流体的发展可以分为三个阶段，即势流核心区、发展区和充分发展区。势流核心区内的流速保持不变，且几乎与喷嘴出口速度相等，势流核的长度取决于喷嘴出口处的湍流度和初始速度分布。随着流体向前运动，核心区域不断缩小，最后整个截面上速度呈现中间大、逐渐向边缘减小的不均匀分布。流速保持均匀的区域称为射流的位流流核。当射流抵达被冲击物体的壁面后，流体向着四周沿壁面散开，形成贴壁射流区。射流抵达壁面之前的流动区域称为自由射流，此处的流场不受壁面干扰与限制。在发展区内，由于射流外边界上的剪切应力而引起速度沿轴向的衰减，产生较大的湍流度，并加剧对环境流体的卷吸。发展区之后为充分发展区，轴向速度衰减，射流加宽。

被冲击的壁面正对喷嘴的区域称为滞止区（stagnation region），与射流中心对应的点称为滞止点，这里的局部传热强度最强。在滞止区内，射流工质强烈冲击传热壁面，流体的轴向速度急剧下降，直至为零，而静压迅速上升，产生很高的压力梯度，导致该区域的流动边界层很薄，具有极强的传热效率。而且在径向压力梯度的作用下，流体从垂直于壁面方向转变为平行于壁面方向流动，并在一定顺压梯度作用下保持层流状态。此外，冲击区内的边界层厚度是近似不变的。物体表面需要特别高的冷却效果的区域，例如电子器件冷却技术中的芯片、航空涡轮叶片正对高温燃气的前缘点，应该属于这一区域。

在壁面射流区内，流体作沿径向向外的减速流动。由于壁面射流区不存在压力梯度，壁面射流在环境流体的剪切作用下，边夹层流动可能从层流过渡到湍流，使得壁面射流比平行流动具有更强的传热效果。而能否发生这种过渡取决于射流雷诺数以及来流的湍流度在冲击之前是否已经得到充分发展。

图 5-20 给出了单孔喷嘴冲击射流在不同的冲击高度 H/D 下，被空气冲击的物体表面上局部 Nu 与离开滞止点的距离的变化情况。其中 Re_D、Nu_D 被定义为

$$Re_D=\frac{u_e D}{\nu},Nu_D=\frac{h_r D}{\lambda} \tag{5-59}$$

式中，h_r 为离开滞止点 r 处的局部表面传热系数；u_e 为射流出口的平均流速。

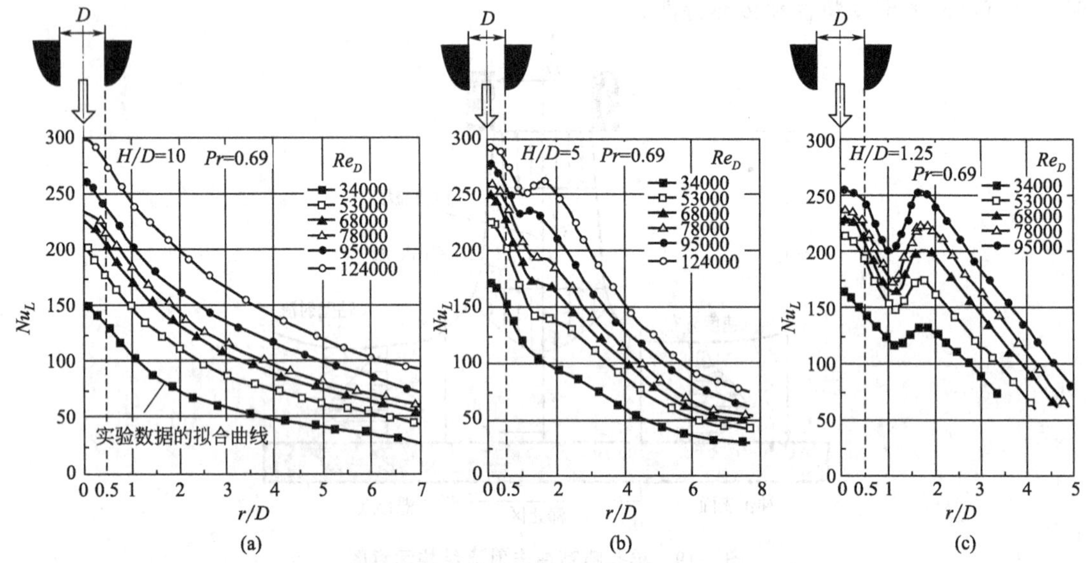

图 5-20 单个圆形喷嘴冲击射流所形成的表面局部 Nu 分布

冲击射流的局部传热系数无论是径向或轴向都呈非单调变化，是由压力梯度和湍流度共同作用的结果。压力梯度受出口速度和冲击高度等的影响，湍流度则可以分为初始湍流度和诱发湍流度。射流初始湍流度是来流本身所具有的，和来流扰动程度有关，取决于喷嘴内部的流动情况，具有较小的量级。射流诱发湍流度是射流在进行过程中，由于主流与周围介质相互掺混使得主流下湍流度增加而诱发的，具有较高的量级。较大的压力梯度和较强的射流湍流度对传热强化有利。

冲击射流传热系数的径向分布大体是呈钟形的。由图 5-20 可以观察到对于不同的冲击高度（喷嘴表面离开被冲击物体的相对距离 H/D）下冲击射流换热系数的分布是不同的。

① 当 H/D 比较大［图 5-20(a)，H/D 一般大于 8］时，局部表面传热系数从滞止点处的最高值向四周单调地下降，随着 r 的增加，下降趋势减缓。在同一 H/D 下，局部表面传热系数随 Re_D 的升高而升高。这个最高值的出现通常认为是由于流体的高速冲击使得边界层变得很薄，导致换热系数变得很大。

② 当 $H/D=5\sim8$，如图 5-20(b) 显示的 5 时，随着 Re_D 的增加，局部表面传热系数在 $r/D=1.5$ 左右出现第二个峰值。这个峰值通常认为是由流体沿径向向外流动时边界层由层流向湍流转变而引起的，因为此处压力梯度等于零，压力梯度的消失使得流动状态发生改变，湍流度的增加强化了该处的换热。

③ 当 H/D 进一步减小到图 5-20(c) 所示的 1 左右时，第二个峰值处的表面传热系数在 Re_D 较高时已经与滞止点处的值相接近。表面传热系数第二峰值的大小和位置取决于射流出口的 Re、冲击高度以及喷嘴的几何尺寸等因素。

此外，冲击射流驻点区的轴向分布也并非单调变化。当冲击高度较小（H/D）时，传热系数基本是一个常数，这是由于射流处于势流核心区内，流体速度基本保持不变，且几乎

与射流出口速度相等，并且湍流度刚刚开始形成，还未向射流势流核内渗透，此时驻点的换热系数仅取决于出口 Re 和工质种类。当冲击高度较大时，驻点处于势流核心区以外，驻点换热系数不仅与出口 Re 和工质种类相关，而且受到速度梯度和湍流度的影响，射流速度较小时，湍流度随着冲击高度的增加缓慢下降，驻点换热系数减小；增大射流速度，冲击到换热面的速度随着冲击高度的增加而减小，但是湍流度增大，两者作用相互抵消，驻点换热系数不随冲击高度的变化而变化；射流速度达到一定值后，湍流度随冲击高度增加而增大的强化效应大于速度减小的阻碍作用，在一定冲击高度范围内，驻点换热系数随冲击高度增加而增强。

5.5.2 单孔射流平均传热特性的实验关联式

由上面的分析可知，在以滞止点为圆心，半径为 r 的圆内，被冲击表面的平均换热系数可以表示成为下列函数形式：

$$\frac{h_m D}{\lambda}=(Nu_D)_m=f\left(\frac{H}{D},\frac{r}{D},Re_D,Pr\right) \tag{5-60}$$

文献［33］推荐以下关联式：

$$(Nu_D)_m=2Re_D^{0.5}Pr^{0.42}(1+0.005Re_D^{0.55})^{0.5}\frac{1-1.1D/r}{1+0.1(H/D-6)D/r}\frac{D}{r} \tag{5-61a}$$

此时也可以表示成为以 r 作为特征长度的 Nu 形式：

$$\frac{h_m r}{\lambda}=(Nu_r)_m=2Re_D^{0.5}Pr^{0.42}(1+0.005Re_D^{0.55})^{0.5}\frac{1-1.1D/r}{1+0.1(H/D-6)D/r} \tag{5-61b}$$

定性温度取为 $t_m=(t_\infty+t_w)/2$，实验验证的范围为

$$2\times10^3\leqslant Re_D\leqslant4\times10^5,\ 2\leqslant\frac{H}{D}\leqslant12,\ 2.5\leqslant\frac{r}{D}\leqslant7.5$$

5.5.3 单个狭缝喷嘴射流平均传热特性的实验关联式

由于工艺的需要，射流喷口也有做成狭缝式的，狭缝的宽度一般为长度的十分之一左右。此时确定在宽度为 $2x$ 的条形范围内（条形边界离开滞止点距离为 x）的平均表面传热系数的实验关联式为

$$(Nu_b)_m=\frac{3.06}{x/b+H/b+2.78}Re_b^m Pr^{0.42} \tag{5-62}$$

$$m=0.695-\left[\frac{x}{2b}+\left(\frac{H}{2b}\right)^{1.33}+3.06\right]^{-1}$$

式中，b 为狭缝的宽度；特征长度为 $2b$；定性温度为 $t_m=(t_\infty+t_w)/2$；特征速度为喷嘴出口平均流速。其实验验证范围为

$$3\times10^3\leqslant Re_b\leqslant9\times10^4,\ 2\leqslant\frac{H}{b}\leqslant10,\ 4\leqslant\frac{x}{b}\leqslant20$$

当需要在较大的面积上产生较强烈的换热效果时，可采用一组圆形喷嘴或狭缝喷嘴。此时相邻两喷嘴间产生的射流有一定的相互影响，其换热特性的计算可参见文献［33］。

5.5.4 多孔冲击射流简介

虽然单孔射流在驻点区具有极大的冲击换热系数，但是由于换热系数沿换热面径向衰减很快，在对温度一致性要求越来越高的今天，单孔射流几乎没有用武之地，人们更为关心的是多排孔射流的冲击冷却的流动及换热特性。因此，在对单孔射流进行基础及拓展研究的同时，针对多排孔射流冲击冷却也进行了大量的实验研究。对于多束射流，由于相邻流束的壁

面射流相互影响，其流动结构除具有单个射流的特征外，还存在着一个射流交互区，其主要参数除单孔的影响因素以外，还包括了喷嘴间距等，流动过程变得更为复杂。

王宝官、吴建国和池桂兴等研究了多排圆孔射流的冲击冷却性能，实验结果表明，多排圆孔射流的平均换热系数比单束圆孔射流的大；且叉排布置方式的冷却效果比顺排式的好，这是因为交叉排列时相邻两排圆管相互错开，使冷却流体散布于整个换热表面，从而提高了换热效果；另外，无量纲冲击高度 H/D 以及无量纲喷嘴间距 L/D 是影响阵列射流换热效果的重要因素，存在特定的结构参数使得系统换热性能最佳。

5.6 微尺度传热与纳米流体传热

近年来，随着信息工业、航天科技、生物技术、能源工程、材料科学以及纳米材料技术的快速发展，先进的微加工技术推动了现代复杂精密的微器件工艺的发展，同时也导致了传热学面临新的挑战。诸如新材料的合成与制备、超大规模集成电路的传热设计、航天器内生命保障系统的传热过程，生命过程中的热现象，新型制造工艺如高频强脉冲激光加工、激光对材料的表面处理、超导材料和膜材料中的传递过程、相变过程横纵界面间的分子输运等等，这些问题已经不能用传统的传热传质理论及实验方法加以有效地解释。传热学正面临着从宏观向微观、微细尺度理论和方法的过渡，许多理论及研究方法应该从更高层次的深度来观察和解决。

5.6.1 微尺度传热

5.6.1.1 微尺度概念

自然界物体空间尺度大到星球和宇宙，小到分子、原子核、电子，涵盖了从纳米到光年这样一个非常广阔的范围，图 5-21 所示为 Gad-el-Hak 在 1999 年提出的自然界物体空间尺度的图谱。自然界的尺寸除了空间尺寸外，还包括时间尺寸，常见的衡量时间尺度的单位除了秒、毫秒、微（10^{-6}）秒和纳（10^{-9}）秒外，已经出现了更小的时间划分单位，如皮（10^{-12}）秒、飞（10^{-15}）秒等。

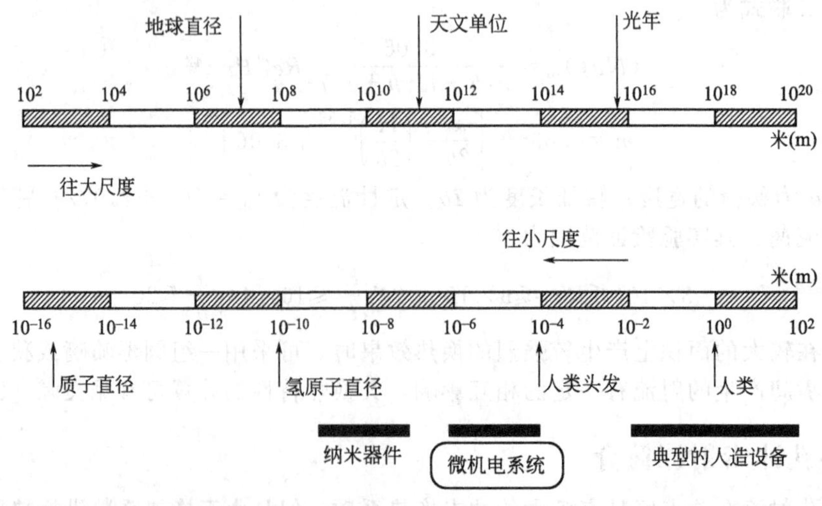

图 5-21 自然界物体空间尺度划分图谱

近几年来自然科学和工程技术发展的一个重要趋势是朝微型化迈进，人们的注意力逐渐从宏观物体转向那些发生在小尺度和/或快速过程中的现象及其相应器件上，尤其是微电子机械系统（MEMs）取得了巨大成功，并正被扩展应用于各种工业过程。这类系统指的是那些特征尺寸在1mm以下但又大于1μm的器件；纳米器件则进一步推进了微电子机械系统的小型化。

在所有微电子机械或纳米器件的设计及应用中，传热和流动都是非常突出而重要的问题，因为此时任何一个物理过程中的物质和能量输运均发生在一个受限制的微小几何结构中，这期间必然涉及流动和/或能量的转换，而任何不可逆输运过程中能量的耗散必然有一部分是以热的形式体现的。即使对于一个化学反应或相变过程来说，任意分子的重组都必然涉及与周围环境之间的能量乃至热量的交换；而且，在某些特殊的微米/纳米器件应用场合，微热信号正成为其中独特而有效的用以控制器件运行的重要手段。特别地，对微观物理机制的揭示从来都是了解宏观现象的重要桥梁。正是由于能量传输和交换的普遍性，加之微尺度科学与工程技术的兴起，小器件及其快速的热物理问题逐步得到了广泛重视。全面了解系统及其组成单元在特定空间和时间尺度内的热行为，已经成为提高器件性能最关键的环节之一，并对发展高能热密度微电子、光电器件与系统及加工某些新材料具有重要的现实意义，而其本身也是热科学向纵深发展的必然，毫无疑问，微米/纳米尺度传热学正成为热科学领域中最为激动人心的学科之一。

5.6.1.2 微尺度传热进展

早期的微尺度传热学研究主要集中在导热问题上，之后则扩散到辐射和对流问题。关于微尺度下热导率依赖于材料厚度的认识追溯到20世纪30年代，且最早是由物理学家认识到的。60年代后期，热物理学家开始注意到一系列工程器件中的传热问题的尺寸效应，于是微尺度传热学悄然兴起，特别是80年代后期进展更为迅速。因此，对于所有微电子机械系统的设计及应用来说，全面了解系统在特定尺度内的微机电性质及材料的热物性、热行为等已经成为迫在眉睫的任务。1997年国际传热传质中心首次召开了微传热的国际会议，成为微尺度传热这一学科正式建立的标志。

微尺度传热问题的工程背景来自于20世纪80年代高密度微电子器件的冷却和90年代出现的微电子机械系统中的流动和传热问题。由于微器件中存在大量的传热和传质交换，因此微尺度热效应是微尺度效应的一个重要分支。微通道通常指特征尺寸小于1mm而又大于1μm的通道。当尺度微细化后，其流动和传热的规律已明显不同于常规尺度条件下的流动和传热现象，换言之当研究对象微细到一定程度以后，出现了流动和传热的尺度效应。随着微机电系统的发展及其应用领域的不断扩大，微机电和微机电系统中涉及许多微流动问题，流体在微尺度槽道中流动的研究受到了重视。例如，新的电子计算机装置的芯片散热就需要非常高的热流冷却条件，其散热速率为30～300W/m^2。这就意味着这里的传热过程已大大超过了以往常规的大流道流动沸腾模型，这样涉及沸腾和两相流的微小流道传热面就很高，还应用于空调制冷系统等过程中，这些微小流道的表面粗糙度效应，流道的形状和几何方位尺寸比效应，微小的流道翅片导热效应等等，都与常规大尺寸流道有所不同。

微尺度的流动和传热与常规尺度的流动与传热不同，主要是由以下两种原因造成的。

① 当物体的特征尺寸缩小至与载体粒子（分子、原子、电子、光子等）的平均自由程同一量级时，基于连续介质概念的一些宏观概念和规律就不再适用，黏性系数、热导率等概念要重新讨论，纳维-斯托克斯方程和傅里叶定律等也不再适用。

② 物体的特征尺寸远大于载体粒子的平均自由程，即连续介质的假定仍能成立，但由于尺度微细，使原来各种影响因素的相对重要性发生了变化，从而导致流动和传热规律的变化。

5.6.1.3 微尺度传热特点

以气体介质微尺度流动与传热问题简要介绍微尺度传热的特点。微尺度气体的流动与传热传质问题在自然界和许多工程实际应用中广泛存在，如能源问题中的天然气开发过程，气体在气藏中的输运过程；作为新型能源的燃料电池中参与反应或反应生成的气体及微尺度燃烧和微机电系统装置中气体的输运过程都会涉及微尺度气体流动与传热传质问题。

气体在微细尺度通道中流动时，气体在微尺度下的流动和传热问题的稀薄程度可以用一个关键的无量纲参数克努森（Knudsen）数来描述，它为气体分子的平均自由程 λ 与通道的特征尺度 l（对圆管取直径）之比，即

$$Kn=\frac{\lambda}{l} \tag{5-63}$$

根据 Kn 的量级不同可将气体流动与传热划分为以下四个区域。

① 当 $Kn\leqslant 0.001$ 时为连续介质区（continuum region），此时，气体分子间的碰撞频率远远比气体分子与固体壁面之间的碰撞频率要高得多。在该区域内，气体在固体壁面处的速度滑移和温度跳跃可以忽略，并且气体的流动与传热的输运规律分别可以由纳维-斯托克斯方程及傅里叶方程来描述。

② 当 $0.001<Kn<0.1$ 时为速度滑移与温度跳跃区（velocity slip and temperature jump region），此时，气体分子之间的碰撞频率仍比气体分子与固体壁面之间的碰撞频率要高很多，但是微尺度效应已不能再忽略。虽然纳维-斯托克斯-傅里叶方程的无滑移边界条件已不能描述滑移现象，但可通过修改边界条件以考虑气体分子在固体壁面处的速度滑移与温度跳跃的影响，而速度滑移与温度跳跃的边界条件可通过动理论确定。

③ 当 $0.1<Kn<10$ 时为过渡区（transition region），这个区域内气体分子之间的碰撞频率与气体分子和固体之间的碰撞频率相当，所以连续介质处理方法已经失效。另一方面，由于气体分子之间碰撞不能忽略，也不能以忽略气体分子之间碰撞的自由分子流区的方法处理。在该区域内气体输运问题的研究是比较困难的。目前，研究该区域内的流动问题通常采用 Burnett 方程、Boltzmann 方程、MonteCarlo 方法或分子动理论方法来求解。

④ 当 $Kn\geqslant 10$ 时为自由分子区（free-molecular region），此时气体分子之间的碰撞与气体分子和固体壁面间的碰撞相比可以忽略。因此，该区域内的输运问题处理起来要比过渡区容易一些。

微尺度通道中的流动和传热过程与常规尺度通道中的过程相比有以下特点。

(1) 可压缩性的影响

目前研究者对微细通道内气体流动换热特性的实验结果处理均采用可压缩流动公式，并在结果讨论中提及可压缩性的影响。对于通常通道中的流动，一般认为当 Ma 小于 0.3 时流体就可作为不可压缩处理，但是在微细尺度通道内，由于流动阻力增大，常常使通道进、出口的压力差达到几个大气压的水平，此时即使进口流速较低，由进、出口巨大压差所造成的流体密度的变化也不能不予以考虑。同时巨大的阻力使气体密度降低，流速进一步增大，即使通道进口的 Ma 远低于 0.3，通道出口的 Ma 也会增大到可观的值。这样的变化趋势会使气体的压力梯度不断增加，致使在一个相对较长的微细通道内不会出现常规通道中的流动充分发展的阶段。

(2) 气体稀薄性

当 Kn 处于 0.001～0.1 范围内时，气体分子间的碰撞频率仍然比气体分子与固体壁面间的碰撞频率要高得多，但是此时气体分子间的相对距离加大，变得更为稀薄，引起所谓的

稀薄效应，这主要是指，在固体壁面上气体的速度不等于固体速度（速度滑移），气体的温度不等于固体的温度（温度跳跃）。滑移速度的存在，使得流动阻力相对减小，同样的压差下流量增加，而表面温度的跳跃则使得流体与固体之间多了一层附加的温差，使热量传递减弱。

(3) 粗糙度的影响

较大壁面表面粗糙度被认为是造成微细通道内气体流动即换热特性不同于常规尺度结果的原因之一。在相同的表面绝对粗糙度下，对于常规尺度通道流动是水力光滑管，而对于微细尺度通道就会处于相当于常规通道的粗糙管的状态。目前普遍认为，如果微尺度通道的表面相对粗糙度较小，则其阻力规律与流态转变的 Re 仍然与常规尺度通道基本一致。

(4) 控制过程的作用力会发生变化

微尺度系统在几何上的最大特点是表面积与体积之比远远大于常规尺度的系统，前者可高达 $10^6 m^{-1}$，后者一般为 $1m^{-1}$左右。这样，与体积大小成正比的力以及与表面积成正比的作用力在过程中的重要性就会发生变化，导致阻力与热量传递规律与常规通道有所区别。

(5) 通道壁面的导热影响更为显著

微细尺度的通道无论是用机械的方式制造的或者是用光刻的方式制造的，构成通道的壁面材料尺度与通道尺度的相对大小远远高于常规通道，使得热量在通道壁面中的传导也成为热量传递的一个重要途径，而且常常使过程变得更为复杂——壁面中的导热与流体中的对流必须同时考虑。这样，基于十分明确的热边界条件得出的常规尺度通道的传热规律就不再适用。

5.6.1.4 微尺度对流传热研究的主要问题

微观尺度相变问题的研究包含两层含义：①在常规尺度下，有关气泡、液滴的成核及薄液膜换热等微观现象的研究；②在微尺度下，表面和界面作用增强，势必对微尺度相变过程产生重要的影响。在微小尺度下，由表面和界面效应起主导作用的两相流流动及传热过程广泛存在于微蒸发器、微冷凝器、微热管、微气泡执行器、微反应器等热学微流控系统中。研究微尺度下的气液相变过程及微气泡动力学特性对于热学微流控系统的设计和运行具有指导意义。

微小流道沸腾是当今传热研究中的一个热点。随着微机电系统的发展及其应用领域的不断扩大，微器件和微机电系统中涉及许多微流动问题，流体在微尺度槽道中流动的研究已经得到了广泛关注。例如，新的电子计算机装置的芯片散热就需要非常高的热流冷却条件，其散热速率要求从 $30W/cm^2$达到 $300W/cm^2$。这意味着芯片的传热过程已大大超过了以往常规的大流道流动沸腾模型。这样的涉及沸腾和两相流的微小流道传热面很高，还应用于空调制冷系统等等过程中，这些微小流道的表面粗糙度效应、流道的形状和几何方位尺寸比效应、微小的流道翅片导热效应等等，都与常规大尺寸流道有所不同。各方面的研究旨在推动传热设备向高效和小型化、微型化方向发展。这些研究和实验都证明，小通道和微槽道相对于常规大通道具有较高的传热系数、相对较大的表面密度，结构紧凑，使得微槽道设备对空间或物体的冷却或加热更加迅速，因而被广泛地应用于微电子机械和大规模集成电路冷却、航天机舱内热环境控制、材料加工过程以及低温制冷等对传热量要求较大，而空间要求较为苛刻的领域。

目前微尺度通道内流动沸腾换热规律的研究内容主要集中在以下几个方面：①纯工质在

微通道内的流动沸腾换热特性及其影响因素；②混合工质在微通道内的流动沸腾换热特性及其影响因素；③沸腾换热机理研究；④流动阻力特性研究；⑤换热关联式的理论和实验研究。

5.6.1.5 微尺度相变数值研究方法

微尺度下的两相流动由于受界面效应如表面张力、双电效应等控制，表现出与宏观两相流不同的特性。因此，对固液、液液及气液运动界面的模拟尤为重要。对运动界面的模拟通常采用的方法是界面追踪和界面捕获。界面捕获方法能够处理液滴分裂和气泡破灭等实际问题，获得了较为广泛的应用。典型的界面捕获方法有 VOF 方法和 Levelset 方法。

(1) VOF 方法

VOF（volume of fluid）方法的基本思想是在欧拉网格系统上定义一个体积比函数 C（它表示在网格单元内，特定流体体积与网格单元体积的比值，如对于气液两相流，当 $C=1$ 时，说明单元内全部为液体；当 $0<C<1$ 时，说明单元内含有气液界面），然后用体积追踪的方法求解方程：

$$\frac{\partial C}{\partial t}+u\cdot\nabla C=0 \tag{5-64}$$

最终根据网格单元内物质的体积分数来定义此网格上的参数值。由于 C 值沿界面法线方向变化最快，即 C 的导数可以确定界面的法线方向。所以可用施主-受主思想结合界面重构技术来追踪运动界面，他们的基本思想是用网格内的曲线或直线近似界面，通过网格单元上、下游的流量变化来离散求解方程。

(2) Levelset 方法

Osher 等（1998 年）提出了一种模拟物质界面的 Levelset 方法。该方法通过引入等值面函数 $\phi(x, t)$，把随时间运动的物质界面定义为等值面函数 $\phi(x, t)$ 的零等值面。在计算开始，函数 $\phi(x, t)$ 被初始化为一个有符号的距离函数，即

$$\phi(\overline{x},t=0)=\pm d \tag{5-65}$$

式中，d 为计算区域中的点 $\overline{x}$ 与相界面的垂直距离。当该点在相界面内时，式(5-65) 右边取正号；反之，取负号。相界面的运动由 Hamilton-Jacobi 型的方程控制：

$$\phi_t+(\overline{u}\cdot\nabla)\phi=0 \tag{5-66}$$

界面上法向矢量 $\overline{N}$ 和曲率 k 计算如下：

$$\overline{N}=\frac{\nabla\phi}{|\nabla\phi|},k=-\nabla\cdot\overline{N} \tag{5-67}$$

VOF 方法和 Levelset 方法都属于界面捕获方法。VOF 方法具有较好的体积守恒性，但其界面重构复杂，模拟出的界面不够精细；Levelset 方法不需要复杂的界面重构，模拟出的界面要比 VOF 方法光滑，但在计算过程中可能出现质量亏损。

5.6.2 纳米流体传热

5.6.2.1 纳米流体特点

随着纳米材料科学的迅速发展，自 20 世纪 90 年代以来，研究人员开始探索将纳米材料技术应用于强化传热领域，研究新一代高效传热冷却技术。1995 年，美国 Argonne 国家实验室的 Choi 等人提出了一个崭新的概念——纳米流体，即以一定的方式和比例在液体中添加纳米级金属或非金属氧化物粒子，并借助表面活性剂形成一类具有高热导率、均匀、稳定的新型传热冷却工质。Choi 运用传统的液固两相混合物热导率关联式，预测了纳米流体的

热导率，计算结果表明，在液体中添加纳米粒子，可以提高悬浮液的热导率。通过比较纳米流体与传统纯液体工质传热性能的差异，Choi 指出，在同样传热负荷下，如果提高传热效率 2 倍，使用纯液体工质的热交换设备需耗费 10 倍的泵功率，而通过使用热导率增大了 3 倍的纳米流体作为换热工质则几乎不需要增加泵功率，就可以使热交换设备的传热效率提高 2 倍，显示了纳米流体应用于热交换设备的潜在优势。

根据有效介质理论，纳米流体热导率的显著增大可能有以下两个原因：

一是纳米颗粒加入后，填充了基液分子所剩余的空间，改变了基液的内部结构，由于固体的热导率远比液体大，因而增强了流体内部的热量传递速率，增大了流体的有效热导率。

二是由于悬浮液中纳米颗粒的尺寸较小，颗粒在布朗力的作用下作无规则的运动，这种微运动使得粒子与液体间存在微对流现象，增强了流体内部能量的传递过程，从而大大增加了纳米流体的热导率。

由于纳米流体出色的热力性能，将其用于微小尺度对流换热有可能明显地提高换热效果，以适应现代高新技术中换热部件结构越来越紧凑，单位面积加热、冷却功率越来越高的趋势。目前，纳米流体强化传热的研究尽管已有一些理论和实验方面的报道，以及围绕纳米流体有效热导率方面展开工作。但总体上尚处于起步阶段，需要更进一步的理论和实验工作。

与传统的纯液体工质及在液体中添加毫米或微米级固体粒子相比，纳米流体传热的优点主要体现在以下几个方面：

① 纳米流体跟纯液体相比，由于粒子与粒子、粒子与液体、粒子与壁面间的相互作用及碰撞，流动层流边界层被破坏，传热热阻减小，流动湍流强度得到增强，使得传热增加。

② 在相同粒子体积含量下，纳米粒子的表面积和热容量远大于毫米或微米级的粒子，因此纳米流体的热导率也相应地大很多，从而降低循环泵的能量消耗，降低运行成本，以及减小热交换器的体积。

③ 由于纳米材料的微尺度效应，其行为接近液体分子，纳米粒子强烈的布朗运动有利于其保持稳定悬浮而不沉淀，从而有效地避免了毫米或微米级粒子产生的磨损或堵塞现象。同时，可对悬浮液流动起到润滑作用。

5.6.2.2 纳米流体强化导热的机理分析

对于纳米流体来说，由于粒子的纳米尺度，作用在粒子上的微作用力（如范德华力、静电力和布朗力等）都不可忽略，这些微作用力与粒子尺寸、形状、表面特性、粒子和液体的化学性质及温度等密切相关，纳米粒子的微作用力及由此产生的运动引起粒子间的碰撞与粒子和液体间的微对流现象，强化了纳米流体的能量传递能力。

传统的固液混合物的热导率模型是基于液体结构的改变和宏观热扩散理论建立起来的，认为热导率只与颗粒和基液的热导率、颗粒体积分数等因素有关，液相和固相中热量均通过扩散形式传递。但是，纳米流体表现出与传统的固液两相混合物不同的导热行为。Keslinski、谢华清等研究了纳米流体中导热强化的可能机制，分析了纳米颗粒在基液中的布朗运动，纳米颗粒表面吸附的薄液层、纳米颗粒内部热载子的弹性散射和纳米颗粒的团聚等因素对纳米流体强化传热的作用机理。

(1) 非限域传递的影响

当纳米颗粒的尺度接近或小于晶体材料的声子平均自由程时，边界起了重要作用，晶格振动波受纳米颗粒界面的强烈散射，使传统的傅里叶定律不再满足，热流的传递是跳跃式和非限域的，应该采用玻尔兹曼（Boltzmann）方程来描述热传导。

（2）布朗运动的影响

当颗粒尺度较小时，布朗运动就不可以忽略。布朗运动增大了粒子与粒子之间的碰撞频率，引起颗粒聚集，同时使粒子与液体间产生对流现象，因此纳米流体的导热稀释是由固-液两相的有效热扩散和颗粒迁移共同作用的结果。

（3）颗粒表面液膜层的影响

纳米流体中，在固液界面上由于表面吸附作用会形成一层厚度为几个原子距离的液膜层，液膜层内液体分子受纳米颗粒表面原子排列的影响，趋向固相，其热导率远大于液体本身，这相当于固相的体积含量增加了。

（4）颗粒聚集的影响

纳米颗粒间的范德华力是长程吸引力，静电力是排斥力，所以在悬浮液中存在颗粒间距很小，但彼此分散且稳定的纳米颗粒富集区域。在这些区域内，如果纳米颗粒间距小到1nm以下，两个颗粒表面附着的液膜层接触甚至部分重叠，这样两个纳米颗粒相当于直接接触，出现热短路，极大地降低了热阻，增大了悬浮液的有效热导率。

5.6.2.3 纳米流体强化对流传热的机理分析

对流换热效果是流体导热特性和流体流动特性的综合体现，国内外学者的实验结果表明，在液体介质中加入纳米粒子可以提升液体的单相对流换热性能，其主要原因可归结为以下四个方面[41]：

① 纳米颗粒的加入，优化了介质的热物性，增大了热导率。

② 强化了纳米流体内纳米颗粒、流体以及流道管壁碰撞和相互作用。

③ 加强了流体的混合脉动和湍流。

④ 纳米颗粒的分散，使得介质内横向温度梯度减小，加大了流道表面和介质间的温度梯度。

虽然纳米粒子的小尺寸效应使得纳米流体的行为更接近于液体，但在处理纳米流体对流换热时，不能把它当成单相流体，仅仅考虑热导率和黏度等输运参数的改变，因为粒子、液体和壁面间的频繁碰撞使得纳米流体对流传热中的能量传递过程变得极其复杂。目前提出的计算纳米流体表面传热系数的公式都是根据实验值拟合得到的，因此在纳米流体强化对流传热的机理和模型建立方面还有待进一步研究。

5.6.3 微米/纳米尺度传热学中的基本分析方法

微尺度流动与传热传质问题的研究方法主要有实验方法和数值方法。

（1）实验方法

随着现代科学技术的发展，实验技术水平也随之提高，这为通过实验方法研究微尺度装置内部流体的流动与传热特征提供了硬件条件。早在20世纪80年代，斯坦福大学的Wu和Little对水动力直径在30～60μm所谓细管道中的层流研究表面粗糙度对摩擦因子的影响。在通常情况下层流的管流摩擦因子与雷诺数（Re）的乘积为64，而他们的研究发现由于表面粗糙度的影响该值却高达118。由此，他们得出如下结论：即使在层流的情况下，微尺度的表面粗糙度对摩擦因子有着明显的影响。随后，宾夕法尼亚大学Bau研究小组开始了对微槽道内流体的流动进行了一系列深入的实验研究。在文献［39］中，他们对由硅制成的三维矩形管道进行了一系列的实验，通过分别对 100μm 宽和 1.7μm 高、100μm 宽和 0.8μm 高的管道流进行研究发现前者的摩擦因子与理论值相一致，而后者却比实验值偏高。同时在文献［40，41］中对极性和非极性流体以及气体通过矩形或是梯形的水动力直径在 0.95～39.7μm 之间的硅制管道流动进行了相关研究，通过实验发现不管是液体还是气体实验值总是低于通常的理论值。

(2) 数值方法

微米/纳米尺度传热问题本身的微观特点使得传统分析方法受到极大挑战，此时建立在宏观经验上的唯象模型不再十分有效。虽然在某些问题上，对这些传统流体力学、传热学理论及其相应的基本方程和界面条件作适度修正后，也可达到分析某些微系统传热问题的目的，但这种应用的范围受到很大的限制。要认识微米/纳米尺度范围内的传热规律，需要从微观的能量输运本质着手，以便揭示材料微结构中的动量和能量输运机制。计算流体力学的发展为利用数值方法求解和分析微尺度流动和传热问题创造了条件，并且已经在航空航天、能源环境、材料加工以及生命科学等领域取得了成功的应用。

按照从连续介质现象到量子现象的特征尺寸，迄今比较适合于分析微传热和流动问题的主要方法有如下几类：Boltzmann 方程方法、分子动力学方法、直接 Monte-Carlo 模拟方方法、GKS（Gas klnetic scheme）方法及量子分子动力学方法等。其中 Boltzmann 方法被公认为是一种极具普适性和有效性的工具；而分子动力学方法则用于揭示那些量子力学效应不明显时的物理现象的分子特征，它们也对分子统计理论，如 Boltzmann 方法、直接 Monte-Carlo 模拟方法和 GKS（Gas klnetic scheme）方法，提供分子碰撞动力学方面的知识。直接 Monte-Carlo 模拟则是一种计算微尺度器件内（通常其 Knudsen 数较大）尤其是稀薄气体流的流动和传热问题的方法；对于具有量子效应的物理过程，如光与物质的相互作用、金属材料中的热传导问题等，应采用量子分子动力学方法，并通过同时求解分子动力学方程及量子力学方程如 Schrodinger 方程来加以分析。GKS 方法是基于连续的 Boltzmann 方程而提出的一种求解 Boltzmann 方程的方法。其基本思想是将连续的 Boltzmann 方程右端复杂的非线性碰撞算子采用 BGK 碰撞模型来近似，并在其基础上对时间和空间进行离散，但是在速度空间是保持连续变化的。该方法首先由香港科技大学的 K. Xu 学者于 20 世纪 80 年代末提出，并且一直研究至今。显然这种方法自动满足熵增原理（H 定理），且在连续的情况下与 BGK 碰撞模型的 Boltzmann 方程相一致。

5.6.4 微尺度流动与传热举例

微尺度传热和微流体科学覆盖的领域非常广泛，如液体薄膜、半导体器件、光学器件、超导器件、芯片冷却装置、MEMS 系统、生物芯片、微传感器、燃料电池等。

(1) 微喷管内的流动

微喷管（见图 5-22）用于自由分子微电阻加热推力器中，可为微型航天器姿态控制提供动力。其工作原理是采用薄膜电阻作加热器，通过推进剂分子（水蒸气或氩气）与加热器壁面的碰撞，将能量传递给推进剂，再经过喷管喷出，产生推力。推力器尺寸很小（通道宽度 1～100μm）。它要求加热元件与出口缝隙之间的空间等于气体的平均自由程，从而减少分子之间的碰撞，保证喷出气体的分子动能等于加热器的温度（系统内最高温度），提高总效率，从而获得最高的比冲量（单位质量推进剂所产生的冲量称为比冲量）。

(2) 微热管

微热管概念最早由 Cotter 在 1984 年于日本举行的第五届国际热管会议上提出，为了区

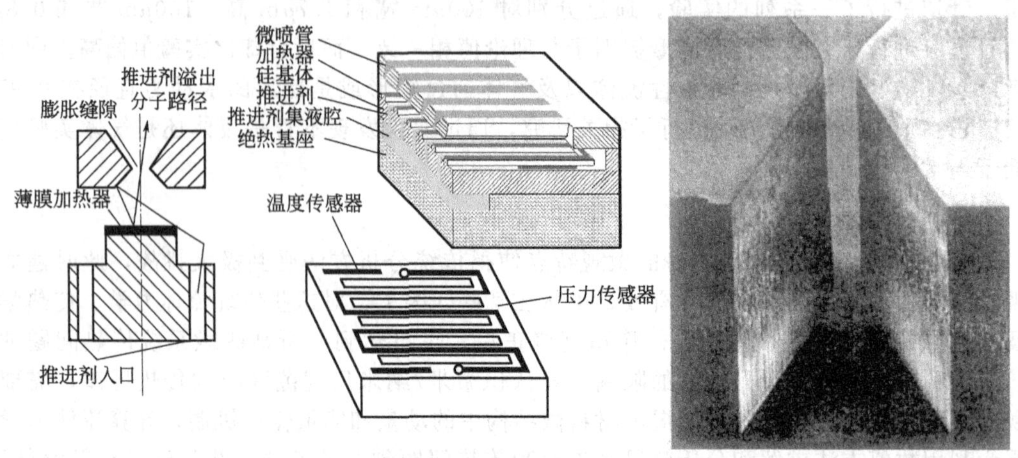

图 5-22　微喷管系统示意图（缝宽 19μm，深 308μm）

别于普通热管，将微热管定义为“液气界面平均曲率与流动通道水力直径处于同一量级的热管”，其水力直径为微米量级[44]。通常微热管不含有普通热管中的常见的毛细结构来帮助冷凝后的液体返回蒸发段，而是采用管截面上尖角处的毛细力将冷凝后的液体传送回蒸发段。由于微型热管的总体换热面积减小，固-液-气三相接触线附近的蒸发薄液膜的相对重要性大大增加，对整个微型热管工作性能的影响非常显著。

微热管在电子器件散热方面有着广泛的应用，其主要工作原理如图 5-23 所示。此后人们对微热管进行了大量的理论和实验研究，取得了一系列的研究成果。诞生出许多新型微热管技术。常见的微热管有脉动热管、微槽平板型热管、回路型热管等。脉动热管是由日本的 Akachi 于 20 世纪 90 年代初提出的一种新型热管，由没有毛细吸液芯的金属毛细管弯曲成蛇形结构组成，可分为回路型、开路型两种。它的优点是结构简单、制造方便、成本低廉、性能卓越，已应用于电力设备及微电子的冷却，并将广泛地应用于航天航空领域。微槽平板热管采用蒸汽槽互相连通的结构，能有效地降低热管内蒸汽对液体的反向流动所产生的界面摩擦力，从而使其性能明显提高，已广泛应用于太空的热控制、功率器件的冷却及生物医学等领域。环路热管最早由前苏联乌拉尔科技学院 Gerasimov 和 Maydanik 于 1972 年发明并申请专利，它利用蒸发器内的毛细芯产生的毛细力驱动回路运行，利用工质的蒸发和冷凝，

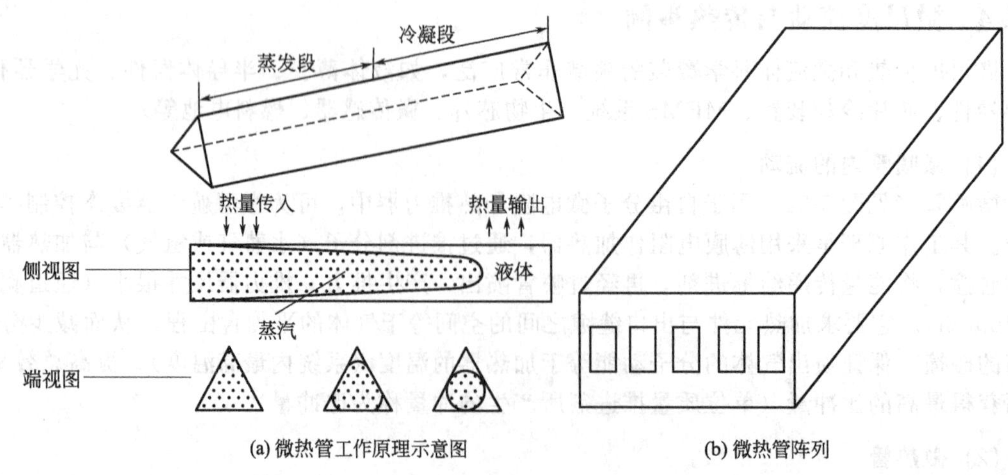

(a) 微热管工作原理示意图　　(b) 微热管阵列

图 5-23　微热管工作原理

能在小温差、长距离的情况下传递大量的热量，是一种高效的两相传热装置，最初主要应用于空间技术热控制，目前微电子散热成为 LHP 一个新的应用领域。

(3) 燃料电池流场板内的流动

燃料电池等温地将化学能转换成为电能，不需要经过热机过程，效率不受卡诺循环限制，转化效率可达 40%～60%；环境友好，几乎不排放氮氧化合物与硫化物，二氧化碳的排放量也比火电厂减少 40%以上，被认为是 21 世纪很有希望的高效、洁净能源。质子交换膜燃料电池（PEMFC）的电化学反应示意图见图 5-24。

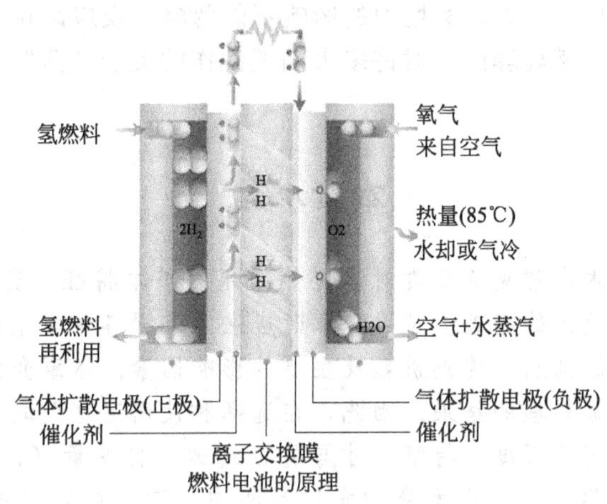

图 5-24 PEMFC 的电化学反应示意图

(4) 微尺度燃烧

微尺度燃烧是随着 MEMS（微机电系统）技术的发展而提出的，它是相对于传统燃烧发生在较大的尺度范围而言的。目前研究的微尺度燃烧一般发生在很小的尺度范围内，它们通常在低于 $1cm^3$ 的容积内发生。20 世纪 90 年代中期，MIT 的 Epstein 教授最早开始了相关的研究，在将近 10 年的工作中，他们取得了很大的成绩。他们加工出了 3.8mm 厚、直径为 21mm 的圆形涡轮发动机，燃烧室厚度为 1mm，预混氢气和空气，成功点火并稳定燃烧。随后，很多的研究机构开展了这方面的研究，并约定为微尺度燃烧（microcombustion）。加利福尼亚伯克利分校的汪科尔微尺度燃烧器见图 5-25。

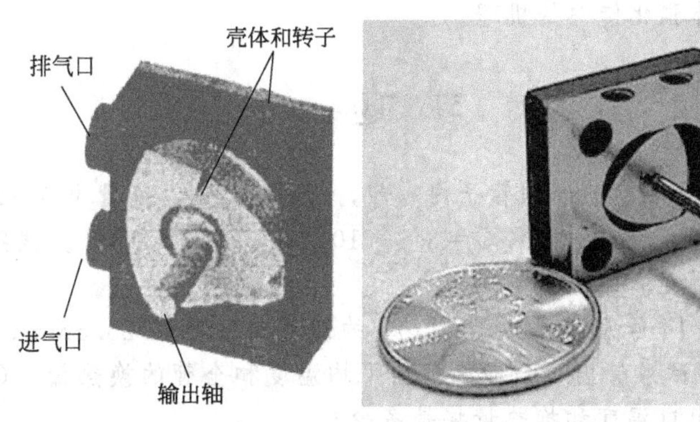

图 5-25 加利福尼亚伯克利分校的汪科尔微尺度燃烧器

微尺度燃烧主要是为了满足可携带电子设备的长时间供电和国防上微小型高性能动力源

和电源的需求而开展研究的。例如微型飞行器、微型卫星推进系统、科技作战单兵等。已有的独立电源包括传统一次性化学电池、高性能锂/镍氢充电电池等，高效率的微型燃料电池也在快速发展中。与它们相比，基于燃烧的微动力/发电系统直接燃烧碳氢燃料，具有更高的能量密度。

由于微尺度燃烧器并不仅仅是简单的对传统燃烧器在尺度上按比例缩小，它会产生很多新的问题与挑战：表面积相对增加，黏性效应更加明显，时间尺度缩短以及在三维形状制造方面受到的限制。所有这些均会直接或间接地影响其内部的微尺度燃烧，所以使得微尺度燃烧有以下一些特点：低雷诺数、低火焰尺度（很多小于熄火距离）。燃料在燃烧室停留时间短，表面积与体积比（F/V）大。黏性力的影响不能忽略，反应区相对于燃烧室的特性尺寸不像传统燃烧那样很小，燃烧理论中对许多火焰模型作的关于“薄”的假设是否能够成立需要实验来证明。

本章小结

本章介绍了工程技术中常见的几类对流传热问题的基本特征、实验关联式与计算方法，这是掌握对流传热工程设计的基础。学习本章时应注意掌握各种类型对流传热问题的流动特征、边界层特点、流态的判别、传热机理及主要的影响因素。本章介绍的各种实验关联式都是前人根据大量实验数据整理的结果。因此，在选择和使用这些关联式进行工程计算时要注意每个关联式所采用的定性温度、特征尺寸与特征流速，自变量（已定特征数和修正系数）的范围以及适用何种边界条件。在本章的学习过程中，读者应认真思考并能回答以下基础问题。

(1) 试说明管槽内对流传热的入口效应并解释其原因。

(2) 试简述充分发展的管内流动与换热这一概念的含义。

(3) 管内强制对流温度修正系数，为什么液体用黏度来修正，而气体用温度来修正？

(4) 影响外掠管束对流换热表面传热系数 h 的因素有哪些？外掠管束的平均表面传热系数只有当流动方向的管排数大于一定数值后才与管排数无关，试分析其原因。

(5) 什么叫大空间自然对流传热与有限空间自然对流传热？这与强制对流中的外部流动及内部流动有什么异同？

(6) 简述冲击射流传热时被冲击表面上局部表面传热系数的分布规律。

(7) 微尺度通道中的流动和传热过程与常规尺度通道中的过程相比有哪些特点？

(8) 试解释纳米流体强化传热的机理。

习 题

5-1 变压器油在内径为 30mm 的管子内冷却，管子长 2m，流量为 0.313kg/s。变压器油的平均热物性可取为 $\rho=885\text{kg/m}^3$，$\nu=3.8\times10^{-5}\text{m}^2/\text{s}$，$Pr=490$。试判断流动状态及换热是否已进入充分发展区。

5-2 温度为 25℃的 14 号润滑油以 0.5kg/s 的流量流过直径 25.5mm、长 8m 的圆管，管表面保持 100℃。(1) 试求管出口处油的截面平均温度和全管的换热量；(2) 若按照全管均为充分发展段计算，出口温度和换热量将是多少？

5-3 1.01325×10^5Pa 下的空气在内径为 76mm 的直管内流动，入口温度为 65℃，入口体积流量为 $0.022\text{m}^3/\text{s}$，管壁的平均温度为 180℃。问管子要多长才能使空气加热到 115℃？

5-4 一台100MW的发电机采用氢气冷却，氢气进入发电机时为27℃，离开发电机时为88℃。发电机的效率为98.5%，氢气出发电机后进入一正方形截面的管道。若要在管道中维持$Re=10^5$，问其截面积应为多大？氢气物性为$c_p=14.24\text{kJ}/(\text{kg}\cdot\text{K})$，$\eta=0.087\times10^{-4}\text{Pa}\cdot\text{s}$。

5-5 一套管式换热器，饱和蒸汽在内管中凝结，使内管外壁温度保持在100℃，初温为25℃，质量流量为0.8kg/s的水从套管换热器的环形空间中流过，换热器外壳绝热良好。环形夹层内管外径为40mm，外管内径为60mm，试确定把水加热到55℃时所需的套管长度以及管子出口截面处的局部热流密度（不考虑温差修正）。

5-6 反应堆中的棒束元件被纵向水流所冷却，如图5-26所示。已知冷却水平均温度$t_f=200℃$，平均流速$u=8\text{m/s}$。元件外直径$d=9\text{mm}$，相邻元件的中心间距$S=13\text{mm}$。被冷却表面的平均热流密度$q=1.7\times10^6\text{W/m}^2$。试求被冷却表面的平均表面传热系数和平均壁面温度。忽略入口效应和由温差引起的修正。

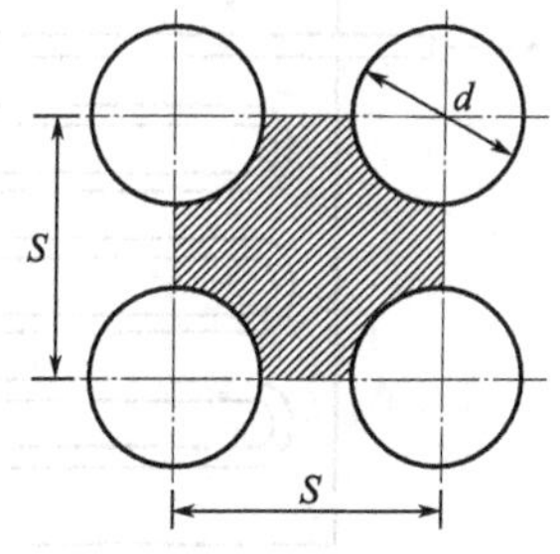

图5-26 题5-6图

5-7 一块长400mm的平板，平均壁温为40℃。常压下20℃的空气以10m/s的速度纵向流过该板表面，试计算离平板前缘50mm、100mm、200mm、300mm、400mm处的热边界层厚度、局部表面传热系数及平均表面传热系数。

5-8 一亚声速风洞实验段的最大风速可达40m/s。为了使外掠平板的流动达到5×10^5的Re_x，问平板需多长？设来流温度为30℃，平板壁温为70℃。如果平板温度用低压水蒸气在夹层中凝结来维持，当平板垂直于流动方向的宽度为20cm时，试确定水蒸气的凝结量。风洞中的压力可取为$1.013\times10^5\text{Pa}$。

5-9 温度为25℃、速度为10m/s的冷却空气掠过一块电子线路板的表面，距板的前缘120mm处有一块4mm×4mm的芯片，芯片前方存在的扰动导致换热增强，适用关联式为$Nu_x=0.04Re_x^{0.85}Pr^{0.33}$。该芯片的耗散功率等于30mW，试估算它的表面温度。

5-10 标准大气压下、38℃的氢气绕流直径为3mm的通电导线，导线表面温度等于140℃，氢气的流动速度为9m/s，试求：(1) 导线单位长度的散热量；(2) 若改用空气冷却，参数相同，散热量又是多少？

5-11 测定流速的热线风速仪是利用流速不同对圆柱体的冷却能力不同，从而导致电热丝温度计电阻值不同的原理制成的。用电桥测定电热丝的阻值可推得其温度。今有直径为0.1mm的电热丝垂直于气流方向，来流温度为20℃，电热丝温度为40℃，加热功率为17.8W/m，试确定此时的流速，略去其他的热损失。

5-12 在一锅炉中，烟气横掠4排管组成的顺排管束。已知管外径$d=60\text{mm}$，$S_1/d=2$，$S_2/d=2$，烟气的平均温度$t_f=600℃$，$t_w=120℃$。烟气通道最窄处平均流速$u=8\text{m/s}$。试求管束平均表面传热系数。

5-13 一块宽0.1m、高0.18m的薄平板竖直地置于温度为20℃的大房间中。平板通电加热，功率为100W。平板表面喷涂了反射率很高的涂层，试确定在此条件下平板的最高壁面温度。

5-14 一个竖封闭空腔夹层，两壁是边长为0.5m的方形壁，两壁间距为15mm，温度分别为100℃和40℃。试计算通过此空气夹层的自然对流传热量。

5-15 一根$l/d=10$的金属柱体，从加热炉中取出置于静止空气中冷却。从加速冷却的观点，柱体应水平放置还是竖直放置（设两种情况下辐射散热相同）？试估算开始冷却的瞬间在两种放置情形下自然对流冷却散热量的比值。两种情形下流动均为层流（端面散热不计）。

5-16 一水平封闭夹层，上、下表面间距 $\delta=16\mathrm{mm}$，夹层内充满压力 $p=1.01325\times10^5\mathrm{Pa}$ 的空气。一个表面温度为 80℃，另一个表面温度为 40℃。试计算热表面在冷表面之上及在冷表面之下两种情形通过单位面积夹层的传热量之比。

5-17 平板太阳能集热器的吸热板高 1m、宽 0.6m、平均板温 $t_{w1}=80$℃。若单层玻璃盖板的下表面温度 $t_{w2}=50$℃，空气夹层的厚度为 25mm，试比较集热板采取竖立、水平两种摆放方式时夹层的自然对流热损失。

5-18 在一块大的基板上安装有尺寸为 25mm×25mm、温度为 120℃ 的电子元件，30℃ 的空气以 5m/s 的流速吹过该表面，散热量为 0.5W。今在其中安置一根直径为 10mm 的针肋，其材料为含碳量 1.5%的碳钢，并设电子元件的表面温度仍为 120℃。试确定：(1) 针肋能散失的最大热量；(2) 为达到这一散热量该针肋实际所需的长度；(3) 设安置针肋后该元件的功率可以增加的百分数。

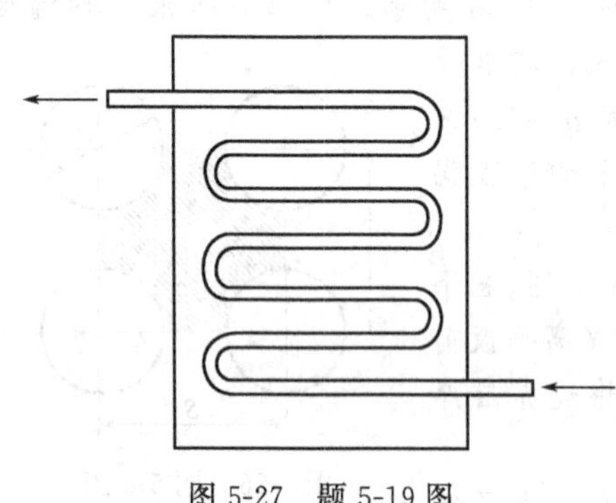

图 5-27 题 5-19 图

5-19 在太阳能集热器的平板后面用焊接的方法固定了一片冷却水管排，如图 5-27 所示。设冷却管与集热器平板之间的接触热阻可以忽略，集热器平板维持在 75℃。管子用铜制成，内径为 10mm。设进口水温为 20℃，水流量为 0.2kg/s，冷却管共长 2.85m，试确定总的换热量。

5-20 用内径为 0.25m 的薄壁钢管运送 200℃ 的热水。管外设置有厚 $\delta=0.15\mathrm{m}$ 的保护层，其 $\lambda=0.05\mathrm{W/(m\cdot K)}$；管道长 500m，水的质量流量为 25kg/s。设冬天该管道受到 $u_\infty=4\mathrm{m/s}$、$t_\infty=-10$℃空气的横向冲刷，试确定该管道出口处水的温度。忽略辐射换热。

参考文献

[1] 锅炉机组热力计算标准方法 [M]. 北京锅炉厂设计科译. 北京：机械工业出版社，1976：47-75.

[2] Shah R K, Joshi S D. Handbook of single-phase convective heat transfer [M], New York: Wiley-Interscience, 1987: Chapter 5.

[3] Gnielinski V. New Equations for Heat and Mass Transfer in Turbulent Pipe and Channel Flows [J]. Int Chem Eng, 1976, 16: 359-368.

[4] 杨世铭，陶文铨. 传热学 [M]. 第 4 版. 北京：高等教育出版社，2005.

[5] Shah R K, London A L. Laminar flow forced convection in ducts [M] //Hartnett J P, Irvine T F. Advances in heat transfer, supplement 1. New York: Academic Press, 1978: 78-384.

[6] Kakac S, Oskay R. Forced convection correlations for single-phase side of heat exchangers [M] // Kakac E. Boiler, evaporators and condensers. New York: John Wiley & Sons, 1991: 69-105.

[7] McAdams W H. Heat Transmission [M]. 3rd ed. New York: McGrew- Hill, 1954.

[8] Von Volkev Gnielinski, Forschung a d Geb D. Ingenieurwes. Band 41, Nr. 1, 1975.

[9] 姚钟鹏，王瑞君. 传热学 [M]. 第 2 版. 北京：北京理工大学出版社，2003.

[10] 张奕，郭恩震. 传热学 [M]. 南京：东南大学出版社，2004.

[11] 罗惕乾，程兆雪，谢永曜. 流体力学 [M]. 北京：机械工业出版社，1999.

[12] Incropera F P, DeWitt D P. Fundamentals of heat and mass transfer [M]. 5th ed. New York: John Wiley & Sons, 2002.

[13] Holman J P. Heat Transfer [M]. 10th ed. New York: McGraw-Hill Book Company, 2010.

[14] Chilton T H, Colburn A P. Mass transfer (absorption) coefficients: prediction from data on heat transfer and fluid friction [J]. Ind Eng Chem, 1934, 26: 1183-1187.

[15] Colburn A P. A method of correlating forced convection heat transfer data and comparison with fluid friction [J]. Trans AIChE, 1933, 29: 174-180.

[16] Cengel Y A. Heat Transfer, A practical approach [M]. Boston: WCB McGraw-Hill, 1998.

[17] Jakob M. Heat transfer Vol. 1 [M]. New York: John Wiley & Sons, 1949.

[18] Churchill S W, Bernstein M. A correlating equation for forced convection from gases ans liquids to a circular cylinder in cross flow [J]. ASME J Heat Transfer, 1997, 99 (1): 300-305.

[19] Whitaker S. Forced convection heat transfer correlations for flow in pipes, past flat plates, single cylinders, single spheres, and flow in packed bids and tube bundles [J]. AIChE J, 1972, 18: 361-372.

[20] 赵镇南. 传热学 [M]. 北京: 高等教育出版社, 2002.

[21] Zhukauskas A A. 换热器内的对流传热 [M]. 马昌文等译. 北京: 科学出版社, 1985.

[22] 顾维藻, 神家锐, 马重芳等. 强化传热 [M]. 北京: 科学出版社, 1990.

[23] Webb R L. Principle of enhanced heat transfer [M]. 2nd ed. New York: John Wiley & Sons, Inc, 2004.

[24] 戴锅生. 传热学 [M]. 第2版. 北京: 高等教育出版社, 2003.

[25] Yang S M, Zhang Z Z. An experimental study of natural convection heat transfer from a horizontal cylinder in high Rayleigh number laminar and turlulent region [C]. Hewitt G F. Proceedings of the 10th International Heat Transfer Conference. Brighton, 1994, 7: 185-189.

[26] 杨世铭. 细长圆柱体及竖圆管的自然对流传热 [J]. 西安交通大学学报, 1980, 14 (3): 115-131.

[27] Incropera F P, DeWitt D P. Fundamentals of heat and mass transfer [M]. 5th ed. New York: John Wiley & Sons. 2002.

[28] Churchill S W. Free convection around immersed bodies [M] // Schlunder E U. Heat exchanger design handbook, Section2. 5. 7. New York: Hemisphere, 1983.

[29] Sparrow E M, Carlson L K. Local and average natural convection Nusselt numbers for a uniformly heated, shrouded or unshrouded horizontal plate [J]. Int J Heat Mass Transfer, 1986, 29: 369-380.

[30] Chamber B, Lee T Y T. A numerical study of local and average natural convection Nusselt numbers for simultaneously convection above and below a uniformly heated horizontal thin plates [J]. ASME J Heat Transfer, 1997, 119: 102-108.

[31] Osborne D G, Incropera F P. Experimental study of mixed convection heat transfer for transitional and turbulent flow between horizontal parallel plates [J]. Int J Heat Mass Transfer, 1985, 28: 1337-1345.

[32] Maugham JR, Incorpera FP. Mixed conveation heat transfer for air flow in a horizontal and inclined channel [J]. Int J Heat Mass Transfer, 1987, 30: 1307-1318.

[33] Matin H. Heat and mass transfer between impinging gas jets and solid surfaces [M] //Hartnett J P. Advances in heat transfer. 1977, 13: 1-60.

[34] 陶文铨, 何雅玲. 对流换热及其强化的理论与实验研究最新进展 [M]. 北京: 高等教育出版社, 2005.

[35] 王宝官, 郑际睿. 多排圆孔射流的冲击冷却实验研究 [J]. 工程热物理学报, 1982, 3 (3): 3.

[36] 吴建国, 池桂兴. 喷流换热的最佳结构参数 [J]. 冶金能源, 1982, 1: 47-50.

[37] 唐琼辉. 微纳薄膜传热及微气泡动力学研究 [D]. 合肥: 中国科学技术大学, 2008.

[38] 谢华清, 陈立飞. 纳米流体对流换热系数增大机理 [J]. 物理学报, 2009, 58 (4): 2513-2517.

[39] Pfahler J, Harley J, Bau H. Liquid transport in micron and submicron channels [J]. Sensors and Actuators, A: Physical, 1989, (1-3): 431-434.

[40] Pfahler J, Harley J, Bau H, Zemel J N. Liquid and gas transport in small channel [J]. Proc ASME DSC, 1990, 19: 149-157.

[41] Pfahler J, Harley J, Bau H, Zemel J N. Gas and Liquid flow in small channels [C]. Micromechanical, Sensors Actuators and SystemsASME DSC Winter Annual Meeting, Atlanta, GA, 1991, 32: 49-59.

[42] Cotter T P. Principles and prospects for micro heat pipe [C] //Proceedings of 5th International Heat Pipe Conference, Tsukuba, Japan, 1984: 416-420.

[43] Akachi H, Polasek F, Stulc P. Pulsating heat pipe [C] //Proceedings of 5th International Heat Pipe Symposium, Melbourne, Australia, 1996: 208-217.

6 相变对流传热

本章主要研究相变对流传热过程，即蒸气遇冷凝结与液体受热沸腾两种相变对流传热的基本规律。虽然这两种过程都伴随有流体的运动，所以均属于对流传热的范畴，但是它们的传热规律与上一章介绍的单相对流传热有很大的区别。这类传热过程的特点是相变流体要放出或吸收大量的潜热，因此凝结与沸腾都属于换热速率极高的传热方式。相变对流传热被广泛地应用于各种工程领域：电站汽轮机装置中的凝汽器、锅炉炉膛中的水冷壁、冰箱与空调器中的冷凝器与蒸发器、化工装置中的再沸腾器等。近年来相变换热技术也出现在高技术领域，如电子领域中的热管自冷散热系统、航天领域中的热控制即低温超导的应用。为使相变传热过程安全、高效，就必须了解它的机理和规律。本章 6.1 节介绍了凝结传热，6.2 节介绍了沸腾传热，6.3 节讲述了凝结传热与沸腾传热的强化技术，6.4 节简要介绍了热管技术。读者应当掌握的重点是凝结与沸腾过程的基本特点，计算关联式的选择以及强化凝结与沸腾传热过程的基本思想和主要实现技术。

6.1 凝结传热

6.1.1 基本概念

当蒸气与低于相应压力对应的饱和温度的冷壁面接触时，蒸气便会发生表面凝结并向表面放出凝结潜热，这种现象称为凝结传热。根据凝结液物性和表面的特点，表面凝结可形成两种不同的凝结形式，膜状凝结（filmwise condensation）和珠状凝结（dropwise condensation）。

如果凝结液体能很好地润湿固体壁面，它就会在壁面上形成一层连续的液膜，那么称这种凝结形式为膜状凝结。由于壁面总是被一层液膜覆盖，因此在稳定的膜状凝结过程中，饱和蒸气和凝结液膜外表面接触并凝结，此时凝结放出的潜热必须穿过液膜才能传递到壁面上。这层液膜的热阻便是膜状凝结传热的主要热阻。

当凝结液体不能润湿壁面，而是在壁面上形成大大小小的液珠散布在表面上，这种凝结方式称为珠状凝结。这时蒸气有可能与壁面直接接触。在典型的珠状凝结情况下，壁面的绝大部分面积都被液珠所覆盖。

竖壁上的膜状凝结与珠状凝结示意图如图 6-1 所示。从膜状凝结和珠状凝结形成来看，凝结液体都构成了蒸气与壁面接触交换热量的热阻。凝结液体越厚、面积越大，其热阻也就越大，对蒸气与壁面的传热的影响也就越强。对于珠状凝结，液珠开始形成并发展的地点一般都在壁面的细微凹坑或裂纹等处，其大小一般从微米到毫米量级，这就空出了大量的壁面可与蒸气接触。当液珠长大到一定程度，就因受重力作用沿壁面滚下，同时与下方相遇的液珠合并成更大的液滴一起滚下，于是壁面也被清扫干净，使壁面重新开始液珠的形成和成长过程。而膜状凝结在壁面上始终存在一层连续的液膜，其厚度沿着重力方向增加。实践证明，对于同种介质珠状凝结的表面传热系数常常比膜状凝结高一个数量级。这使得珠状凝结在减小凝结热阻方面比膜状凝结具有更大的优越性。例如，水蒸气珠状凝结时表面传热系数为 10^5 W/(m^2·K)，膜状凝结时在 10^4 W/(m^2·K) 数量级。

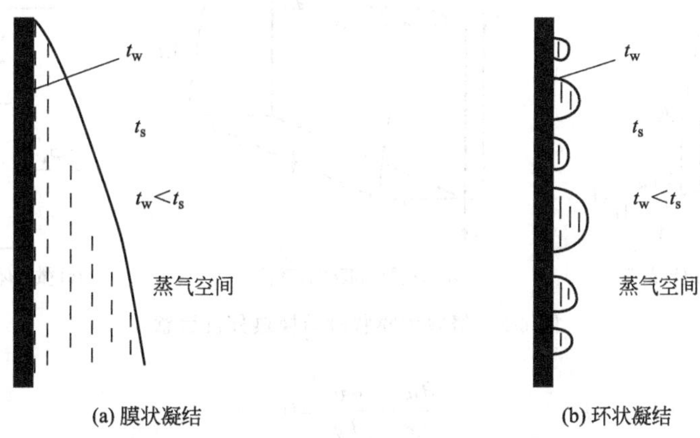

图 6-1 竖壁上的膜状凝结和珠状凝结示意图

蒸气在冷壁面上形成的凝结状态取决于凝结液体的表面张力和它对表面附着力的相对大小。若前者较大，则形成珠状凝结，反之形成膜状凝结。实验证明，包括水蒸气在内的几乎所有的蒸气，在纯净的条件下均能在常用工程材料的洁净表面上得到膜状凝结。在大多数工业冷凝器中，特别是动力冷凝器上都能得到膜状凝结。而珠状凝结基本上还只是在实验室里得到。鉴于实际工业应用上都只能实现膜状凝结，所以从设计的观点出发，为保证凝结效果，只能用膜状凝结的计算式作为设计的依据。

6.1.2 竖壁层流膜状凝结理论解

1916 年，努塞尔对纯净蒸气层流膜状凝结理论解的研究，仅考虑了液体膜层的导热热阻是凝结过程主要热阻，忽略了其他次要因素，从理论上揭示了有关物理参数对凝结传热的影响，并首次提出了纯净蒸气层流膜状凝结的分析解。

努塞尔的分析是基于对纯净饱和蒸气在均匀壁温的竖直表面上的层流膜状凝结得出的。他认为，决定竖壁层流膜状凝结表面传热系数大小的最主要或决定性因素是表面凝结液膜的导热热阻大小，只要求出液膜厚度在竖壁上的变化情况，凝结对流传热问题就可以得到解决。其所做的假设是根据实际过程的特点得出的，主要内容包括：①气、液体均为常物性；②蒸气是静止的，气、液界面上无对液膜的黏滞应力；③液膜极薄，流速很低，忽略液膜的惯性力；④气、液界面上无温差，界面上液膜温度等于饱和温度；⑤膜内温度分布是线性的，即认为液膜内的热量转移只有导热，而无对流作用；⑥忽略液膜的过冷度；⑦蒸气密度远小于液体密度，相对于液体密度，蒸气密度可忽略不计；⑧液膜表面平整无波动。

根据上述假设，首先从边界方程组出发，以竖直平壁表面上层流膜状凝结传热问题为例得出凝结传热的控制方程。把坐标 x 取为重力方向，坐标图见图 6-2(a)。在稳态工况下，第 4 章导出的二维、稳态、无内热源的边界层类型问题流场与温度场的控制方程式(4-8)、式(4-18)（加上体积力 ρg）以及式(4-22)，即

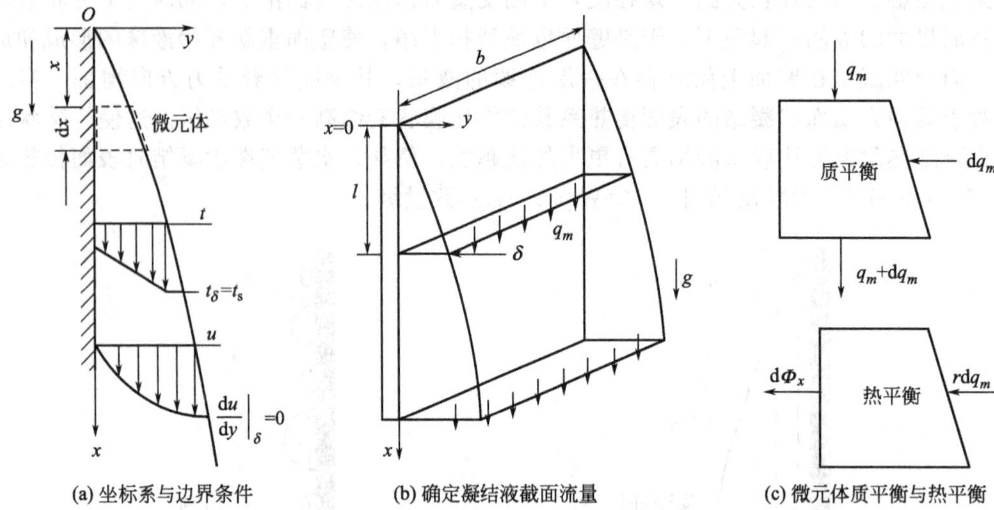

(a) 坐标系与边界条件 (b) 确定凝结液截面流量 (c) 微元体质平衡与热平衡

图 6-2 努塞尔膜状凝结换热分析示意

$$\frac{\partial u}{\partial x}+\frac{\partial v}{\partial y}=0$$

$$\rho_1\left(u\frac{\partial u}{\partial x}+v\frac{\partial u}{\partial y}\right)=-\frac{dp}{dx}+\rho_1 g+\eta_1\frac{\partial^2 u}{\partial y^2}$$

$$u\frac{\partial t}{\partial x}+v\frac{\partial t}{\partial y}=a_1\frac{\partial^2 t}{\partial y^2}$$

式中，下标“l”表示液相，下同。

根据上述假设将微分方程组简化，便可得出竖壁表面层流膜状凝结换热问题的数学模型：

$$\rho_1 g+\eta_1\frac{\partial^2 u}{\partial y^2}=0 \tag{6-1}$$

$$\frac{\partial^2 t}{\partial y^2}=0 \tag{6-2}$$

其边界条件为

$$y=0, u=0, t=t_w \tag{6-3}$$

$$y=\delta, \frac{\partial u}{\partial y}=0, t=t_s \tag{6-4}$$

式(6-1)～式(6-4) 是努塞尔理论求解的出发点。求解的思路是先由方程组解出液膜内的速度场和温度场；然后解得液膜厚度 δ；最后根据 dx 液膜微元段的凝结换热量等于该段膜层的导热量，求出凝结换热表面传热系数 h。下面将讲述这一求解过程。

凝结液膜中 x 方向的压力梯度和单相对流传热时一样，可以通过液膜表面 $y=\delta$ 处蒸气的压力梯度来计算，其数值等于 $\rho_v g$。将动量方程和能量方程积分两次，可得液膜的速度分布和温度分布为

$$u(y)=\frac{\rho_1 g}{\eta_1}\left(\delta y-\frac{1}{2}y^2\right), t=t_w+(t_s-t_w)\frac{y}{\delta} \tag{6-5}$$

用此速度剖面积分，可以得到在 $y=0\sim\delta$ 范围内通过 l 截面处 1m 宽壁面上的凝结液体的质量流量为

$$q_m=\int_0^\delta \rho_1 u\,\mathrm{d}y=\int_0^\delta \frac{\rho_1^2 g}{\eta_1}\left(\delta y-\frac{1}{2}y^2\right)\mathrm{d}y=\frac{\rho_1^2 g\delta^3}{3\eta_1} \tag{6-6}$$

对其微分，可得凝结液质量流量在 $\mathrm{d}x$ 微元段上的增量为

$$\mathrm{d}q_m=\frac{\rho_1^2 g\delta^2\mathrm{d}\delta}{\eta_1} \tag{6-7}$$

于是，根据凝结液微元体的能量平衡，$\mathrm{d}x$ 微元段上的通过厚为 δ 的液膜的导热以及 $\mathrm{d}q_m$ 的凝结液体释放出来的潜热应该相等，并考虑到前述假设⑥，如图 6-2(c) 所示有

$$r\left[\frac{\rho_1^2 g\delta^2\mathrm{d}\delta}{\eta_1}\right]=\lambda_1\frac{t_s-t_w}{\delta}\mathrm{d}x \tag{6-8}$$

式(6-8) 左端为凝结液体释放出来的汽化潜热，右端为通过液膜的导热。

式(6-8) 是关于液膜厚度的一个常微分方程，对其分离变量积分，并注意到 $x=0$ 时$\delta=0$，得出壁面任意 x 位置的液膜厚度为

$$\delta=\left[\frac{4\eta_1\lambda_1(t_s-t_w)x}{g\rho_1^2 r}\right]^{1/4} \tag{6-9}$$

由于在 $\mathrm{d}x$ 微元段内，凝结换热量等于膜层的导热量，故

$$h_x(t_s-t_w)\mathrm{d}x=\mathrm{d}q=\lambda_1\frac{t_s-t_w}{\delta}\mathrm{d}x$$

解得膜层局部表面传热系数为

$$h_x=\frac{\lambda_1}{\delta}=\left[\frac{g\rho_1^2 r\lambda_1^3}{4\eta_1(t_s-t_w)x}\right]^{1/4} \tag{6-10}$$

可见，层流膜状凝结时局部表面传热系数 h_x 沿壁面呈 $x^{-1/4}$ 规律。若在高为 l 的整个竖壁上牛顿冷却公式中的温差 $\Delta t=t_s-t_w$ 为常数，那么沿竖壁积分即可得出高为 l 的整个壁面的平均表面传热系数为

$$h_1=\frac{1}{l}\int_0^l h_x\mathrm{d}x=0.943\left[\frac{g\rho_1^2 r\lambda_1^3}{\eta_1 l(t_s-t_w)}\right]^{1/4} \tag{6-11}$$

式(6-11) 即为竖壁层流膜状凝结的努塞尔理论解。对于与水平轴的倾斜角为 ϕ ($\phi>0$) 的倾斜壁，只需将式(6-11) 中的 g 改为 $g\sin\phi$ 就可应用。

努塞尔分析解是在多项假设的简化条件下得到的，但测试证明它和实验结果相差不大。图 6-3 所示的水蒸气在竖壁上的膜状凝结分析解与实验结果表明：$Re<20$ 时，实验结果能很好地符合理论式；$Re>20$ 时，实验值越来越高于理论式，在层流、湍流转折点时偏高

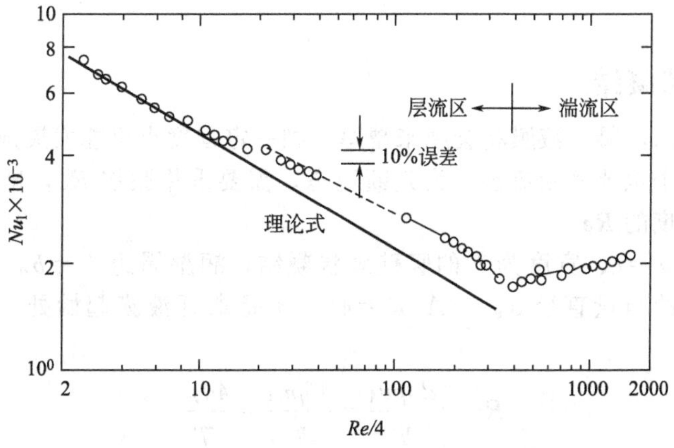

图 6-3 竖壁上水蒸气膜状凝结的理论式和实验结果的比较

20%以上。已经证实这种偏离主要是膜层表面有波动的结果。因此，工程上使用时常将理论式系数增大 20%，即从 0.943 变成 1.13。

$$h_l = 1.13\left[\frac{g\rho_l^2 r\lambda_l^3}{\eta_l l(t_s - t_w)}\right]^{1/4} \tag{6-12}$$

6.1.3 水平管的膜状凝结传热

由于多半冷凝换热设备都采用卧式冷凝器，即在水平管的外表面进行膜状凝结，可以将努塞尔理论分析推广到水平圆管及球表面上的层流膜状凝结，其平均表面传热系数的计算式分别为

$$h_H = 0.729\left[\frac{g\rho_l^2 r\lambda_l^3}{\eta_l d(t_s - t_w)}\right]^{1/4} \tag{6-13}$$

$$h_S = 0.826\left[\frac{g\rho_l^2 r\lambda_l^3}{\eta_l d(t_s - t_w)}\right]^{1/4} \tag{6-14}$$

式中，下标 H 和 S 分别表示水平管和球；d 为水平管或球的直径。

式(6-11)、式(6-13)、式(6-14) 中，除相变热按蒸气饱和温度确定 t_s外，其他物性均取膜层平均温度 $t_m=(t_s+t_w)/2$ 为定性温度。现有的实验测定结果表明，水平单管外纯净蒸气凝结的努塞尔分析解与多种流体（包括水及多种制冷剂）的实测值的偏差一般在±10%以内，最高达 15%。因而实验室研究中常常用对单管凝结传热的实验测定结果是否与式(6-13) 基本一致，作为考核测试系统准确性的一种方式。

与单根横管相比，管束的不同之处在于下面的管子表面液膜会比较厚。一种简单的近似估算方法是以 nd 代替式(6-13) 中的 d，n 表示纵向上管子的数目，其他不作改动。这种估算方法实际上是考虑上、下排管为连续的弯曲竖表面，而实际上因为管子之间的距离，凝结液流下来时会有冲击和飞溅效应，所以实际的表面传热系数会大于用这种近似方法得到的计算值。

从式(6-11)、式(6-13)、式(6-14) 可以看出，横管和竖壁的平均表面传热系数的计算公式的不同之处在于：特征长度横管用管子直径 d，而竖壁用长度 l；两式的系数也不同。那么在其他条件相同时，横管平均表面传热系数 h_H与竖壁平均表面传热系数 h_l的比值为

$$\frac{h_H}{h_l} = 0.77\left(\frac{l}{d}\right)^{1/4} \tag{6-15}$$

在 $l/d=50$ 时，横管的平均表面传热系数是竖管的 2 倍，所以冷凝器通常都采用横管的布置方案。

6.1.4 湍流膜状凝结

如果竖壁足够高，凝结液膜将会越来越厚，到一定程度也可能发展成为湍流。因此在膜状凝结换热的计算中也要判断流态。为判断流态，需要采用膜层 Re，即根据液膜的特点取当量直径为特征长度的 Re。

对于距离顶端 $x=l$、宽度为 b 的竖壁膜状凝结，润湿周边 $P=b$，液膜流动的截面积 $A=b\delta$，所以液膜的当量直径 $d_e=4A/P=4\delta$。于是离开液膜起始处 $x=l$ 的膜层雷诺数 Re 为

$$Re = \frac{d_e\rho u_l}{\eta_l} = \frac{4\delta\rho u_l}{\eta_l} = \frac{4q_{ml}}{\eta_l} \tag{6-16}$$

式中，u_l为壁底部 $x=l$ 处液膜层的平均流速；d_e为该截面处液膜层的当量直径；q_{ml}为

$x=l$ 处宽为 1m 的截面上凝结液体的质量流量，kg/(m·s)。

根据热平衡，这些凝结液所释放出来的潜热一定等于冷表面吸收的热量，即

$$hl(t_s - t_w) = rq_{ml}$$

于是凝结液膜雷诺数 Re 可以写作

$$Re = \frac{4hl(t_s - t_w)}{\eta r} \tag{6-17}$$

该式表明，凝结液膜雷诺数不同于单相对流换热时的雷诺数，它是凝结表面传热系数和换热温差的函数。这个特点导致计算时必须要作迭代或者验证。对于水平管只要用 πd 代替上式中的 l，即为其膜层的 Re。

实验表明，液膜由层流转变为湍流的临界雷诺数 Re_c 可定为 1600。横管因直径较小，实际上均在层流范围内。对于 $Re>1600$ 的竖壁的湍流液膜，热量的传递除了靠近壁面的极薄的层流底层仍依靠导热方式外，层流底层以外以湍流传递为主，传热比层流时大为增强。对于底部已达到湍流状态的竖壁凝结传热，其沿整个壁面的平均表面传热系数可按下式计算求取：

$$h = h_l \frac{x_c}{l} + h_t \left(1 - \frac{x_c}{l}\right) \tag{6-18}$$

式中，h_l 为层流段的平均表面传热系数；h_t 为湍流段的平均表面传热系数；x_c 为层流转变为湍流时转折点的高度；l 为壁的总高度。文献［14］中推荐以下实验关联式作为计算整个壁面平均表面传热系数的公式：

$$Nu = Ga^{1/3} \frac{Re}{58Pr_s^{-1/2}(Pr_w/Pr_s)^{1/4}(Re^{3/4} - 253) + 9200} \tag{6-19}$$

式中，$Nu = hl/\lambda$；$Ga = gl^3/v^2$ 称为伽利略（Galileo）数。除 Pr_w 用壁温 t_w 计算外，其余物理量的定性温度均为 t_s，且物性参数均是指凝结液的。

6.1.5 膜状凝结的影响因素

前面介绍了一些比较理想条件下饱和蒸气膜状凝结传热的计算式。工程实际中所发生的膜状凝结过程往往更为复杂，例如蒸气中可能有不凝结的成分，在竖直方向上水平管可能是叠层布置的等等。这些因素对膜状凝结传热都有影响，对膜状凝结更为深入的研究，可以参阅文献［15］。现在讨论几个对凝结传热具有较强影响作用的因素。

(1) 不可凝气体

若冷凝蒸气中含有不可凝气体，如空气或者其他的气体成分，即使含量极微，也将对凝结传热产生极大的负面影响。在一般冷凝器温差下，不可凝气体的体积含量即使只有 2‰，表面传热系数也会下降 20%～30%，若含量达到 5‰，表面传热系数将减半。例如，水蒸气中质量分数占 1%的空气能使表面传热系数降低 60%，后果是很严重的。由于工业冷凝器很多时候在负压运行，这一威胁会显得更加严重。

这一现象的原因一方面是在靠近液膜表面的蒸气侧，随着蒸气的凝结，蒸气分压力减小而不凝结气体的分压力增大。蒸气在抵达液膜表面进行凝结前，必须以扩散方式穿过聚集在界面附近的不凝结气体层，这就必然减少了蒸气的凝结量。因此，不凝结气体层的存在增加了传递过程的阻力。另一方面，蒸气分压力的下降，使相应的饱和温度下降，减小了凝结传热的动力 Δt，也使凝结过程削弱。因此，在冷凝器的工作中，排除不凝结气体成为保证设计能力的关键。鉴于上述情况，很多工业用的冷凝换热器都配备有排除不可凝气体的专用辅

助设备，如抽气器或真空泵，以保证整个系统的正常运行。

(2) 蒸气流速

努塞尔分析解针对完全静止的蒸气，忽略了蒸气流速的影响，因此只适用于流速较低的场合，如电站冷凝器等。蒸气流速高时，比如对于水蒸气，当流速大于10m/s时，蒸气流速对液膜表面会产生明显的黏滞应力。其影响又随蒸气流向与重力场同向或异向、流速大小以及是否撕破液膜等而不同，因此蒸气对凝结液膜表面的黏性切应力不能再忽略。一般来说，当蒸气流动方向与液膜向下的流动同方向时，使液膜变薄，表面传热系数增大；反方向时，则会阻滞液膜的流动使其增厚，表面传热系数将变小。关于蒸气流速影响凝结传热的详细分析可参阅文献［16］。

蒸气在管内凝结时，由于质量流速不同会导致不同的两相流的流动状态，例如前面所讲的环状流动。制冷剂在冷凝器、蒸发器中流动时质量流速变化范围在50～500kg/(m²·s)，常用的范围是100～300kg/(m²·s)。在蒸气干度从0到1的变化范围内，中间相当宽的蒸气干度区域，流动状态都是环状流。

(3) 管内冷凝

在工业冷凝器中，比如冰箱中的制冷剂在冷凝器管中的凝结、水蒸气在集中供热的板式冷凝器波纹通道中的凝结换热，蒸气在压差作用下流经管子内部，同时产生凝结，此时传热的情形与蒸气的流速有很大关系。以水平管中的凝结为例，当蒸气流速低时，凝结液主要积聚在管子底部，蒸气则位于管子上半部，其截面如图6-4(a)所示。如果蒸气流速比较高，则形成所谓的环状流动，凝结液比较均匀地展布在管子四周，而中心则为蒸气核。随着流动的进行，液膜厚度不断增厚以致凝结完时占据了整个截面，如图6-4(b)所示。文献［17～20］介绍了不同截面形状管道内部的膜状凝结传热计算过程和结果，感兴趣的读者可以参阅。

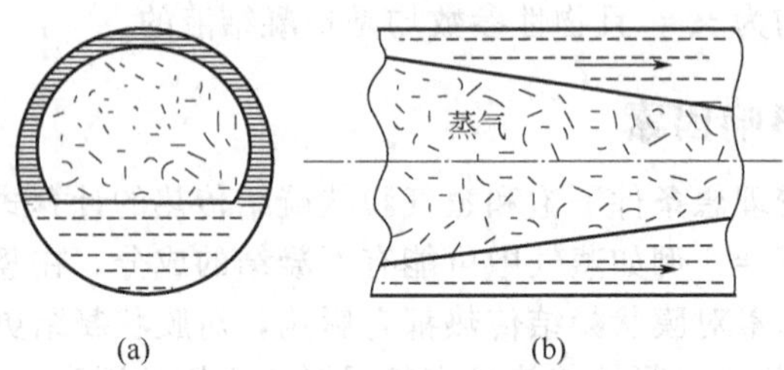

图6-4　管内凝结时液膜与蒸气核示意图

(4) 蒸气过热度

如果是过热蒸气在表面发生凝结，如压缩式制冷机从压缩机进入冷凝器的制冷剂蒸气是过热的，这时液膜表面仍将维持饱和温度，只有远离液膜的地方维持过热温度，故凝结换热温差仍为（t_s-t_w）。实验证实，用前述的关联式计算过热蒸气凝结换热表面传热系数，误差约为3%，这是可以忽略的。但是在计算中，应将饱和蒸气的潜热改为过热蒸气的潜热。

(5) 液膜过冷度及温度分布的非线性

努塞尔理论分析忽略了液膜的过冷度的影响，并假定液膜中温度呈线性分布。实际上，液膜中的液体必然存在过冷度，并且由于液体的流动，截面温度分布也并非直线。研究表明，只要用下式确定的r'代替计算公式中的r，即可以照顾到这两个因素的影响：

$$r'=r+0.68c_p(t_s-t_w) \tag{6-20a}$$

上式也可写成

$$r' = r(1 + 0.68Ja) \tag{6-20b}$$

式中，Ja 称为雅各布（Jakob）数，定义为

$$Ja = \frac{c_p(t_s - t_w)}{r} \tag{6-21}$$

（6）管子排数

前面已讲述对于沿液流方向由 n 排横管组成的管束的传热，采用以 nd 代替式(6-13) 中 d 的简单近似估算方法，没有考虑凝结液在落下时产生的飞溅以及液膜的冲击扰动。而飞溅和扰动的程度取决于管束的几何布置、流体物性等，情况比较复杂，设计时最好参考适合设计条件的实验资料。有关动力冷凝器的总结性资料可参考文献［21］。

【例 6-1】 压力为 1.013×10^5 Pa 的水蒸气在一根长度 $l = 1.5$m、直径 $d = 0.02$m 的竖立管壁上凝结，壁温保持 98℃。试计算管表面的平均表面传热系数、每小时的传热量及凝结蒸汽量。

解 已知：竖管外表面的饱和水蒸气凝结，管子的几何参数和表面温度。

求：膜状凝结的表面传热系数、传热量与凝结量。

假设：层流膜状凝结，常物性。

分析与计算：应首先计算 Re，判断液膜是层流还是湍流，然后选取相应的公式计算。由式(6-17) 可知，Re 本身取决于平均表面传热系数 h，因此不能简单地直接求解。可先假设液膜的流态，根据假设的流态选取相应的公式计算出 h，然后用求得的 h 重新核算 Re，直到与初始假设相比认为满意为止。

由 $t_s = 100$℃，从附录查得 $r = 2257$kJ/kg。其他物性按液膜平均温度 $t_m = (100℃ + 98℃)/2 = 99$℃从附录查取，得：$\rho = 958.4\text{kg/m}^3$，$\eta = 2.825 \times 10^{-4}\text{Pa·s}$，$\lambda = 0.68\text{W/(m·K)}$。

选用层流液膜平均表面传热系数计算式(6-12) 计算：

$$h_l = 1.13\left[\frac{g\rho_l^2 r\lambda_l^3}{\eta_l l(t_s - t_w)}\right]^{1/4}$$

$$= 1.13 \times \left\{\frac{9.8\text{m/s} \times 2257 \times 10^3\text{J/kg} \times (958.4\text{kg/m}^3)^2 \times [0.68\text{W/(m·K)}]^3}{2.825 \times 10^{-4}\text{Pa·s} \times 1.5\text{m} \times 2\text{K}}\right\}^{1/4}$$

$$= 1.05 \times 10^4\,\text{W/(m}^2\text{·K)}$$

核算 Re 准则，按式(6-17) 有

$$Re = \frac{4hl(t_s - t_w)}{\eta r}$$

$$= \frac{4 \times 1.05 \times 10^4\,\text{W/(m}^2\text{·K)} \times 1.5\text{m} \times 2\text{K}}{2257 \times 10^3\text{J/kg} \times 2.825 \times 10^{-4}\text{Pa·s}} = 197.62$$

说明原来假设液膜为层流成立。一根管子的凝结传热量按牛顿冷却公式计算：

$$\Phi = h\pi dl\Delta t = 1.05 \times 10^4\,\text{W/(m}^2\text{·K)} \times 3.14 \times 0.02\text{m} \times 1.5\text{m} \times 2\text{K}$$

$$= 1.98 \times 10^3\,\text{W}$$

管子底部的凝结蒸汽量等于

$$q_m = \frac{\Phi}{r} = \frac{1.98 \times 10^3\,\text{W}}{2257 \times 10^3\text{J/kg}} = 8.77 \times 10^{-4}\text{kg/s} = 3.16\text{kg/h}$$

讨论：

① 在已学习过的热量传递方式中，自然对流与凝结传热这两种方式的表面传热系数计算式含有传热温差，自然对流层流时 $h \sim \Delta t^{1/4}$，而凝结液膜为层流时 $h \sim \Delta t^{-1/4}$。又由于凝

结传热表面传热系数一般都很大，因而传热温差均比较小，因此尽可能准确地确定温差对提高实验或计算结果的准确度都有重要意义。

② 层流膜状凝结换热表面传热系数的另一个特点是与凝结温差相关。同等情况下，凝结温差 t_s-t_w越小，液膜越薄，表面传热系数 h 越大，但是凝结热负荷越小。

③ 2℃发热过冷度对潜热的影响可以不考虑，但如果过冷度较大就应该计入。

④ 如果管子的长度加大，表面传热系数将以 1/4 次幂的速率减小。因此对层流膜状凝结来说，管子过长没有好处。自然还应该注意到，管子长到一定程度，液膜将转变为湍流，必须改用湍流膜状凝结的公式计算。

6.2 沸腾传热

沸腾是指在液体内部以产生气泡的形式进行的汽化过程。当液体与温度高于其相应压力下饱和温度的壁面接触时可能发生沸腾传热。化工生产中常用的蒸发器、再沸器和蒸汽锅炉，都是通过沸腾传热来产生蒸气的。按流体运动的动力，沸腾可以分为大容器沸腾，又称池沸腾（pool boiling）和管内沸腾（in-tube boiling）。大容器沸腾，液体处于受热面一侧的较大空间中，依靠气泡的扰动和温差而流动，如夹套加热釜中液体的沸腾。管内沸腾是液体以一定流速流经加热管时所发生的沸腾现象，需外加压差作用才能维持。这时所生成的气泡不能自由上浮，而是与液体混在一起，形成管内气-液两相流动，沿途吸热直至全部汽化。工业上的沸腾换热多属于管内沸腾，如蒸发器加热管内溶液的沸腾。此外，按液体温度分为过冷沸腾（subcooled boiling）和饱和沸腾（saturated or bulk boiling）。过冷沸腾时液体的主体温度低于相应压力下饱和温度，因此气泡在脱离壁面前或脱离之后在液体中重新凝结。液体的主体温度等于相应压力下饱和温度时的沸腾换热称为饱和沸腾，此时从加热面产生的气泡在离开加热面上升的过程中不会再重新凝结，如烧开水。

本节讨论以饱和池沸腾的特点为主，并简单介绍管内沸腾的情况。池沸腾和管内沸腾传热均会在液体内部产生气泡，因此要了解沸腾传热的特点，必须要先了解气泡在沸腾过程中的行为，即气泡动力学。

6.2.1 气泡动力学简介

(1) 气泡成长过程

实验表明，气泡形成必须要具备两个条件：汽化核心和液体过热。这些条件是由气泡与周围液体的力平衡和热平衡所决定的。通常情况下，沸腾时气泡只发生在加热面的某些点上，这些产生气泡的点称为汽化核心。传热表面的汽化核心与该表面的粗糙程度、氧化情况以及材质等诸多因素有关，是一个十分复杂的问题。现在研究已证实壁面上的凹坑、细缝、裂穴等最可能成为汽化核心。这是因为处在表面狭缝中的液体所受到的加热的影响比在平直面上同样数量的液体要多得多。此外，狭缝中容易残留气体，这种残留气体就自然成为产生气泡的核心。所以增加表面上狭缝、空穴与凹坑成为工程中开发强化沸腾传热的基本目标。

在汽化核心产生的气泡，由于周围加热面的加热，气、液交界面上的液体继续蒸发。周围过热液体温度也略高于气泡内的温度，热量不断传给气泡，使周围液体继续汽化，气泡不断长大。待气泡长大到一定程度后，气泡受到的液体浮力超过气、固间产生的表面张力，气泡脱离加热面，四周的液体来补充气泡脱离后留下的空间，经过加热后又产生新的气泡，见图 6-5。沸腾传热时，由于气泡的生成和脱离，对近壁处的液层产生强烈的扰动，使热阻大为降低。

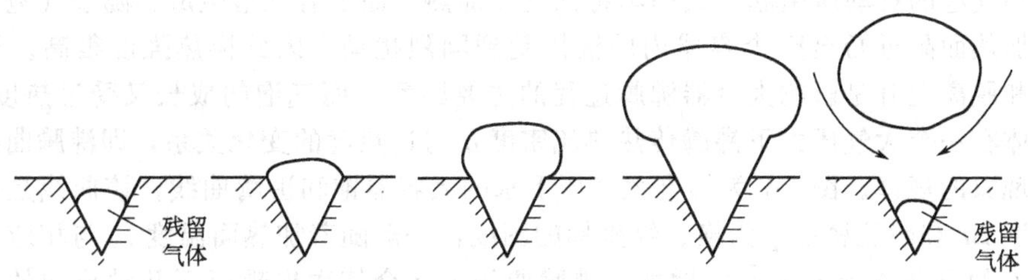

图 6-5 气泡的成长过程

(2) **气泡存在的条件**

为说明气泡存在的条件，假设流体中存在一个球形气泡，如图 6-6 所示，它与周围液体处于力平衡和热平衡条件下。由于表面张力的作用，气泡内的压力 p_v 必大于气泡外的压力 p_l。根据力平衡条件，气泡内、外压差应被作用于气液界面上的表面张力所平衡，即

$$\pi R^2(p_v - p_l) = 2\pi R\sigma$$

式中，σ 为气液界面的表面张力。

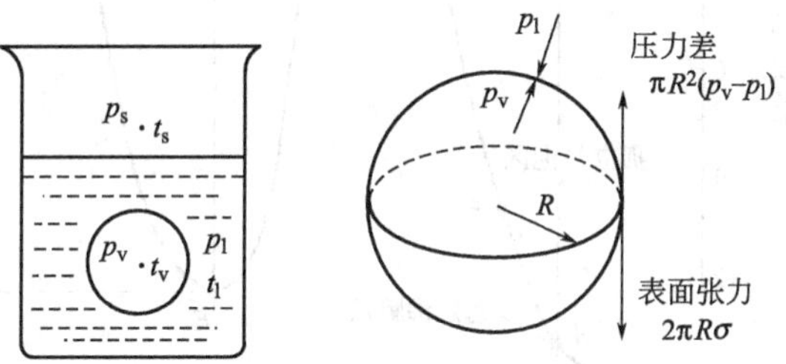

图 6-6 气泡的力平衡示意图

若忽略静压的影响，则 p_l 可认为近似等于沸腾系统的环境压力，即 $p_l = p_s$。而热平衡则要求气泡内蒸气的温度为 p_v 压力下的饱和温度 t_v。界面内、外温度相等，即 $t_l = t_v$，所以气泡外的液体必然是过热的，其过热度为 $t_l - t_s$。贴壁处液体具有最大过热度 $t_w - t_s$，加上凹穴处有残存气体，壁面凹处最先能满足气泡生成的条件，即

$$R = \frac{2\sigma}{p_v - p_s} \tag{6-22}$$

因此气泡都在壁面上产生。这也就是说凹坑的半径必须满足式(6-22) 才能成为汽化核心。

利用工程热力学中克劳修斯-克拉贝龙方程，可得出产生半径为 R 的气泡所需的过热度

$$\Delta t = t_l - t_s = \frac{2\lambda t_s}{r\rho_v R} \tag{6-23}$$

随着壁面过热度的提高，压差 $p_v - p_s$ 越来越高，汽泡的平衡态半径 R 将减小。因此，随着壁温的提高，壁面上满足气泡存在的凹坑数将增多，即汽化核心增加，产生气泡的密度增大，沸腾传热系数将增大。

6.2.2 大容器沸腾

大容器沸腾发生在被整体上已经达到饱和的液体浸没的容器表面上，同时液体的运动由

自然对流和气泡的扰动所引起。其基本特征是在加热表面上有气泡生成，随着气泡长大和脱离壁面，加热面附近乃至整个容器内的液体受到剧烈扰动，因此换热强度很高。气泡的生成、发展和脱离上升是影响大容器沸腾过程的主要因素。而气泡的成长又受过热度的支配。因此用液体在一个大气压力下沸腾传热热流密度 q 与过热度的变化关系，即沸腾曲线来描述沸腾传热现象的规律。图 6-7 为标准大气压下水的大容器饱和沸腾曲线，该曲线是以加热面上的过热度 Δt 和热流密度 q 为横、纵坐标的图线，一般随着加热面温度 t_w 与相应压力下的饱和温度 t_s 的温差 $\Delta t=t_w-t_s$ 的增加，沸腾曲线上将会依次出现以下几种典型的状态，如图 6-8 所示。

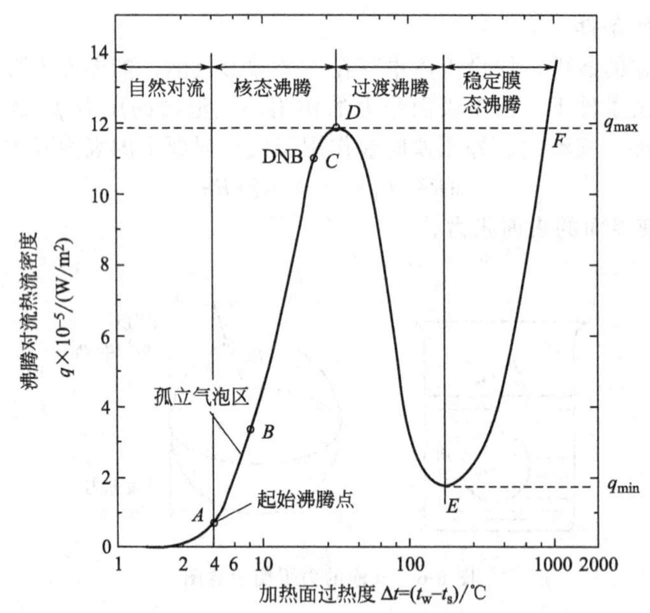

图 6-7 标准大气压下水的大容器饱和沸腾曲线[25]

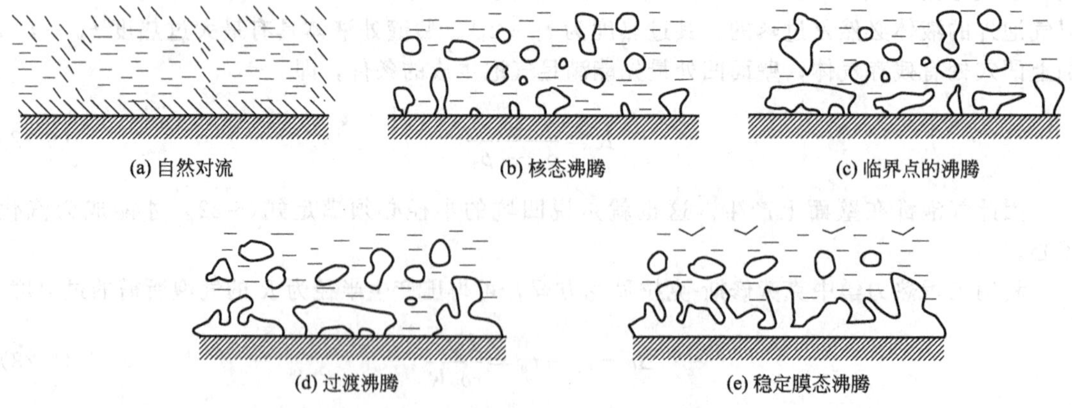

图 6-8 不同沸腾状态的状态示意图

(1) 自然对流区 (free convection boiling)

图 6-7 中 0℃≤Δt<4℃ 的区域，即 A 点以前的区域。这一区域由于壁面过热度较小（水在标准大气压下的饱和沸腾为 Δt<4℃），壁面上没有气泡产生，流体的运动和换热基本上遵循自然对流的规律。表面传热系数依流动状态是层流或湍流分别随过热度 Δt 的 1/4 或

1/3 次方变化，相应的热流密度与 Δt 则为 4/5 或 4/3 次方关系。

(2) 核态沸腾区（nucleate boiling）

图 6-7 中 4℃$\leqslant \Delta t <$30℃的区域，即 A、D 点之间的区域。当壁面温度 t_w 达到 A 点所对应的温度时，加热面上的少数点开始产生稳定的蒸气泡，因而 A 点又称为起始沸腾点，简称起沸点。壁面过热度 $\Delta t \geqslant$4℃后，AB 段所对应的过热度只能使加热面上个别点（汽化核心）开始产生彼此不相互干扰的气泡，称为孤立气泡区。这一段中热量主要通过加热面直接向流体传递，而不是通过气泡。在 BD 段，随着壁面过热度的增加，汽化核心增加，气泡相互影响和扰动增大，气泡逐渐长大并会合成气块及气柱，直至在浮力作用下以气柱的形式离开壁面。这两个区域中气泡的扰动剧烈，沸腾传热系数和热流密度增大。由于汽化核心对传热起决定作用，因此这个阶段的沸腾称为核态沸腾（也称泡状沸腾）。核态沸腾是工程应用中最重要、最常见的沸腾形态，有温压小、传热强的特点，所以一般工业应用都设计在这个范围。核态沸腾区的终点相应于热流密度的峰值点，称为临界热流通量（critical heat flux，CHF），该点在沸腾曲线上具有特殊意义。

(3) 过渡沸腾区（transition boiling）

图 6-7 中 30℃$< \Delta t \leqslant$120℃的区域，即 D、E 点之间的区域。壁面过热度超过热流密度峰值点对应的值之后，热流密度随着过热度的增大而降低。原因是加热面生成的气泡过多，气泡聚集覆盖在加热面上形成气膜，阻碍了热表面向液体的热量传递。但此时气膜并不稳定，可能突然破裂成一个大气泡脱离加热面。这种情况会持续到最低热流密度点 q_{min} 为止。这一阶段沸腾称为过渡沸腾，是一个很不稳定的过程。

(4) 膜态沸腾区（film boiling）

图 6-7 中 $\Delta t >$120℃的区域，即 E 点右侧区域。从最低热流密度点［也称雷登佛罗斯特（Leidenfrost）点］之后，随着过热度的增加，加热面上已形成稳定的蒸气膜层，产生的蒸气有规则地排离膜层。由于热表面温度已相当高，辐射作用突显出来，使热流密度随着过热度的增加而增大。这个阶段为稳定膜态沸腾。稳定膜态沸腾在物理上与膜状凝结有共同点，但是此时传热必须通过热阻较大的气膜而不是液膜，因此其传热系数要小于凝结。

大容器饱和沸腾曲线上的核态沸腾、过渡沸腾和稳定膜态沸腾三个区域属于沸腾传热的范围。由上述分析可知，对于沸腾传热，过程进行的动力是壁面的过热度，所以牛顿冷却公式中的温差是 $\Delta t = t_w - t_s$。

此外，从图 6-7 可知，在核态沸腾的范围内，水沸腾时的热流密度可以高达 $10^5 \sim 10^6$ W/m^2 的数量级，比相同温差变化范围内水的强制对流传热的热流密度至少高一个数量级。这样高的传热强度主要是由气泡的形成、成长以及脱离加热壁面所引起的各种扰动所造成的。因此，要进一步强化沸腾传热就要增加加热面上的汽化核心。

值得指出，大多数沸腾加热设备是以改变加热面的热流密度作为调节工况的基本手段，如电加热器、以辐射为主的燃烧器或冷却水加热的核反应堆，必须要特别注意发生烧毁等事故。这是由于一旦热流密度超过峰值，设备的实际运行工况将沿过 q_{max} 点的虚线跳至稳定膜态沸腾线，Δt 将迅速升至 1000℃，可能导致设备烧毁等威胁，所以必须严格监视并控制热流密度，确保在安全工作范围之内。因此对于以控制热流密度方式运行的沸腾换热设备绝不能让实际热流密度超过临界热流密度点，为了安全必须留有一定的裕度。实际运行中会用一个在最大热流密度点前比 q_{max} 略小、上升缓慢的核态沸腾的转折点 DNB（departure from nucleate boiling，即偏离核态沸腾规律）作为警戒安全的监视点。对于蒸发冷凝器等壁温可控的设备，这种监视是非常重要的。

6.2.3 大容器沸腾传热的实验关联式

由前面的分析可知，影响核态沸腾的因素主要是壁面过热度和汽化核心数，而汽化核心数又受到壁面材料及其表面状况、压力、物性等的支配。很多学者根据研究和实验结果提出了很多沸腾传热物理模型和计算沸腾传热系数的实验关联式，但尚没有一个能完全反应各个阶段传热特征的实验关联式。这里仅介绍应用比较广泛的几个计算核态沸腾的实验关联式。

描述大容器饱和核态沸腾时热流密度与沸腾温差间最著名的计算式之一是 Rohsenow 在 1952 年根据对流类比模型提出来的。他认为气泡的产生与脱离造成强烈扰动使得核态沸腾传热得到增强，并给出了描述大容器饱和核态沸腾的无量纲关联式：

$$\frac{c_{p1}\Delta t}{r}=C_{wl}\left[\frac{q}{\eta_1 r}\sqrt{\frac{\sigma}{g(\rho_1-\rho_v)}}\right]^{0.33}Pr_1^s \tag{6-24a}$$

$$\frac{c_{p1}\Delta t}{r\,Pr_1^s}=C_{wl}\left[\frac{q}{\eta_1 r}\sqrt{\frac{\sigma}{g(\rho_1-\rho_v)}}\right]^{0.33} \tag{6-24b}$$

式中，c_{p1}为饱和液体的比定压热容，J/(kg·K)；C_{wl}为取决于加热表面-液体组合情况的经验常数；r 为汽化潜热，J/kg；g 为重力加速度，m/s^2；Pr_1为饱和液体的普朗特数，$Pr_1=c_{p1}\eta_1/\lambda_1$；$q$ 为沸腾热流密度，W/m^2；Δt 为壁面过热度，℃；η_1为饱和液体的动力黏度，Pa·s；ρ_1，ρ_v为相应于饱和液体和饱和蒸气的密度，kg/m^3；σ 为液体-蒸气界面的表面张力，N/m；s 为经验指数，对于水 $s=1.0$，对于其他液体 $s=1.7$；所有带“l”下标的物性都指液体。

式(6-24) 的左端是液体过热的热量与潜热之比，相当于 Ja；右端方括号内是以单位面积蒸气的质量流速 q/r 为特征速度、以 $\sqrt{\sigma/[g(\rho_1-\rho_v)]}$ 为特征长度的 Re。实验表明，气泡脱离半径正比于 $\sqrt{\sigma/[g(\rho_1-\rho_v)]}$，因此式(6-24) 相当于 $Ja=f(Re,Pr)$ 这样的无量纲关联式。公式中没有出现表面传热系数 h，但是只要算出了热流密度，就可根据牛顿冷却公式得到 h 值。应用式(6-24) 的关键是确定系数 C_{wl}，这是一个纯经验参数，取决于固体表面的性质以及沸腾液体的性质，由实验确定。表 6-1 列出了某些表面与液体组合的 C_{wl}值。

表 6-1 部分液体-固体表面组合的经验系数 C_{wl}

液体-固体表面组合情况	C_{wl}
水-铜	
烧焦的铜	0.0068
抛光的铜	0.0130
水-黄铜	0.0060
水-铂	0.0130
水-不锈钢	
磨光并抛光的不锈钢	0.0060
化学腐蚀的不锈钢	0.0130
机械抛光的不锈钢	0.0130
苯-铬	0.101
乙醇	0.0027

由图 6-7 可见，沸腾传热中热流密度与传热温差之间有非常复杂的依存关系，根据牛顿冷却公式，沸腾传热的表面传热系数必然随温差发生显著变化。从图 6-9 可知，由 Δt 利用式(6-24) 计算 q 时，计算得到的热流密度与实验值最大偏差可达±100%；但若已知热流密

度利用该式计算温差时，则偏差可减小至±33%左右。

对于制冷介质而言，以下的库伯(Cooper)公式目前得到较广泛的应用：

$$h = Cq^{0.67}M_r^{-0.5}p_r^m(-\lg p_r)^{-0.55} \tag{6-25a}$$

$$C = 90W^{0.33}/(m^{0.66}K) \tag{6-25b}$$

式中，$m = 0.12 - 0.21g\{R_p\}_{\mu m}$；$M_r$为液体的相对分子质量；$p_r$为比压力(液体压力与该液体的临界压力之比)；$R_p$为表面平均粗糙度，μm，对一般工业用管材表面 $R_p = 0.3 \sim 0.4\mu m$；q 为热流密度，W/m^2；h，$W/(m^2 \cdot K)$。

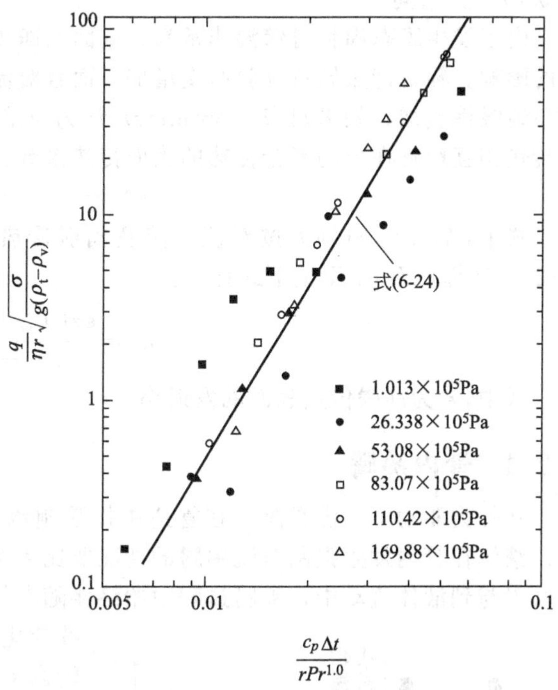

图 6-9 式(6-24)计算值与实验值的偏差

临界热流密度是大容器核态饱和沸腾的一个重要参数，在实际工业应用中希望运行工况接近它，又不能超过它。库塔捷拉泽(S. S. Kutateladze)和朱伯(N. Zuber)分别通过量纲分析和流体动力稳定性理论导出了饱和液体大容器沸腾下的临界热流密度与相关参数间的关系：

$$q_{max} = \frac{\pi}{24}r\rho_v\left[\frac{\sigma g(\rho_l - \rho_v)}{\rho_v^2}\right]^{1/4}\left(\frac{\rho_l + \rho_v}{\rho_v^2}\right)^{1/2} \tag{6-26a}$$

当压力离开临界压力比较远时，上述关联式右端最后一项可取为 1，同时将理论分析得出的系数 π/24=0.131 用实验值 0.149 代替，得到以下推荐公式

$$q_{max} = 0.149r\rho_v^{1/2}[\sigma g(\rho_l - \rho_v)]^{1/4} \tag{6-26b}$$

式中所有物性均按饱和温度查取。该式适用于加热表面为无限大的水平壁的情形，式中没有特征长度。实际上，当加热面的特征长度大于气泡平均直径的 3 倍时，上式即可使用；如果加热面特征尺度与气泡直径的比值低于 3，那么该式必须作修正。值得指出，因为液体的表面张力和汽化潜热都随压力有明显变化，所以临界热流密度的数值也随压力发生较强烈的改变。实验证明，在比压力(液体的压力与其临界压力之比)大约等于 0.3 处临界热流密度具有极大值。

研究膜态沸腾在低温工程，如超低温制冷、低温液体的储存和运输以及超导领域具有非常重要的意义。膜态沸腾的一个突出特点是和加热表面的状况没有关系，因为这时沸腾发生在气液交界面，而不是加热面上。也就是说，膜态沸腾中气膜的流动和传热机理与膜状凝结中液膜的流动和传热非常相似，适宜用简化的边界层作分析。对于横管的膜态沸腾，仅需将凝结式中的 λ 和 η 改为蒸气的物性，用 $\rho_v(\rho_l - \rho_v)$ 代替 ρ_l^2，并用实验系数 0.62 代替凝结式中的 0.729，即可得到膜态沸腾表面传热系数计算式：

$$h = 0.62\left[\frac{gr\rho_v(\rho_l - \rho_v)\lambda_v^3}{\eta_v d(t_w - t_s)}\right]^{1/4} \tag{6-27}$$

此式中除 ρ_l 及 r 的值由饱和温度 t_s 决定外，其余物性均以平均温度 $t_m = (t_w + t_s)/2$ 为定性温度，特征长度为管外径 d（单位为 m）。如果加热表面为球面，则式(6-27)中的系数

为0.67，其余同上。

由于发生膜态沸腾时壁温非常高，壁面的净传热量除了按沸腾计算外，还应计入辐射传热的影响。辐射传热导致气膜厚度增加，而且对流与辐射两部分热量不能按各自计算的结果简单地线性叠加，勃洛姆来（Bromley）认为应采取以下超越方程来计算考虑对流传热与辐射传热相互影响在内的复合传热的表面传热系数：

$$h^{4/3}=h_c^{4/3}+h_r^{4/3} \tag{6-28}$$

式中，h_c、h_r 分别为按对流传热及辐射传热计算所得的表面传热系数，其中 h_c 按式（6-27）计算，而 h_r 则按下式计算：

$$h_r=\frac{\varepsilon\sigma(T_w^4-T_s^4)}{T_w-T_s} \tag{6-29}$$

式中，ε 为沸腾传热表面的发射率。

6.2.4 管内沸腾

在外力驱动下，沸腾流体在管道中作强制流动时的对流传热称为管内强制对流沸腾传热。液体在管内发生强制对流沸腾的情况要比大容器沸腾更加复杂，这是由于沸腾时产生的蒸气参与到液体流动中，沸腾过程中始终伴随有气液两相流动，而且气液比例沿流动方向持续变化，使得气液两相流呈现多种不同的形式。管内沸腾现象在动力、化工等工程中很常见，例如电站直流锅炉水冷壁管和制冷系统蒸发器管中的沸腾。在设计蒸发器、管式蒸馏器、蒸汽锅炉、核反应堆以及其他管内沸腾换热设备时都需要利用这方面的知识。下面以图6-10所示的均匀受热垂直管管内的流动沸腾传热工况为例，说明其各个阶段的流动与传热的主要特点。

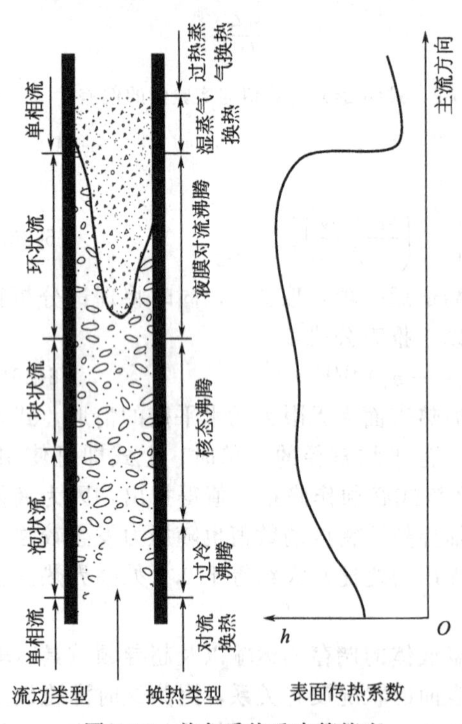

图6-10 均匀受热垂直管管内流动沸腾传热工况

未饱和液体进入到竖管被壁面加热，当管内液体未被加热到饱和温度时，处于单相对流传热状态。流动的液体达到满足成核条件的局部壁面上开始产生气泡，此时液体主流尚未达到饱和温度，处于过冷状态，这一阶段称为过冷沸腾。继续加热使主流整体达到饱和状态，液体进入饱和沸腾阶段。随着加热的进行，气泡数量增多，可能发生碰撞或合并成较大的气泡，这时的流动经历着泡状流和块状流。当含气量增长到一定程度时，大气块进一步合并在管中心形成气芯，把液体排挤到壁面呈环状液膜，形成环状流。这种流动状态的蒸发主要发生在气液交界面上，此时传热进入液膜对流沸腾区。环状液膜受热蒸发逐渐变薄，气态核心越来越大，速度越来越高，最终液膜消失，湿蒸气直接与壁面接触。液膜的消失称为蒸干（dry out）。此时由于传热恶化，会使壁温猛升，造成对安全的威胁。对湿蒸气流继续加热，最后当所有的液体全部蒸发完毕后，传热进入干蒸气单相传热区。

水平管内对流沸腾时，重力场对两相结构有影响而有新的特点，所以管的位置是影响管内沸腾的因素之一，如图6-11所示。如果质量速度较高，那么水平管内对流沸腾的情况与竖管差不多；如果质量速度比较低，则由于重力作用，管子上、下部分的气液比例将会不均匀。在管内沸腾中，最主要的影响参数是含气量（即蒸气干度）、质量流速和压力。有关管内对流沸腾传热的情况以及计算关联式可以参见文献［33］。

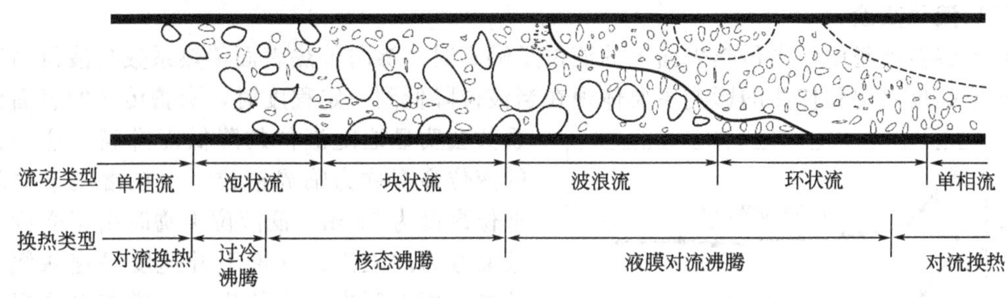

图 6-11　水平管内对流沸腾

6.2.5　沸腾传热的影响因素

影响核态沸腾的因素较多，主要有液体的特性参数、加热面的表面物理性质和粗糙度、换热面布置及形状的影响不凝结气体、过冷度、液位高度、重力加速度以及管内沸腾。

(1) 液体的特性参数

气体压力增高能增加汽化核心数，增大气泡脱离频率，因而能强化沸腾传热。流体与换热表面的接触角小，则气泡脱离频率增高，也能增强沸腾传热。而实验发现，液体热物性的影响主要表现为平移沸腾曲线，并不改变它的斜率。

(2) 加热面的表面物理性质和粗糙度

加热面的加工方法、表面粗糙度、材料特性以及新旧程度都能影响沸腾传热的强弱。加热壁面粗糙和能被液体润湿时，也能使传热分系数增大。不同的壁面材质会改变与沸腾液体间的湿润性能，实验表明，削弱润湿性会增强沸腾传热，沸腾表面传热系数会随着加热壁面的吸热系数的增大而增大。此外，实验还发现固体表面一定形状的凹槽，即所称活化中心的数目对沸腾传热的强弱有显著影响。据此，将细小金属颗粒沉积于金属板或管上，制成金属多孔表面，可使沸腾传热分系数提高十几倍至几十倍。

(3) 换热面布置及形状的影响

当换热面为水平平板且由上向下放热时，由于气泡不易从换热面上散出，因而传热系数低于换热面由下向上放热的情况。对水平放置的管束，由于上升的蒸气在上部流速较大，引起了附加扰动，因而位于其上部管子的传热系数比下部管子的传热系数高。此外，换热面和容器的几何形状，对气泡运动和沸腾传热均有影响。

(4) 不凝结气体

与膜状凝结不同的是，溶解于液体中的不凝结气体会增强沸腾传热，这是因为随着工作液体温度的升高，不凝结气体从液体中逸出使壁面附近的微小凹坑得以活化，称为气泡胚芽，从而使沸腾曲线向着过热度减小的方向移动，即在相同的过热度下产生更高的热流密度，从而强化传热。但若沸腾传热设备处于稳定运行工作状态下，凝结气体一旦逸出就起不到强化作用，必须不断地向工作液体注入不凝结气体。

(5) 过冷度

如果在大容器沸腾中流体主要部分的温度低于相应压力下的饱和温度的沸腾，则称之为过冷沸腾。对于大容器沸腾，除了在核态沸腾起始点附近区域，过冷度对沸腾传热的强度没有影响。在核态沸腾起始段，自然对流的机理还占相当大的比例，而自然对流时 $h \propto \Delta t^{1/4}$ ，即 $h=(t_w-t_f)^{1/4}$ ，因此过冷度会使该区域的传热有所增强。

(6) 液位高度

在大容器沸腾中，当传热表面上的液位足够高时，沸腾传热表面传热系数与液位高度无关。液位高度对沸腾传热的影响主要体现在当液位降低到一定程度时，沸腾传热的表面传热系数会明显地随液位的降低而升高。这一特定的液位高度称为临界液位，水在常压下的临界液位高度为 5mm。低液位沸腾时由于受到自由液面张力的阻碍，气泡上升速度迅速减缓，以致加热面上新生气泡的生长和脱离也受到前一气泡的限制，这就延长了后一气泡泡底微层液膜蒸发时间，从而传热得以强化。目前低液位沸腾在热管及电子器件冷却中已经有所应用。图 6-12 给出了文献［35］中一个大气压力下水位高度对表面传热系数的影响规律。

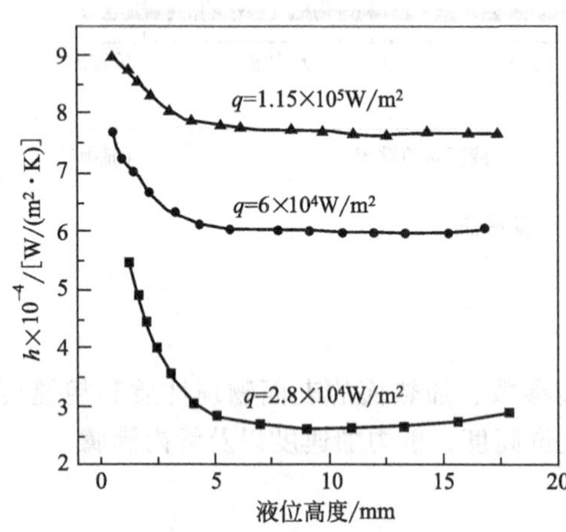

图 6-12　液位高度对表面传热系数的影响

(7) 重力加速度

重力加速度对沸腾传热的影响主要体现在航空航天领域。目前的研究结果表明：在重力加速度 0.10～100×9.8m/s² 的变化范围内，重力场对核态沸腾传热几乎没有影响，但是重力加速度会对液体自然对流有显著的影响，即自然对流随加速度的增大而加强。对零重力场下的沸腾传热的研究还比较少。

【例 6-2】 直径为 5cm 的电加热铜棒被用来产生压力为 3.61×10^5 Pa 的饱和水蒸气，铜棒的表面温度高于饱和温度 5℃，问需要多长的铜棒才能维持 90kg/h 的产气率？

解　已知：水在铜棒外表面沸腾相关几何与物理参数。

求：产生设定流量的饱和水蒸气所需要的铜棒的长度。

假设：大空间稳态饱和沸腾、忽略对周围空间的散热损失、假定铜棒外表面是抛光状态。

分析与计算：在 3.61×10^5 Pa 的压力下，水的物性参数为

$c_{pl}=4287\text{J/(kg·K)}$，$r=2144.1\text{kJ/kg}$，$\rho_l=926.1\text{kg/m}^3$，$\rho_v=1.967\text{kg/m}^3$，$\sigma=507.2\times10^{-4}\text{N/m}$，$\eta_t=201.1\times10^{-6}\text{kg/(m·s)}$，$C_{wl}=0.013$，$Pr_l=1.26$

代入式(6-24a) 得

$$\frac{4287\text{J/(kg·K)}\times5\text{K}}{2144.1\times10^3\text{J/kg}\times1.26}=0.013\left[\frac{q}{201.1\times10^{-6}\text{kg/(m·s)}\times2144.1\times10^3\text{J/kg}}\sqrt{\frac{507.2\times10^{-4}\text{N/m}}{9.8\text{m/s}^2\times(926.1\text{kg/m}^3-1.967\text{kg/m}^3)}}\right]^{0.33}$$

由此解得

$$q=4.08\times10^4\text{W/m}^2$$

单位加热面汽化率为

$$\frac{q}{r}=\frac{4.08\times10^4\text{W/m}^2}{2144.1\times10^3\text{J/kg}}\times\pi\times0.05\text{m}\times l=90\text{kg/3600s}$$

得出需要铜棒的长度为 $l=8.37\text{m}$ 。

【例 6-3】一直径为 3.5mm、长 100mm 的机械抛光不锈钢薄壁管，被置于压力为 $1.013\times10^5\text{Pa}$ 的水容器中，水温已接近饱和温度。对该不锈钢管两端通电以进行加热表面。试计算当加热功率为 1.9W 和 100W 时，水与不锈钢管表面间的表面传热系数值。

解 已知：水在不锈钢管外表面换热的有关几何参数与物性参数。

求：加热功率不同时水与钢管表面间的表面传热系数值。

分析与计算：

① 当加热功率为 1.9W 时

$$q=\frac{\Phi}{\pi dl}=\frac{1.9\text{W}}{3.14\times0.0035\text{m}\times0.1\text{m}}=1728.8\text{W/m}^2$$

这样低的热流密度仍处于自然对流阶段。此时温差一般小于 4℃。由于计算自然对流的表面传热系数需要知道其壁面温度，故本题具有迭代性质。先假定温差

$$\Delta t=t_{\text{w}}-t_{\text{s}}=1.6℃$$

定性温度 $t_{\text{m}}=(t_{\text{w}}+t_{\text{s}})/2=100.8℃$

物性参数为

$\lambda=0.6832\text{W/(m·K)}$，$Pr=1.743$，$\nu=0.293\times10^{-6}\text{m}^2/\text{s}$，$\alpha=7.54\times10^{-4}\text{K}^{-1}$

$$Gr=\frac{g\alpha\Delta td^3}{\nu^2}=\frac{9.8\text{m/s}^2\times7.54\times10^{-4}\text{K}^{-1}\times1.6\text{K}\times(0.0035\text{m})^3}{(0.293\times10^{-6}\text{m}^2/\text{s})^2}=5904.5$$

故

$$Nu=0.48\,(GrPr)^{1/4}=0.48\times(5904.5\times1.743)^{1/4}=4.83$$

所以

$$h=\frac{Nu\lambda}{d}=\frac{4.83\times0.6832\text{W/(m·K)}}{0.0035\text{m}}=942.8\text{W/(m}^2\text{·K)}$$

$$q=h\Delta t=942.8\text{W/(m}^2\text{·K)}\times1.6\text{K}=1508.48\text{W/m}^2$$

与 $q=1728.8\text{W/m}^2$ 相差达 12.7%，故需重新假定 Δt。

考虑到自然对流 $q\propto\Delta t^{5/4}$ ，即 $\Delta t\propto q^{0.8}$ 。

在物性基本不变时，正确的温差按下式计算

$$\Delta t=1.6+\left(\frac{1728.8}{1508.48}\right)^{0.8}=2.715℃$$

而 $h\propto\Delta t^{1/4}$ ，即

$$h=942.8\text{W/(m}^2\text{·K)}\times\left(\frac{2.715}{1.6}\right)^{1/4}=1076\text{W/(m}^2\text{·K)}$$

② 当 $\Phi=100\text{W}$ 时，

$$q=\frac{\Phi}{\pi dl}=\frac{100\text{W}}{3.14\times0.0035\text{m}\times0.1\text{m}}=90945.7\text{W/m}^2$$

假定进入核态沸腾区，$p=1.013\times10^5\text{Pa}$

根据公式

$$h=C_2q^{0.7}p^{0.15}=0.5335\times(90945.7\text{W/m}^2)^{0.7}\,(1.013\times10^5\text{Pa})^{0.15}=8894.5\text{W/(m}^2\text{·K)}$$

验证此时的过热度

$$\Delta t=\frac{q}{h}=\frac{90945.7\text{W/m}^2}{8894.5\text{W/(m}^2\text{·K)}}=10.2\text{K}$$

确实在核态沸腾区。

讨论：本题当 $\Phi=1.9\text{W}$ 时，很容易将其按沸腾换热公式计算，且即使按自然对流，其

定性温度未知，须迭代计算；当 $\Phi=100\text{W}$ 时，沸腾表面传热系数也可按式(6-24b) 计算。

【例 6-4】 一直径为 0.05m、长 0.1m 的钢柱体从温度为 1100℃的加热炉中取出后，被水平置于压力为 $1.013\times10^5\text{Pa}$ 的水容器中，水温已接近饱和温度。试估算刚放入时工作表面与水之间的传热量及工件的平均温度下降率。钢的密度 $\rho=7790\text{kg/m}^3$，比热容 $c=470\text{J/(kg·K)}$，发射率 $\varepsilon=0.8$。

解 已知：钢柱体在水容器中放热的相关几何参数和物性参数。

求：钢柱体向水的传热量以及工件的平均温度下降率。

假设：钢柱体表面在水容器中瞬间形成了稳定膜态沸腾，钢柱体外表面机械抛光。

分析与计算：钢柱体工件置于水容器的瞬间形成了稳定的膜态沸腾，定性温度为

$$t_m=(t_w+t_s)/2=(1100℃+100℃)/2=600℃$$

在 $1.013\times10^5\text{Pa}$ 的压力下水的物性参数为

$c_{pl}=4220\text{J/(kg·K)}$，$r=2257.1\text{kJ/kg}$，$\rho_l=958.4\text{kg/m}^3$，$\rho_v=0.3852\text{kg/m}^3$，$\eta_v=2.067\times10^{-5}\text{kg/(m·s)}$，$\lambda_v=0.04223\text{W/(m·K)}$

过余温度 $\Delta t_e=t_w-t_s=(1100-100)℃=1000℃$，由图 6-7 可知该问题处于稳定膜态沸腾阶段，总沸腾传热系数由对流和辐射两部分组成。

其中对流部分

$$h_c=0.62\left[\frac{gr\rho_v(\rho_l-\rho_v)\lambda_v^3}{\eta_v d(t_w-t_s)}\right]^{1/4}=0.62\times$$

$$\left[9.8\text{m/s}^2\times2257.1\times10^3\text{J/kg}\times[0.04223\text{W/(m·K)}]^3\right.$$

$$\left.\times\frac{0.3852\text{kg/m}^3\times(958.4-0.3852)\text{kg/m}^3}{2.067\times10^{-5}\text{kg/(m·s)}\times0.05\text{m}\times(1100-100)\text{K}}\right]^{1/4}$$

$$=96.77\text{W/(m}^2\text{·K)}$$

计算辐射表面传热系数

$$h_r=\frac{\varepsilon\sigma(T_w^4-T_{sur}^4)}{T_w-T_{sur}}=\frac{0.8\times5.67\times10^{-8}\text{W/(m}^2\text{·K}^4)\times(1373^4-373^4)\text{K}^4}{1373\text{K}-373\text{K}}$$

$$=160.3\text{W/(m}^2\text{·K)}$$

故

$$h=h_c+h_r=96.77\text{W/(m}^2\text{·K)}+160.3\text{W/(m}^2\text{·K)}=257.07\text{W/(m}^2\text{·K)}$$

总换热量为

$$\Phi=\left(\pi dl+\frac{\pi d^2}{4}\times2\right)h\Delta t$$

$$=\left(0.05\text{m}\times0.1\text{m}+\frac{(0.05\text{m})^2}{2}\right)\times3.14\times257.07\text{W/(m}^2\text{·K)}\times1000\text{K}=5048\text{W}$$

工作的热容量为

$$\rho cV=\frac{\pi d^2}{4}l\rho c_p=\frac{3.14\times(0.05\text{m})^2}{4}\times0.1\text{m}\times7790\text{kg/m}^3\times470\text{J/(kg·K)}=718.53\text{J/K}$$

故平均的温度下降率为

$$\frac{5048\text{W}}{718.53\text{J/K}}=7.03\text{K/s}$$

讨论：本问题过余温度为 1000℃，辐射作用已经很明显，计算时必须考虑。在计算膜态沸腾物性参数时应注意对应的定性温度的取法。

6.3 相变传热的强化

相变传热领域内的强化换热技术一直是传热研究的一个重点方向。相变传热强化技术可以分为主动强化技术和被动强化技术。主动强化是有源强化，需要消耗外部能量，如采用电场、磁场、光照射、搅拌、喷射或超声波技术等手段来增强传热技术，但此类主动技术往往装置比较复杂，而且难以量产和实现工业化，因此其实用性比较差。被动强化是无源强化技术，除了输送传热介质的功率消耗外不需要消耗外部能量，是换热器强化传热主要采用的方法，如传热管的表面处理（涂层表面、粗糙表面、扩展表面）、传热管的形状变化、管内加入插入物、涡流发生器、改变支撑物等，这些被动措施能达到很好的强化效果。下面将重点讲述被动强化相变传热技术。

6.3.1 凝结传热的强化

一般来说，凝结换热是一种高效热传递过程，水蒸气膜状凝结换热系数的量级为5000～10000W/m²·℃，但有机蒸气的凝结换热系数仅为水蒸气的 1/10 左右，因此强化凝结换热十分重要。目前工业设备上发生的基本上都是膜状凝结，故提高膜状凝结的表面传热系数是强化凝结换热的主要方向。由前面论述的蒸气膜状凝结的机理可知，其热阻取决于通过液膜层的导热。因此使液膜层的导热热阻尽可能减小，也就是尽量使液膜层厚度减薄是强化膜状凝结的基本手段和出发点。为此，可以从几个方面着手：减薄蒸气凝结时直接黏滞在固体表面上的液膜；促进液膜湍动；减少滞留角；及时将传热表面上产生的凝结液体排走，不使其积存在传热表面上而进一步使液膜加厚；形成稳定的柱状冷凝。

6.3.1.1 减薄液膜厚度的技术

对于竖壁或竖管，减薄液膜厚度的方法就是在工艺允许的情况下，尽量降低传热面的高度，或者将竖管改为横管。图 6-13 给出了格雷戈里格（Gregorig）效应管的基本原理，即利用表面张力减薄液膜厚度的原理。用这种方法可以获得比光管大几倍的凝结表面传热系数。它的原理是利用凝结液的表面张力把液膜拉向壁表面沟槽的凹部，并顺沟槽迅速排走，而在凸起的脊部留下的液膜非常薄。于是脊部就具有很高的表面传热系数，沟槽底部传热系数虽较低，但总地算起来平均表面传热系数仍大大超过光管。需要控制凝结液的流量，否则会因凝结液过多造成溢流现象。

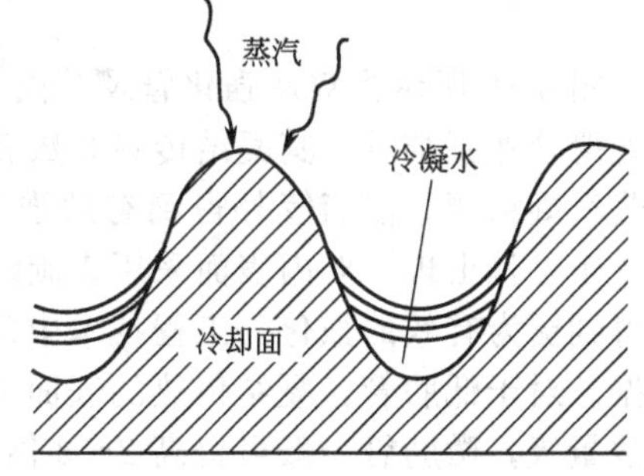

图 6-13 格雷戈里格效应管的原理

根据这一原理开发出了多种强化表面，如最开始的整体式低肋管，以及用于强化蒸气在管外凝结的各种锯齿管（图 6-14）。低肋管可以强化凝结换热是由于凝结液在低肋片上的表面张力对冷凝换热的强化起主导作用。锯齿形翅片管是一种新型传热管，是指在普通光滑管基础上利用专用设备进行加工，并使光滑管内/外表面或内、外表面同时形成各种整体翅或其他复杂表面，从而使表面积扩大和传热效果得以强化的换热管。其翅片外缘有锯齿缺口，加强了流体的扰动，促进对流换热，增加了换热量。同时，锯齿管的锯齿结构导致了周向效应，促使凝结液存积角减小，增大了肋外缘周长，换热面积增大，因而对凝结换热起到了强化作用，使锯齿管有比低肋管更高的换热效率。锯齿管的传热系数是光滑管的 6 倍，是低肋管的

1.5～2 倍。常用的锯齿管有花瓣形翅片管、Turbo-C 和 Turbo-DX。

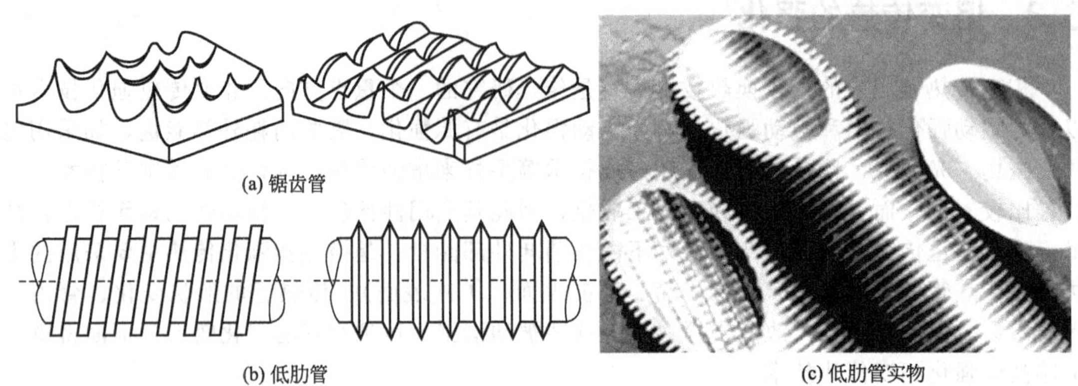

图 6-14　锯齿管与低肋管

花瓣形翅片管是一种特殊的三维翅片结构强化传热管，从截面上看，各翅片像花瓣状而得此名，如图 6-15 所示。花瓣形翅片管既能显著地强化低表面张力介质及其混合物和含不凝性气体的水蒸气的冷凝传热，又能显著地强化空气和高黏性流体的冷却传热，有研究表明：自然对流条件下，其传热系数比锯齿形翅片管提高了 8%～10%，在强制对流下，是光滑管的 5～6 倍。

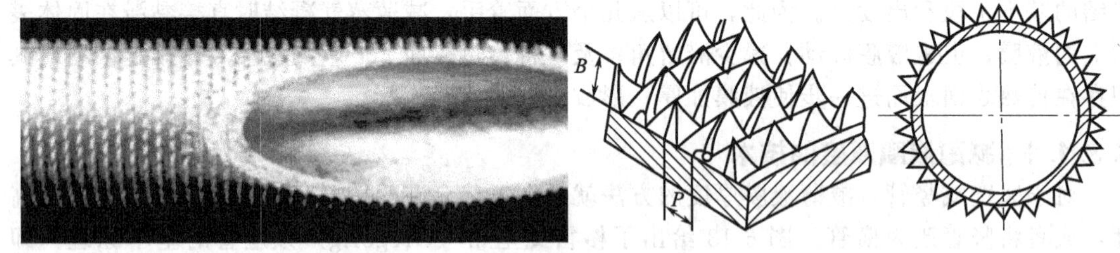

图 6-15　花瓣形翅片管

图 6-16 所示为双侧强化管及其内表面螺纹的剖面，如 DAC 高效冷凝管。当制冷剂蒸气在光滑管外凝结时，其凝结传热系数较管内冷却水的传热系数小很多，传热过程的主要热阻在蒸气凝结侧。但当管外得到有效强化后，外侧热阻明显减小，管内侧的热阻就会突显出来，于是就出现了对内表面采用螺旋线结构的这种强化管，称为双侧强化管，使整个传热过程得到更为有效的强化。工程技术中常以制造传热管的坯管的面积作为比较表面传热系数的依据。对于低肋管，凝结传热的表面传热系数可比光滑管提高 2～4 倍，锯齿管可以提高一个数量级，微肋管一般可提高 2～3 倍。

工业上有许多凝结过程发生在管内，如冰箱和空调机组的冷凝器以及集中供热工程中广泛采用的大型板式冷凝换热器。此类工况下的强化凝结传热技术主要有管内加肋（螺旋形微肋）、管内插入物体以及采用波纹状表面以增强液膜的湍流等。内螺纹管单位长度的内表面积为普通光面铜管的 1.5～2 倍，其传热系数为同规格光面铜管的 1.5～2.4 倍。而对载体流阻仅增加 3%～5%，可节能 20%～35%，使制冷空调器整机重量减少了 10%～25%。图 6-17(a) 与 (b) 所示的为一种二维微肋管，管径为 7～9mm，肋片高度为 0.1～0.2mm，周界方向的肋片数为 50～70 个。图 6-17(c) 所示为三维微肋管。上述这类内螺纹强化管已广泛应用于制冷、空调设备中，在中央空调机上它主要应用于干式蒸发器上，热交换时，管外的水被管内蒸发膨胀的冷媒所冷却；它也应用于家用和商用空调热交换器上或用于高热管。

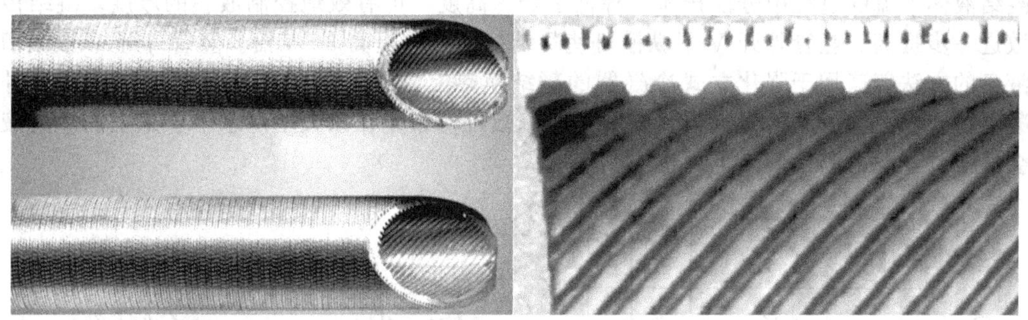

图 6-16 双侧强化管及其纵截面图

图 6-17 二维、三维微肋管照片

蒸气在水平管外凝结时，由于重力作用凝结液膜流向管子底部，造成底部液膜厚度增加[见图 6-18(a)]，凝结传热系数相对较小。改用低肋管后情况有很大改善，如图 6-18(b) 所示，此时凝结液体聚集在肋间下部，肋片上液膜厚度减小，整个传热面上的平均凝结传热系数增大。而图 6-18(c) 所示的高热流冷凝管因其端部尖锐的锯齿形肋片更易使凝结液滴落，从而使高热流管外液膜减薄，减小热阻，增大凝结传热系数。图 6-19 绘出了氟利昂 R22 蒸气在这三种管外凝结时的传热性能。在凝结温差为 2℃时，低肋管凝结传热系数为光滑管的 5 倍，而锯齿形高热流冷凝管凝结传热系数为光滑管的 10 倍左右。

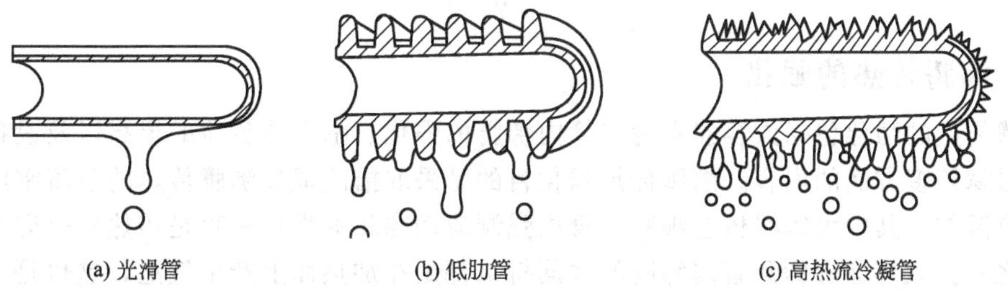

图 6-18 光滑管、低肋管和高热流冷凝管凝结示意图

6.3.1.2 及时排液的方法

图 6-20 给出了两种常见的加速排液的方法。图 6-20(a) 所示的竖管外开 V 形纵槽，使得管外表面的凝结液在表面张力的推动下，向肋片根部 V 形槽内流动，使一部分传热面上的凝结液膜厚度减小，凝结侧的平均热阻减小，凝结传热系数增大。在竖管上还加了泄液盘

在凝结液体下流的过程中分段排泄，降低了竖壁高度，可有效地控制液膜的厚度，凝结传热系数进一步提高。竖管外开 V 形纵槽可使凝结传热系数提高 3～5 倍。竖管外开 V 形纵槽加泄液盘的方法普遍用于强化立式冷凝器的凝结换热上。图 6-20(b) 所示的泄液板用于卧式冷凝器中，如大型电站的凝汽器，图中的泄流板可使布置在该板上部水平管束上的冷凝液体不会集聚到其下的其他管束上。

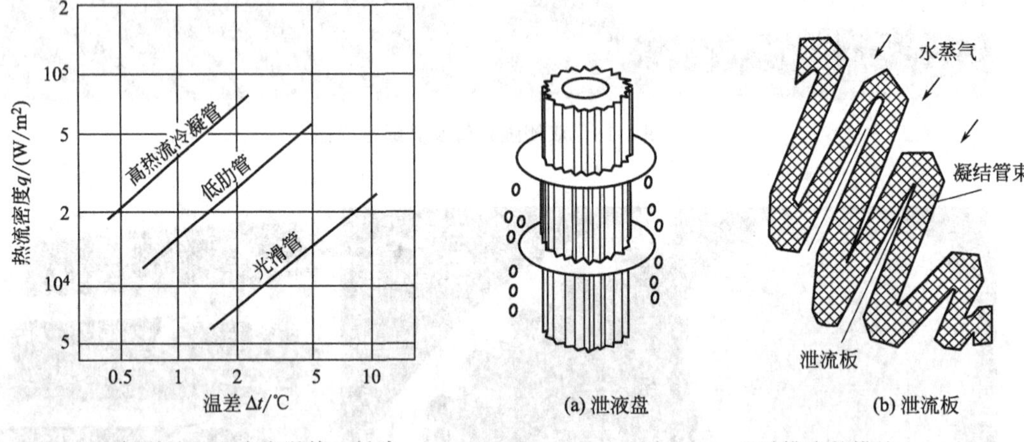

图 6-19　氟利昂 R22 在光滑管、低肋管和高热流冷凝管管外凝结传热性能（$p=1.26\times10^6$ Pa）

图 6-20　及时排液的措施

在动力冷凝器中，如果系统密封良好，则纯净水蒸气膜状凝结传热表面传热系数很大，凝结侧热阻不占主导地位。但实际运行中凝汽器的泄漏是不可避免的，空气的漏入使冷凝器平均表面传热系数明显下降。实践表明，采用强化措施可以收到实际效益。在制冷剂的冷凝器中，主要热阻在凝结一侧，凝结传热的强化就有更大的意义。

6.3.1.3　促成珠状凝结

如在凝结壁面上涂、镀对凝结液附着力很小的材料（如聚四氟乙烯等），在蒸气中加珠凝促进剂（如油酸、辛醇等）以促进珠状凝结的形成。在金属表面涂上憎水基有机化合物涂层、金属硫化物涂层、贵金属涂层、高分子聚合物涂层，往蒸气中注入不润湿性介质等。

6.3.2　沸腾传热的强化

沸腾传热的强化包括大容器沸腾和管内沸腾的强化、临界热负荷的提高以及设备和系统安全的保障等多方面的内容。沸腾传热强化目的是采取措施提高沸腾传热的热流密度或减小沸腾传热温差。其中大容器核态沸腾和管内强制流动沸腾的强化一直是传热学研究的最重要的领域之一。大容器沸腾和管内沸腾的共同特点都是在加热面上产生气泡，这也是对流传热比无相变传热强烈的最基本原因。从核态沸腾的形成机理可以看出强化沸腾传热的基本原则是尽量增加加热面上的汽化核心，增强气泡在沸腾表面上形成即脱离的可能性，增强加热面上薄液膜的蒸发能力。采取的强化方法大致可以分为以下 3 个方面：强化表面法，包括微结构表面、复合化学涂层表面、微孔表面；加入添加剂法，如加入固体颗粒和添加剂（表面活性剂）；外加矢量法，采用流体诱导振动、水基磁性流体池沸腾传热强化。下面主要讲述强化表面法，即增强加热面上的微小凹坑的技术。

6.3.2.1 表面粗糙化

沸腾传热领域表面粗糙化最重要的代表是具有内凹形空穴的多孔表面。这种表面能够产生大量稳定的活化核心，同时增大换热表面积，相当于表面肋化。图 6-21 所示是用不同方法进行表面处理后的加热面微细结构，此类多孔管以美国联合碳化物公司（UC）的 high flux 烧结多孔管最具代表性。

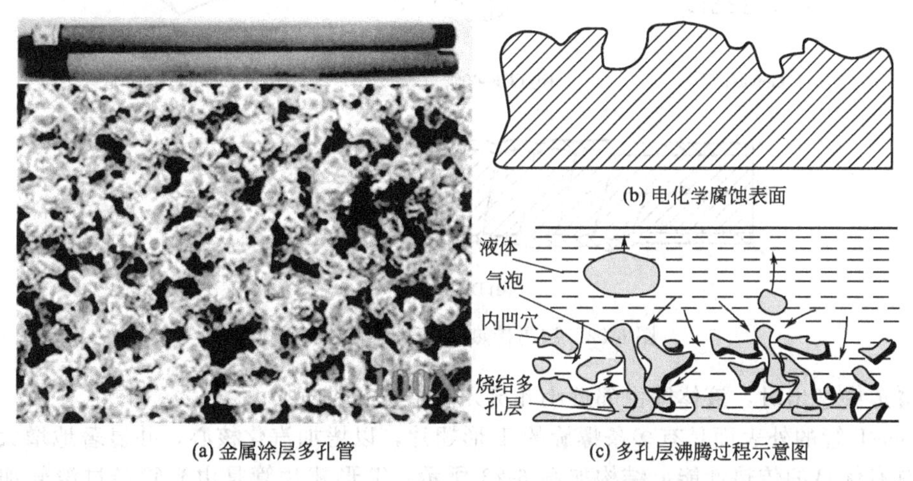

(a) 金属涂层多孔管　(b) 电化学腐蚀表面　(c) 多孔层沸腾过程示意图

图 6-21　经过表面处理后的加热面微细结构

图 6-21(a) 所示表面是通过高温烧结或火焰喷涂使造孔剂的金属粉末附着在普通光滑管表面上而形成的多孔层；图 6-21(b) 所示的多孔表面层为采用电化学腐蚀而形成的，此外通过钎焊、电离沉积等方法也可得到多孔层；图 6-21(c) 所示为多孔层沸腾过程示意图，在沸腾传热时，多孔层层中的大量微孔变成为气泡形成的核心，由于微孔内的气泡处于四周受热状态，气泡核迅速膨大充满内腔，持续受热使气泡内压力快速增大，促使气泡从管表面细缝中极速喷出。气泡喷出时带有较大的冲刷力量，并产生一定的局部负压，使周围较低温度的液体通入微孔内，形成持续不断的沸腾。这些表面缺陷中吸附的气体不易被液体带走，也不易被污垢堵塞，因而可以成为持久的汽化核心，增强了沸腾传热。

另外，采用机械加工方法在传热管表面上造成多孔结构，是目前沸腾传热强化的主要技术手段。目前最成功的商品化沸腾传热元件有日本日立公司的 Thermoexcel-E 管、德国 Wieland-Werke 公司的 Gewa-T 管和交错式 T 形管 ECR-40 等。我国也已生产了 DAE 高效蒸发管。它们都通过采用各种被动式措施达到了很好的强化效果。Griffith 等对汽化核心的研究结果指出，孔穴的开口尺寸决定了初始沸腾所需要的壁面过热度，而孔穴内部的形状则决定了沸腾的稳定性。由于制冷剂液体的沸腾传热系数相对而言不是很高，因此这种用表面处理的方法增强沸腾对流传热对于制冷剂液体的沸腾传热显得特别有意义。

图 6-22 给出了几种目前应用较多的强化沸腾传热表面的结构示意图。这种多孔表面管的传热强度与光滑管相比，常常要高一个数量级，已经广泛应用于普冷、深冷、天然气液化、乙烯分离、海水淡化等化工行业。Thermoexcel-E 多孔管外表面上开有许多三角形小孔，以其内接圆直径 d_0（0.03～0.2mm）为特征尺寸，三角形小孔与下面的隧道相通，同一隧道上的三角形空节距 t_0 一般为 0.6～0.7mm，各隧道相互平行，隧道之间的节距 t 一般为 0.4～0.6mm；隧道高度为 H，其值为 0.4～0.62mm；隧道宽度为 0.14～0.25mm。多孔表面上的三角形小孔作叉排布置。隧道内的液体被壁面迅速加热形成蒸气，蒸气经隧道上方的小孔以气泡形式脱离多孔表面，但在隧道中还截留有残余蒸气可供连续蒸发之用。当

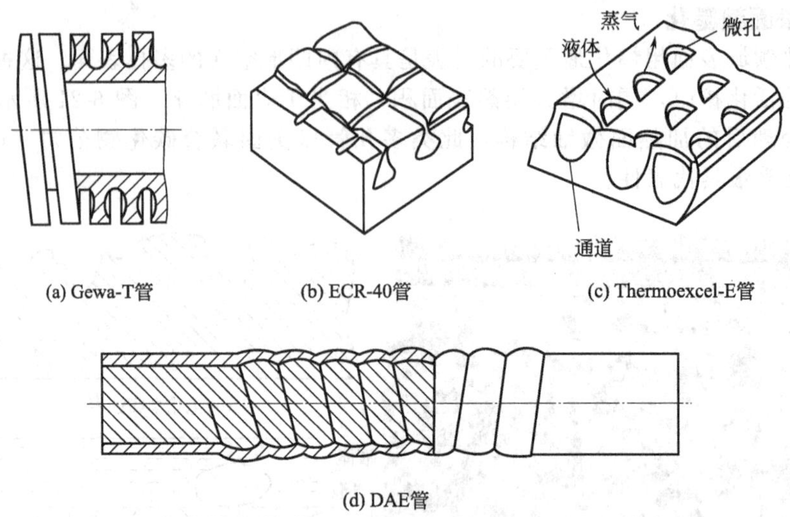

(a) Gewa-T管　(b) ECR-40管　(c) Thermoexcel-E管

(d) DAE管

图 6-22　沸腾传热强化表面结构示意图

蒸气从隧道中逸出时，液体即由邻近小孔流入隧道进行补气。

Gewa-T 管的外表面具有多条螺旋的 T 形翅片，以增加汽化核心，并显著地增大了传热面积，具有优良的传热性能，结构如图 6-23 所示。T 形翅片管是由光管经过滚轧加工成形的一种高效换热管。其结构特点是在管外表面形成一系列螺旋环状 T 形隧道。管外介质受热时在隧道中形成一系列的气泡核，由于在隧道腔内处于四周受热状态，气泡核迅速膨大充满内腔，持续受热使气泡内压力快速增大，促使气泡从管表面细缝中极速喷出。气泡喷出时带有较大的冲刷力量，并产生一定的局部负压，使周围较低温度液体涌入 T 形隧道，形成持续不断的沸腾。关于 T 形管的沸腾换热强化机理，研究者发现主要是由于 T 形肋形成的通道，而不是肋本身的肋效应。

(a)　(b)

图 6-23　Gewa-T 管结构（a）和沸腾传热（b）示意图

6.3.2.2　强化管内沸腾的表面结构

原则上前述强化大容器核态沸腾的各项措施都可应用于强化管内强制流动沸腾。但实际上各种内肋管，包括内螺纹管、锯齿形内肋管等都是传热学研究的主要强化管形式。为了防止管内沸腾蒸干区域管壁温度的飞升，电站锅炉中广泛采用内螺纹管结构，肋片的高度在 1mm 左右，如图 6-24 所示。内螺纹管和三维微肋管也广泛应用于制冷工质的管内沸腾传热。

6.3.2.3　窄缝通道

随着现代换热科学研究的深入，发现窄缝通道内流动沸腾换热系数与大通道相比有较大提高。对于窄通道换热器而言，发生流动沸腾时，减小通道尺寸会直接影响气泡在通道中的

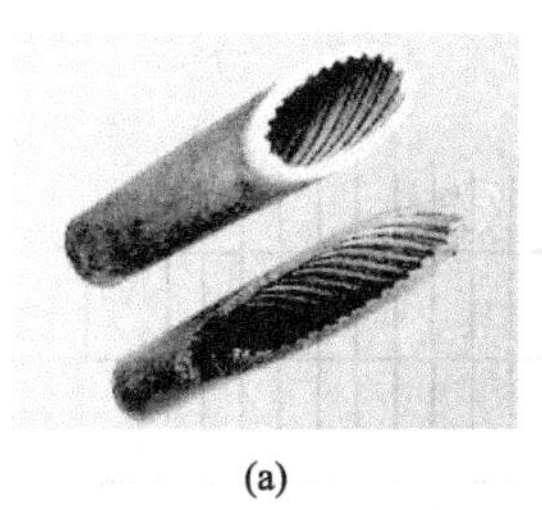

(a)

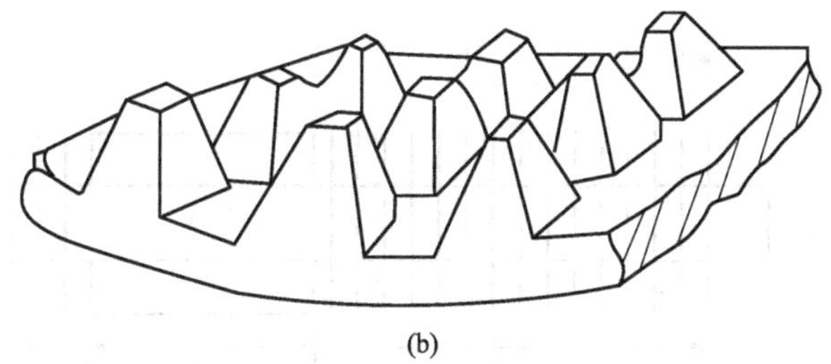

(b)

图 6-24　内螺纹管（a）与三维微肋管（b）示意图

流动特性，由于通道的间隙与气泡的尺寸接近，所以气泡会受到挤压变形，此时气泡会带走大量的潜热和引起气液界面的扰动，从而其换热性能及机理都会发生变化。因此，与常规通道相比较，窄通道的流动沸腾换热系数有较大提高，其换热机理也更加复杂。板型燃料元件构成的冷却剂通道就是一种典型的窄矩形通道。

窄通道内沸腾传热的一些规律和特点：窄通道中沸腾过程中进、出口压差随通道尺寸减小而增大，并且随着加热过程的进行，通道内出现过冷沸腾之后开始上下波动；窄通道达到沸腾的时间短，且小尺寸的通道内流体更易达到沸腾，较大尺寸的通道出口平均温度相对较低，达到沸腾的时间更长；通道较大的表面粗糙度有利于提高通道内流体的出口温度，且系统压差随表面粗糙度的增大而减小；窄通道间隙尺寸越小，入口流速越小，欠热沸腾起始点（ONB）越提前产生。欠热沸腾起始点（ONB）是窄通道内沸腾传热的关键转变点，直接关系到其后的流动传热特性。

6.4 热管技术

6.4.1 热管的工作原理

热管（heat pipe）技术是 1963 年美国洛斯阿拉莫斯（Los Alamos）国家实验室的乔治格罗佛（George Grover）发明的一种称为"热管"的传热元件，它充分利用了热传导原理与相变介质的快速热传递性质，透过热管将发热物体的热量迅速传递到热源外，其导热能力超过任何已知金属的导热能力。

典型的热管由管壳、吸液芯和端盖组成，工作原理如图 6-25 所示。管壳采用金属管，将管内抽成 $10^{-4}\sim1.3\times10^{-1}$Pa 的负压后充以适量的工作液体，使紧贴管内壁的吸液芯毛细多孔材料中充满液体后加以密封。管的一端为蒸发段（加热段），另一端为冷凝段（冷却段），根据应用需要在两段中间可布置绝热段。工作时，蒸发段（吸热段）的工作液被热管外的热流体加热，吸取潜热蒸发，其蒸气经绝热段（保温段）流向冷凝段（散热段），工作液蒸气放出潜热，凝结为液体。蒸气液化释放出来的潜热通过管壁传递给热管外面的冷流体。积聚在冷凝段吸液芯中的凝结液借助吸液芯毛细力的作用返回到加热段再吸热蒸发。工作液的这种循环就把热量从加热段传递到冷凝段。热管在实现这一热量转移的过程中，包含了以下 6 个相互关联的主要过程：

① 热量从热源通过热管管壁和充满工作液体的吸液芯传递到液-气分界面。

② 液体在蒸发段内的液-气分界面上蒸发。

③ 蒸气腔内的蒸气从蒸发段流到冷凝段。

④ 蒸气在冷凝段内的气-液分界面上凝结。

⑤ 热量从气-液分界面通过吸液芯、液体和管壁传给冷源。

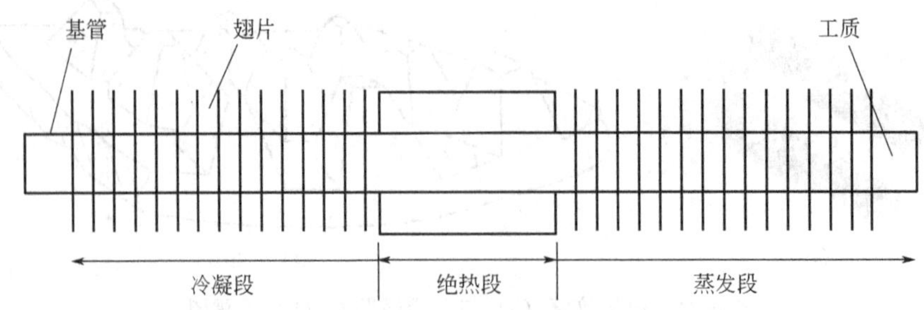

图 6-25 热管工作原理

⑥ 在吸液芯内由于毛细作用冷凝后的工作液体回流到蒸发段。

在由热管管束组成的热管传热器中，通过热管这个中间媒介，热流体的热量就可传给冷流体，实现传热过程。为了强化热管外的流体与热管蒸发段、冷凝段的传热过程，在热管的这两个传热段外面常常加翅片。

带有吸液芯的热管具有以下突出优点。

① 传热能力极强。热管内部主要靠工作液体的气、液相变传热，热阻很小，因此具有很高的导热能力。与银、铜、铝等金属相比，单位质量的热管可多传递几个数量级的热量。当然，高导热性也是相对而言的，温差总是存在的，不可能违反热力学第二定律，并且热管的传热能力受到各种因素的限制，存在着一些传热极限；热管的轴向导热性很强，径向并无太大的改善（径向热管除外）。分析证明，一根内、外径分别为 21mm、25mm，蒸发段和冷凝段各长 1m 的碳钢热管的传热能力大致相当于一根长 2m、直径 25mm 的纯铜棒 [$\lambda=400W/(m\cdot K)$] 导热能力的 1500 倍。

② 热流方向的可逆性，对蒸发段和冷凝段的位置没有任何的限制。一根水平放置的有芯热管，由于其内部循环动力是毛细力，因此任意一端受热就可作为蒸发段，而另一端向外散热就成为冷凝段。

当加热段在下，冷却段在上，热管呈竖直放置时，工作液体的回流靠重力足可满足，无须毛细结构的管芯，这种不具有多孔体管芯的热管被称为热虹吸管。热虹吸管结构简单，目前广泛应用于节能（余热回收）领域。重力热管主要由管壳、端盖、工质三部分组成，工作原理如图 6-26 所示。重力热管的工作介质积聚在热管的底部。当该处受到热管外流体加热时工作液体蒸发，其中蒸气上升到热管上半部被管外流体冷却而凝结成液体，凝结液在重力作用下沿内壁流下返回到蒸发段而完成一个循环。这样，通过工作液体的不断蒸发、凝结，把热管下半部热源的热量连续地传递到热管上半部的冷源中去。重力热管中应用最广的是钢-水热管。

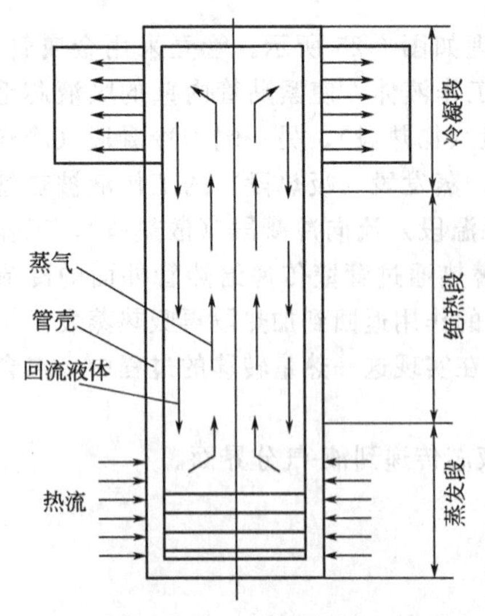

图 6-26 重力热管工作原理示意图

由于重力热管内没有吸液芯这一重要特点，所以和普通热管相比，不仅热阻小、热响应快、结构简单、制造方便、成本低廉，而且传热性能优良、没有毛细极限的传热限制、工作可靠，因此在地面上的各类传热设备中都可作为高效传热元件，其应用领域与日俱增。

③ 热流密度可变性。热管可以独立改变蒸发段或冷却段的加热面积，即以较小的加热面积输入热量，而以较大的冷却面积输出热量，或者热管可以较大的传热面积输入热量，而以较小的冷却面积输出热量，这样即可以改变热流密度，解决一些其他方法难以解决的传热难题。

④ 优良的等温性。热管内腔的蒸气处于饱和状态，饱和蒸气的压力取决于饱和温度，饱和蒸气从蒸发段流向冷凝段所产生的压降很小，根据热力学中的方程式可知，温降也很小，因而热管具有优良的等温性。

⑤ 热二极管与热开关性能。热管可做成热二极管或热开关，所谓热二极管就是只允许热流向一个方向流动，而不允许向相反的方向流动；热开关则是当热源温度高于某一温度时，热管开始工作，当热源温度低于这一温度时，热管就不传热。

6.4.2 热管壳体材料与工质之间的相容性及寿命

热管的相容性是指热管在预期的设计寿命内，管内工作液体同壳体不发生显著的化学反应或物理变化，或有变化但不足以影响热管的工作性能。相容性在热管的应用中具有重要的意义。只有长期相容性良好的热管，才能保证稳定的传热性能、长期的工作寿命及工业应用的可能性。如果两者不相容，则经过长时间的运行后，不凝结气体或表面沉积物会大大影响相变传热的效果。碳钢-水热管正是通过化学处理的方法，有效地解决了碳钢与水的化学反应问题，才使得碳钢-水热管这种高性能、长寿命、低成本的热管得以在工业中大规模推广使用。表 6-2 列出了在常见的使用温度范围内，常用的工质及其相容的金属材料性质[49]。

表 6-2 热管常用的工质及其相容的金属材料性质

热管种类	工作介质	相容材料	工作温度/℃
低温热管	氨	铝、低碳钢、不锈钢	−60～100
常温热管	己烷	黄铜、不锈钢	0～100
	丙酮	铝、铜、不锈钢	0～120
	乙醇	铜、不锈钢	0～130
	甲醇	铜、碳钢、不锈钢	12～130
	甲苯	不锈钢、低碳钢、低合金钢	0～290
	水	铜、内壁经过化学处理的碳钢	20～250
中温热管	萘	铝、不锈钢、碳钢	147～350
	联苯	碳钢、不锈钢	147～300
	导热姆 A	铜、碳钢、不锈钢	150～395
	导热姆 E	不锈钢、碳钢、镍	147～300
	汞	奥氏体不锈钢	250～650
高温热管	钾	不锈钢	400～1000
	铯	钛、铌	400～1100
	钠	不锈钢、因康镍合金	500～1200
	锂	钨、钽、钼、铌	1000～1800
	银	钨、钽	1800～2300

影响热管寿命的因素很多，归结起来，不相容的主要形式有以下三方面：产生不凝性气体；工作液体物性恶化；管壳材料的腐蚀、溶解。

① 产生不凝性气体。由于工作液体与管壳材料发生化学反应或电化学反应，产生不凝性气体，热管工作时，该气体被蒸气流吹扫到冲凝段聚集起来形成气塞，从而使有效冷凝面积减小，热阻增大，传热性能恶化，传热能力降低甚至失效。

② 工作液体物性恶化。有机工作介质在一定温度下，会逐渐发生分解，这主要是由于有机工作液体的性质不稳定，或与壳体材料发生化学反应，使工作介质改变其物理性能，如甲苯、烷、烃类等有机工作液体易发生该类不相容现象。

③ 管壳材料的腐蚀、溶解。工作液体在管壳内连续流动，同时存在着温差、杂质等因素，使管壳材料发生溶解和腐蚀，流动阻力增大，使热管传热性能降低。当管壳被腐蚀后，引起强度下降，甚至引起管壳的腐蚀穿孔，使热管完全失效。这类现象常发生在碱金属高温热管中。

6.4.3 热管的应用

热管是依靠自身内部工作液体相变来实现传热的传热元件，具有很高的导热性、优良的等温性、热流密度可变性、热流方向的可逆性、可远距离传热性能、恒温特性（可控热管）、热二极管与热开关性能等一系列优点，并且由热管组成的换热器具有传热效率高、结构紧凑、流体阻损小等优点。由于其特殊的传热特性，因而可控制管壁温度，避免露点腐蚀。因此热管技术被广泛应用在航空航天、太阳能利用、电力、化学工业、石油化工、建材建筑、纺织、冶金工业、电子工业、动力机械以及低温热管等行业。

(1) 在航空航天领域中的应用

热管是适应航天技术的发展要求而发展的，其超导热性以及等温性使它成为宇航技术中控制温度的理想工具。航天领域中对热管运行的可靠性及其本身的各种性能都有严格要求，这也促进了热管技术的发展。如等温蜂窝板、超声速热管机翼以及大型空间站热管散热器等。热管在航天器上用于两个方面。

① 使航天器结构或内部设备等温化。利用热管使航天器外部结构各部分减少温差，实现部分等温化，以改善太阳能电池的工作温度条件，提高输出功率。实现仪器舱结构和内部仪器的温度均匀化，改善工作温度条件。美国一技术卫星的柱体为 1.5m×1.5m 的圆柱，在未装热管前，向阳面与背阳面的温差达 145℃，而安装了 8 根热管后温差减小到 17℃（见图 6-27）。由于向阳面温差的大幅度降低，太阳能电池的输出功率增加了 20%，而安装热管仅使卫星质量增加了 5%。

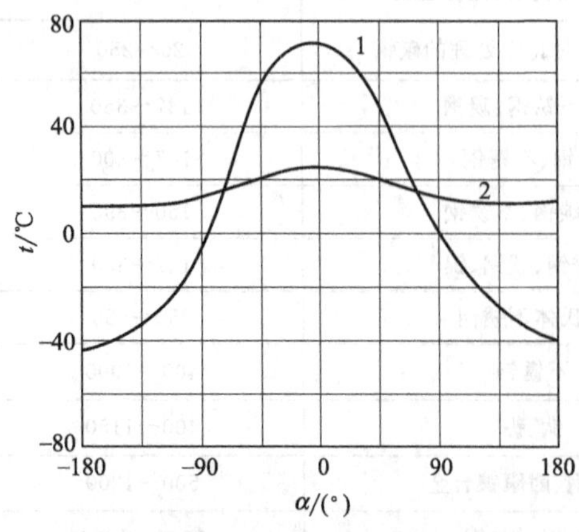

图 6-27　热管用于卫星表面等温化

1—用热管前；2—用热管后

② 解决航天器所载电子设备、元器件的散热问题。应用热管可以把热量分布到较大的散热面（辐射板）上，变成低热流密度的热量向外排散。这种把可变热导热管和辐射板组合在一起的装置称为可变热导热管辐射器。一些通信卫星使用可变热导热管辐射器解决了行波管的散热和温度控制问题。此外，这类热管在航天器空间制冷技术中也得到了应用。

航天器的微小型化对热控系统提出了新的要求和挑战，热控系统除了具备微小型的尺寸、轻质的特性外，还必须具备高热流密度散热能力。MEMS技术的发展为解决星载微机电系统高热流密度、微尺度散热问题提供了新思路，通过MEMS加工技术可将整个热控系统加工或安装在线路板上，从而实现基于MEMS的微型热控系统集成。这种线路板级的散热系统使冷媒与热源间的距离缩短，降低传热热阻，从而解决了微小空间系统的散热问题。典型的微型热传输技术如微型泵驱动流体回路、微型环路热管等，其极限热流密度可以达到100W/cm^{2}以上。

(2) 在太阳能利用中的应用

太阳能是一种清洁、高效的能源。热管的诸多优点加之其热二极管性，防止了太阳能系统的逆循环，使得热管成为太阳能系统中传热元件的良好选择。热管式真空集热管及其太阳能集热器、太阳能热水器都已成为我国太阳能行业中的高科技产品，也成为国际市场中极具竞争力的太阳能产品。

热管式真空集热管由热管、金属吸热板、玻璃管、金属封盖、弹簧支架、蒸散型消气剂和非蒸散型消气剂等部分构成，其中热管又包括蒸发段和冷凝段两部分，如图6-28所示。

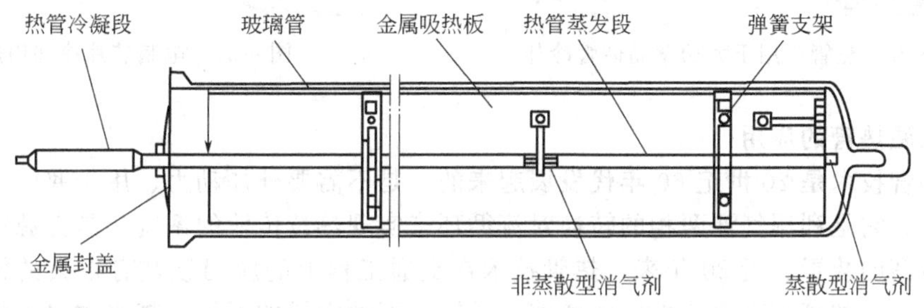

图6-28 热管式真空集热管

在热管式真空集热管工作时，太阳辐射穿过玻璃管后投射在金属吸热板上。吸热板吸收太阳辐射并将其转换为热能，再传导给紧密结合在吸热板中间的热管，使热管蒸发段内的工质迅速汽化。工质蒸气上升到热管冷凝段后，在较冷的内表面上凝结，释放出蒸发潜热，将热量传递给集热器的传热工质，凝结后的液态工质依靠其自身的重力流回到蒸发段，然后重复上述过程。

目前国内大都使用铜-水热管，国外也有使用有机物质作为热管工质的，但必须满足工质与热管材料的相容性。由于采用了热管技术，热管式真空集热管具有许多优点：真空集热管内没有水，因此耐冰冻，即使在－40℃的环境温度下也不冻坏；热管工质的热容量小，因此真空集热管启动快；热管有热二极管效应，热量只能从下部传递到上部而不能从上部传递到下部，因而真空集热管保温好等。

(3) 在电子领域中的应用

电子技术近年来迅速发展，电子器件的高频、高速以及集成电路的密集和小型化使得单位容积电子器件的发热量快速提高，而电子器件正常工作必须在一定的温度范围之内，电子器件的散热成为其发展的一个瓶颈。因此电子技术的发展需要有良好的散热手段来保证。

热管问世以来，电子装置的散热系统有了新的发展。热管热流密度的可调节性使它可以用于高热流密度的电子元器件。热管使自冷的应用范围迅速扩大。因为热管自冷散热系统不需要风扇、没有噪声、免维修、安全可靠，热管风冷甚至可以取代水冷系统，节约水资源和相关辅助设备投资。此外，热管散热还能将发热件集中，甚至密封，而将散热部分移到外部或远处，能防尘、防潮、防爆，提高电气设备的安全可靠性和应用范围。近年来，大功率电子器件的冷却上采用了热管，取得了较好效果。如图 6-29 所示，热管的蒸发段用来冷却高热流密度的大功率晶体管，而用扩大冷凝段面积的方法使冷凝段仍然可以采用常规的空气对流传热方式来冷却。热管还广泛应用于电脑芯片和主板的冷却技术中（见图 6-30），多根热管并联使用增强散热效果。冷凝器侧敷设有翅片。两个蒸发器用薄铜板紧密相连，该铜板紧贴于芯片上。

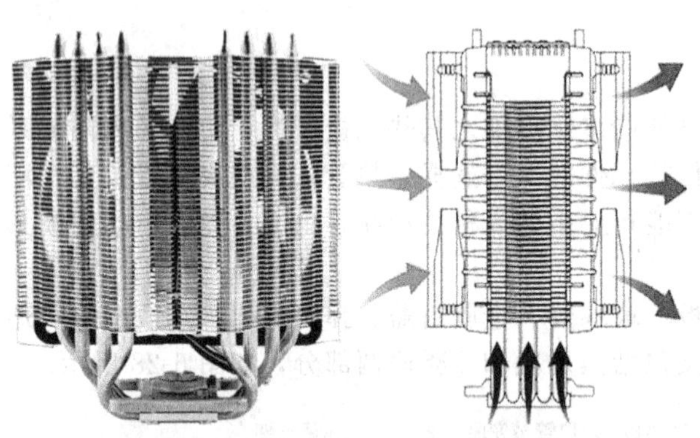

图 6-29　热管应用于大功率晶体管冷却

图 6-30　电脑芯片冷却用热管

(4) 低温热管的应用

低温热管技术是 20 世纪 60 年代发展起来的，是不需要外加动力、用于寒区土木工程中的冷冻技术。它是利用气液两相的转换对流循环来实现热量传输的系统，是无源冷却系统中热量传输最高的装置。近 20 年来，热管技术在交通工程上的应用领域有很大的拓展，解决了很多问题，比如高寒高海拔地区的道路、桥梁、石油管线的保护，越来越多地依赖热管元件了。最具有代表性的是我国青藏铁路的建设，青藏铁路穿过很多冻土区域，因环保的要求，不能随意采取措施来保护铁路而去破坏土壤环境，热管不但能满足环保的要求，而且能满足保护铁路的要求，如图 6-31 所示。此外，佳木斯机场利用低温热管技术保持地表面温度始终为 4℃，保持机场不积雪；辽河油田利用低温热管保持井口处冻土不冻，保证原油顺利输送。

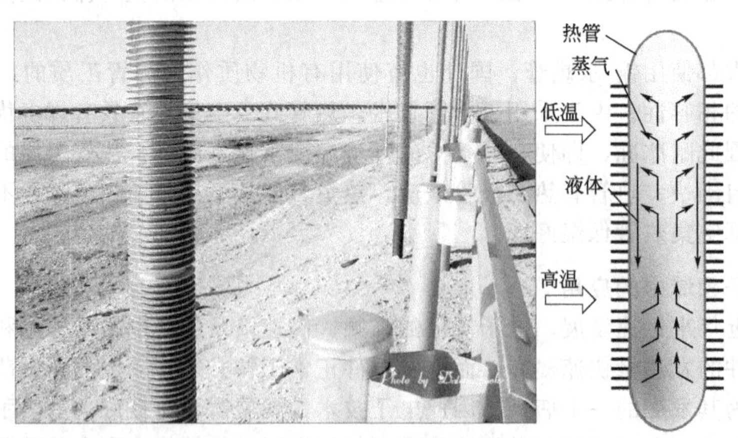

图 6-31　低温热管应用

其原理如下：将装液氮工质的热管插入冻土层，在寒季，空气的温度低于冻土的温度，热管中的液体工质吸收冻土中的热量，蒸发成气体，蒸气在压力差的驱动下沿热管腔向上流动至上部，遇到较冷的管壁放出汽化潜热，冷凝成液体，液体工质在重力作用下流回蒸发段再蒸发，如此循环，把冻土中的热量源源不断地传输到大气中。在暖季，空气中的温度高于冻土的温度，液体工质蒸发的蒸气到上部后，由于管壁温度较高，蒸气不能冷凝，达到气液相平衡后，液体停止蒸发，热管停止工作（热管的单向传热特性），大气中的热量不会传到冻土中。这样就始终保持冻土中的温度是上高下低，不会使冻土中的泥土从下开始融化而形成翻涌。

此外，热管及热管换热器近年来在石油化工领域中的应用已越来越受人们的重视，它具有体积紧凑、压力降小、可以控制露点腐蚀、一段破坏不会引起两相流互混等优点，提高了设备的运行效率和可靠性。它在石化领域的应用可谓是无所不在，如应用于合成氨工业中硫酸工业余热的回收利用，在石化领域中热管裂解炉、热管乙苯脱氢反应器、热管氧化反应器、催化裂化再生取热器等。

在电力工业中热管换热器可作为各种锅炉的尾部受热面。如热管式空气预热器可替代传统的回转式空气预热器和列管式空气预热器，提高受热面壁温，避免露点腐蚀，提高炉膛进风温度和炉膛含氧量，减少漏风，延长锅炉运行周期。应用于电力输送线路的保护，高海拔及寒冷地区的电力输送塔、变电站等都需要热管来保护其地基不会因季节变化而过度膨胀或者融沉。

本章小结

通过本章的学习，应从定性方面掌握凝结和沸腾两种对流传热方式的特点、影响因素和强化措施，尤其是膜状凝结的影响因素和大容器饱和沸腾曲线。掌握凝结换热现象产生的条件、凝结现象的两种基本形式——膜状凝结和珠状凝结、产生的原因以及珠状凝结的换热强度远高于膜状凝结的理由。对珠状凝结只要求一般了解。掌握产生沸腾现象的条件，对大容器饱和沸腾曲线有深入了解，注意大容器饱和沸腾时自然对流、核态沸腾、过渡沸腾以及稳定膜态沸腾四种沸腾状态的区别，核态沸腾是其中的重点。对临界热通量 q_{max} 的意义及其在工程实际中的重要性有充分认识。从定量角度应掌握竖壁和水平管外的层流膜状凝结的工程计算，以及大容器饱和核态沸腾及临界热流密度的计算。读者在理解的基础上应能回答以下问题。

(1) 什么是膜状凝结和珠状凝结？膜状凝结热量传递过程的主要阻力在什么地方？

(2) 竖壁倾斜后其凝结换热表面传热系数是增大还是减小？为什么？

(3) 为什么蒸气中含有不凝结气体会影响凝结换热的强度？

(4) 空气横掠管束时，沿流动方向管束排数越多，换热越强，而蒸气在水平管束外凝结时，沿液膜流动方向管束排数越多，换热强度越低。试对上述现象作出解释。

(5) 在电厂动力冷凝器中，主要冷凝介质是水蒸气，而在制冷剂（氟利昂）的冷凝器中，冷凝介质是氟利昂蒸气。在工程实际中，常常要强化制冷设备中的凝结换热，而对电厂动力设备一般无须强化，试从传热角度加以解释。

(6) 两滴完全相同的水滴在大气压下分别滴在表面温度为120℃和400℃的铁板上，试问滴在哪块板上的水滴先被烧干？为什么？

(7) 试从沸腾过程分析，为什么用电加热器加热时当加热功率 $q>q_{max}$ 时易发生壁面被烧毁现象，而采用蒸气加热则不会？

(8) 简述影响沸腾换热的因素。

(9) 从换热表面的结构而言，强化凝结传热的基本思想是什么？强化沸腾传热的基本思想是什么？

习题

6-1 饱和水蒸气在高度 $l=1.5\text{m}$ 的竖管外表面上作层流膜状凝结。水蒸气压力为 $p=2.5\times10^5\text{Pa}$，管子表面温度为 123℃。试利用努塞尔分析解计算离开管顶 0.1m、0.2m、0.4m、0.6m 及 1.0m 处的液膜厚度和局部表面传热系数。

6-2 大气压力下饱和蒸气在 70℃的垂直壁面上凝结放热，壁面高 1.2m、宽 0.3m，求每小时的传热量及凝结水量。

6-3 饱和温度为 50℃的纯净水蒸气在外径为 25.4mm 的竖直管束外凝结。蒸汽与管壁的温差为 11℃，每根管子长 1.5m，共 50 根管子。试计算该冷凝器管束的热负荷。

6-4 立式氨冷凝器由外径为 50mm 的钢管制成。钢管外表面温度为 25℃，冷凝温度为 30℃，要求每根管子的氨凝结量为 0.009kg/s，试确定每根管子的长度。

6-5 绝对压力为 10^5Pa 的饱和蒸汽在外径为 25mm、长 4m 的水平圆管外凝结，管子外表面温度为 90.4℃，求凝结传热系数 h_H。如果管子改为竖直放置，凝结传热系数将如何变化？

6-6 一竖管，管长为管径的 64 倍。为使管子竖放与水平放置时的凝结表面传热系数相等，必须在竖管上安装多少个泄液盘？设相邻泄液盘之间距离相等。

6-7 一房间内空气温度为 25℃，相对湿度为 75%。一根外径为 30mm、外壁平均温度为 15℃的水平管道自房间穿过。空气中的水蒸气在管外壁面上发生膜状凝结，假定不考虑传质的影响。试计算每米长管子的凝结换热量。并对这一结果进行分析，与实际情况相比，这一结果是偏高还是偏低？

6-8 压力为 $1.013\times10^5\text{Pa}$ 的饱和水蒸气，用水平放置的壁温为 90℃的铜管来凝结。有下列两种选择：用一根直径为 10cm 的铜管或 10 根直径为 1cm 的铜管。试问：

① 这两种选择所产生的凝结水量是否相同？最多可以相差多少？

② 要使凝结水量的差别最大，小管径系统应如何布置（不考虑容积因素）？

③ 上述结论与蒸汽压力、铜管壁温是否有关（保证两种布置的其他条件相同）？

6-9 一卧式水蒸气冷凝器管子的直径为 20mm，第一排管子的壁温 $t_\text{w}=15℃$，冷凝压力为 $4.5\times10^5\text{Pa}$。试计算第一排管子每米长的凝结液量。

6-10 平均压力为 $1.43\times10^5\text{Pa}$ 的水在内径为 20mm 的通道内作单相湍流强制对流换热，壁温比水温高 5℃。试问：当流速多大时，若不考虑管长修正，单相介质对流换热的热流密度与相同压力、相同温差下的饱和水在铜表面上作大容器核态沸腾的热流密度相等？

6-11 一铜制平底锅底部的受热面直径为 30cm，要求其在 $1.013\times10^5\text{Pa}$ 大气压力下沸腾时每小时能产生 2.3kg 的饱和水蒸气，试确定锅底干净时其与水接触面的温度。

6-12 一台电热锅炉，用功率为 8kW 的电热器来产生压力为 $1.43\times10^5\text{Pa}$ 的饱和水蒸气。电热丝置于两根长为 1.85m、外径为 15mm 的经机械抛光的不锈钢钢管内，而这两根钢管置于水内。设所加入的电功率均用来产生蒸汽，试计算不锈钢壁面温度的最高值。钢管壁厚 1.5mm，热导率 10W/(m·K)。

6-13 用直径为 1mm、电阻率 $\rho=1.1\times10^{-6}\Omega\cdot\text{m}$ 的导线通过盛水容器作为加热元件，试确定，在 $t_\text{s}=100℃$ 时为使水的沸腾处于核态沸腾区，该导线所能允许的最大电流。

6-14 在所有的对流传热计算式中，沸腾传热的实验关联式大概是分歧最大的。就式(6-24a)而言，用它来估计 q 时最大误差可达 100%。另外，系数 C_wl 的确定也是引起误差的一个方面。设在给定的温差下，由于 C_wl 的取值偏高了 20%，试估算热流密度的计算值会引起的偏差。如果规定了热流密度，则温差的估计又会引起多大的偏差？通过具体的计算来说明。

6-15 在一氨蒸发器中，氨液在一组水平管外沸腾，沸腾温度为−20℃。假设可以把这一沸腾过程近似地作为大容器沸腾看待，试估算每平方米蒸发器外表面所能承担的最大制冷量。−20℃时氨从液体变成气体的相变热 $r=1329\text{kJ/kg}$，表面张力 $\sigma=0.031\text{N/m}$，密度 $\rho_v=1.604\text{kg/m}^3$。

参考文献

[1] 赵镇南. 传热学 [M]. 北京：高等教育出版社，2002.

[2] Rode J W. Dropwise condensation theory [J]. Int J Heat Mass Transfer, 1981, 24 (1): 191-194.

[3] Leipertz A, Koch G. Dropwise condensation of stream on hard coated surfaces [C] //Proceedings of 11th International Heat Transfer Conference, 1998, 6: 379-384.

[4] Ma X H, Wang L, Chen J B, Zhu X B, et al. Condensation heat transfer of steam on vertical dropwise and filmwise co-existing surfaces with a thick organic film promoting dropwise mode [J]. Experimental Heat Transfer, 2003, 16: 239-253.

[5] Ma X H, Rose J W, Xu D Q, et al. Advances in dropwise condensation heat transfer: Chinese research [J]. Int J Heat Mass Transfer, 2000, 38 (1): 86-93.

[6] Nusselt W. Die Oberflachen condensation des Wasserdampfes [J]. VDI, 1916, 60: 541-569.

[7] Gregorig R, Kern J, Turek K. Improved correlation of film condensation data based on a more rigorous application of similarity parameters [J]. Warmeund Stoffubertrangung, 1974, 7 (1): 1-13.

[8] Dhir V K, Lienhard J H. Laminar film condensation on plane and axisymmetric bodies in non-uniform gravity [J]. ASME J Heat Transfer, 1971, 93 (1): 96-100.

[9] Popiel C O, Boguslawski L. Heat transfer by laminar condensation on sphere surfaces [J]. Int J Heat Mass Transfer, 1979, 18 (7): 1486-1488.

[10] Goto M, Hotta H, Tezukz S. Film condensation of refrigerant vapor on a horizontal tube [J]. Int J Refrigeration, 1980, 3 (3): 161-166.

[11] Sukhame S P, Jagadish B S, Prabhakaran P. Film condensation on single horizontal enhanced condenser tubes [J]. ASME J Heat Transfer, 1990, 112 (1): 229-234.

[12] Cheng B, Tao W Q. Experimental study on R-152a film condensation on single horizontal smooth tube and enhanced tubes [J]. ASME J Heat Transfer, 1994, 116 (1): 266-270.

[13] 杨世铭. 冷凝液膜部分湍流时的放热—包括部分低 Pr 数的情形 [J]. 机械工程学报，1957，5 (3): 235-247.

[14] Labuntzov D A. Heat transfer at film condensation of pure vapore on vertical surface and horizontal pipes [J]. Thermal Energy (in Russian), 1957, 7 (1): 72-82.

[15] 陈钟颀. 传热学专题讲座 [M]. 北京：高等教育出版社，1989：151-166，169-190，193-219.

[16] Collier J G, Thome J R. Convective boiling and condensation [M]. 3rd ed. Oxford: Clarendon Press, 1994: 169-219.

[17] Boyko L D, Kruzhilin. Heat transfer and hydraulic resistance during condensation of steam in ahorizontal tube and bundle of tubes [J]. Int J Heat mass Transfer, 1967, 10 (2): 361-373.

[18] Shah M M. A general correlation for heat transfer during film condensation inside pipes [J]. Int J Heat Mass Transfer, 1979, 22 (3): 546-556.

[19] Thome J R, Hajal J Ei, Cavallini A. Condensation in horizontal tubes, Part 2: new heat transfer model based on flow regime [J]. Int J Heat Mass Transfer, 2003, 46 (16): 3365-3387.

[20] Wang H S, Honda H. Condensation of refrigerants in horizontal microfintubes: comparisons of prediction model for heat transfer [J]. Int J Refrigeration, 2003, 26 (4): 452-460.

[21] 张卓澄. 大型电站凝汽器 [M]. 北京：机械工业出版社，1993：30-164.

[22] 杨世铭，陶文铨. 传热学 [M]. 第4版. 北京：高等教育出版社，2006.

[23] 何雅玲. 工程热力学 [M]. 北京：高等教育出版社，2006.

[24] Rohsenow W M. Heat transfer and temperature distribution in laminar film condensation [J]. J Heat Transfer, 1956, 78: 48-54.

[25] Rohsenow W M. Boiling [M] //Rohsenoe W M, Hartnett J P, Ganic E N. Handbook of heat transfer, fundamentals. 2nd. New York: MaGraw-Hill Book Company, 1985: 12. 2-12. 18.

[26] Incropera F P, DeWitt D P. Fundamentals of heat and mass transfer [M]. 5th ed. New York: Wiley &Sons, 2002: 602, 603.

[27] Cooper M G. Saturation nucleate pool boiling—a simple correlation [J]. Int Chem Engng. Symp Ser, 1984, 86: 785-792.

[28] Zuber N. On the stability of boiling heat transfer [J]. Trans ASME 1958, 80 (3): 711-716.

[29] Lienhard J H. Dihr V K, Rihard D M. Peak pool boiling heat flux measurements on finite horizontal plates [J]. ASME J Heat Transfer, 1973, 95 (2): 476-483.

[30] 王补宣. 工程传热传质学 [M]. 北京: 科学出版社, 1998.

[31] Bromley L A. Heat transfer in stable film boiling [J]. Chem Eng Prog, 1950, 46: 221.

[32] Thome J R. Boiling of new refrigerants: a state of the art review [J]. Int J Refrigeration, 1996, 19 (7): 435-457.

[33] Kopchikov I A, Voronin G I. Liquid boiling in a thin film [J]. Int J Heat Mass Transfer, 1969, 12 (4): 791-796.

[34] 辛明道, 童明伟. 液膜沸腾的临界液位和传热 [J]. 重庆大学学报, 1984, 6 (2): 46-49.

[35] 施明恒, 甘永平, 马重芳. 沸腾与凝结 [M]. 北京: 高等教育出版社, 1995: 224-262.

[36] Siegel R. Effect of reduced gravity on heat transfer [M]//Hartnett J P, Itvie T F. Advances in heat transfer, 1967, 19 (7): 435-457.

[37] 西安交通大学热工教研室. 水冷式氟利昂冷凝器传热的强化 [J]. 西安交通大学学报, 1974, (1): 13-30.

[38] 兰州石油机械研究所. 换热器 (中). 北京: 中国石化出版社, 1988: 50.

[39] 黄立东, 徐昂千. 蒸汽在V型纵槽竖管上凝结换热的研究 [J]. 上海海运学院学报, 1989 (3): 64-71.

[40] Thome J R. Boiling of new refrigerants: a state of the art review [J]. Int J Refrigeration, 1996, 19 (7): 435-457.

[41] Paris C, Webb R L. Literature survy of pool boiling on enhanced surfaces [J]. ASHRAE Trans, 1991, 97 (part 1): 79-83.

[42] Webb R L, Kim N H. Principles of enhanced heat transfer [M]. 2nd ed. New York: John Wiley &Sons, Inc, 2005.

[43] Griffith P, Wallis J D. The role of surface condition in Nucleate Boiling [J]. Chem Eng Prog Symp, Ser, 1960, 49 (5-6): 46-69.

[44] 颜开. MAC方法的思想发展和应用 [J]. 水动力学研究与进展, 1987 (3): 133-142.

[45] 沈秀中, 宫崎庆次, 徐济鋆. 在垂直环形窄缝流道中的沸腾传热特性研究 [J]. 核科学与工程, 2001, 21 (3): 231-251.

[46] 吴裕远, 陈流芳, 杜建通等. 液氮在狭缝中热虹吸两相流传热的强化实验研究 [J]. 西安交通大学学报, 1994, 28 (9): 104-110.

[47] 张明, 周涛, 盛程等. 窄通道欠热沸腾起始点计算模型的分析 [J]. 核动力工程, 2011, 32 (3): 73-76.

[48] 庄俊, 张红. 热管技术及其工程应用 [M]. 北京: 化学工业出版社, 2000.

[49] 吴存真, 刘光铎. 热管在热能工程中的应用 [M]. 北京: 水利电力出版社, 1993.

[50] 侯增祺, 胡金刚. 航天器热控制技术——原理及其应用 [M]. 北京: 中国科学技术出版社, 2007.

[51] 苗建印, 张红星, 吕巍, 范含林. 航天器热传输技术研究进展 [J]. 航天器工程, 2010, 19 (2): 106-112.

[52] 罗运俊, 何梓年, 王长贵. 太阳能利用技术 [M]. 北京: 化学工业出版社, 2005.

[53] 郭宏新, 原思成. 张鲁新. 青藏铁路低温热管应用的能量基础条件 [J]. 东南大学学报: 自然科学版, 2009, 39 (5): 967-972.

[54] 方彬. 热管节能减排换热器设计与应用 [M]. 北京: 化学工业出版社, 2013.

7 热辐射基础理论

从本章开始进入第三种热量传递方式的学习，即热辐射。热辐射及其热交换在相当多的工艺过程，尤其像高温加热和燃烧、红外干燥、红外测试以及卫星、航空航天、太阳能热利用等领域里占有非常重要的地位。本章首先介绍热辐射的物理本质、基本特点和物体表面的主要辐射性质，然后推出描述热辐射现象的基本定律，并对太阳辐射和环境辐射的特征和应用作一些扼要的介绍。

7.1 概述

热辐射是一种重要的热量传递方式。与导热和对流传热相比，热辐射及辐射传热无论在机理还是在具体的规律上都有根本的区别。

7.1.1 热辐射的基本概念

辐射是电磁波传递能量的现象。按照产生电磁波的原因不同可以得到不同频率的电磁波。由于热的原因而产生的电磁波辐射称为热辐射。热辐射的电磁波是物体内部微观粒子的热运动状态改变时激发出来的，也称热射线。

整个波谱范围内的电磁波如图 7-1 所示。从理论上说，物体热辐射的电磁波波长包括整个波谱，即波长从零到无穷大。然而，在工业涉及的温度范围内（2000K 以下），有实际意义的热辐射波长位于 0.38～100μm，且大部分能量位于肉眼看不见的 0.76～20μm 的红外线区段。而在波长为 0.38～0.76μm 的可见光区段，热辐射能量的比例不大。太阳的温度（约为 5800K）比一般工业上遇到的温度高出很多，太阳辐射的主要能量集中在 0.2～2μm 的波

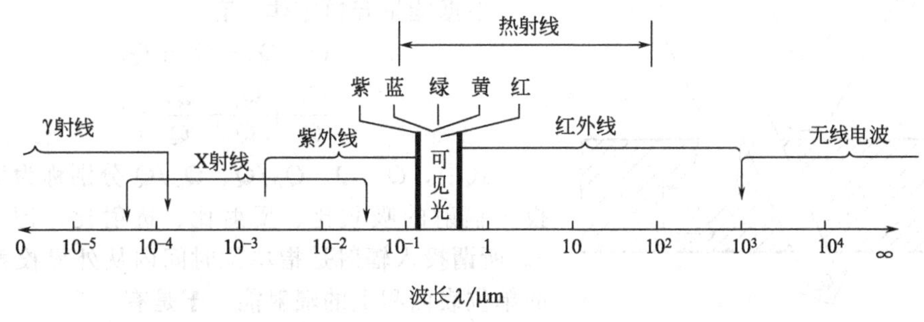

图 7-1 电磁波的波谱

长范围，其中可见光区段占有很大比例。因而如果把太阳辐射也包括在内，热辐射的波长区段可放宽为0.1～100μm。

各种波长的电磁波在生产、科研与日常生活中有着广泛的应用。如利用波长大于25μm（国际照明委员会所定的界限）的远红外线来加热物料；利用波长在1mm～1m之间的微波来加热食物等。本章下面所讨论的内容专指由于热的原因而产生的热辐射，波长位于0.1～100μm区间，这一波长区段的电磁波最容易被物体吸收并转化为热能。

7.1.2 热辐射的基本特性

(1) 传播速度与波长、频率间的关系

各种电磁波都以光速在空间传播，这是电磁波辐射的共性，热辐射也不例外。电磁波的速度、波长和频率存在如下关系：

$$c=f\lambda \tag{7-1}$$

式中，c 为电磁波的传播速度，m/s，在真空中 $c=3\times10^8$ m/s，在大气中的传播速率略低于此值；f 为频率，s^{-1}；λ 为波长，m。

(2) 热辐射与导热和对流的不同

① 热辐射是一切物体的固有属性，只要温度高于绝对零度（0K），物体就不断地将热能转化为辐射能，向外发出热辐射。同时，物体也不断地吸收周围物体投射到它表面上的热辐射，并把吸收的辐射能重新转变为热能。辐射传热就是指物体之间相互辐射和吸收的总效果。即使两个物体温度相同，辐射传热也仍在不断进行，只是每一物体辐射出去的能量等于其吸收的能量，即处于动态热平衡状态，辐射传热量为零。

② 发生辐射传热时不需要存在任何形式的中间介质，而且在真空中传递的效率最高。

③ 在辐射传热过程中，不仅有能量的交换，而且还有能量形式的转化，即物体在辐射时，不断将自己的热能转变为电磁波向外辐射，当电磁波辐射到其他物体表面时即被吸收而转变为热能，导热和对流传热均不存在能量形式的转换。

④ 导热量或对流传热量一般和物体温度的一次方之差成正比，而辐射传热量与两物体热力学温度的四次方之差成正比。因此，温差对于辐射传换量的影响更为显著。特别是辐射传热在高温时具有重要的地位，如锅炉炉膛内热量传递的主要方式是辐射传热。

(3) 热辐射表面的吸收、反射和透射特性

热辐射和其他电磁波（如可见光等）一样，射落到物体表面上会发生反射、吸收和透射现象。当辐射能量为 Q 的热辐射落到物体表面上时，一部分能量 Q_α 被物体吸收，一部分能量 Q_ρ 被物体表面反射，而另一部分能量 Q_τ 经折射而透过物体，如图7-2所示。

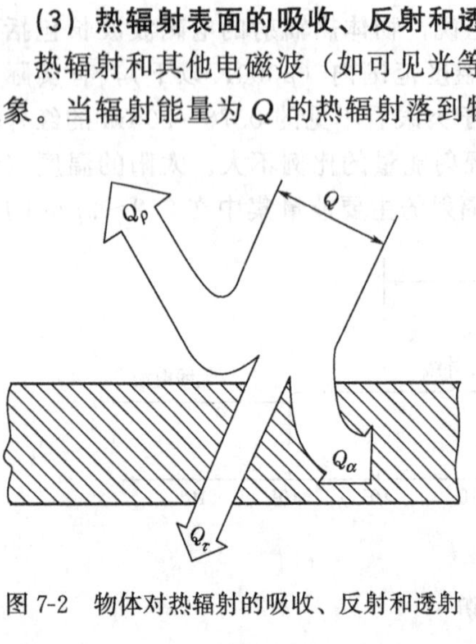

Q_ρ
Q
Q_α
Q_τ

图7-2 物体对热辐射的吸收、反射和透射

根据能量守恒定律，有

$$Q=Q_\alpha+Q_\rho+Q_\tau \tag{7-2a}$$

$$\frac{Q_\alpha}{Q}+\frac{Q_\rho}{Q}+\frac{Q_\tau}{Q}=1 \tag{7-2b}$$

式中，Q_α/Q、Q_ρ/Q、Q_τ/Q 分别称为该物体对投入辐射的吸收比、反射比、透射比，记为 α、ρ、τ。所谓投入辐射是指单位时间内从外界投射到物体的单位表面积上的辐射能。于是有

$$\alpha+\rho+\tau=1 \tag{7-3}$$

实际上，当辐射能进入固体或液体表面后，在很短的距离内就被吸收完了。对于金属导体，这一距离只有 1μm 的数量级；对于大多数的非导电体材料，这一距离也小于 1mm，即可以认为固体和液体对外界投射辐射的吸收和反射都是在表面上进行的，热辐射不能穿透固体和液体，$\tau=0$。故对于固体和液体，式(7-3) 可以简化为

$$\alpha+\rho=1 \tag{7-3a}$$

因而，固体和液体的吸收能力越大，其反射能力就越小；反之亦然。

热辐射投射到气体上时，情况则不同。气体对热辐射几乎没有反射能力，可以认为气体的反射比$\rho=0$。故式(7-3) 可以简化为

$$\alpha+\tau=1 \tag{7-3b}$$

可见，吸收能力大的气体，其透射能力就差；反之亦然。

吸收比 α、反射比 ρ 和透射比 τ 反映了物体的辐射特性，影响这三个参数的因素有物体的性质、温度、表面状况和投射辐射的波长等。对于可见光而言，通常对物体的辐射特性起主要作用的是表面颜色；而对于其他不可见的热射线而言，起主要作用的是表面的粗糙程度。例如，对于太阳辐射，白漆的 $\alpha=0.12\sim0.16$，而黑漆的 $\alpha=0.96$；但对于工业高温下的热辐射，白漆和黑漆的 α 几乎相同，约为 0.90～0.95。

(4) 物体表面的两种反射

根据物体表面粗糙度不同，物体表面对外界投射辐射的反射呈现出不同的特征。当物体表面较光滑，其粗糙不平的尺度小于投入辐射的波长时，形成镜面反射，入射角等于反射角，如图 7-3(a) 所示，该表面称为镜面，该物体称为镜体。当物体表面粗糙不平的尺度大于投入辐射的波长时，形成漫反射，如图 7-3(b) 所示，该表面称为漫反射表面。一般工程材料的表面都形成漫反射。

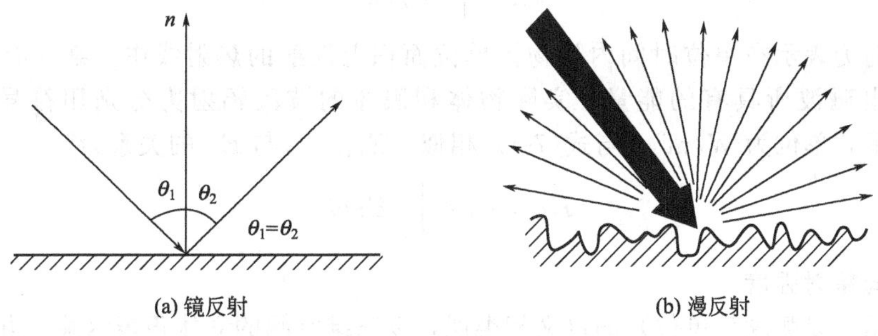

图 7-3 物体表面的反射

7.1.3 几种热辐射的理想物体

自然界不同物体的吸收比、反射比和透射比因具体条件不同而千差万别，从而给热辐射计算带来很大困难。为方便起见，常常先从理想物体入手进行研究。当物体的吸收比 $\alpha=1$ 时，该物体称为绝对黑体（简称黑体）；当物体的反射比 $\rho=1$ 时，该物体称为绝对白体（简称白体）；当物体的透射比 $\tau=1$ 时，该物体称为绝对透明体（简称透明体）。显然，黑体、白体和透明体都是假想的理想物体，自然界中并不存在。

尽管黑体是一种理想模型，但可以用以下方法近似实现。选用吸收比较大的材料制造一个空腔，并在空腔壁面上开一个小孔，再设法使空腔壁面保持均匀的温度。当腔体总面积和小孔面积之比足够大时，辐射能经小孔射入空腔，在空腔内经过多次反射和吸收，每经过一

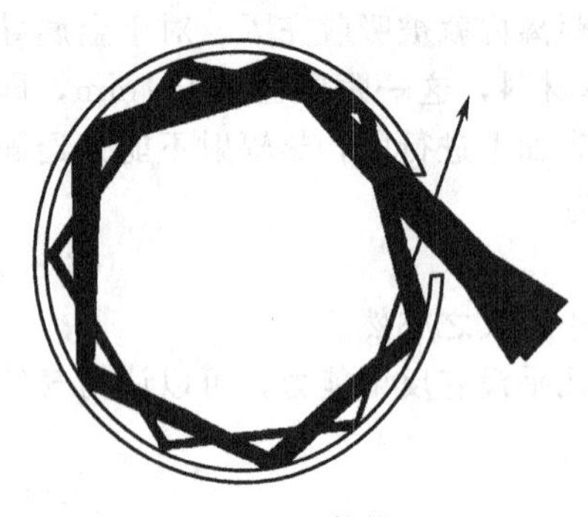
图 7-4　黑体模型

次吸收，辐射能就按照内壁吸收率的份额被减弱一次，最终辐射能从小孔逸出的份额很少，可以认为全部被空腔所吸收。因此具有小孔的均匀壁温空腔可以作为黑体来处理，就辐射特性而言，小孔具有黑体表面一样的性质，黑体模型如图 7-4 所示。

黑体在热辐射研究中具有极其重要的地位。由于黑体辐射性质简单，其热辐射和辐射传热的规律都非常容易确定。在处理实际物体的辐射问题时，将实际物体的辐射和黑体辐射相比较，从中找出其与黑体辐射的偏离，然后确定必要的修正系数。

7.1.4　两个重要的辐射参数

(1) 辐射力

单位时间内从物体的单位面积向其上的半球空间所有方向发射的辐射能，这一辐射能是热射线具有的所有波长的电磁波能量的总和，符号为 E，单位为 W/m^2。当表示黑体辐射力时，使用专有的符号 E_b。在本书有关辐射传热的内容中，参数下标 b 都表示该参数为黑体的参数。

光谱辐射力表示在单位时间内从物体单位面积向其上的半球空间所有方向发射的热射线中，包含波长 λ 在内的单位波段范围电磁波所具有的辐射能，也称单色辐射力，记为 E_λ；黑体的光谱辐射力用 $E_{b\lambda}$ 表示，光谱辐射力单位经常使用 $W/(m^2 \cdot \mu m)$。

由辐射力和光谱辐射力的定义，两者的关系为

$$E = \int_0^\infty E_\lambda \, d\lambda \tag{7-4}$$

波段辐射力表示在单位时间内从物体单位面积上发射的热射线中，某一有限波段（如 $\lambda_1 \sim \lambda_2$）的电磁波所具有的能量。实际物体和黑体的波段辐射力分别用符号 $E_{(\lambda_1 \sim \lambda_2)}$ 和 $E_{b(\lambda_1 \sim \lambda_2)}$ 表示，单位为 W/m^2。与式(7-4) 相似，$E_{(\lambda_1 \sim \lambda_2)}$ 与 E_λ 的关系为

$$E_{(\lambda_1 \sim \lambda_2)} = \int_{\lambda_1}^{\lambda_2} E_\lambda \, d\lambda \tag{7-5}$$

(2) 定向辐射强度

和平面角（以弧度为单位）的定义相类似，以三维空间的立体角表示某一方向的空间所占的大小。球面上微元面积 dA_s 与球半径平方 r^2 之比，称为微元面积 dA_s 所张的微元立体角，用参数 $d\Omega$ 表示，单位为 sr（球面度），如图 7-5 所示。

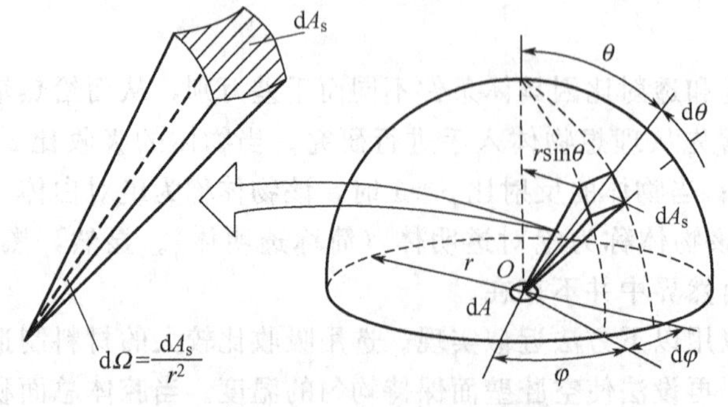

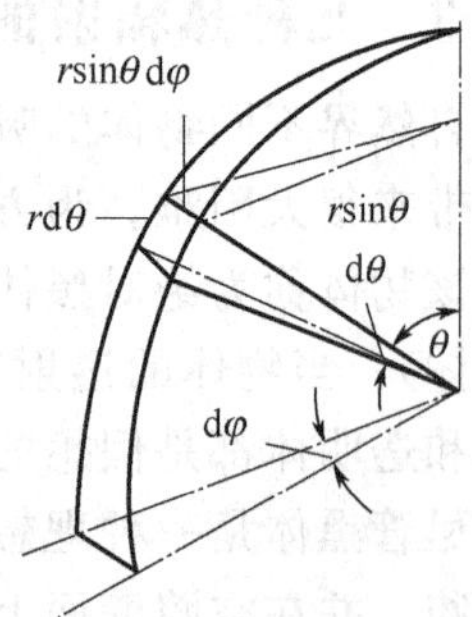

图 7-5　微元立体角与半球空间几何参数的关系

$$d\Omega=\frac{dA_s}{r^2} \tag{7-6}$$

在球坐标系中，以 φ 表示经度角，θ 表示纬度角，则 $d\Omega$ 可表示为

$$d\Omega=\frac{dA_s}{r^2}=\frac{(r\,d\theta)r\sin\theta d\varphi}{r^2}=\sin\theta d\theta d\varphi \tag{7-7}$$

图 7-6 为图 7-5 简画成平面图的形式。球心 O 处的微元面积 dA 为辐射面，球面上微元面积 dA_s 为接收辐射面，dA_s 对 dA 的方向为 θ，dA_s 所张的立体角为 $d\Omega$。则 dA 的可见辐射面积为 $dA\cos\theta$，即从空间 θ 方向所看到的有效辐射面积。如果 dA 向微元立体角 $d\Omega$ 发出的辐射能为 $d\Phi$，则定义 I 为 dA 所发出的辐射能在 θ 方向的定向辐射强度，单位为 $W/(sr\cdot m^2)$，即

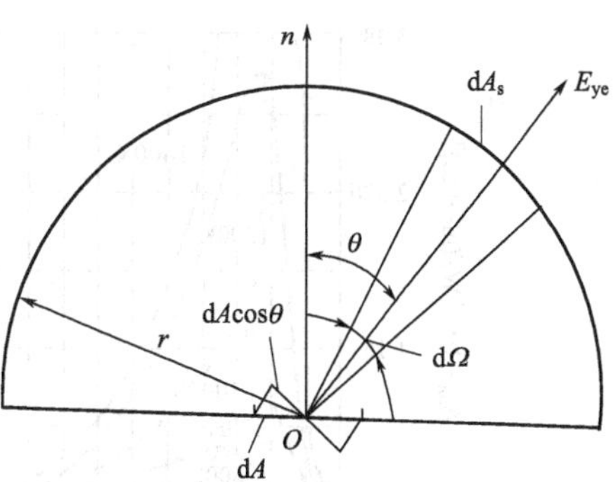

图 7-6 可见辐射面积示意图

$$I=\frac{d\Phi}{dA\cos\theta d\Omega} \tag{7-8}$$

由式(7-8) 可知，定向辐射强度表示在单位时间内，从单位可见辐射面积向某一方向 θ 的单位立体角内所发出的辐射能。

7.2 黑体辐射基本定律

黑体辐射的基本规律可以归结为四个定律：普朗克定律、维恩位移定律、斯蒂芬-玻尔兹曼定律和兰贝特定律。

7.2.1 普朗克定律

1900 年普朗克（M. Planck）根据量子理论，揭示了黑体光谱辐射力按照波长 λ 和热力学温度 T 的分布规律，称之为普朗克定律，它可表达为

$$E_{b\lambda}=\frac{c_1\lambda^{-5}}{e^{c_2/(\lambda T)}-1} \tag{7-9}$$

式中，λ 为波长，μm；T 为热力学温度，K；c_1 为普朗克第一常数，$c_1=3.742\times10^8\,W\cdot\mu m^4/m^2$；$c_2$ 为普朗克第二常数，$c_2=1.439\times10^4\,\mu m\cdot K$。

普朗克定律所揭示的关系 $E_{b\lambda}=f(\lambda,\ T)$ 如图 7-7 所示。由图可以看出黑体辐射的如下特点。

① 黑体的单色辐射力随波长连续变化。在 $\lambda=0$ 和 $\lambda=\infty$ 时，$E_{b\lambda}$ 都等于 0；其间有一最大的 $E_{b\lambda}$ 值（峰值），相应的波长记为 λ_{max}。黑体温度在 1800K 以下时，辐射能量的大部分处在 0.76～10μm 波长范围内。在此范围内，可见光的能量可以忽略。

② 随着黑体温度的增高，单色辐射力分布曲线的峰值（最大单色辐射力）向左（向较短波长）移动。对应于最大单色辐射力的波长 λ_{max} 与温度 T 之间存在如下的关系：

$$\lambda_{max}T=2897.6\,\mu m\cdot K \tag{7-10}$$

式(7-10) 称为维恩（Wein）位移定律，是维恩在 1891 年用热力学理论推出的，也可直接由式(7-9) 导出。维恩位移定律在图 7-7 中用虚线表示。

根据黑体辐射的上述特点，我们可以推知：当物体温度 $T\leqslant800K$ 时，物体所辐射的能量将主要分布于红外线区域，人眼察觉不出这种辐射。随着物体温度不断升高，辐射能中可

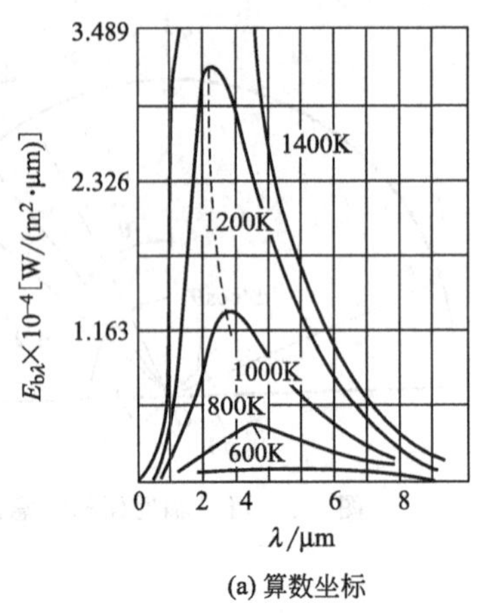

(a) 算数坐标

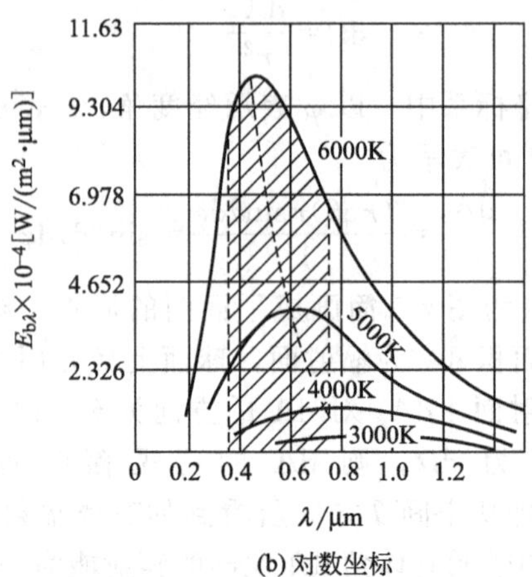

(b) 对数坐标

图 7-7 普朗克定律揭示的关系

见光部分的比例逐渐增大，物体的亮度也随之变化，其颜色从暗红色、黄色变为亮白色。太阳可以视为 5800K 的黑体，其辐射能中可见光部分（$\lambda=0.38\sim0.76\mu m$）约占 43%，故其亮度很高。

7.2.2 斯蒂芬-玻尔兹曼定律

在辐射换热计算中，确定黑体的辐射力是至关重要的。根据式(7-4) 与式(7-9)，可得

$$E_b=\int_0^{\infty}E_{b\lambda}\,d\lambda=\int_0^{\infty}\frac{c_1\lambda^{-5}}{e^{c_2/(\lambda T)}-1}d\lambda=\sigma_b T^4 \tag{7-11}$$

式中，$\sigma_b=5.67\times10^{-8}$ W/(m²·K⁴)，为黑体辐射常数，又称斯蒂芬-玻尔兹曼 (J. Stefan-D. Boltzman) 常数。为了方便计算，上式改写为

$$E_b=C_0\left(\frac{T}{100}\right)^4 \tag{7-12}$$

式中，$C_0=5.67$W/(m²·K⁴)，为黑体辐射系数。

式(7-11) 和式(7-12) 均为斯蒂芬-玻尔兹曼定律的表达式，它说明黑体的辐射力与其温度四次方成正比，故又称四次方定律。这条定律是斯蒂芬于 1879 年通过实验得到的，玻尔兹曼于 1884 年从热力学角度证明了该定律。

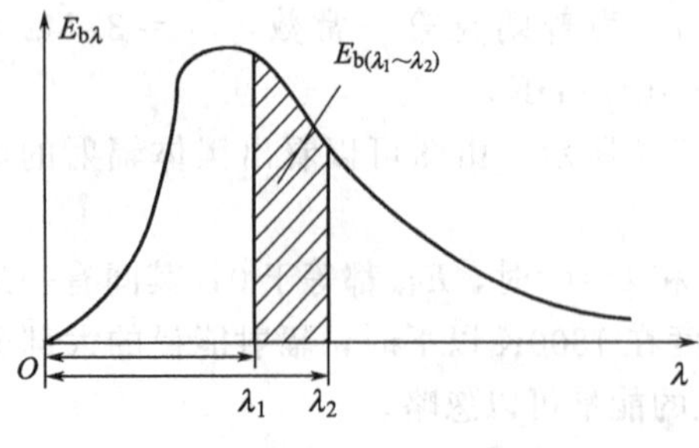

图 7-8 黑体在 $\lambda_1\sim\lambda_2$ 范围内的辐射力

工程上常常需要确定某一给定波长范围（称为波带）内的辐射能量。当温度已知时，黑体的这部分辐射能的值可用图 7-8 中的阴影面积表示。于是，在 $\lambda_1\sim\lambda_2$ 波段内，黑体的辐射为

$$E_{b(\lambda_1\sim\lambda_2)}=\int_{\lambda_2}^{\lambda_1}E_{b\lambda}\,d\lambda=\int_0^{\lambda_2}E_{b\lambda}\,d\lambda-\int_0^{\lambda_1}E_{b\lambda}\,d\lambda \tag{7-13}$$

习惯上将这种波带的辐射能表示为同温度下黑体辐射力 E_b 的百分数，用 $F_{b(\lambda_1\sim\lambda_2)}$ 表示，即

$$F_{b(\lambda_1\sim\lambda_2)}=\frac{\int_0^{\lambda_2}E_{b\lambda}\,d\lambda-\int_0^{\lambda_1}E_{b\lambda}\,d\lambda}{E_b} \tag{7-14a}$$

将 $E_{\mathrm{b}}=\sigma_{\mathrm{b}}T^4$ 代入，得

$$F_{\mathrm{b}(\lambda_1\sim\lambda_2)}=\frac{1}{\sigma_{\mathrm{b}}T^4}\left(\int_0^{\lambda_2}E_{\mathrm{b}\lambda}\,\mathrm{d}\lambda-\int_0^{\lambda_1}E_{\mathrm{b}\lambda}\,\mathrm{d}\lambda\right)=F_{\mathrm{b}(0\sim\lambda_2)}-F_{\mathrm{b}(0\sim\lambda_1)} \tag{7-14b}$$

式中，$F_{\mathrm{b}(0\sim\lambda_1)}$ 和 $F_{\mathrm{b}(0\sim\lambda_2)}$ 分别为波长 $0\sim\lambda_1$ 和 $0\sim\lambda_2$ 的黑体辐射，占同温度下黑体辐射力 $E_{\mathrm{b}\lambda}$ 的百分数。此能量份额 $F_{\mathrm{b}(0\sim\lambda)}$ 可以表示为单一变量 λT 的函数，即

$$F_{\mathrm{b}(0\sim\lambda)}=\frac{\int_0^{\lambda}E_{\mathrm{b}\lambda}\,\mathrm{d}\lambda}{\sigma_{\mathrm{b}}T^4}=\int_0^{\lambda}\frac{c_1(\lambda T)^{-5}}{\mathrm{e}^{c_2/(\lambda T)}-1}\frac{1}{\sigma}\mathrm{d}(\lambda T)=f(\lambda T) \tag{7-15}$$

$F_{\mathrm{b}(0\sim\lambda)}$ 称为黑体辐射函数。表 7-1 给出了以 μm·K 作为 λT 单位的黑体辐射函数值。根据黑体辐射函数，可以方便地计算出给定温度下黑体在（$\lambda_1\sim\lambda_2$）内的辐射能量，即

$$E_{\mathrm{b}(\lambda_1\sim\lambda_2)}=\sigma_{\mathrm{b}}T^4\left[F_{\mathrm{b}(0\sim\lambda_2)}-F_{\mathrm{b}(0\sim\lambda_1)}\right] \tag{7-16}$$

表 7-1 黑体辐射函数

λT/μm·K	$F_{\mathrm{b}(0\sim\lambda)}$	λT/μm·K	$F_{\mathrm{b}(0\sim\lambda)}$	λT/μm·K	$F_{\mathrm{b}(0\sim\lambda)}$	λT/μm·K	$F_{\mathrm{b}(0\sim\lambda)}$
1 000	0.00032	5200	0.65794	10800	0.92872	19200	0.98387
1100	0.00091	5300	0.66935	11000	0.93184	19400	0.98431
1200	0.00213	5400	0.68033	11200	0.93479	19600	0.98474
1300	0.00432	5500	0.69087	11400	0.93758	19800	0.98515
1400	0.00779	5600	0.70101	11600	0.94021	20000	0.98555
1500	0.01285	5700	0.71076	11800	0.94270	21000	0.98735
1600	0.01972	5800	0.72012	12000	0.94505	22000	0.98886
1700	0.02853	5900	0.72913	12200	0.94728	23000	0.99014
1800	0.03934	6000	0.73778	12400	0.94939	24000	0.99123
1900	0.05210	6100	0.74610	12600	0.95139	25000	0.99217
2000	0.06672	6200	0.75410	12800	0.95329	26000	0.99297
2100	0.08305	6300	0.76180	13000	0.95509	27000	0.99367
2200	0.10088	6400	0.76920	13200	0.95680	28000	0.99429
2300	0.12002	6500	0.77631	13400	0.95843	29000	0.99482
2400	0.14025	6600	0.78316	13600	0.95998	30000	0.99529
2500	0.16135	6700	0.78975	13800	0.96! 45	31000	0.99571
2600	0.18311	6800	0.79609	14000	0.96285	32000	0.99607
2700	0.20535	6900	0.80219	14200	0.96418	33000	0.99640
2800	0.22788	7000	0.80807	14400	0.96546	34000	0.99669
2900	0.25055	7100	0.81373	14600	0.96667	35000	0.99695
3000	0.27322	7200	0.81918	14800	0.96783	36000	0.99719
3100	0.29576	7300	0.82443	15000	0.96893	37000	0.99740
3200	0.31809	7400	0.82949	15200	0.96999	38000	0.99759
3300	0.34009	7500	0.83436	15400	0.97i00	39000	0.99776
3400	0.36172	7600	0.83906	15600	0.97196	40000	0.99792
3500	0.38290	7700	0.84359	15800	0.97288	41000	0.99806
3600	0.40359	7800	0.84796	16000	0.97377	42000	0.99819
3700	0.42375	7900	0.85218	16200	0.97461	43000	0.99831
3800	0.44336	8000	0.85625	16400	0.97542	44000	0.99842
3900	0.46240	8200	0.86396	16600	0.97620	45000	0.99851
4000	0.48085	8400	0.87115	16800	0.97694	46000	0.99861
4100	0.49872	8600	0.87786	17000	0.97765	47000	0.99869
4200	0.51599	8800	0.88413	17200	0.97834	48000	0.99877
4300	0.53267	9000	0.88999	17400	0.97899	49000	0.99884
4400	0.54877	9200	0.89547	17600	0.97962	50000	0.99890
4500	0.56429	9400	0.90060	17800	0.98023	60000	0.99940
4600	0.57925	9600	0.90541	18000	0.98081	70000	0.99960
4700	0.59366	9800	0.90992	18200	0.98137	80000	0.99970
4800	0.60753	10000	0.91415	18400	0.98191	90000	0.99980
4900	0.62088	10200	0.91813	18600	0.98243	100000	0.99990
5000	0.63372	10400	0.92188	18800	0.98293		
5100	0.64606	10600	0.92540	19000	0.98340		

7.2.3 兰贝特定律

物体的辐射在半球空间的各个方向上的定向辐射强度相等，即辐射强度与方向无关，这一辐射规律称为兰贝特定律，表示为

$$I_{\theta_1}=I_{\theta_2}=\cdots=I_{\theta_n}=I \tag{7-17}$$

理论上可以证明，黑体辐射符合兰贝特定律。

对于服从兰贝特定律的辐射，由定向辐射强度的定义式(7-8)得

$$I_{\mathrm{b}}\cos\theta=\frac{\mathrm{d}\Phi}{\mathrm{d}A\,\mathrm{d}\Omega}=E_{\mathrm{b}\theta} \tag{7-18}$$

式中，$E_{\mathrm{b}\theta}$为黑体定向辐射力，W/(m²·sr)。

由式(7-18)可见，黑体单位表面发出的辐射能落到空间不同方向的单位立体角内的能量不相等，其数值正比于该方向与表面法线方向之间夹角θ的余弦，所以兰贝特定律又称为余弦定律。

在工程中，当用电炉烘烤物件时，把物件放在电炉的正上方要比放在电炉的旁边热得快得多。在这两个位置上的物体受热快慢不同说明，电炉发出的辐射能在空间不同方向上的分布是不均匀的，正上方的能量远较两侧多。

从这里可引出漫辐射表面的概念。漫辐射表面是指表面的辐射、反射强度在半球空间各方向上均相等（各向同性）的表面。显然，黑体是漫辐射表面。只有漫辐射表面才遵守兰贝特定律。

对于漫辐射表面，根据式(7-4)，辐射力为

$$E=\int_0^{2\pi}I\cos\theta\,\mathrm{d}\Omega \tag{7-19}$$

将式(7-7)代入上式，积分后得

$$E=I\int_{\theta=0}^{\pi/2}\int_{\varphi=0}^{2\pi}\cos\theta\sin\theta\,\mathrm{d}\theta\,\mathrm{d}\varphi=\pi I \tag{7-20}$$

所以，对于漫辐射表面，辐射力是半球空间任意方向辐射强度的π倍。

【例 7-1】 一个封闭的大空腔上开有直径为10mm的小孔，空腔内表面温度1250℃，求从小孔逸出的辐射能及最大光谱辐射力所对应的波长$\lambda_{\max}$。

解 小孔可视为黑体，从中逸出的辐射能等于和空腔内表面温度相等的同面积黑体所发射的辐射能。

小孔逸出的辐射能：

$$\phi=AC\left(\frac{T}{100}\right)^4=\frac{\pi}{4}\times0.01^2\,\mathrm{m}^2\times5.67\,\mathrm{W/(m^2\cdot K)}\times\left(\frac{1250+273}{100}\right)^4\mathrm{K}^4=23.96\,\mathrm{W}$$

由维恩位移定律：

$$\lambda_{\max}T=2898\mu\mathrm{m\cdot K}$$

$$\lambda_{\max}=\frac{2898\mu\mathrm{m\cdot K}}{(1250+273)\mathrm{K}}=1.903\mu\mathrm{m}$$

【例 7-2】 已知面积为$A_1=10^{-3}\,\mathrm{m}^2$的小表面是漫发射体，测得法向发射的全波长强度为$I_n=5000\,\mathrm{W/(m^2\cdot sr)}$。从表面发射的辐射被另外的三个面积为$A_2=A_3=A_4=1\mathrm{cm}^2$的表面拦截，它们离$A_1$的距离是0.1m，方位情况见图7-9。试求：

① 在每个方向上的发射辐射强度；

② 从A_1观察的这三个表面所对的立体角；

③ 从A_1发出分别落到A_2、A_3与A_4的辐射能量。

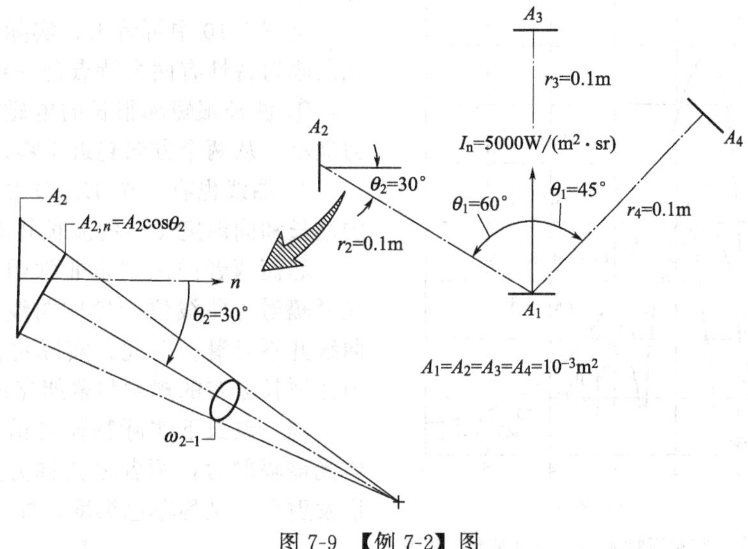

图 7-9 【例 7-2】图

解 假设：①表面 A_1 为漫发射体；② $A_1A_2A_3A_4$ 可近似为微元面，$A_j/r_j^2 \ll 1$。由漫发射体的定义，发射辐射的强度不随方向变化，因此对三个方向都有

$$I_n = 5000\text{W}/(\text{m}^2\cdot\text{sr})$$

将 A_1、A_2、A_3、A_4 作为微元面处理，由式(7-6) 有

$$d\Omega_2 = \frac{dA_2}{r^2} = \frac{10^{-3}\,\text{m}^2\cos30^\circ}{(0.1\text{m})^2} = 8.65\times10^{-3}\,\text{sr}$$

$$d\Omega_3 = \frac{dA_3}{r^2} = \frac{10^{-3}\,\text{m}^2\cos0^\circ}{(0.1\text{m})^2} = 10^{-1}\,\text{sr}$$

$$d\Omega_4 = \frac{dA_4}{r^2} = \frac{10^{-3}\,\text{m}^2\cos0^\circ}{(0.1\text{m})^2} = 10^{-1}\,\text{sr}$$

由式(7-8) 有

$$d\Phi(60^\circ) = IdA_b\cos\theta_2 d\Omega_2 = 5000\text{W}/(\text{m}^2\cdot\text{sr})\times(10^{-3}\,\text{m}^2)\times0.5\times8.65\times10^{-3}\,\text{sr} = 2.16\times10^{-2}\,\text{W}$$

$$d\Phi(0^\circ) = IdA_b\cos\theta_3 d\Omega_3 = 5000\text{W}/(\text{m}^2\cdot\text{sr})\times(10^{-3}\,\text{m}^2)\times1\times10\times10^{-3}\,\text{sr} = 5\times10^{-2}\,\text{W}$$

$$d\Phi(45^\circ) = IdA_b\cos\theta_4 d\Omega_4 = 5000\text{W}/(\text{m}^2\cdot\text{sr})\times(10^{-3}\,\text{m}^2)\times\frac{\sqrt{2}}{2}\times10\times10^{-3}\,\text{sr} = 3.54\times10^{-2}\,\text{W}$$

7.3 实际物体的辐射特性

实际物体的辐射特性比黑体复杂得多，下面将以黑体辐射规律作为比较的基础来分析实际物体的辐射特性。

7.3.1 辐射力

实际物体的光谱辐射力往往随波长作不规则的变化，图 7-10 示出了同温度下某实际物体的单色辐射力和黑体的单色辐射力随波长的变化曲线，曲线下的面积分别表示各自的辐射

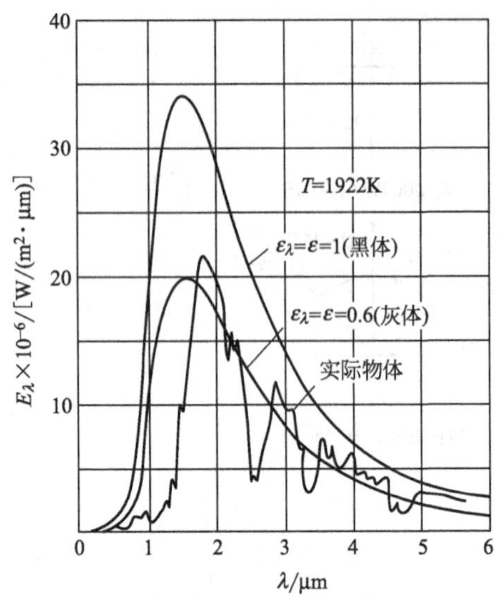

图 7-10　同温度下某实际物体的光谱辐射力示意图

力大小。

从图 7-10 中可看出，实际物体和黑体的光谱辐射特性有两个特点是一致的：

① 波长很短和很长的电磁波的光谱辐射力极小，从两个方向趋近于零。

② 曲线也有一个 $E_{b\lambda}$ 最大点，且所对应的波长和同温度黑体的波长并不完全相同。

然而两者的区别也非常明显，实际物体光谱辐射力曲线位于黑体曲线之下，且辐射曲线并不光滑。因此，实际物体的光谱辐射力按波长分布的规律与普朗克定律不同。

同一波长下实际物体光谱辐射力低于黑体光谱辐射力，两者之比称为实际物体的光谱发射率，又称单色黑度，即

$$\varepsilon_\lambda=\frac{E_\lambda}{E_{b\lambda}} \tag{7-21}$$

同样，实际物体的辐射力 E 总是小于同温度下黑体的辐射力 E_b，两者的比值称为实际物体的发射率，又称黑度，记为 ε，即

$$\varepsilon=\frac{E}{E_b} \tag{7-22}$$

相应地，实际物体的辐射力可以表示为

$$E=\varepsilon E_b=\varepsilon\sigma T^4=\varepsilon C_0\left(\frac{T}{100}\right)^4 \tag{7-23}$$

习惯上，式(7-23) 也称为四次方定律，这是实际物体辐射换热计算的基础。其中物体的发射率一般通过实验测定，它仅取决于物体自身，而与周围环境条件无关。

应该指出，实际物体的辐射力并不严格地同其绝对温度的四次方成正比，但在工程计算中，为了计算方便，仍认为实际物体的辐射力与该物体绝对温度的四次方成正比，把由此引起的修正包括到由实验方法确定的物体黑度中去。由于这个原因，黑度除了与物体的性质有关外，还与物体的温度有关。

7.3.2　定向辐射强度

实际物体辐射按空间方向的分布，也不尽符合兰贝特定律，其辐射强度在半球空间的不同方向上有些变化，即定向黑度在不同方向上有所不同。为此，定义定向发射率（又称定向黑度）：

$$\varepsilon(\theta)=\frac{I(\theta)}{I_b(\theta)}=\frac{I(\theta)}{I_b} \tag{7-24}$$

式中，$I(\theta)$ 为与辐射面法向成 θ 角的方向上的定向辐射强度；I_b 为同温度下黑体的定向辐射强度。

图 7-11、图 7-12 显示出一些有代表性的导电体和非导电体定向发射率的方向分布，由图可见，金属导体和非导电体表面定向黑度的特性有明显不同。金属材料的 $\varepsilon(\theta)$ 在 $\theta\leqslant40°$ 的范围内几乎保持不变，且数值较小；在 $\theta=40°\sim85°$ 范围内，$\varepsilon(\theta)$ 急剧增大；在 $\theta=85°\sim90°$ 范围内，$\varepsilon(\theta)$ 又急剧变小；到 $\theta=90°$ 时，$\varepsilon(\theta)$ 减至 0。由于这种减小是在很小的角度内

发生的，因此图 7-11 中并没有示出。对于非导电材料，在 $\theta=0°\sim60°$ 范围内，$\varepsilon(\theta)$ 基本不变，且数值较大；在 $\theta=60°\sim90°$ 范围内，$\varepsilon(\theta)$ 逐渐减小；到 θ 接近 90°时，$\varepsilon(\theta)$ 急剧减小为零，如图 7-12 所示。

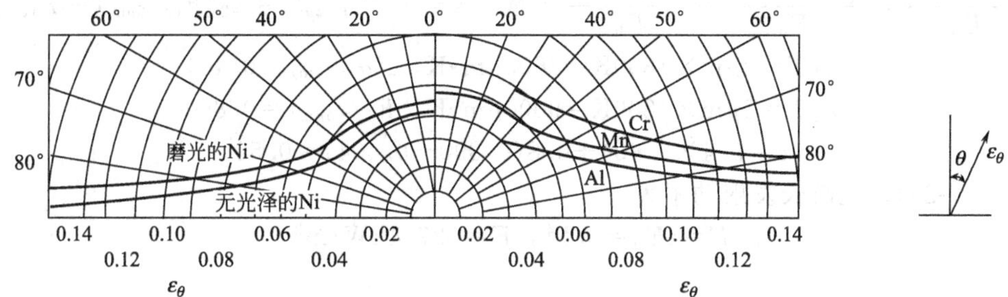

图 7-11 金属材料表面定向发射率的极坐标图（$t=150℃$）

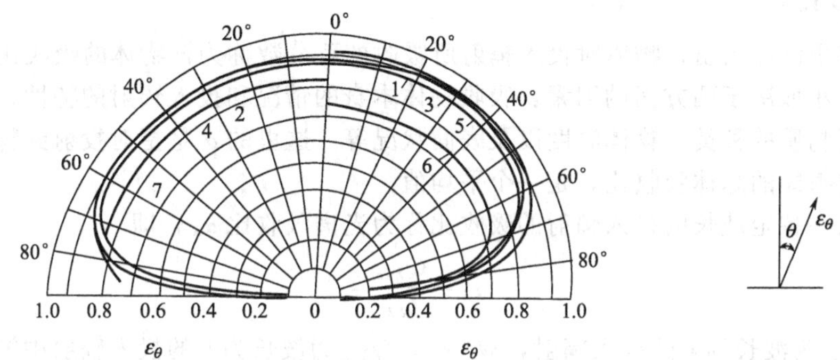

图 7-12 非导电材料表面定向发射率的极坐标图（$t=0\sim93.3℃$）

尽管实际物体的定向发射率具有上述变化，但实验测定表明，半球空间的平均发射率 ε 与其表面法向发射率 ε_n 的比值变化并不大，对于表面粗糙的物体为 0.98，对于表面光滑的物体为 0.95，对于表面高度磨光的金属物体为 1.2。因此除高度磨光的金属表面外，可以近似地认为大多数工程材料是漫射体（$\varepsilon/\varepsilon_n=1$），服从兰贝特定律。

物体表面的发射率取决于物体种类、物体温度和表面状况。不同种类的物体发射率显然各不相同。如常温下白大理石的发射率为 0.95，而镀锌铁皮的只有 0.23。同一物体，发射率受温度影响而变化。如氧化铝表面温度分别为 50℃和 500℃时，发射率分别为 0.2 和 0.3。表面状况对发射率有很大的影响，金属材料在表面粗糙或氧化后的发射率是磨光表面的数倍，如常温下无光泽黄铜的发射率为 0.22，磨光后却只有 0.05。要准确描述表面状况很困难，因此在选用金属材料的发射率时要特别注意。大部分非金属材料的发射率都较高，一般为 0.85～0.95，且与表面状况关系不大。缺乏资料时，非金属材料的 ε 可取为 0.9。材料的发射率只能由实验测定，更多情况下的表面发射率可查阅有关资料。

【例 7-3】 如图 7-13 所示为在 1800K 下的一个漫射表面的光谱半球发射率。确定全波长半球发射率和全波长发射功率。

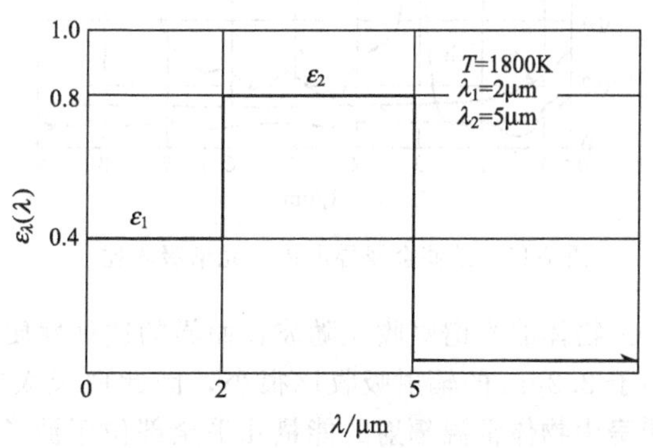

图 7-13 【例 7-3】图

解 假定表面为漫发射体。

计算全波长半球发射率，进行分段积分，有

$$\varepsilon=\frac{\int_0^\infty \varepsilon_\lambda E_{b\lambda}\,d\lambda}{E_b}=\frac{\varepsilon_1\int_0^2 E_{b\lambda}\,d\lambda}{E_b}+\frac{\varepsilon_2\int_2^5 E_{b\lambda}\,d\lambda}{E_b} \quad 或 \quad \varepsilon=\varepsilon_1 F_{(0\sim2\mu m)}+\varepsilon_2[F_{(0\sim5\mu m)}-F_{(0\sim2\mu m)}]$$

$$\lambda_1 T=2\mu m\times1800K=3600\mu m\cdot K,\ F_{(0\sim2\mu m)}=0.404$$

$$\lambda_2 T=5\mu m\times1800K=9000\mu m\cdot K,\ F_{(0\sim5\mu m)}=0.890$$

$$\varepsilon=0.4\times0.404+0.8(0.890-0.404)=0.55$$

由式(7-23)，全波长发射功率为

$$E=\varepsilon E_b=\varepsilon\sigma T^4,\ E=327.4kW/m^2$$

7.4 实际物体的吸收特性

7.4.1 吸收比

在7.1节中已经指出，物体对投入辐射所吸收的百分数称为该物体的吸收比。实际物体吸收比α的大小取决于两方面的因素：吸收物体本身的情况和投入辐射的特性。所谓物体本身的情况是指物质的种类、物体温度以及表面状况等。这里的α是指对投射到物体表面上各种不同波长辐射能的总体吸收比，是一个平均值。

物体对某一特定波长的投入辐射的吸收比称为光谱吸收比α_λ，即

$$\alpha_\lambda=\frac{Q_{\lambda,\alpha}}{Q_\lambda} \tag{7-25}$$

式中，Q_λ为波长为λ的投入辐射，W/m^2；$Q_{\lambda,\alpha}$为波长为λ的投入辐射中被物体吸收的部分，W/m^2。

影响实际物体吸收比的因素比较多。图7-14、图7-15分别示出了某些金属导电体和非导电体材料在室温下光谱吸收比随波长的变化。有些材料，如图7-14中磨光的铝和铜，光谱吸收比随波长变化不大。另一些材料，如图7-15中的白瓷砖，在波长小于2μm的范围内，其α_λ小于0.2；而在波长大于5μm的范围，α_λ却高于0.9，α_λ随波长λ变化很大。

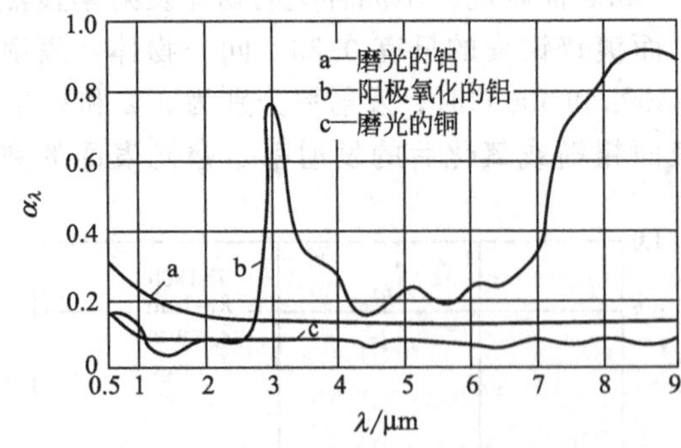

图7-14 某些金属导电体的光谱吸收比

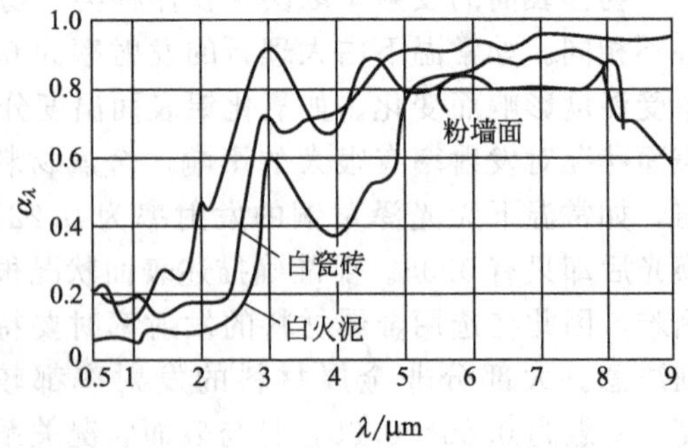

图7-15 某些非导电体材料的光谱吸收比

物体的光谱吸收比随波长而异的这种性质称为物体的吸收具有选择性。比如玻璃对波长小于2.2μm的辐射吸收比很小，因此白天太阳辐射中的可见光就可进入暖房。到了夜晚，暖房中物体常温辐射的能量几乎全部位于波长大于3μm的红外辐射内，而玻璃对于波长大于3μm的红外辐射的吸收比很大，从而阻止了夜里暖房内物体的辐射热损失。这就是由玻

璃的选择性吸收作用造成的温室效应。另外，物体的颜色也是由于物体对可见光中红、橙、黄、绿、蓝、青、紫不同波长的光的选择性吸收造成的，如果物体将红光反射出来（对红光吸收性差），而将其余颜色的光全部吸收，物体就呈现为红色。自然界丰富多彩的颜色正是由于物体对各种颜色光的吸收比的差异而造成的。

上述实际物体的光谱吸收比对投入辐射的波长有选择性这一特性表明，物体的吸收比除与自身表面的性质和温度（T_1）有关外，还与投入辐射按波长的能量分布有关。而投入辐射按波长的能量分布，又取决于发出投入辐射的物体的性质及其温度（T_2）。图 7-16 示出了实际物体对黑体辐射的吸收比 α 与黑体温度（T_2）的关系。

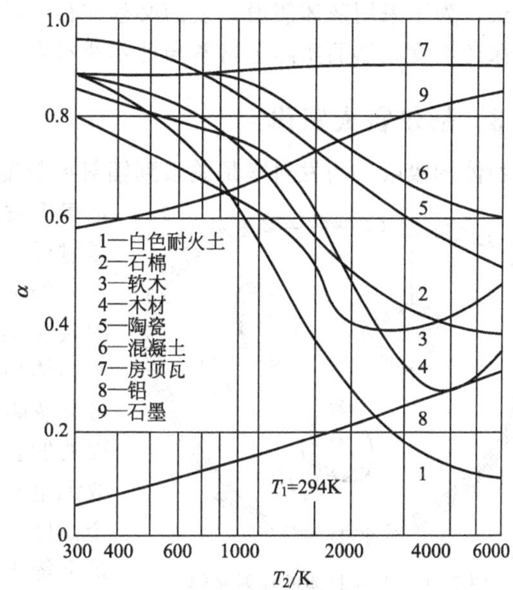

图 7-16 实际物体对黑体辐射的吸收比与黑体温度的关系

由图 7-16 可见，物体的吸收比 α 随辐射源温度（T_2）变化显著。所以，实际物体的吸收比要根据吸收一方和发出投入辐射一方这两方的性质（物质种类及表面状况）及温度来确定。

7.4.2 灰体

由以上分析，实际物体的光谱吸收比与黑体相差很大，不仅小于 1，而且也不为常数，甚至也不是一个物性参数，因为它不仅受到物体吸收表面自身性质的影响，还取决于投射辐射表面的性质。这给工程应用带来了很大困难。究其原因，全在于实际物体的吸收比随波长变化这一事实。

为了克服上述困难，我们假定某种物体的吸收比与波长无关，这样当温度一定时，无论投入辐射的光谱辐射力随波长的分布情况如何，物体的吸收比总是一个常数。也就是说物体的吸收比仅取决于表面本身，而与投入辐射的表面无关，即

$$\alpha_\lambda = \alpha = 常数 \tag{7-26}$$

在热辐射理论中，把吸收比与波长无关的物体称为灰体。和黑体一样，灰体也是一个理想化的物体，从图 7-17 可以看出，就吸收和辐射的规律而言，灰体和黑体非常相似，但灰体在数量上比黑体更接近于实际表面的辐射行为，灰体的吸收比体现了它和黑体在吸收数量上的差异。

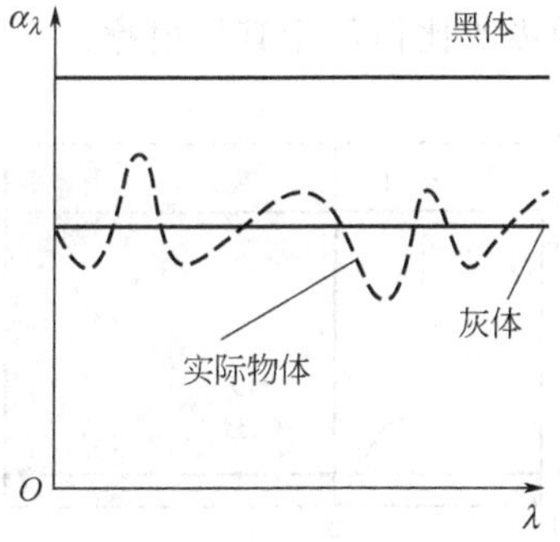

图 7-17 黑体、灰体和实际物体的吸收特性

一般工程上遇到的热射线，其主要能量位于波长 0.76～20μm 之间，在这个波长范围内，实际物体的光谱吸收比变化不大。也就是说，在这个波长范围内，工程上使用的大多数材料都可以用灰体来近似处理，这显然给热辐射计算带来很大方便。但是，对于投入辐射和表面发射的光谱间隔很宽的情况，利用灰体假定要特别慎重。

在与太阳进行辐射交换时，很多表面不能视为灰体。来自太阳的投入辐射集中在短波段，而地面物体的温度低得多，表面辐射的波长却很大，所以辐射涉及很小和很大

的波长，为了采用灰体假设，表面必须在很宽波长范围内辐射物性（比如光谱吸收比和发射率）保持不变，然而实际上常常与此不相符合。

7.4.3 基尔霍夫定律

物体的吸收比与发射率是关系到辐射换热能量收支的重要指标。基尔霍夫（Kirchhoff）定律把发射和吸收特性联系了起来，是描述实际物体辐射行为的重要关系式之一。

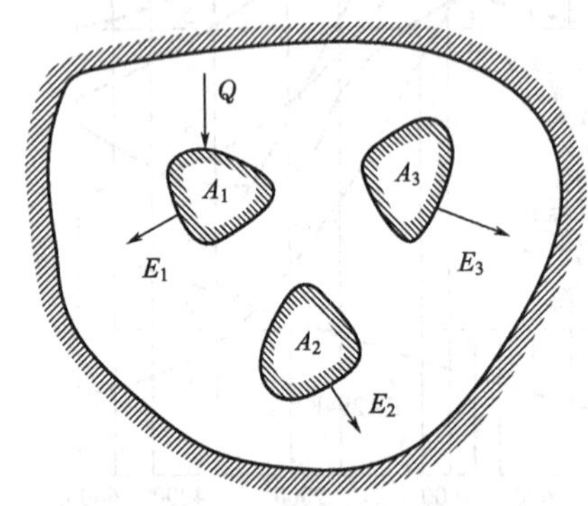

图 7-18 等温腔体的辐射换热

如图 7-18 所示，有几个小物体封闭在一个很大的表面温度为 T 的等温腔体内。相对于腔体来说，小物体很小，因此它们的存在对腔体内辐射场的影响可以忽略不计。因为此腔体内的辐射换热是由腔体表面的发射辐射与随后的反射辐射的累积效果造成的，故无论腔体表面的性质如何，这种腔体表面都构成一个黑体腔。腔体内任何一个物体所受的投入辐射在数量上等于表面温度为 T 的黑体辐射，即

$$Q=E_{\mathrm{b}}(T) \tag{7-27}$$

在稳态条件下，这些小物体与腔体达到热平衡，即它们的温度都相等，并且每个表面的净热流密度为零，即

$$\alpha_i Q A_i - E_i(T) A_i = 0, \quad i=1,2,3,\cdots \tag{7-28}$$

把式(7-27) 代入式(7-28)，可得

$$\frac{E_1(T)}{\alpha_1}=\frac{E_2(T)}{\alpha_2}=\cdots\frac{E_i(T)}{\alpha_i}=\cdots E_{\mathrm{b}}(T) \tag{7-29}$$

上式即为基尔霍夫定律的数学表达式。文字表述为：在热平衡条件下，任何物体的辐射力和它对来自黑体辐射的吸收比的比值，恒等于同温度下黑体的辐射力。

根据发射率的定义 $\varepsilon=\dfrac{E}{E_{\mathrm{b}}}$，可以得到基尔霍夫定律的另一种表达形式为

$$\varepsilon=\alpha \tag{7-30}$$

即与黑体处于热平衡条件下，任何物体对黑体辐射的吸收比等于同温度下该物体的发射率。

从基尔霍夫定律的推导过程来看，满足基尔霍夫定律的条件为投入辐射是黑体辐射。但是由于灰体的吸收比与投射波长无关，因此如果物体是灰体，它也必然满足基尔霍夫定律，并由此得出以下结论。

① 灰体的吸收比只取决于物体本身条件而与外界条件无关，因此对于灰体，无论辐射源是否为黑体，也无论辐射源是否与灰体达到热平衡，灰体的吸收比恒等于其发射率。

② 由灰体的定义可以得到灰体的发射率也为一常数，即

$$\varepsilon(T)=\varepsilon(\lambda,T)=\text{常数} \tag{7-31}$$

吸收比高的物体发射率也高，即善于吸收的物体也善于发射。实际物体的吸收比都小于 1，而黑体的吸收比等于 1，因此在同温度条件下，黑体的辐射力最大。

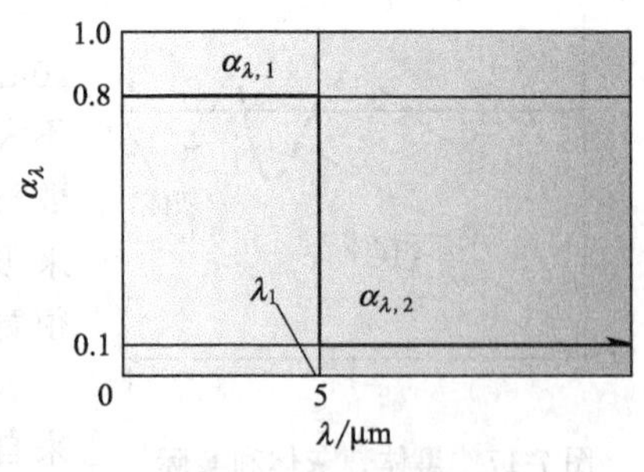

图 7-19 【例 7-4】图

【例 7-4】 一个固体金属小球上有一层辐射透不过的漫射涂层，其吸收率随波长的变化如图 7-19 所示。将初始处于均匀温度 $T_s=300\mathrm{K}$ 的这个小球放入壁温为

$T_f=1500\text{K}$ 的大炉里。求初始状态和终态稳定时涂层的全波长半球向吸收率和发射率。

解 假设：①涂层是辐射透不过的漫射表面；②由于炉壁的面积远大于小球面积，认为投射可近似为来自温度为 T_f 的黑体发射。

全波长半球向吸收率为

$$\alpha=\frac{\int_0^\infty \alpha_\lambda(\lambda)E_{b\lambda}(\lambda,1500\text{K})\text{d}\lambda}{E_{b\lambda}(1500\text{K})}$$

因为

$$G_\lambda=E_{b\lambda}(T_f)=E_{b\lambda}(\lambda,1500\text{K})$$

故

$$\alpha=\frac{\int_0^\infty \alpha_\lambda(\lambda)E_{b\lambda}(\lambda,1500\text{K})\text{d}\lambda}{E_{b\lambda}(1500\text{K})}$$

因此

$$\alpha=\alpha_{\lambda,1}\frac{\int_0^{\lambda_1} E_{b\lambda}(\lambda,1500\text{K})\text{d}\lambda}{E_b(1500\text{K})}+\alpha_{\lambda,2}\frac{\int_{\lambda_1}^\infty E_{b\lambda}(\lambda,1500\text{K})\text{d}\lambda}{E_b(1500\text{K})}$$

或

$$\alpha=\alpha_{\lambda,1}F(0\sim\lambda_1)+\alpha_{\lambda,2}[1-F(0\sim\lambda_1)]$$

查表可得

$$\lambda_1T_f=5\mu\text{m}\times1500\text{K}=7500\mu\text{m}\cdot\text{K},\ F(0\sim\lambda_1)=0.83$$

因此

$$\alpha=0.8\times0.83+0.1(1-0.83)=0.681$$

全波长半球向发射率为

$$\varepsilon(T_s)=\alpha_{\lambda,1}\frac{\int_0^\infty E_{b\lambda}(\lambda,T_s)\text{d}\lambda}{E_b(T_s)}$$

由于这个表面具有漫射的性质，$\varepsilon_\lambda=\alpha_\lambda$，可得

$$\varepsilon=\alpha_{\lambda,1}\frac{\int_0^{\lambda_1} E_{b\lambda}(\lambda,300\text{K})\text{d}\lambda}{E_b(300\text{K})}+\alpha_{\lambda,2}\frac{\int_{\lambda_1}^\infty E_{b\lambda}(\lambda,300\text{K})\text{d}\lambda}{E_b(300\text{K})}$$

或

$$\varepsilon=\alpha_{\lambda,1}F(0\sim\lambda_1)+\alpha_{\lambda,2}[1-F(0\sim\lambda_1)]$$

查表可得

$$\lambda_1T_s=5\mu\text{m}\times300\text{K}=1500\mu\text{m}\cdot\text{K},\ F(0\sim\lambda_1)=0.014$$

因此

$$\varepsilon=0.8\times0.014+0.1[1-0.014]=0.11$$

由于涂层的光谱性质和炉温保持不变，α 的值不会随时间的延长而变化。但当 T_s 随时间增高时，ε 值变化。在终态稳定时，$T_s=T_f$，$\varepsilon=\alpha(\varepsilon=0.681)$。

7.5 太阳和环境辐射

太阳是一个近似于5800K的黑体辐射源，其直径为 1.39×10^9 m，距离地球 1.5×10^{11} m。当太阳发出的辐射穿过空间时，由于通过的球面积不断变大，辐射热流密度将降低。在

地球大气层的外缘，辐射热流密度降低到原来的 $1/(r_d/r_s)^2$，式中，r_s 为太阳的半径；r_d 为太阳与地球之间的距离。将地球位于离太阳的平均距离时投射在与太阳射线相垂直的大气层外缘表面上的太阳能密度定义为太阳常数 S_c（见图 7-20），其值为 $S_c=1353\text{W/m}^2$。对于水平表面（即与地球表面相平行），太阳辐射呈近似于平行的射线束，与表面的法线形成一个 θ 角，称天顶角。对水平面定义的大气层外的太阳辐射密度 $Q_{S,o}$ 与地理纬度及年和天的时间有关，可用下述形式的表达式确定：

$$Q_{S,o}=S_c f\cos\theta \tag{7-32}$$

式中，f 是考虑围绕太阳的地球轨道的偏心率的一个很小的修正系数，$0.97\leqslant f\leqslant 1.0$。

太阳辐射的光谱分布与工程上应用的表面的发射相比有显著的差别。太阳辐射的光谱分布近似于 5800K 黑体的光谱分布，辐射能主要集中在热辐射光谱的短波区（$0.2\leqslant\lambda\leqslant 3\mu\text{m}$），峰值约位于 $0.5\mu\text{m}$。正是由于能量集中在短波区，常常不能假定受太阳辐射的表面具有灰体表面的性质，因为表面的发射一般是位于 $4\mu\text{m}$ 以后的光谱区，表面的光谱辐射性能不大可能在这么宽的谱区内是常数。

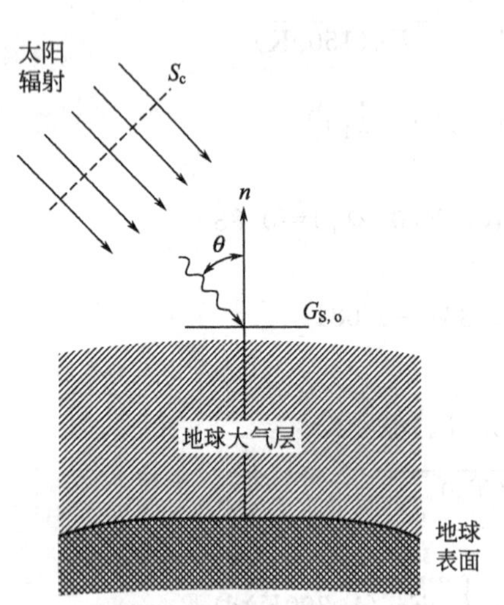

图 7-20　地球大气层外太阳辐射的方向性质

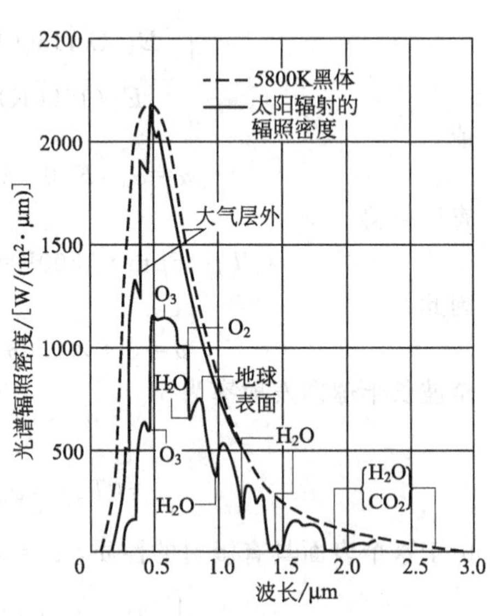

图 7-21　太阳辐射的光谱分布

当太阳辐射穿过地球的大气层时，其大小和光谱及方向分布都发生很大的变化，这种变化是大气中的成分对辐射的吸收和散射造成的。图 7-21 中下部的曲线说明了大气中的气体 O_3（臭氧）、H_2O、O_2 和 CO_2 的吸收效应。臭氧的吸收在紫外（UV）区很强，导致在 $0.4\mu\text{m}$ 以下辐射显著衰减，而在 $0.3\mu\text{m}$ 以下辐射衰减为零。在可见光区 O_3 和 O_2 对辐射有些吸收；而在近红外和远红外区，主要是水蒸气吸收。在整个太阳辐射光谱区，大气中的尘埃和悬浮微粒也连续吸收辐射。

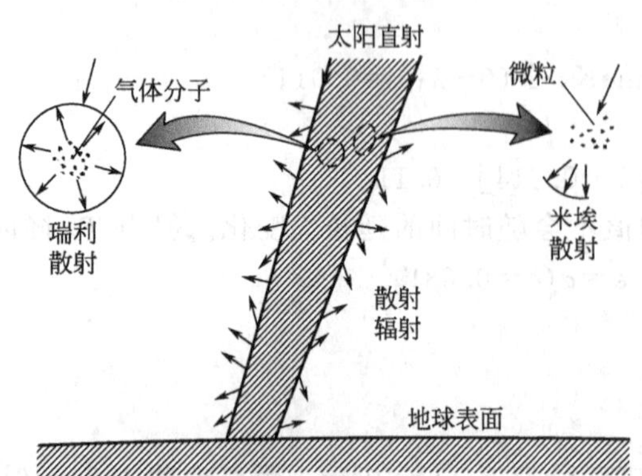

图 7-22　地球大气层中太阳辐射的散射

使太阳辐射改变方向的大气散射由两类散射方式组成，如图 7-22 所示。

当有效分子直径与辐射的波长之比（$\pi D/\lambda$）远小于 1 时，由非常小的气体分子造成的瑞利（Rayleigh）散射（也称分子散射）使辐射几乎均匀地散射到所有方向。因此，约有一半散射辐射返回到宇宙空间，而余下的部分则投射到地球表面。投射在地球表面上任何一个点的散射辐射，都是来自所有的方向。与此不同，当 $\pi D/\lambda$ 近似为 1 时，由大气中的尘埃和悬浮微粒造成的米埃（Mie）散射集中在靠近投射辐射的方向，它使得辐射能基本沿着投入的方向继续向前传递，因此这部分散射能量可以认为全部到达地球表面上。太阳辐射中没有受到吸收与散射的那部分能量则直接到达地球表面，称为太阳的直接辐射。

环境辐射的长波辐射形式包括地球表面的发射以及来自大气中某些成分的发射。地球表面的辐射力可按式(7-23) 计算，发射率 ε 一般接近于 1，例如水的发射率可近似地取 0.97。由于通常的温度范围为 250～320K，发射近似集中在 4～40μm 光谱区，峰值波长约发生在 10μm。

大气发射大部分来自 CO_2 和 H_2O 分子，并集中在 5～8μm 和 13μm 以上的光谱区。虽然大气发射的光谱并不相当于黑体的光谱分布，但它对地球表面上的投入辐射所作的贡献可用式(7-11) 计算，即来自大气发射的投入辐射可表示为

$$Q_{\mathrm{atm}}=\sigma T_{\mathrm{sky}}^{4} \tag{7-33}$$

式中，T_{sky} 为等效天空温度，其值与大气条件有关，其范围从寒冷的晴朗天空条件时的 230K 到暖和及多云条件下的 285K。在夜间，大气发射是地球表面上唯一的投入辐射源。当它的值很小时，例如在寒冷的清澈无云的夜间，即使在空气温度高于 273K 时水也可能结冰。

7.6 太阳辐射的工程应用

太阳辐射是地球表层能量的主要来源。人类利用太阳能的历史悠久，在克服各种障碍和困难中不断发展。由于太阳能是资源无限的可再生能源，是与生态环境和谐的清洁能源，因此必将逐步发展成为人类未来能源构成的重要成员。人类利用太阳辐射的方式包括光热利用、太阳能发电、光化利用、光生物利用等，并积极开展太阳能作用于人类生产生活的研究。

7.6.1 太阳能热气流电站

通过水或其他工质和装置将太阳辐射能转换为电能的发电方式，称为太阳能发电。主流的太阳能发电目前主要有两种基本途径：一种是先将太阳辐射能转换为热能，再按照某种发电方式将热能转换为电能，即太阳能热发电；另一种是通过光电器件直接将太阳辐射能转换为电能，即太阳能光发电。本节结合已开展的科研工作介绍一种较新颖的太阳能热气流电站。

建造太阳能热气流电站的设想是由来自斯图加特大学的乔根·施莱奇教授提出的。他认为建造太阳能热气流电站是解决广大发展中国家由于缺乏电力致使经济长期处于停滞状态问题的好办法。建造太阳能热气流电站的主要材料是玻璃和水泥，可用沙漠里的沙、石制造。这种电站不像其他太阳能电力系统，它不需要高技术的设备和人才，且其建造只需水泥、玻璃等材料，维修简便。目前在西班牙已经建成了一座太阳能热气流发电试验电站。随着研究的深入，这项新技术会越来越成熟，最终太阳能热气流发电技术将会在世界上得到更广泛的应用。

如图 7-23 所示，太阳能热气流发电系统由太阳能集热棚、太阳能烟囱和涡轮机发电机组 3 个基本部分所构成。太阳能集热棚建在一块太阳辐照强、绝热性能比较好的土地上；集

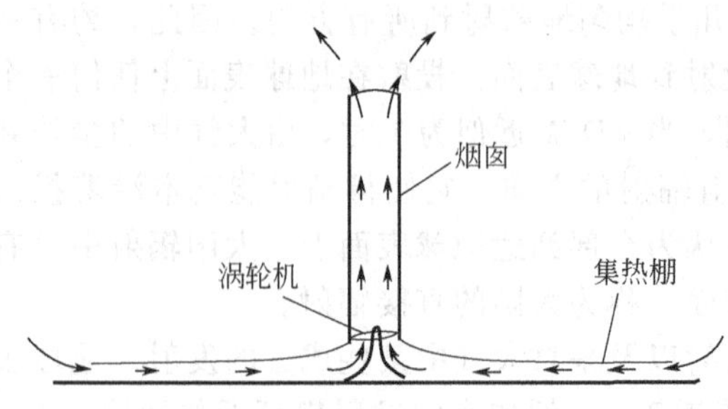

图 7-23　太阳能热气流发电系统

热棚和地面有一定间隙，可以让周围空气进入系统；集热棚中间离地面一定距离处装着烟囱，在烟囱底部装有涡轮机。太阳光照射集热棚，集热棚下面的土地吸收透过覆盖层的太阳辐射能，并加热土地和集热棚覆盖层之间的空气，使集热棚内空气温度升高，密度下降，并沿着烟囱上升，集热棚周围的冷空气进入系统，从而形成空气循环流动。由于集热棚内的空间足够大，当集热棚内的空气流到达烟囱底部的时候，在烟囱内将形成强大的气流，利用这股强大的气流推动装在烟囱底部的涡轮机，带动发电机发电。在空气流动过程中，产生了三个能量转换过程。首先空气被加热，太阳能转化为空气内能；由于空气在烟囱内的上升流动，内能转变为动能；当空气流到涡轮机时，气流推动涡轮机转子转动，动能又转化成我们所需的电能。其能量转换关系如图 7-24 所示。

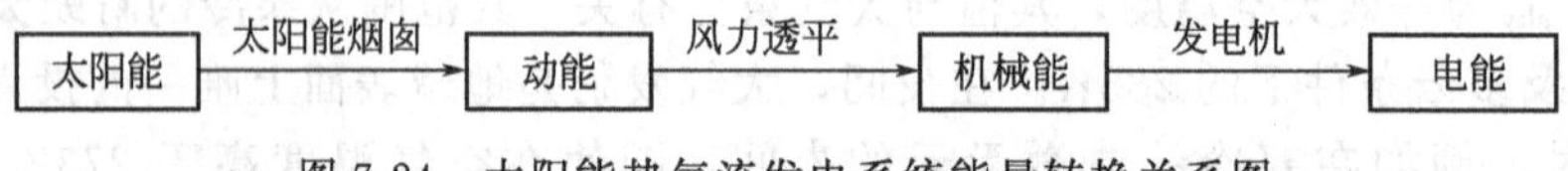

图 7-24　太阳能热气流发电系统能量转换关系图

近期的研究对传统热气流电站加以改进，设计了一种依托高楼建造的立式集热棚式太阳能热气流电站，将原来占地面积较大的卧式集热棚设计成依托高楼向阳墙面而建的立式集热板。这种新型太阳能热气流电站主要由内涂选择性吸收涂层的透明材料（称为集热板）依托高楼向阳墙面搭建而成，如图 7-25 所示，在集热板与高楼墙面之间形成的空气向上流动的通道称为太阳能烟囱。空气在烟囱中自下而上地吸收太阳热能，温度不断上升，密度不断减小，这就加强了空气向上浮的拽升引射流动，并将太阳热能转换成空气流动的动能；而从建筑物底部源源不断补充的冷空气经过扩压管的扩压后推动风力透平机组旋转做功。

图 7-25　立式集热板式太阳能热气流电站

7.6.2　太阳房

太阳房是利用太阳能进行采暖和空调的环保型生态建筑。现阶段由于我国采暖地区的建筑围护结构保温水平低，门窗气密性差，采暖设备热效率低，导致平均每平方米年采暖能耗高达 30.5kg，国内建筑围护结构热导率为发达国家的 2 倍以上，这种情况亟待我们的重视和改善。太阳房的推广应用对于节约常规能源、减少环境污染、改善人们的生活水平具有十分重要的意义。

太阳房（或称太阳能采暖系统）基本上可分为主动式太阳房、被动式太阳房和热泵式太阳能采暖系统三种类型。

① 主动式太阳房（或称主动式太阳能采暖系统）与常规能源的采暖区别在于，它以太阳集热器作为热源，替代以煤、石油、天然气、电等常规能源作为燃料的锅炉，如图 7-26

所示。主动式太阳房主要设备包括：太阳能集热器、储热水箱、辅助热源以及管道、阀门、风机、水泵、控制系统等部件。太阳能集热器获取太阳的热量，通过配热系统送至室内进行采暖，过剩热量储存在水箱内。当收集的热量小于采暖负荷时，由储存的热量来补充，热量不足时由备用的辅助热源提供。由于地面上单位面积能够接收到的太阳能量有限，故集热器的面积要足够大；另一方面，由于太阳辐射具有明显的周期性和季节性，因此太阳能不能成为连续、稳定的独立能源，系统中必须有储存热量的设备和辅助热源装置。

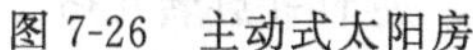
图 7-26　主动式太阳房

图 7-27　被动式太阳房

② 被动式太阳房（或称被动式太阳能采暖系统）的特点是不需要专门的集热器、热交换器、水泵（或风机）等主动式太阳能采暖系统中所必需的部件，只是依靠建筑方位的合理布置，通过窗、墙、屋顶等建筑物本身构造和材料的热工性能，以自然交换的方式（辐射、对流、传导）使建筑物在冬季尽可能多吸收和储存热量，以达到采暖的目的，如图 7-27 所示。因此，这种太阳能采暖系统构造简单、价格便宜。从太阳能利用的角度，被动式太阳房可分为五种类型：直接受益式、集热蓄热墙式、综合式、屋顶集热蓄热式、自然循环式。实际应用中，往往是几种类型结合起来使用，称为组合式或复合式。尤以前三种类型应用在一个建筑物上更为普遍。其他还有主、被动结合在一起使用的情况。

③ 热泵式太阳能采暖系统是利用集热器进行太阳能低温集热（10～20℃），然后通过热泵，将热量传递到温度为 30～50℃的采暖热媒中去。冬季太阳辐照量较小，环境温度很低，集热器中流体温度一般为 10～20℃，直接用于采暖是不可能的。使用热泵可以直接收集太阳能进行采暖。将太阳能集热器作为热泵系统中的蒸发器，换热器作为冷凝器。这样，就可以得到较高温度的采暖热媒。图 7-28 所示为直接式太阳能热泵；图 7-29 所示的系统由太阳能集热器与热泵联合组成，称为间接式太阳能热泵。太阳能热泵采暖系统的主要特点是花费少量的电能就可以得到几倍于电能的热量，同时可以有效地利用低温热源，减小集热面积。若与夏季制冷结合，应用于空调，它的优点更为突出。

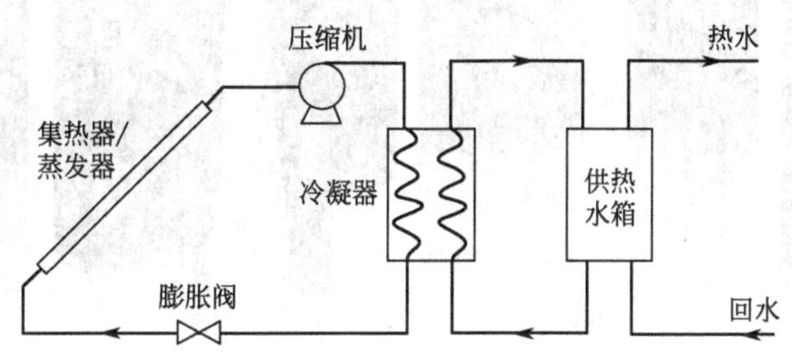

图 7-28　直接式太阳能热泵

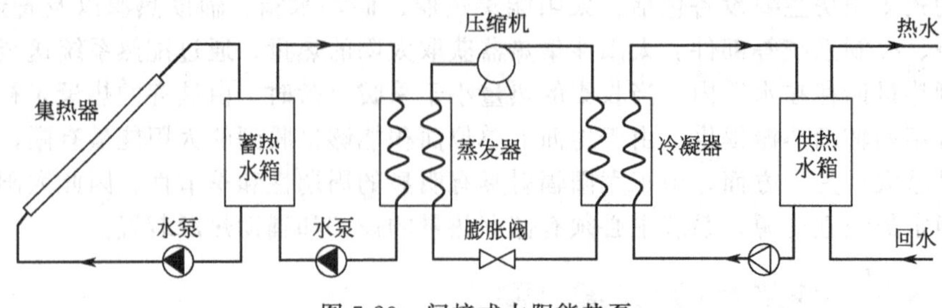

图 7-29 间接式太阳能热泵

7.6.3 建筑结构的日照温度效应

随着国内外新型建筑的不断涌现，建筑结构的热分析日益受到工程、科研人员的关注和重视。大跨度钢结构、超长高层建筑、混凝土桥梁等建筑结构，无论在施工过程，还是在日常维护中，都非常有必要进行温度场的模拟、测量以及温度效应的研究。

近期的研究分析了广州电视塔钢结构日照条件下整体温度场及特殊部位温度场的测试结果。该塔塔身主体 454m，天线桅杆 156m，塔整体总高度 610m。塔外部钢结构体系由 24 根立柱、斜撑和圆环交叉构成，上小下大的两个椭圆圆心相错，逆时针旋转 135°，其扭转的塔身中部细腰处最小处直径只有约 30m。温度载荷对超高层建筑施工和维护过程中的结构变形有着重要影响，通过对超高钢结构在施工阶段太阳辐射下的温度场进行测试，对该建筑施工和维护中的温度分布提供技术性描述和规律分析。

在不同方位、不同时间对广州电视塔主体或特殊部位采集红外热成像和其他相关数据，时间为某年 1 月，使用热像图专用软件进行处理，分析日照时该塔不同位置、不同气象条件下的表面温度分布规律。

图 7-30 显示了测点位于电视塔北、东、西南、西侧的 4 幅塔主体热像，测量对象未包括塔上部的天线桅杆部分，热像图的温显范围均调整为 18.0～22.5℃。由图 7-30(b)、(c)、(d) 可以看出，迎照方向的钢杆、核心筒、功能层等部分均处于明显的高温区，从东侧拍摄的图 7-30(b) 清晰地显示出正阳面和背阳面的温差对比，而图 7-30(a) 整体温度偏低，除下部两功能层外的其他区域温度变化不明显，表明背阳面受日照影响较小。

对单根钢杆温度分布进行分析。如图 7-31(a) 所示，该段钢杆约从 36m 至 438m，图

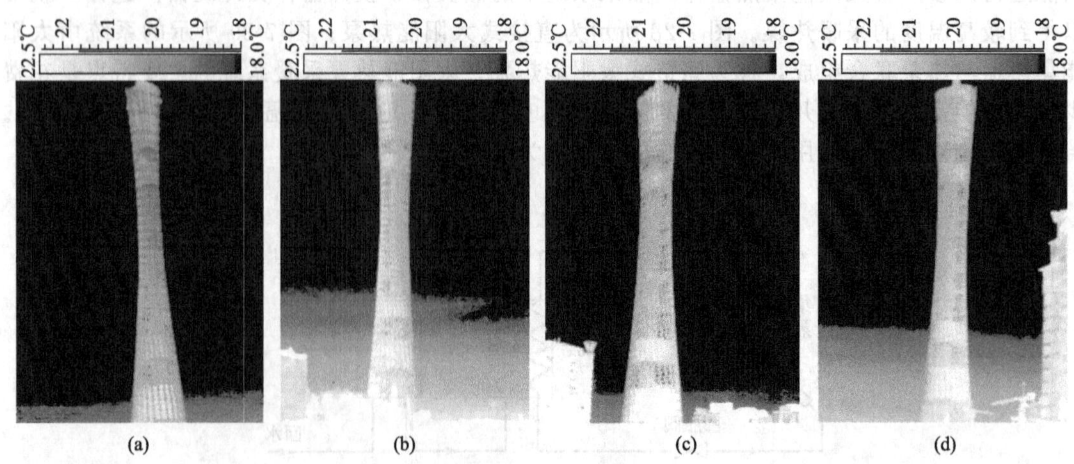

图 7-30 广州电视塔 4 方位红外热像

7-31(b) 为该段钢杆温度值分布的百分数，图 7-31(c) 为该段钢杆自下向上的温度分布曲线。如图 7-32(a) 所示，该段钢杆约从 85m 至 430m，图 7-32(b) 为该段钢杆温度值分布的百分数，图 7-32(c) 为该段钢杆自下向上的温度分布曲线。分析结果表明，通常情况下单根立柱的温度分布自下向上呈递减趋势，各功能层可以使与其同高度的钢杆温度升高，使得部分区段的温度值有明显的跃升，如图 7-32(c)。单根立柱扭转向上的过程中，可能会出现不同区段分别处于向阳面、背阳面或被其他结构遮挡的情况，此时整根钢杆将出现特殊的温度分布，如图 7-31(c) 所示，分析对象区段呈现上部和下部温度高，而中部温度低的分布现象。

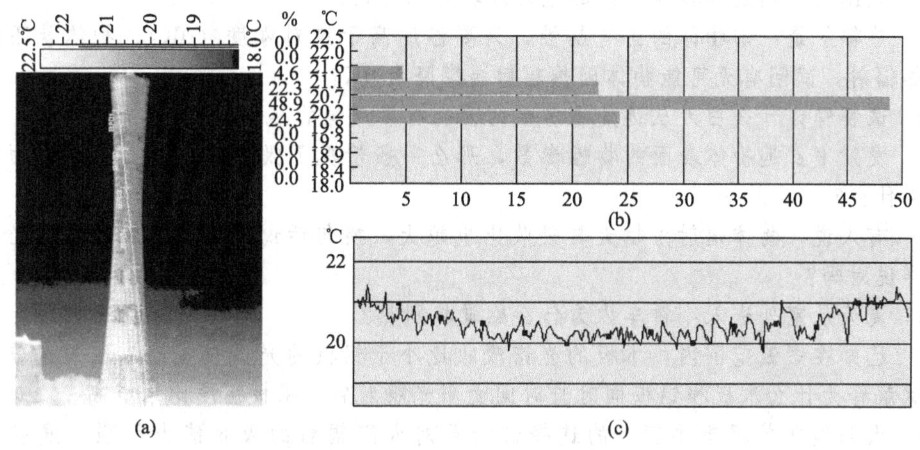

图 7-31 塔东侧测点热像中标识钢杆的温度场分析

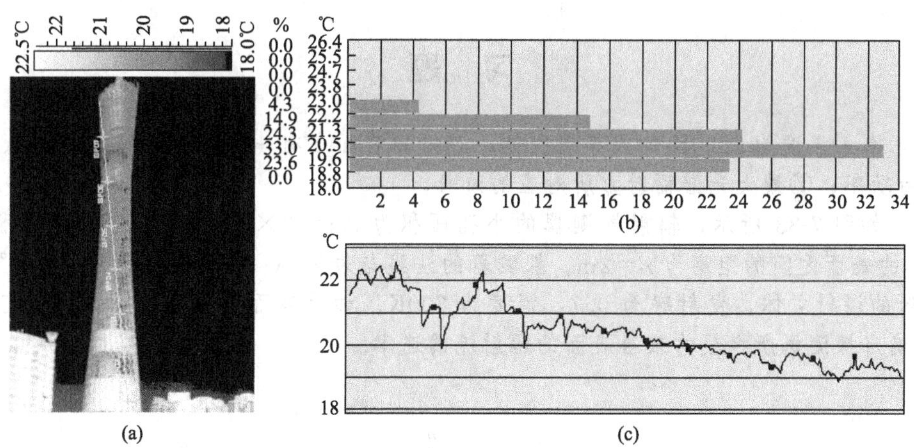

图 7-32 塔西南侧测点热像中标识钢杆的温度场分析

本章小结

本章主要介绍了热辐射理论中的基本定义、概念和参数，黑体辐射的几个重要定律和实际物体发射、吸收辐射的特性，以及重要的热辐射模型——灰体。本章知识的学习是下一章进一步研究物体间辐射传热的基础。通过本章的学习，读者应达到以下要求。

(1) 理解热辐射的物理本质和特点。

(2) 掌握黑体、灰体、漫射体、发射率、吸收比、有效辐射和定向辐射度等概念，了解辐射力、定向辐射力和定向辐射度的区别。

(3) 理解和掌握黑体的辐射规律（四个定律）和基尔霍夫定律。

(4) 理解影响实际物体表面辐射特性的因素及将实际物体作为灰体处理的条件，了解实际物体在一般工业温度范围内热辐射和在可见光范围内热辐射的差异。

思考题

7-1 试比较热辐射和其他形式的电磁波辐射的异同。

7-2 热辐射是一切物体的固有属性，只要温度高于绝对零度（0K），物体就不断地向外发出热辐射，试问有无可能物体因热辐射温度降为0K？

7-3 试解释为什么白天从远处看房屋的窗孔有黑洞洞的感觉。

7-4 发射率ε是物体表面的物性参数，那么一般情况下吸收比α是否也是表面的物性参数？为什么？

7-5 有人说，物体辐射力越大其吸收比也越大，换句话说，善于发射的物体必善于吸收。这样说对吗？

7-6 夏天从室外进入小轿车内为什么感觉特别热？

7-7 已知在短波范围内，木板的光谱吸收比小于铝板的光谱吸收比，在长波范围内则相反。试解释为什么木板和铝板同时长时间受阳光照射后，铝板温度比木板高。

7-8 太阳能集热器集热管上的选择性涂层对太阳辐射的吸收能力很强，发射辐射的能力又很弱，这与基尔霍夫定律相矛盾吗？这种涂层对太阳能的利用效率和黑体比谁会更高？

习 题

7-1 有一温度为1800K的大等温腔体，腔体的表面上有一个小孔，试求：①从小孔射出的发射功率；②最大光谱辐射力所对应的波长。

7-2 如图7-33所示，辐射探测器的小孔面积为$A_d=2\times10^{-6}m^2$，它与表面积$A_s=10^{-4}m^2$的表面之间的距离为$r=2m$。探测器的法线与表面A_1的法线夹角为$\theta=30°$。表面为不透射的漫射灰体，发射率为0.7，温度为700K。如果表面的投射辐射密度为1000W/m^2，试确定探测器所拦截的来自表面的辐射流的速率。

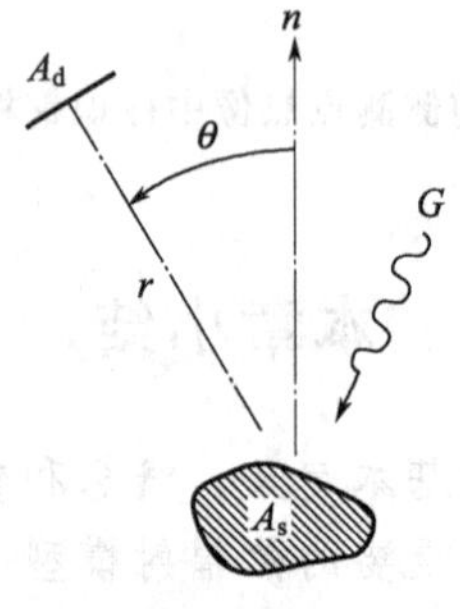

图7-33 习题7-2图

7-3 把太阳表面近似看成是 $T=5800\text{K}$ 的黑体，试计算太阳发出的辐射能中可见光所占的比例。

7-4 某黑体辐射，其对应的最大单色辐射力的波长 $\lambda_{max}=2\mu\text{m}$，试计算其辐射力和在波长范围为 1～3$\mu$m 内黑体辐射力。

7-5 用特定的仪器测得，一近似黑体炉发出波长为 0.5μm（在半球范围内）的辐射能 10^7W/m^3，试求该炉子工作在多高的温度下？在该工况下辐射黑体炉的加热功率为多大？（辐射小孔的面积为 $3\times10^{-4}\text{m}^2$）

7-6 有一现代大棚，所采用的棚顶材料对 0.4～3μm 波段的射线的透过率为 0.98，其他波段不能透过，假设室内物体作黑体处理，且温度为 45℃。试计算太阳辐射与室内物体所发射的能量中能透过棚顶的部分各为多少？

7-7 一选择性吸收表面的光谱吸收比随波长变化的特性曲线如图 7-34 所示，试确定投入辐射为 $G=1000\text{W/m}^2$ 时，该表面单位面积上所吸收的太阳能量及对太阳辐射的总吸收比。

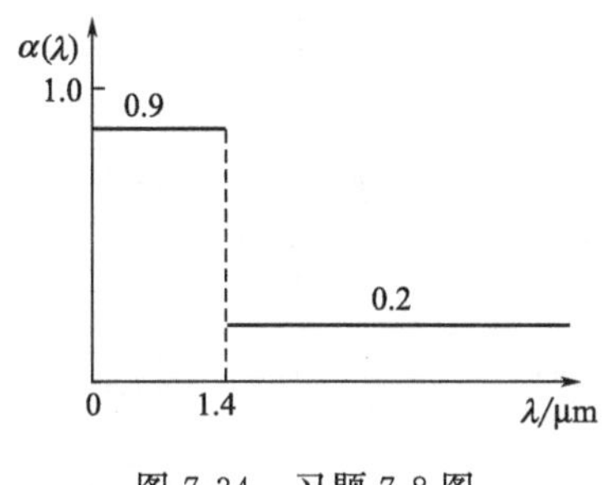

图 7-34 习题 7-8 图

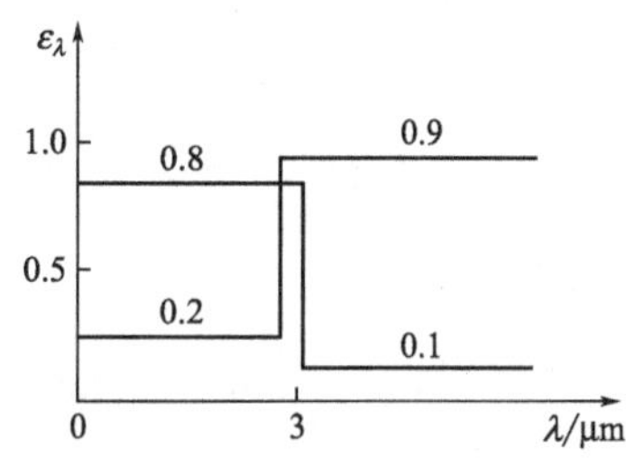

图 7-35 习题 7-9 图

7-8 两漫射表面（$\varepsilon_\lambda=\alpha_\lambda$）的 ε_λ 曲线如图 7-35 所示。①分别求出两表面对来自温度为 5800K 的黑体的投入辐射和总吸收比 α；②两表面的温度都为 500K，求它们总的发射率；③如果选择一个来吸收太阳光，哪个更好？说明理由。

7-9 已知一表面的光谱吸收比与波长的关系如图 7-36(a) 所示，在某一时刻，测得表面温度为 1500K，投入辐射 G_λ 按波长分布如图 7-36(b) 所示。①计算单位表面所吸收的辐射能；②计算该表面的发射率及辐射力；③确定在此条件下物体表面的温度随时间如何变化（即温度随时间增加还是减少）。（该物体无内热源，没有其他形式的热量传递）

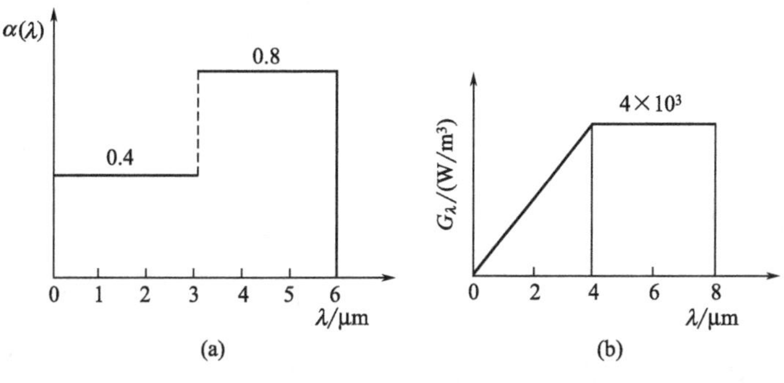

图 7-36 习题 7-10 图

参考文献

[1] 李友荣，吴双应. 传热学 [M]. 北京：科学出版社，2012.

[2] 姚钟鹏，王瑞君．传热学［M］．第2版．北京：北京理工大学出版社，2003.

[3] 张奕，郭恩震．传热学［M］．南京：东南大学出版社，2004.

[4] 胡汉平，程文龙．热物理学概论［M］．合肥：中国科学技术大学出版社，2006.

[5] 弗兰克，大卫德维特，狄奥多尔伯格曼等．传热和传质基本原理［M］．葛新石，叶宏译．北京：化学工业出版社，2007.

[6] 周艳，李庆领，李洁浩，刘晓惠．立式集热板太阳能热气流电站系统研究［J］．工程热物理学报，2010，31（3）：465-468.

[7] 周艳，李洁浩，李庆领．依托高楼的新型太阳能热气流电站系统［J］．热力发电，2009，38（7）：4-6.

[8] 罗运俊，何梓年，王长贵．太阳能利用技术［M］．北京：化学工业出版社，2013.

[9] Bin Zhang，Yan He，Xiaoming Chen. Measurement and analysis on solar temperature distribution of steel structure in Shanghai Oriental Sport Center［C］. 2011 International Conference on Energy and Environment，2011，5：489-492.

[10] 何燕，丁曼，张千，郑洪财．日照作用下钢管混凝土构件截面温度场的实验研究［J］．青岛科技大学学报（自然科学版），2012，33（3）：307-311.

8 辐射换热计算

辐射换热主要指两个或两个以上表面之间的换热过程。只要两个表面间的介质对热射线是完全透射的（如空气），或表面间为真空状态，那么表面间的辐射换热就不可避免。这种换热取决于物体表面的形状、大小和方位，还和表面的辐射性质及温度有关。由于物体间的辐射传热是在整个空间中进行的，因此，在讨论任意两表面间的辐射传热时，必须对所有参与辐射传热的表面进行考虑。实际处理时，常把参与辐射传热的有关表面视作一个封闭系统，表面间的开口设想为具有黑体表面性质的假想面。实际的工程辐射传热问题都是非常复杂的，为了使问题简单而又容易理解其物理本质，本书对实际的辐射传热问题作如下的简化：①参与辐射传热的物体都具有灰体的性质，所有表面都是漫射表面；②参与辐射传热的表面具有均匀的辐射特性，表面温度均匀，也就是说，辐射传热表面的发射率、吸收比、温度等参数在表面各处都相等；③辐射传热是稳态的，即所有与辐射传热有关的量都不随时间而变化。

本章首先引入描述物体表面之间相对空间位置关系的角系数概念，并介绍它的基本计算方法。然后讨论辐射换热计算中最有效、应用最普遍的网络方法，并以它为工具，讲解如何求解工程中常见的黑表面或者漫灰表面间的辐射换热问题，最后对气体的辐射和吸收特性作简要介绍。

8.1 角系数

8.1.1 角系数的定义

两个物体表面之间的辐射换热量与两个表面之间的相对位置以及表面的形状和大小有很大关系，为此引入一个表示表面形状、大小、距离与方位的几何量——角系数。考察两个任意放置的表面，我们把表面 1 所发出的辐射能中落在表面 2 上的份额称为表面 1 对表面 2 的角系数，记作 $X_{1,2}$。同理也可以定义表面 2 对表面 1 的角系数。角系数是一个纯几何因子，与两个表面的温度及发射率没有关系。

角系数的求解是解决辐射换热问题的关键。在很多情况下，角系数可以通过代数法来求得，而角系数的性质是代数法的基础。

8.1.2 角系数的性质

(1) 角系数的相对性（互换性）

当两个黑体之间进行辐射换热时，表面 1 辐射到表面 2 与表面 2 辐射到表面 1 的辐射能

分别为

$$Q_{1\to2}=E_{b1}A_1X_{1,2},\ Q_{2\to1}=E_{b2}A_2X_{2,1}$$

由于黑体可以完全吸收辐射能，所以两个黑体表面的净换热量为

$$Q_{1,2}=Q_{1\to2}-Q_{2\to1}=E_{b1}A_1X_{1,2}-E_{b2}A_2X_{2,1} \tag{8-1}$$

如果这两个表面达到热平衡（温度相等），则其净换热量为 0，并且 $E_{b1}=E_{b2}$，可得

$$A_1X_{1,2}=A_2X_{2,1} \tag{8-2}$$

这就是角系数的相对性。需要指出的是，尽管上式的推导过程中应用了热平衡条件下的黑体辐射假定，但是由于角系数是一个纯几何量，所以上式与表面是否黑体、温度高低等因素无关。如果已知一个角系数，根据角系数的相对性关系，可以方便地求得另一个角系数。

(2) 角系数的完整性

对于由几个表面组成的封闭系统，根据能量守恒定律，任何一表面发射的辐射能必全部落到组成封闭系统的几个表面（包括该表面）上。因此，任一表面对各表面的角系数之间存在着下列关系：

$$X_{i,1}+X_{i,2}+\cdots+X_{i,j}+\cdots+X_{i,n}=\sum_{j=1}^{n}X_{i,j}=1 \tag{8-3}$$

这就是角系数的完整性。非凹表面自己发出的辐射不能到达自身表面，因此有 $X_{i,i}=0$；而凹表面发出的辐射能有一部分会被自身所接受，$X_{i,i}>0$。

(3) 角系数的可加性（分解性）

根据能量守恒定律，由图 8-1(a) 可知，表面 1（面积为 A_1）发出的辐射能中到达表面 2 和表面 3（面积 $A_{2+3}=A_2+A_3$）上的能量，等于表面 1 发出的辐射能中分别到达表面 2 和表面 3 上的能量之和，因此

$$A_1X_{1,(2+3)}=A_1X_{1,2}+A_1X_{1,3}\quad 或\quad X_{1,(2+3)}=X_{1,2}+X_{1,3} \tag{8-4}$$

这就是角系数的可加性。同理，由图 8-1(b) 可得

$$A_{1+2}X_{(1+2),3}=A_1X_{1,3}+A_2X_{2,3} \tag{8-5}$$

角系数的上述特性可以用来求解许多情况下两表面间的角系数值。

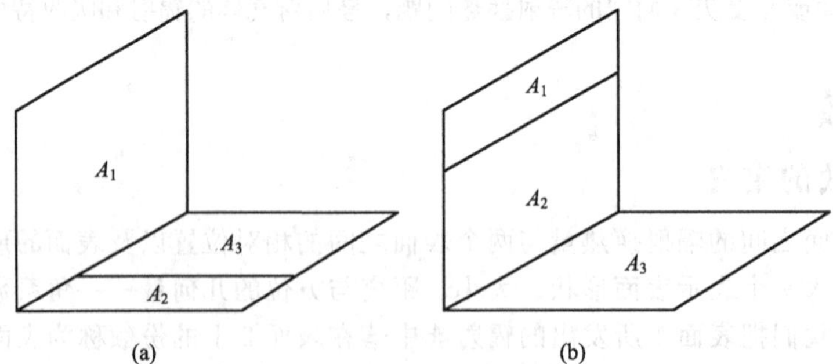

图 8-1　角系数的可加性

8.1.3 角系数的计算方法

角系数是计算物体间辐射换热所需的基本参数。确定物体间角系数的方法主要有直接积分法与代数分析法两种，我们将重点放在代数分析法上。

(1) 直接积分法

所谓直接积分法是按角系数的基本定义通过求解多重积分而获得角系数的方法。对于两

个任意放置且有限大小的黑体表面 A_1、A_2，分析从一个微元表面 dA_1 到另一个微元表面 dA_2 的角系数（见图 8-2），记为 $X_{d1,d2}$，下标“d1”“d2”分别代表 dA_1、dA_2。按定义：

$$X_{d1,d2}=\frac{\text{由 } dA_1 \text{ 发出落到 } dA_2 \text{ 上的辐射能}}{dA_1 \text{ 向外发出的总辐射能}}$$

$$=\frac{I_{b1}\cos\theta_1 dA_1 d\Omega_1}{E_{b1}dA_1}=\frac{dA_2\cos\theta_1\cos\theta_2}{\pi r^2} \qquad (a)$$

显然，微元面积 dA_1 对 A_2 的角系数应为

$$X_{d1,2}=\int_{A_2}\frac{\cos\theta_1\cos\theta_2 dA_2}{\pi r^2} \qquad (b)$$

而表面 A_1 对 A_2 的角系数则可通过对式(b) 右端作下列积分而得出：

$$A_1X_{1,2}=\int_{A_1}\left(\int_{A_2}\frac{\cos\theta_1\cos\theta_2 dA_2}{\pi r^2}\right)dA_1$$

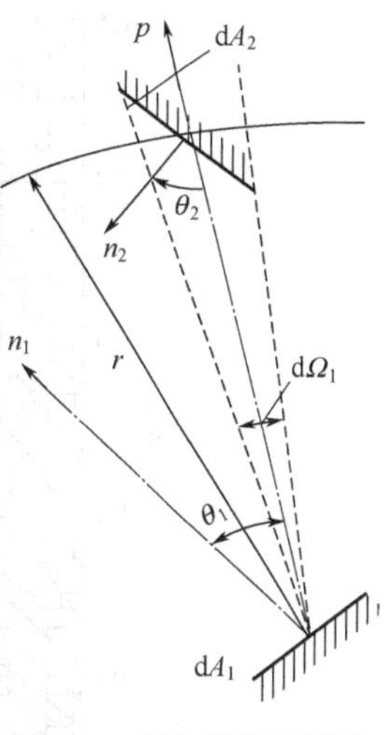

图 8-2 直接积分法图示

即

$$X_{1,2}=\frac{1}{A_1}\int_{A_1}\int_{A_2}\frac{\cos\theta_1\cos\theta_2 dA_2 dA_1}{\pi r^2} \qquad (8\text{-}6)$$

式(8-6) 即为求解任意表面间角系数的积分公式，由该式可以看出，角系数是 θ_1、θ_2、r、A_1 和 A_2 的函数，它们皆为纯粹的几何量，所以角系数也是纯粹的几何量。式(8-6) 虽然是从黑体表面间辐射换热导出的，但同样适用于非黑体表面间的辐射换热。需要注意的是，式(8-6) 是一个四重积分，即使对于较简单的表面情况，作此积分也非常繁琐。工程上将一些表面情况的积分结果绘制成图，供查取选用。本书给出了一些具有代表性的图形，如图 8-3～图 8-5 所示，应用这些图形时要注意实际两表面间的位置应和图中表面的位置对应一致，以免查错。

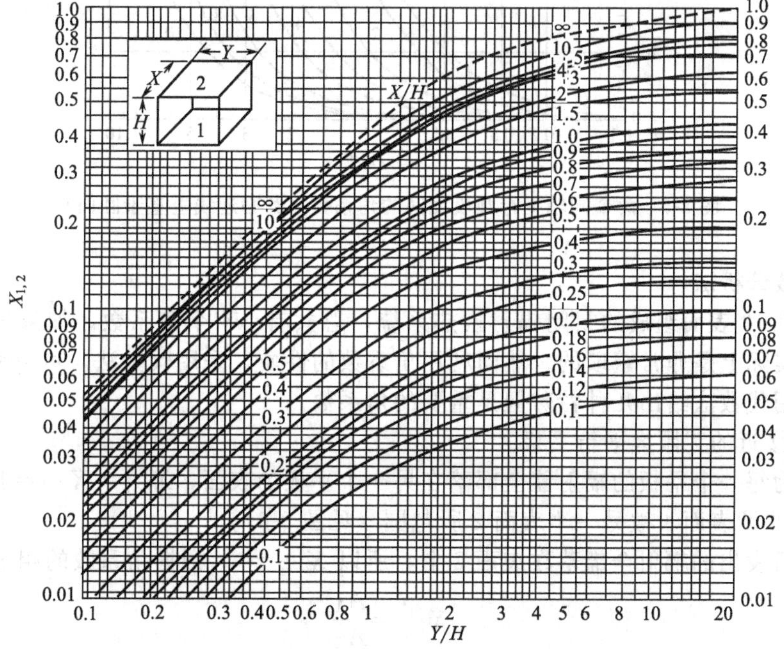

图 8-3 平行且尺寸相同的长方形表面间的角系数

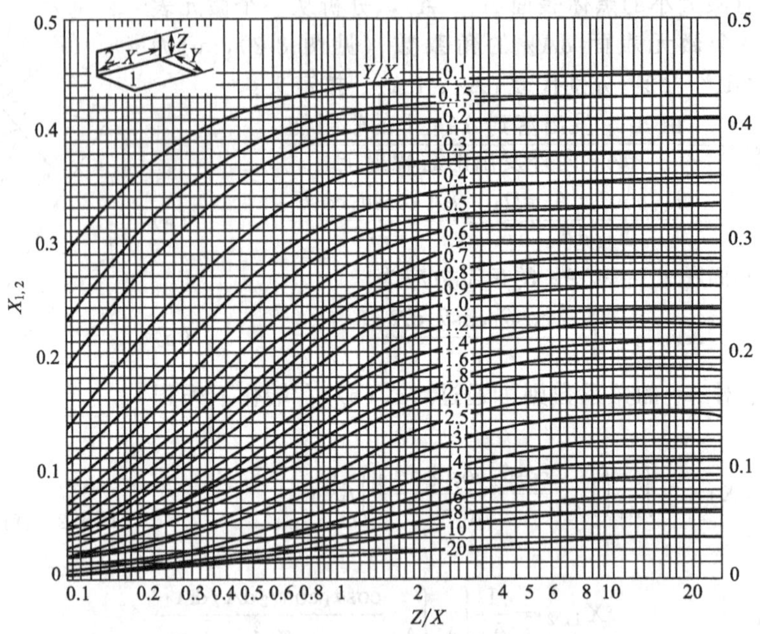

图 8-4 相互垂直的两长方形表面间的角系数

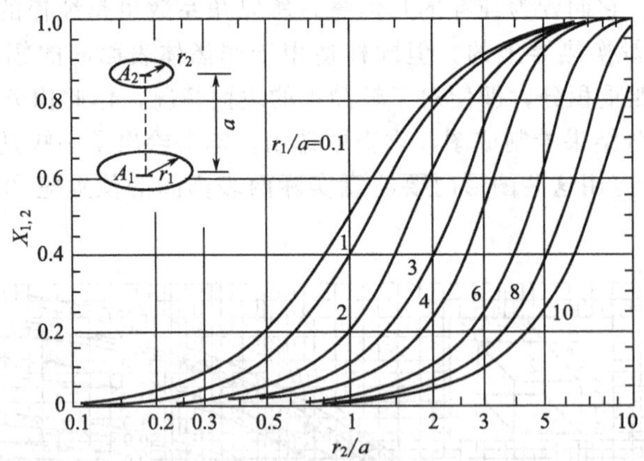

图 8-5 两个同轴平行圆表面间的角系数（圆心连线垂直于圆面）

(2) 代数分析法

对于由 N 个表面组成的封闭辐射换热系统，总共有 N^2 个角系数，如果直接求解每一个角系数，实际上是非常繁琐的。然而利用角系数的性质，采用代数法，可以使问题大大简化。下面利用代数法给出几种特殊但是重要的角系数。

① 两块接近的无限大平行平板。

可以认为每一个平板的辐射能全部落在另一个平板的表面，$X_{1,2}=X_{2,1}=1$。

② 一块非凹表面 1 被另一个表面 2 所包围（见图 8-6）。

表面 1 所发出的辐射全部落在表面 2 上，所以 $X_{1,2}=1$。根据角系数的相对性性质可得

$$X_{2,1}=\frac{A_1}{A_2} \tag{8-7}$$

对于凹表面 2，自己可以照见自己，可以利用角系数的完整性得到

$$X_{2,2}=1-X_{2,1}=1-\frac{A_1}{A_2} \tag{8-8}$$

③ 三个无限长非凹表面组成的腔体（见图 8-7）。

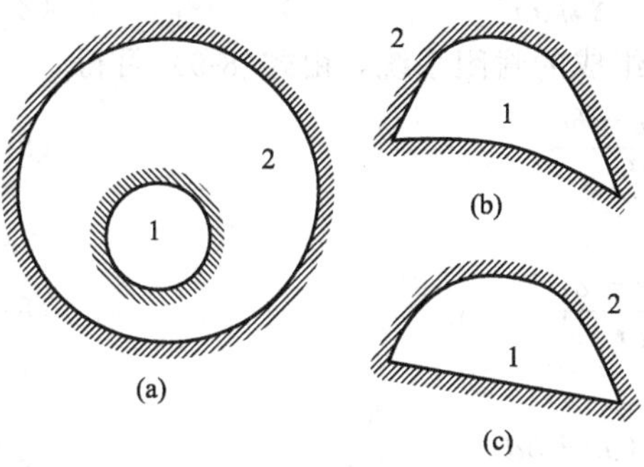

图 8-6　一块非凹表面被另一个表面包围

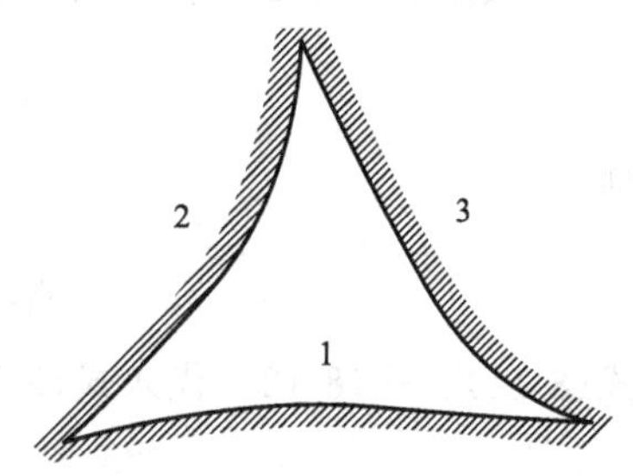

图 8-7　三个非凹表面构成的封闭系统

其在垂直于纸面的方向上足够长，因此从系统两端逃逸的辐射能为零。设三个表面的面积分别为 A_1、A_2 和 A_3。根据角系数的相对性，可得三个方程

$$A_1X_{1,2}=A_2X_{2,1}$$
$$A_2X_{2,3}=A_3X_{3,2}$$
$$A_1X_{1,3}=A_3X_{3,1}$$

再由角系数的完整性，可得

$$X_{1,1}+X_{1,2}+X_{1,3}=1$$
$$X_{2,1}+X_{2,2}+X_{2,3}=1$$
$$X_{3,1}+X_{3,2}+X_{3,3}=1$$

三个表面都是非凹表面，其自身角系数为零，即

$$X_{1,1}=X_{2,2}=X_{3,3}=0$$

由上述方程组解得

$$\begin{aligned}
X_{1,2}&=\frac{A_1+A_2-A_3}{2A_1}, & X_{1,3}&=\frac{A_1+A_3-A_2}{2A_1}\\
X_{2,1}&=\frac{A_1+A_2-A_3}{2A_2}, & X_{2,3}&=\frac{A_2+A_3-A_1}{2A_2}\\
X_{3,1}&=\frac{A_1+A_3-A_2}{2A_3}, & X_{3,2}&=\frac{A_2+A_3-A_1}{2A_3}
\end{aligned} \tag{8-9}$$

④ 两个垂直于纸面方向无限长，且相互看得见的非凹表面。

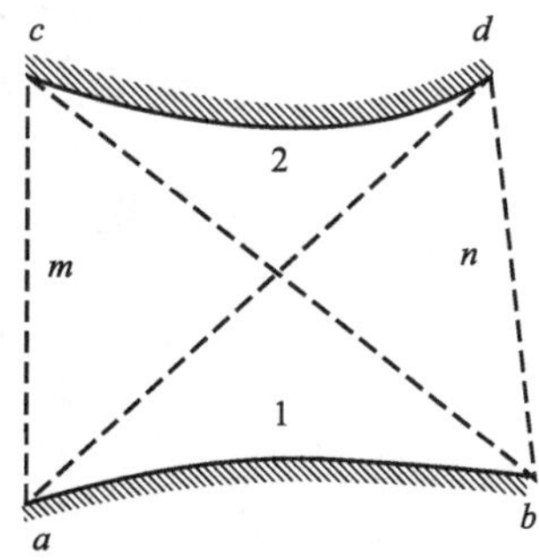

图 8-8　两个无限长非凹表面及交叉线法

由于只有封闭系统才能使用角系数的完整性，因此，作两个无限长假想面 ac 与 bd，使之与两个非凹表面构成一个封闭系统（见图 8-8）。

由此可得

$$X_{1,2}=1-X_{ab,ac}-X_{ab,bd} \tag{8-10}$$

而 ab 与假想面 ac、cb 是一个由三个非凹表面组成的封闭系统，由式(8-9) 可得

$$X_{ab,ac}=\frac{ab+ac-bc}{2ab} \tag{8-11}$$

同理

$$X_{ab,bd}=\frac{ab+bd-ad}{2ab} \tag{8-12}$$

将式(8-11)、式(8-12) 代入式(8-10)，得

$$X_{1,2}=\frac{(ad+bc)-(ac+bd)}{2ab} \tag{8-13}$$

由图 8-8，式(8-13) 又可写成

$$X_{1,2}=\frac{\text{交叉线之和}-\text{不交叉线之和}}{2\times\text{表面 1 的截面长度}}$$

上述方法称为交叉线方法。需要指出的是，代数分析法更多地是应用于由已知的角系数推算未知的角系数，如由图 8-3～图 8-5 所给出的最简单、最基本结构的角系数图线可以算得多种情况下的角系数值。

【例 8-1】 试确定图 8-9 中角系数 $X_{1,2}$。

解 由角系数的可加性得

$$X_{(1+A),(2+B)}=X_{(1+A),B}+X_{(1+A),2}$$

由图 8-4 $$X_{(1+A),(2+B)}=0.2,X_{(1+A),B}=0.14$$

故 $$X_{(1+A),2}=0.2-0.14=0.06$$

$$X_{(1+A),2}=\frac{A_1}{A_{(1+A)}}X_{1,2}+\frac{A_A}{A_{(1+A)}}X_{A,2}$$

$$X_{A,(2+B)}=X_{A,B}+X_{A,2}$$

查图 8-4 $$X_{A,(2+B)}=0.29,\ X_{A,B}=0.23$$

故 $$X_{A,2}=0.29-0.23=0.06$$

$$0.06=\frac{2}{4}\times X_{1,2}+\frac{2}{4}\times 0.06$$

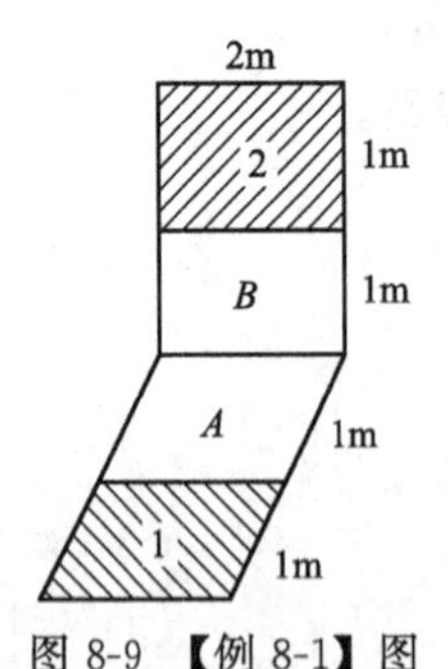

图 8-9 【例 8-1】图

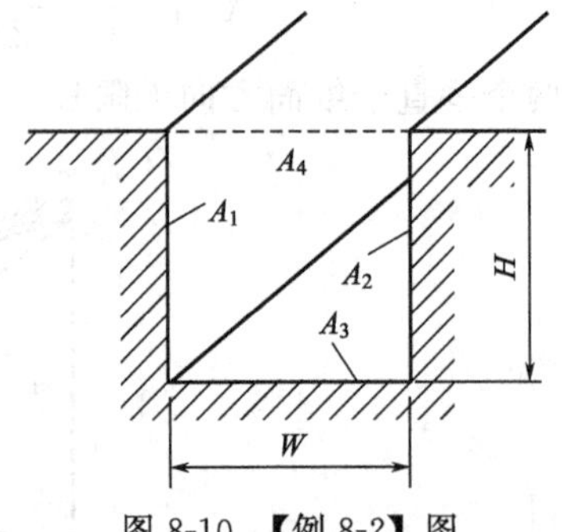

图 8-10 【例 8-2】图

解得 $X_{1,2}=0.06$。

【例 8-2】 如图 8-10 所示的横截面为矩形的凹槽，槽宽为 W，槽深为 H。凹槽内各表

面 A_1、A_2、A_3 均为漫射面，并在垂直于纸面的方向可无限延长，试求：①凹槽内所有表面对槽外环境的辐射角系数的表达式；②若 $H=4W$，求 $X_{1,2}$。

解 因为 A_1、A_2、A_3 在垂直于纸面的方向上无限长，故可以忽略端部效应。

① 作假想面如图 8-13 中虚线所示 A_4。凹槽内所有表面对 A_4 面的辐射，应等于凹槽对环境的辐射。

$$(A_1+A_2+A_3)X_{(1+2+3),4}=A_4X_{4,(1+2+3)}\quad X_{4,(1+2+3)}=1$$

因此

$$X_{(1+2+3),4}=\frac{A_4X_{4,(1+2+3)}}{A_1+A_2+A_3}=\frac{W\times 1}{H+W+H}=\frac{W}{2H+W}$$

② A_1、A_2 为相互平行的狭长矩形平面。根据图 8-3 查得

$$X_{1,2}=0.7$$

8.2 两表面封闭系统的辐射换热

8.2.1 两黑体表面间的辐射换热

由于黑体的特殊性，离开黑体表面的辐射能只是自身辐射，落到黑体表面的辐射能全部被吸收，使得表面间辐射传热问题得到简化。假设面积分别为 A_1 和 A_2 的两个处于任意相对位置的黑体表面，温度分别为 T_1 和 T_2，且 $T_1>T_2$，则表面 1 发射出的辐射能被表面 2 吸收的部分为 $A_1E_{b1}X_{1,2}$，表面 2 发射出的辐射能被表面 1 吸收的部分为 $A_2E_{b2}X_{2,1}$，因此两表面间的辐射换热量为

$$\Phi_{1,2}=A_1E_{b1}X_{1,2}-A_2E_{b2}X_{2,1} \tag{8-14a}$$

根据角系数的相对性 $A_1X_{1,2}=A_2X_{2,1}$，上式又可写为

$$\Phi_{1,2}=A_1X_{1,2}(E_{b1}-E_{b2})=A_2X_{2,1}(E_{b1}-E_{b2})=\frac{E_{b1}-E_{b2}}{\dfrac{1}{A_1X_{1,2}}}=\frac{E_{b1}-E_{b2}}{\dfrac{1}{A_2X_{2,1}}} \tag{8-14b}$$

可见，黑体系统辐射换热量计算的关键在于求得角系数。

需要注意的是，如果两黑体表面组成封闭空腔，则式(8-14) 所代表的两黑体表面间的辐射换热量同时也是表面 1 净失去的热量和表面 2 净得到的热量。如果两黑体表面不组成封闭空腔，则式(8-14) 仅为两黑体表面间的换热量，并不一定是表面 1 净失去的热量或表面 2 净得到的热量。因为这时两表面发出的能量会从开口处逸出，同时外界的辐射也会从开口处进入。

如果两个黑体表面中的任一个被灰体表面所取代，比如 2 为灰体表面，则由于 1 发出的能量投射到 2 上的部分并不能为 2 所全部吸收，同时，离开 2 的能量也未知，因此，这时的两表面的辐射传热就变得复杂了。

8.2.2 有效辐射

由于非黑体表面的吸收率小于 1，因此在辐射换热时，物体表面可能发生辐射能的多次吸收与反射现象，这种表面反射决定了非黑体表面之间辐射换热的复杂性。

如前所述，单位时间内投入到单位表面积上的总辐射能称为该表面的投入辐射，这里记为 G。单位时间内离开表面单位面积的总辐射能为该表面的有效辐射，记为 J。图 8-11 所示为固体表面 i 自身发射与吸收外界辐射的情形。单位时间内表面 i 向外投射的总辐射能除了自身发射辐射 E_i 外，还包括物体对投射辐射 G_i 的反射 ρ_iG_i，因此有效辐射指的是发射辐射与反射辐射之和，即

$$J_i = E_i + \rho_i G_i = \varepsilon_i E_{bi} + (1-\alpha_i) G_i \tag{8-15}$$

在表面外能感受到的表面辐射就是有效辐射，它也是用辐射探测仪能测量到的单位表面积上的辐射功率（W/m^2）。由式(8-15) 可知，有效辐射不仅取决于物体表面本身的物理性质和温度，而且还取决于周围物体表面的性质和温度。此外，还与该物体表面的形状、大小及空间位置有关。

如果用有效辐射 J 和投射辐射 G 来描述物体表面的净辐射换热量，则由图 8-11 可见，表面 i 的单位面积在单位时间内通过辐射换热所净得或净失去的能量 q_i，等于该表面的单位面积在单位时间内收、支辐射能的差额。这个差额的表达式，可因观察地点而有不同的形式。图 8-11 中表示出靠近表面 i 两侧的两个假想面 1—1 和 2—2。

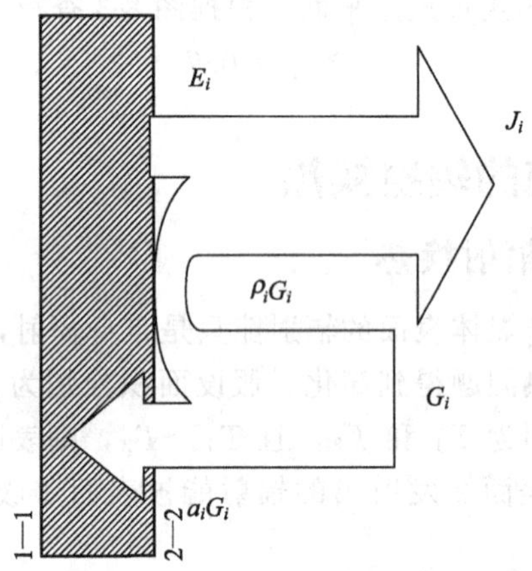

图 8-11　一个固体表面的辐射能量收支

如果在假想面 1—1 处（物体外部）观察，则

$$q_i = J_i - G_i \tag{8-16}$$

如果在假想面 2—2 处（物体内部）观察，则

$$q_i = E_i - \alpha_i G_i \tag{8-17}$$

联解式(8-15) 和式(8-17)，消去 G_i 得

$$J_i = \frac{E_i}{\alpha_i} - \left(\frac{1}{\alpha_i} - 1\right) q_i \tag{8-18}$$

由于 $E_i = \varepsilon_i E_{bi}$，对于灰体有 $\alpha_i = \varepsilon_i$，式(8-18) 变为

$$J_i = E_{bi} - \left(\frac{1}{\varepsilon_i} - 1\right) q_i \tag{8-19}$$

有效辐射的引入可以避免考虑非黑体表面间辐射传热时的多次反射与吸收，使辐射换热的计算与分析大大简化。

8.2.3 表面辐射热阻与空间辐射热阻

根据有效辐射的计算式(8-19) 得

$$q = \frac{E_b - J}{\dfrac{1-\varepsilon}{\varepsilon}} \quad 或 \quad \Phi = \frac{E_b - J}{\dfrac{1-\varepsilon}{\varepsilon A}} \tag{8-20}$$

式(8-20) 具有和欧姆定律相似的形式：左边表示通过灰体表面净流出的热量；右边分子表示驱动辐射能流出的动力，称为辐射势差，分母表示辐射能流出表面所遇到的阻力，称为辐射传热的表面热阻，简称表面辐射热阻。

显然，表面辐射热阻的数值只和表面状况（ε, A）有关，而且由该热阻算出的是净通过灰体表面的热流。当表面为黑体或者表面积 A_i 趋于无穷大时，表面辐射热阻为零，因此表面辐射热阻是由于表面不是黑体或表面不是无穷大而产生的。净辐射热流量与驱动势 E_b-J 以及表面辐射热阻之间的关系可用表面热阻网络单元来表示（见图 8-12）。

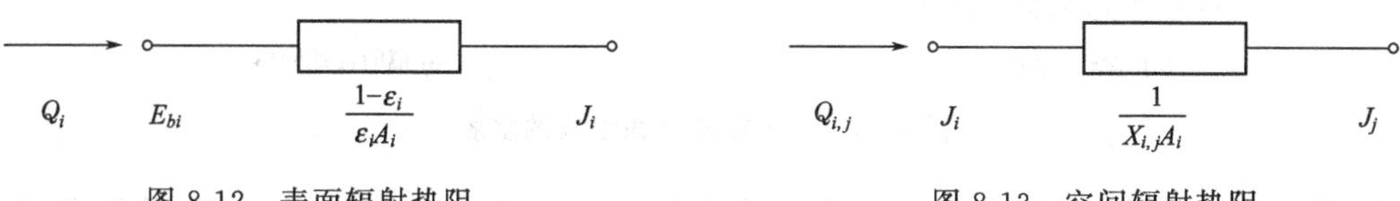

图 8-12 表面辐射热阻　　　　图 8-13 空间辐射热阻

再来看灰体表面 i 与表面 j 之间的辐射换热，假设 $J_i > J_j$，则两表面的换热量为

$$\Phi_{1,2}=J_i A_i X_{i,j}-J_j A_j X_{j,i}=(J_i-J_j)A_i X_{i,j}=(J_i-J_j)A_j X_{j,i} \tag{8-21a}$$

上式可变形为

$$\Phi_{1,2}=\frac{J_i-J_j}{\dfrac{1}{A_i X_{i,j}}}=\frac{J_i-J_j}{\dfrac{1}{A_j X_{j,i}}} \tag{8-21b}$$

式(8-21b) 左边表示两灰表面间净传递的热量；右边两项的分子为驱动净辐射热流传递的动力，称为辐射势差，分母表示净辐射能从表面 i 经空间传递到表面 j 所遇到的阻力，称为空间辐射热阻。

显然空间辐射热阻的数值和由两表面空间位置情况决定的角系数有关，而且由该热阻算出的是表面 i、j 间通过空间净传递的热量。由其定义式可见，它是由于有效辐射面积（$A_i X_{i,j}$ 或 $A_j X_{j,i}$）不是无限大所引起的热阻。引入空间辐射热阻之后，灰体表面 i 与 j 之间的换热可以用如图 8-13 所示的空间辐射热阻网络单元来表示。当两个表面都是黑体时，则有 $J_i=E_{bi}$ 和 $J_j=E_{bj}$，式(8-21b) 即转化为表示黑体表面间的辐射换热，和式(8-1) 相一致。

8.2.4 两个灰体表面组成的封闭系统的辐射换热

根据封闭腔中各表面之间的相互位置关系确定相应的角系数，结合表面辐射热阻与空间辐射热阻，可以组合成各种各样的辐射换热网络，利用这种网络可以求解由若干漫灰表面构成的辐射换热体系中任何一个表面的净辐射换热量，这种方法即为辐射换热的网络解法。

两个漫灰表面组成的封闭系统的辐射换热是灰体辐射的最简单的例子。如图 8-14(a) 所示，因为只有两个辐射表面，从表面 1 传出的净辐射能流 Φ_1 必定等于传给表面 2 的净辐射能流 $-\Phi_2$，因此有 $\Phi_1=-\Phi_2=\Phi_{1,2}$。图 8-14(b) 所示为这一问题的模拟网络表示。表面 1、2 之间的辐射换热总热阻，是由两个表面的表面辐射热阻和一个空间辐射热阻所组成的，图中 $\frac{1-\varepsilon_1}{A_1\varepsilon_1}$ 和 $\frac{1-\varepsilon_2}{A_2\varepsilon_2}$ 分别为表面 1 和表面 2 的表面辐射热阻；$\frac{1}{A_1 X_{1,2}}$ 为表面 1 与表面 2 之间的空间辐射热阻。因此，辐射换热量为

$$\Phi_{1,2}=\frac{E_{b1}-E_{b2}}{\dfrac{1-\varepsilon_1}{\varepsilon_1 A_1}+\dfrac{1}{A_1 X_{1,2}}+\dfrac{1-\varepsilon_2}{\varepsilon_2 A_2}} \tag{8-22}$$

求出 $\Phi_{1,2}$ 后，根据传热网络图，即可求出 J_1、J_2。

对于一些特殊的封闭空腔情况，可以根据表面的特点对式(8-22) 作进一步的简化。

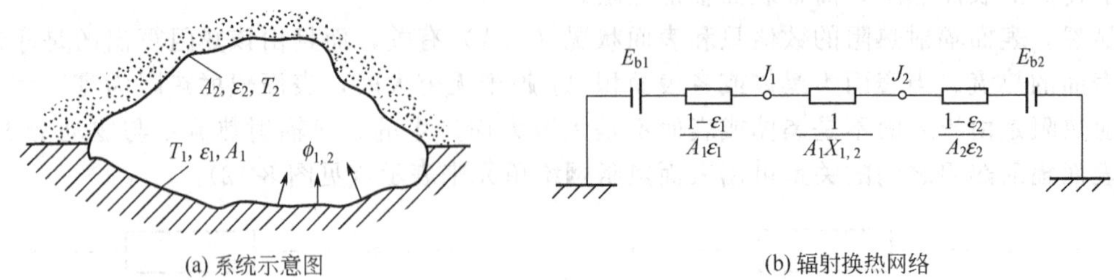

(a) 系统示意图　　(b) 辐射换热网络

图 8-14　两个漫灰表面组成的空腔

如图 8-15(a) 所示的两近平行平板，特征为：$A_1=A_2=A$，$X_{1,2}=1$，因此式(8-22)可简化为

$$\Phi_{1,2}=\frac{\sigma(T_1^4-T_2^4)A}{\frac{1}{\varepsilon_1}+\frac{1}{\varepsilon_2}-1} \tag{8-23}$$

图 8-15(b) 所示的辐射传热系统，表面 2 本身已组成封闭空腔，其内的非凹表面 1 必和表面 2 组成封闭空腔（又如同心长圆筒壁与同心球壁），且 $X_{1,2}=1$，因此式(8-22) 可简化为

$$\Phi_{1,2}=\frac{\sigma(T_1^4-T_2^4)A_1}{\frac{1}{\varepsilon_1}+\frac{1-\varepsilon_2}{\varepsilon_2}\frac{A_1}{A_2}} \tag{8-24}$$

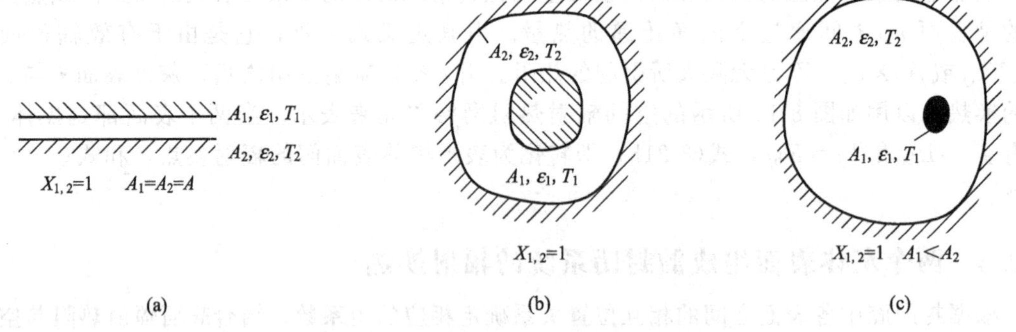

图 8-15　几种特殊情况下的封闭空腔

图 8-15(c) 所示大腔体 2 内包小凸面物 1，表面 1 较表面 2 很小，即 $A_1/A_2\approx 0$，$X_{1,2}=1$，比如高大厂房的内表面和其内部的热力设备或热力管道的外表面就具有这种特点，式(8-24) 进一步简化为

$$\Phi_{1,2}=\varepsilon_1\sigma(T_1^4-T_2^4)A_1 \tag{8-25}$$

【例 8-3】（两个漫射面问题）现有一保温设备，它由双层保温材料夹层结构构成（见图 8-16），内表面温度为 $t_{w1}=-153℃$，发射率为 $\varepsilon_1=0.01$，外表面温度为 $t_{w2}=27℃$，发射率为 $\varepsilon_2=0.03$，试求由于辐射传热每单位面积容器壁的散热量。

解　因为容器夹层间隙很小，可看成无限大平板间的辐射问题，且两表面相差很小，故容器壁面的辐射传热用式(8-23) 计算。

$$T_1=t_{w1}+273\text{K}=120\text{K}$$

$$T_2=t_{w2}+273\text{K}=300\text{K}$$

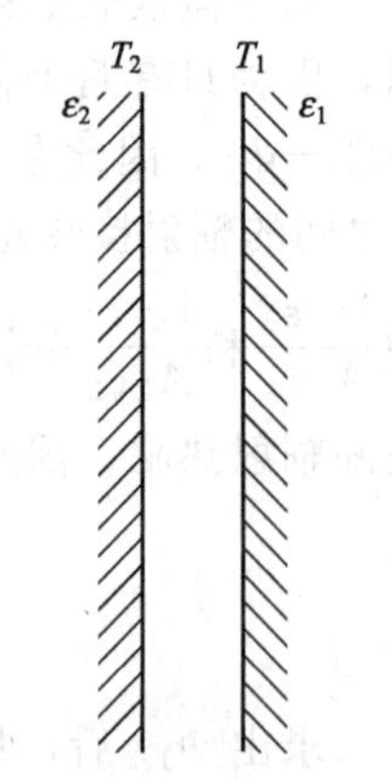

图 8-16　【例 8-3】图

$$q_{1,2}=\frac{C_0\left[\left(\frac{T_2}{100}\right)^4-\left(\frac{T_1}{100}\right)^4\right]}{\frac{1}{\varepsilon_1}+\frac{1}{\varepsilon_2}-1}=\frac{5.67\text{W}/(\text{m}^2\cdot\text{K}^4)\times[(3\text{K})^4-(1.2\text{K})^4]}{\frac{1}{0.01}+\frac{1}{0.03}-1}$$

$$=3.38\text{W}/\text{m}^2$$

【例 8-4】 一长 0.5m、宽 0.4m、高 0.3m 的小炉窑，窑顶和四周壁面温度为 300℃，发射率为 0.8；窑底温度为 150℃，发射率为 0.6。试计算窑顶和四周壁面对底面的辐射传热量。

解 炉窑有 6 个面，窑顶和四周壁面的温度和发射率相同，可视为表面 1，把底面视为表面 2。由已知条件得

$$A_1=(0.4\times0.5+0.4\times0.3\times2+0.5\times0.3\times2)\text{m}^2=0.74\text{m}^2 \qquad \varepsilon_1=0.8$$

$$A_2=0.4\times0.5\text{m}^2=0.2\text{m}^2 \qquad \varepsilon_2=0.6$$

由题意，$X_{2,1}=1$，则

$$A_2=0.4\times0.5\text{m}^2=0.2\text{m}^2 \quad X_{2,1}=1 \quad X_{1,2}=X_{2,1}\frac{A_2}{A_1}=\frac{0.2}{0.74}=0.27$$

于是，窑顶和四周壁面对底面的辐射传热量为

$$\Phi_{1,2}=\frac{E_{b1}-E_{b2}}{\frac{1-\varepsilon_1}{\varepsilon_1A_1}+\frac{1}{A_1X_{1,2}}+\frac{1-\varepsilon_2}{\varepsilon_2A_2}}=\frac{5.67\times10^{-8}\times[(300+273)^4-(150+273)^4]}{\frac{1-0.8}{0.8\times0.74}+\frac{1}{0.27\times0.74}+\frac{1-0.6}{0.6\times0.2}}\text{W}=495.3\text{W}$$

8.2.5 遮热板

热辐射是在非接触和完全不需要任何外界因素参与的情况下发生的。若想抑制热辐射，就必须采用辐射屏蔽或者称为遮热的方法，其基本原理就是设法增大传热过程的总辐射热阻。

当两个物体进行辐射传热时，如在它们之间插入一块薄板（本身导热热阻可以忽略，但此时被它隔开的两物体相互看不见），则可使这两个物体间的辐射传热量减少，这时薄板称为遮热板，如图 8-17 所示。未加遮热板时，两个物体间的辐射热阻为两个表面辐射热阻和

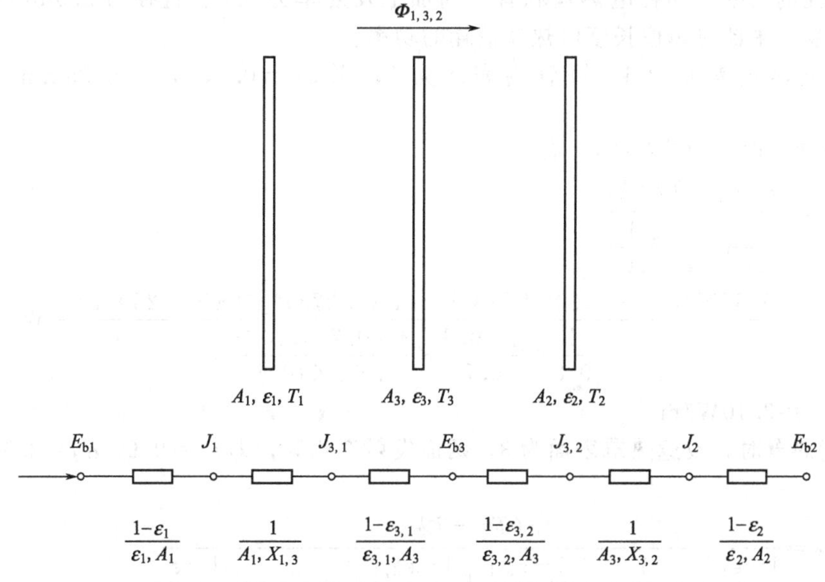

图 8-17 两块大平行板之间有遮热板时的辐射换热

一个空间辐射热阻。加了遮热板后，将增加两个表面辐射热阻和一个空间辐射热阻。因此总的辐射传热热阻增大，物体间的辐射传热量减少，这就是遮热板的工作原理。现以在两个大平行平板之间插入遮热板为例，说明遮热板对辐射传热的影响。大平行平板间插入薄金属板前、后的辐射网络见图 8-17。在这里，遮热板两侧的发射率 $\varepsilon_{3,1}$ 和 $\varepsilon_{3,2}$ 可能并不相同。由于平板无限大，可以近似得到

$$X_{1,3}=X_{3,1}=X_{3,2}=X_{2,3}=1 \quad 且 \quad A_1=A_2=A_3$$

无遮热板时表面 1 和表面 2 的辐射换热计算公式为式(8-23)。当加入一块遮热板时，有

$$\begin{aligned}\Phi_{1,3,2}&=\Phi_{1,3}=\Phi_{3,2}\\&=\frac{E_{b1}-E_{b2}}{\dfrac{1-\varepsilon_1}{\varepsilon_1 A_1}+\dfrac{1}{A_1X_{1,3}}+\dfrac{1-\varepsilon_{3,1}}{\varepsilon_{3,1}A_3}+\dfrac{1-\varepsilon_{3,2}}{\varepsilon_{3,2}A_3}+\dfrac{1}{A_3X_{3,2}}+\dfrac{1-\varepsilon_2}{\varepsilon_2 A_2}}\\&=\frac{A\sigma(T_1^4-T_2^4)}{\dfrac{1}{\varepsilon_1}+\dfrac{1}{\varepsilon_{3,1}}-1+\dfrac{1}{\varepsilon_{3,2}}+\dfrac{1}{\varepsilon_2}-1}\end{aligned} \tag{8-26}$$

由上式可见，当 $\varepsilon_{3,1}$ 和 $\varepsilon_{3,2}$ 很小时，遮热板将大大增加表面 1 与表面 2 之间的热阻，从而大大减小两个表面间的辐射换热。因此要提高遮热板的隔热效果，遮热板的发射率应该尽可能小。

上述方法可以很容易地推广到插入多个遮热板时的辐射换热问题。对于所有发射率都相同的情况，当有 N 个遮热板时，有

$$(\Phi_{1,2})_N=\frac{1}{N+1}(\Phi_{1,2})_0 \tag{8-27}$$

式中，$(\Phi_{1,2})_0$ 为没有遮热板时的情况。

遮热板削弱辐射传热的原理在工程上得到了广泛应用，如采用遮热罩减少汽轮机内、外套管间的辐射传热，使用镀金属薄膜的多层遮热罩提高储存低温液体容器的绝热效果，将热电偶置于遮热罩中提高其测温精度等。

【例 8-5】 在内径为 5mm、发射率为 0.7 的圆管内放入直径为 0.25mm、发射率为 0.8 的电热丝。假如电热丝的温度为 300℃，管子内壁的温度为 100℃，管内为真空，求单位长度电热丝消耗的功率。如在电热丝和管子间加上发射率为 0.6、直径为 2.5mm 的薄壁管，其他条件不变，求此时单位长度电热丝消耗的功率。

解 设电热丝表面为 1，圆管内表面为 2，则 $\varepsilon_1=0.8$，$d_1=0.25$mm，$\varepsilon_2=0.7$，$d_2=5$mm。

① 无遮热罩时，由式(8-24) 有

$$\begin{aligned}\Phi_{1,2}&=\frac{\sigma(T_1^4-T_2^4)A_1}{\dfrac{1}{\varepsilon_1}+\dfrac{1-\varepsilon_2}{\varepsilon_2}\dfrac{A_1}{A_2}}\\&=\frac{5.67\times10^{-8}\times[(300+273)^4-(100+273)^4]\times\pi\times0.25\times10^{-3}}{\dfrac{1}{0.8}+\dfrac{1-0.7}{0.7}\times\dfrac{\pi\times0.25\times10^{-3}}{\pi\times5\times10^{-3}}}\text{W/m}\\&=3.10\text{W/m}\end{aligned}$$

② 有遮热罩时，设遮热罩表面为 3，两面发射率相等，即 $\varepsilon_3=0.6$，$d_3=2.5$mm。由式(8-24) 有

$$\Phi_{1,3,2}=\frac{\sigma(T_1^4-T_2^4)}{\dfrac{1-\varepsilon_1}{\varepsilon_1 A_1}+\dfrac{1}{A_1X_{1,3}}+\dfrac{1-\varepsilon_{3,1}}{\varepsilon_{3,1}A_3}+\dfrac{1-\varepsilon_{3,2}}{\varepsilon_{3,2}A_3}+\dfrac{1}{A_3X_{3,2}}+\dfrac{1-\varepsilon_2}{\varepsilon_2 A_2}}$$

$$=5.67\times10^{-8}\times[(300+273)^4-(100+273)^4]\times\left(\frac{1-0.8}{0.8\times\pi\times0.25\times10^{-3}}+\frac{1}{\pi\times0.25\times10^{-3}\times1}+\frac{1-0.6}{0.6\times\pi\times2.5\times10^{-3}}\times2+\frac{1}{\pi\times2.5\times10^{-3}\times1}+\frac{1-0.7}{0.7\times\pi\times5\times10^{-3}}\right)^{-1}\text{W}$$

$$=2.62\text{W}$$

8.3 多个灰体表面组成的封闭系统的辐射换热

三个和三个以上灰体表面组成封闭系统时的辐射传热要复杂得多，但仍可用网络法求解。工程上常关注的问题是，表面维持某一温度需提供或吸取多少热流量，即该表面与外界辐射传热放出或吸收多少热流量，所以必须计算该表面与其他各表面（与该表面组成封闭系统）辐射传热的净热流量。如这些表面并未组成封闭系统，则需用假想面与这些表面构成封闭系统（含近似封闭系统）。由于穿过假想面的辐射能进入周围环境，几乎不通过假想面返回系统中，所以假想面一般被认为是温度为环境温度（房间里为室温）的黑体。

对于由三个灰表面组成的封闭体系，如果它们的温度、表面发射率以及空间相对位置均确定的话，可以画出如图 8-18 所示的传热网络图。由辐射网络图，参照电学上的基尔霍夫定律（稳态时流入节点的热流量之和等于零），写出各节点 J_i 的方程。

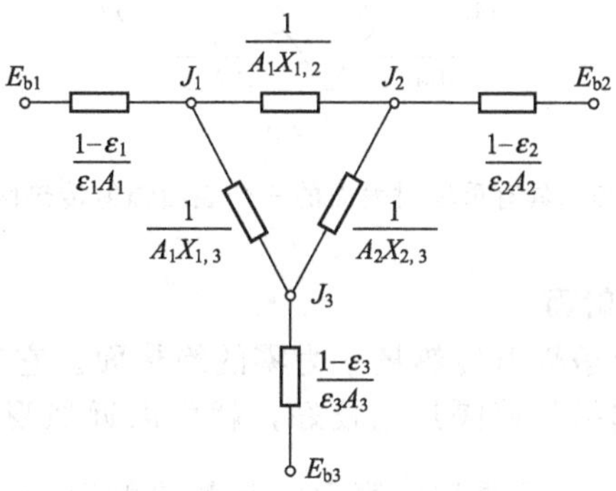

图 8-18　三表面组成封闭空腔的传热网络图

J_1 节点：
$$\frac{E_{b1}-J_1}{\frac{1-\varepsilon_1}{\varepsilon_1A_1}}+\frac{J_2-J_1}{\frac{1}{A_1X_{1,2}}}+\frac{J_3-J_1}{\frac{1}{A_1X_{1,3}}}=0 \quad (a)$$

J_2 节点：
$$\frac{E_{b2}-J_2}{\frac{1-\varepsilon_2}{\varepsilon_2A_2}}+\frac{J_1-J_2}{\frac{1}{A_2X_{2,1}}}+\frac{J_3-J_2}{\frac{1}{A_2X_{2,3}}}=0 \quad (b)$$

J_3 节点：
$$\frac{E_{b3}-J_3}{\frac{1-\varepsilon_3}{\varepsilon_3A_3}}+\frac{J_1-J_3}{\frac{1}{A_3X_{3,1}}}+\frac{J_2-J_3}{\frac{1}{A_3X_{3,2}}}=0 \quad (c)$$

联立求解式(a)、式(b)、式(c) 三个方程，即可求出三个未知量 J_1、J_2、J_3，从而通过各表面的净热流和任意两表面间的传热量均可求出。

应该注意，和电路学中参考电流相似，图 8-18 中预先假设的六个热流方向不影响

J_1、J_2、J_3 的数值。但如算出 $\Phi_{1,2}$为负，则说明表面 1 实际净获得热流，即表面的净表面热流方向和图示方向相反，表面 1、2 间传热的实际方向为表面 2 净传递热量给表面 1。

三个表面组成的封闭系统的辐射换热问题有两种特殊情形。

(1) 有一个表面为黑体

设图 8-18 中表面 3 为黑体。此时其表面热阻$\frac{1-\varepsilon_3}{\varepsilon_3 A_3}=0$。从而有 $J_3=E_{b3}$，网络图简化成图 8-19。这时上述代数方程组简化为二元方程组。

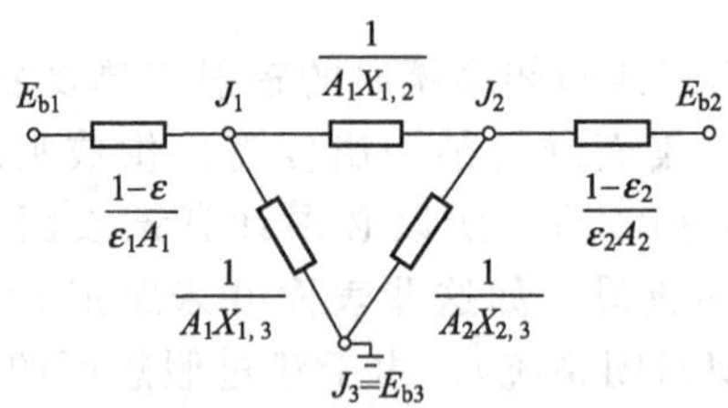

图 8-19　具有黑体表面的三个表面辐射传热网络图

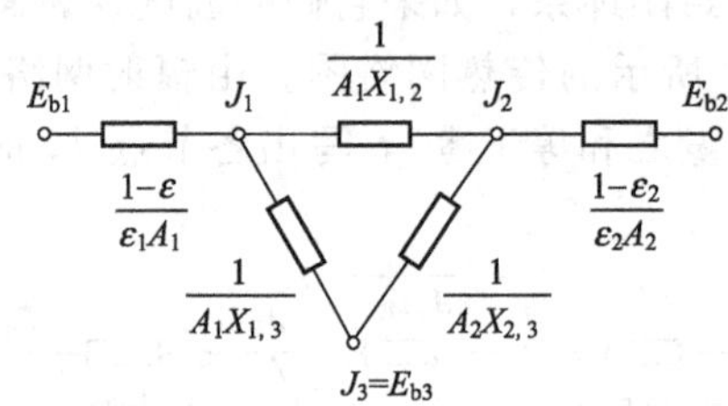

图 8-20　具有重辐射表面的三个表面辐射传热网络图

(2) 有一个表面为重辐射面

重辐射面指的是表面的净辐射传热量 q 为零的绝热面。它在工程上很有实用价值，如各种加热炉、工业窑炉，如果炉墙隔热比较好，就可以近似视为绝热面。设表面 3 绝热，则 $J_3=E_{b3}-\left(\frac{1}{\varepsilon}-1\right)q=E_{b3}$，即重辐射表面的有效辐射等于某一温度下的黑体辐射。如图8-18中表面 3 为重辐射面，则此时的辐射传热网络图变为图 8-20。表面 1 的净辐射传热量 Φ_1 在数值上等于表面 2 的净辐射传热量 Φ_2，系统的网络图是一个简单的串、并联网络，则

$$\Phi_1=-\Phi_2=\frac{E_{b1}-E_{b2}}{\frac{1-\varepsilon_1}{\varepsilon_1 A_1}+\frac{1}{\left(\frac{1}{A_1X_{1,2}}\right)^{-1}+\left(\frac{1}{A_1X_{1,3}}+\frac{1}{A_2X_{2,3}}\right)^{-1}}+\frac{1-\varepsilon_2}{\varepsilon_2 A_2}} \tag{8-28}$$

求得 Φ_1 和 Φ_2 就可根据式(8-20) 求出 J_1、J_2，再利用 J_1 和 J_2 以及空间辐射热阻，对 J_3 列出如下方程：

$$\frac{J_1-J_3}{\frac{1}{A_1X_{1,3}}}=\frac{J_3-J_2}{\frac{1}{A_2X_{2,3}}} \tag{8-29}$$

对该表面有 $J_3=E_{b3}=\sigma T_3^4$，从而可确定 T_3。

由上述分析可以认为，该表面把落在其表面上的辐射能又完全重新辐射出去，因而被称为重辐射面。虽然重辐射面与换热表面之间无净辐射热量交换，但它的重辐射作用却影响到其他换热表面间的辐射传热。

【例 8-6】 如图 8-21 所示，工业加工中，用宽 $W=2\text{m}$ 的红外线加热器对面积 $A_2=40\text{m}^2$ 的曲面太阳能吸收器表面进行涂层固化。两者的长度相等且都是 $L=15\text{m}$，它们之间的距离是 $H=1\text{m}$。加热器的温度 $T_1=1000\text{K}$，发射率 $\varepsilon_1=0.9$，吸收器的温度 $T_2=600\text{K}$，发射率 $\varepsilon_2=0.6$，这个系统壁温为 $T_3=300\text{K}$。求吸收器的净传热速率。

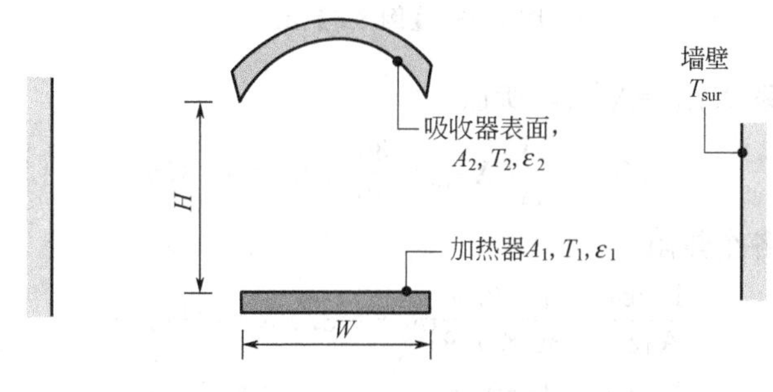

图 8-21 【例 8-6】图 1

解 已知：在一个大房间内，正利用一个红外线加热器对曲面进行涂层固化，示意图如图 8-22 所示。

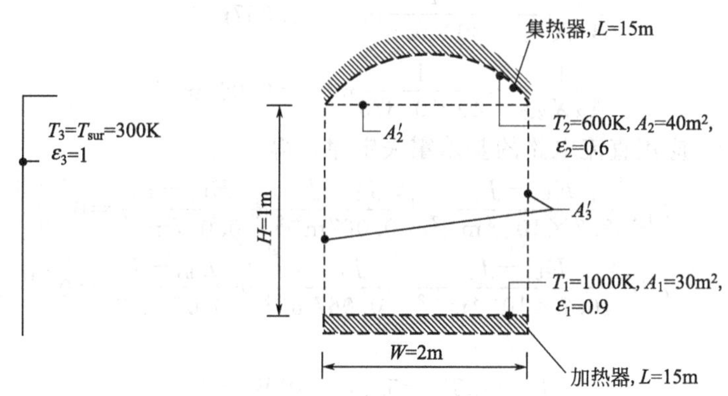

图 8-22 【例 8-6】图 2

假设：①存在稳定状态；②对流可忽略；③吸收器和加热器表面为漫反射；④房间很大，可视为具有黑体性质。

分析与计算：这个系统可以看作三个表面围成的腔体，可以利用辐射网络法求解。

因为房间墙壁的表面很大，其表面热阻 $(1-\varepsilon_3)/(\varepsilon_3 A_3)$ 可取为零。因此 $J_3=E_{b3}$ 是个已知量，其等效网络图如图 8-23 所示。

图 8-23 中的 A_2' 是吸收器的矩形底面积，因此 $X_{1,2}=X_{1,2}'$。查图 8-3 可知：

$$X_{1,2}=0.5$$

根据求和规则，考虑到 $X_{1,1}=0$，因此有

$$X_{1,3}=1-X_{1,2}=1-0.5=0.5$$

考虑到辐射面由表面 2 传播到表面 3 必须通过假想面 A_2'，有

$$A_2 X_{2,3}=A_2' X_{2,3}'$$

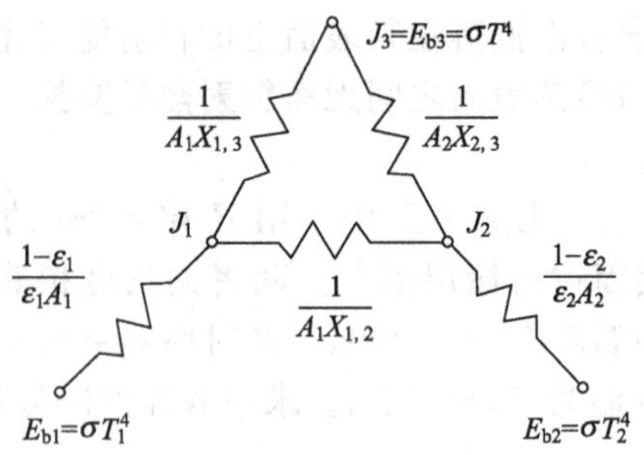

图 8-23 【例 8-6】图 3

另外由于对称关系 $X_{1,3}=X'_{2,3}$，所以

$$X_{2,3}=\frac{A_2'}{A_2}X_{1,3}=\frac{30}{40}\times0.5=0.375$$

计算网络图中的各个热阻：

$$\frac{1-\varepsilon_1}{A_1\varepsilon_1}=\frac{1-0.9}{30\times0.9}\mathrm{m}^{-2}=3.7\times10^{-3}\mathrm{m}^{-2}$$

$$\frac{1-\varepsilon_2}{A_2\varepsilon_2}=\frac{1-0.6}{40\times0.6}\mathrm{m}^{-2}=16.7\times10^{-3}\mathrm{m}^{-2}$$

$$\frac{1}{A_1X_{1,2}}=\frac{1}{30\times0.5}\mathrm{m}^{-2}=0.067\mathrm{m}^{-2}$$

$$\frac{1}{A_1X_{1,3}}=\frac{1}{30\times0.5}\mathrm{m}^{-2}=0.067\mathrm{m}^{-2}$$

$$\frac{1}{A_2X_{2,3}}=\frac{1}{40\times0.375}\mathrm{m}^{-2}=0.067\mathrm{m}^{-2}$$

对节点 J_1、J_2 应用直流电路的基尔霍夫定律，得

$$J_1：\frac{E_{b1}-J_1}{3.7\times10^{-3}\mathrm{m}^{-2}}+\frac{J_2-J_1}{0.067\mathrm{m}^{-2}}+\frac{E_{b3}-J_1}{0.067\mathrm{m}^{-2}}=0$$

$$J_2：\frac{E_{b2}-J_2}{16.7\times10^{-3}\mathrm{m}^{-2}}+\frac{J_1-J_2}{0.067\mathrm{m}^{-2}}+\frac{E_{b3}-J_2}{0.067\mathrm{m}^{-2}}=0$$

又已知

$$E_{b1}=\sigma T_1^4=5.67\times10^4\mathrm{W/m^2}$$

$$E_{b2}=\sigma T_2^4=7348\mathrm{W/m^2}$$

$$E_{b3}=\sigma T_3^4=459\mathrm{W/m^2}$$

将 E_{b1}、E_{b2}、E_{b3} 值代入方程，联立求解得

$$J_1=51733\mathrm{W/m^2},\ J_2=13597\mathrm{W/m^2}$$

离开吸热器表面的净传热速率：

$$q_2=\frac{\sigma T_2^4-J_2}{(1-\varepsilon_2)/A_2X_{1,2}}=\frac{(7348-13597)\mathrm{W/m^2}}{16.7\times10^{-3}\mathrm{m}^{-2}}=-375\mathrm{kW}$$

因此吸收器的净传热速率为 $q_{net}=-q_2=375\mathrm{kW}$。

8.4 气体的辐射和吸收特性

在工程上常见的温度范围内，氢、氮等分子结构对称的双原子气体，实际上并无发射和吸收辐射的能力，可认为是热辐射的透明体。但是，臭氧、二氧化碳、水蒸气、二氧化硫、甲烷、氯氟烃和含氢氯氟烃（两者俗称氟利昂）等三原子、多原子以及结构不对称的双原子气体（一氧化碳）却具有相当大的辐射本领。当这类气体出现在传热场合时，就要涉及气体和固体间的辐射传热计算，如燃油、燃煤及燃气的燃烧产物中二氧化碳和水蒸气的辐射等。

8.4.1 气体辐射的基本特征

与固体、液体相比，气体辐射具有以下两个主要特点。

固体、液体的发射和吸收波长是连续的，而气体的辐射和吸收则具有波长选择性。气体只在某些范围内才具有辐射和吸收的能力，这些波段称为光带（bands）。对光带以外的辐射能量，气体呈现透明的性质，即辐射和吸收能力为零。

固体和液体的辐射、吸收基本上都是一种表面行为，即只在表面很薄的一层介质中进行，而气体的发射和吸收则均在整个容积当中进行。当热辐射射线穿过气体容积时，不断地被沿途遇到的气体分子所吸收。气体的发射实际上是指整个容积中所有气体分子发射的辐射在容积的边界面上表现出来的累计效果。

可见，气体的吸收和发射与辐射在气体中穿行的距离长短（行程）以及气体分子密度的大小有直接关系。气体的密度取决于它的温度和（分）压力。在给定温度下，气体分压力越高，同样行程中遇到的分子数目便越多，吸收就越多，同时边界上表现出来的发射效果也越强烈。

8.4.2 气体的发射率和吸收比

如图 8-24 所示，波长为 λ 的光谱辐射穿过厚度等于 S 的吸收性气体层。若进入气体层之前的辐射强度是 $L_{\lambda,0}$，穿过 x 距离之后，由于沿途被吸收减弱至 $L_{\lambda,x}$，那么光谱辐射强度的减弱和穿过的距离之间的关系为

$$dL_\lambda(x)=-K_\lambda L_\lambda(x)dx \tag{8-30}$$

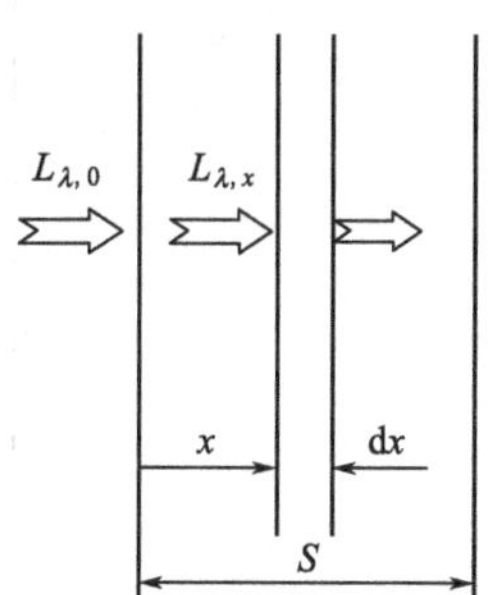

图 8-24　光谱辐射在气体层中被逐步吸收

式中，K_λ 为光谱减弱系数，m^{-1}，它与气体的种类、密度以及辐射波长有关，与射线在气体中的行程长短无关。对式(8-30) 在厚度 S 上积分，可得

$$L_\lambda(S)=L_\lambda(0)\exp(-K_\lambda S) \tag{8-31}$$

即贝尔定律。式(8-31) 表明，光谱辐射在气体中穿行时辐射强度按指数规律衰减。注意到厚 S 的气体层的光谱透过比正好就是 $L_{\lambda,S}/L_{\lambda,0}$，那么该气体层（气体不反射）的光谱吸收比就为

$$\alpha_{\lambda,g}=1-\tau_{\lambda,g}=1-\exp(-K_\lambda S) \tag{8-32}$$

基尔霍夫定律对气体的光谱辐射成立，即有

$$\varepsilon_{\lambda,g}=\alpha_{\lambda,g}=1-\exp(-K_{\lambda}S) \tag{8-33}$$

式(8-33)清楚地表明，气体的光谱吸收比和光谱发射率都与热射线在气体中穿行的距离有关。但气体没有确定的形状，它是随着容器变化的。而且即使是同一容器，壁面不同位置对应的射线行程也不一样（见图 8-25）。对此，工程计算上采用一种叫作"当量半球"的概念，即把各种不同形状的容器折算成一定半径的半球体，使得当半球中气体的成分、温度、压力与实际情况一样时，气体对球心处的辐射恰好等于同一气体向所考虑的实际形状某个指定位置的辐射。这种当量半球的半径即射线平均行程。按照这个设想，可以导出容积辐射对整个包壳表面，或者对某个指定位置的射线平均行程。表 8-1 给出了若干常见形状容器中射线平均行程 S 的计算方法。对于表中未考虑到的实际情况，推荐如下的经验公式：

$$S=3.6V/A \tag{8-34}$$

式中，V 为气体的体积；A 为包壳的面积。

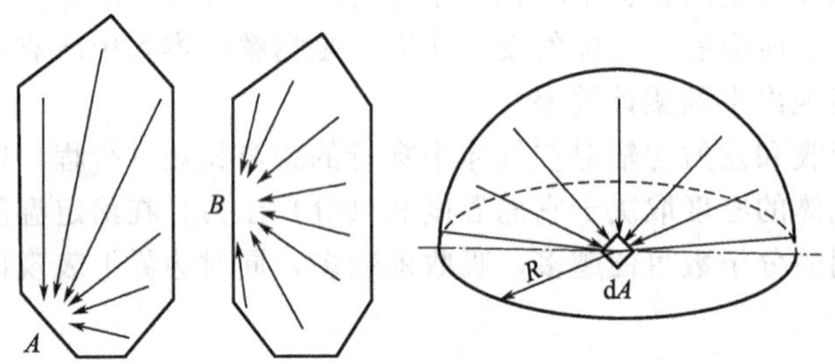

图 8-25　气体辐射的当量半球和射线平均行程

表 8-1　气体辐射的射线平均行程

序号	形状及对应的表面	特征尺寸	射线平均行程
1	球，对整个球内表面	直径 d	$0.65d$
2	无限长圆柱，对圆柱凸表面	直径 d	$0.95d$
3	半无限长圆柱：		
	对底面中心	直径 d	$0.90d$
	对整个底面	直径 d	$0.65d$
4	高度等于直径的圆柱：		
	对底面中心	直径 d	$0.71d$
	对整个表面	直径 d	$0.60d$
5	高度等于直径两倍的圆柱：		
	对端面的辐射	直径 d	$0.60d$
	对圆柱内凹表面	直径 d	$0.76d$
	对整个内表面	直径 d	$0.73d$
6	无限大平板中的气体夹层，对一面上的微元面或两边界面	板间距 H	$1.8H$
7	正立方体，对整个内表面	边长 a	$0.66a$
8	围绕无限长管束的气体对单根圆管道：		
	顺排，正方形，　$S=2d$	直径 d	$3.5(S-d)$
	叉排，等边三角形，$S=2d$	管中心距 S	$3.8(S-d)$
	$S=3d$		$3.0(S-d)$
9	任意形状	体积/表面积	$3.6V/A$

工程上往往需要确定气体与包容它的器壁之间的辐射换热量。为此，必须先确定气体的全波长发射率和吸收比。由于气体辐射的光带结构，因此在全波长范围内基尔霍夫定律不成

立，或者说不能把气体视为“灰气体”。

气体辐射力仍以四次方定律形式来描述，即

$$E_g = \varepsilon_g E_b = \varepsilon_g \sigma T_g^4 \tag{8-35}$$

把式(8-33) 代入并积分，有

$$E_g = \int_0^\infty \varepsilon_{\lambda,g} E_{b\lambda} \mathrm{d}\lambda = \int_0^\infty (1 - e^{-K_\lambda S}) E_{b\lambda} \mathrm{d}\lambda \tag{8-36}$$

由式(8-36) 可见，气体的发射率与气体的种类、气体温度、气体压力（如为混合气体，则气体压力指有辐射能力的气体在其中的分压力）和射线平均行程有关。

图 8-26 和图 8-27 用于计算水蒸气的发射率。它被表示为温度以及分压力和射线平均行程 S 乘积的函数：

$$\varepsilon_{H_2O}^* = f(T_g, pS) \tag{8-37}$$

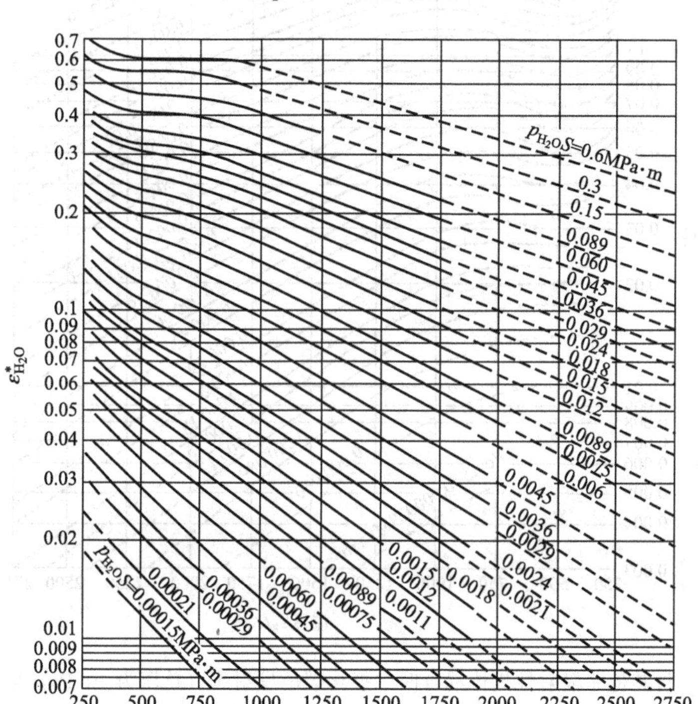

图 8-26　与其他非辐射性气体混合时水蒸气的发射率（总压为 10^5 Pa，半球空间）

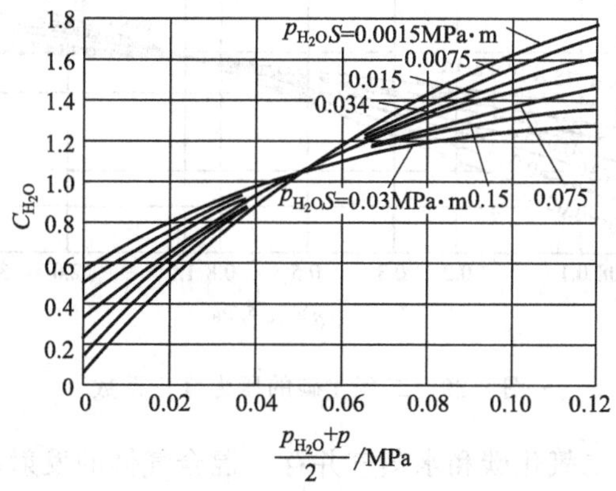

图 8-27　水蒸气的压力修正系数

图 8-26 是在水蒸气和其他透热气体的混合物的总压力等于 10^5 Pa，并把水蒸气的分压力外推至零的条件下导出的。若混合气体的总压力不等于 10^5 Pa，则需作修正，修正系数写作 C_{H_2O}，即水蒸气的全波长发射率等于

$$\varepsilon_{H_2O}=C_{H_2O}\varepsilon^*_{H_2O} \tag{8-38}$$

二氧化碳的情况与水蒸气基本相同，只是不存在分压力的单独影响，见图 8-28 和图 8-29，有

$$\varepsilon_{CO_2}=C_{CO_2}\varepsilon^*_{CO_2} \tag{8-39}$$

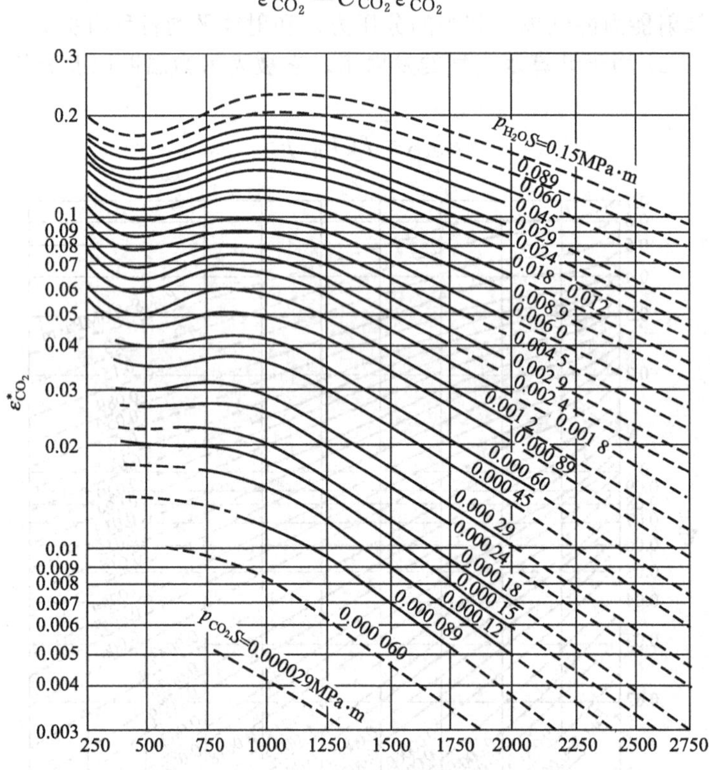

图 8-28　与其他非辐射性气体混合时二氧化碳的发射率（总压为 10^5 Pa，半球空间）

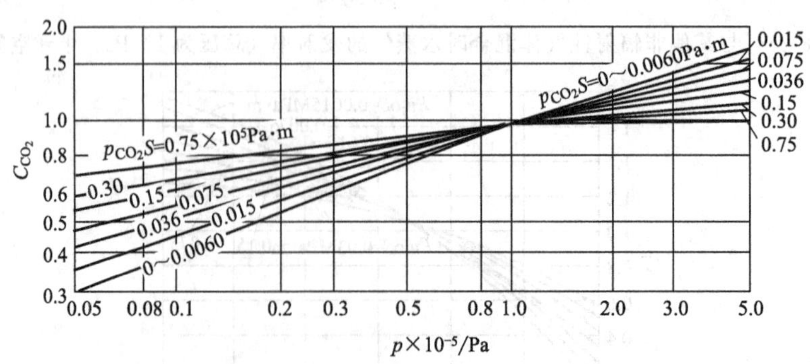

图 8-29　二氧化碳的压力修正系数

在燃烧产物中，一般二氧化碳和水蒸气并存，混合气体的发射率可用下式计算

$$\varepsilon_g=C_{H_2O}\varepsilon^*_{H_2O}+C_{CO_2}\varepsilon^*_{CO_2}-\Delta\varepsilon \tag{8-40}$$

式中，$\Delta\varepsilon$ 为考虑到水蒸气和二氧化碳的光带结构有重叠部分，造成两种气体相互吸收，使混合气体的总发射率有一定减弱而进行的修正，其数值可以从图 8-30 中查取。

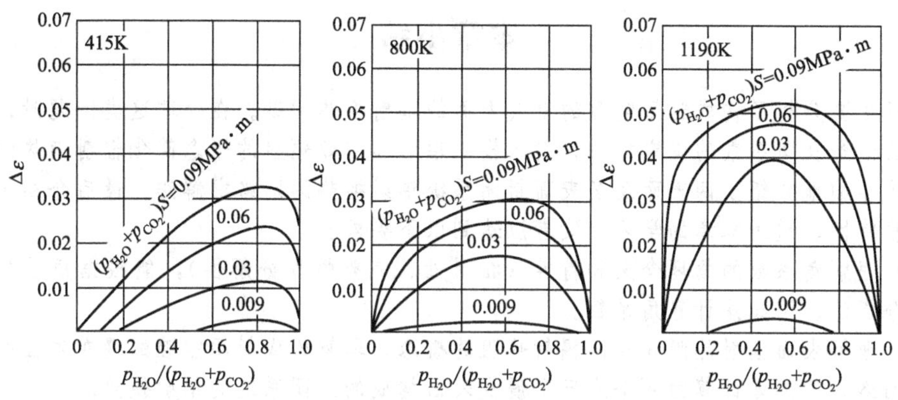

图 8-30　水蒸气和二氧化碳混合物相互吸收导致的修正量

当气体与包容它们的腔壁间进行辐射换热时，两者的温度肯定不一样。水蒸气和二氧化碳混合物的总吸收比可以按下式计算：

$$\alpha_g = C_{H_2O}\alpha^*_{H_2O} + C_{CO_2}\alpha^*_{CO_2} - \Delta\alpha \tag{8-41}$$

式中的两项修正系数与式(8-40) 一样，但水蒸气和二氧化碳各自的吸收比改由以下经验关系式计算：

$$\alpha^*_{H_2O} = (T_g/T_w)^{0.45}\varepsilon^*_{H_2O}[T_w, p_{H_2O}S(T_w/T_g)] \tag{8-42}$$

$$\alpha^*_{CO_2} = (T_g/T_w)^{0.65}\varepsilon^*_{CO_2}[T_w, p_{CO_2}S(T_w/T_g)] \tag{8-43}$$

其中，发射率规定用方括弧中的变量，即包壳的温度 T_w，经修正的分压力与射线平均行程的乘积 $p_{H_2O}S(T_w/T_g)$、$p_{CO_2}S(T_w/T_g)$ 来查图（仍使用图 8-26 和图 8-28）。因光带重叠导致的修正项也仍然从图 8-33 中查取。

8.4.3　气体与包壳间的辐射换热

工程应用中，有以下两种情况计算气体与包壳之间的辐射换热。

(1) 将包壳的内壁当作黑体对待

此时气体与外壳间的辐射换热计算比较简单，按照腔壁单位面积计算的净辐射热流等于

$$q = \varepsilon_g\sigma T_g^4 - \alpha_g\sigma T_w^4 \tag{8-44}$$

式中，右侧第一项为气体的发射，全部被黑包壳吸收；第二项为外壳发射的辐射被气体沿程吸收的数量。两者之差即为气体与黑包壳间的净换热量。只要求出气体的发射率和吸收比，便可以求出该项热流。

(2) 包壳内壁为发射率低于 1 的灰体

此时壳壁不能一次全部吸收气体所发射的辐射，导致这部分能量在壳壁上和整个气体容积里反复多次地吸收。同理，气体也将从灰包壳的发射辐射中反复多次吸收，于是问题变得相当复杂。工程上推荐采用一种准确度较好的简便算法表示包壳的有效发射率

$$\varepsilon'_w = (\varepsilon_w + 1)/2 \tag{8-45}$$

进而,气体与单位面积灰外壳之间的净辐射换热量可以用下式计算：

$$q=\varepsilon'_{w}\sigma(\varepsilon_{w}T_{g}^{4}-\alpha_{g}T_{w}^{4})\tag{8-46}$$

当外壳的发射率超过 0.8 时，这种简便算法准确度较高。

本章小结

本章主要分析了构成封闭空腔的漫灰表面的辐射换热问题。在处理这类问题时，引入了角系数的概念及角系数的确定方法，引入投入辐射和有效辐射的概念简化辐射换热的计算与分析，较详细地介绍了两表面及多表面封闭系统辐射换热的网络求解法。最后介绍了气体辐射和吸收特性。通过本章的学习，读者应达到以下要求。

(1) 理解角系数的物理含义和特性（相对性、完整性和分解性），能根据角系数定义或用代数分析法、图线法计算角系数。

(2) 理解表面辐射热阻和空间辐射热阻的概念，理解构成封闭空腔的漫灰表面的辐射换热模拟网络，能熟练计算由两个或三个漫灰表面构成的封闭系统的辐射换热。

(3) 理解遮热板削弱辐射换热的原理和应用，掌握削弱辐射时辐射传热量和有关温度测量的计算。

(4) 了解气体辐射的特点及影响气体辐射发射率和吸收比的因素，能用查图的方法确定气体向壁面发射辐射的发射率和气体吸收壁面发射辐射的吸收比，能进行气体和包壁间辐射传热的计算。

思考题

8-1 “角系数是一个纯几何因子”的结论是在什么前提下提出的？

8-2 实际表面系统与黑体系统相比，辐射传热计算增加了哪些复杂性？

8-3 什么是一个表面的自身辐射、投入辐射及有效辐射？有效辐射的引入对于灰体表面系统辐射传热的计算有什么作用？

8-4 什么是表面辐射热阻和空间辐射热阻？试比较黑表面、漫灰表面、重辐射面和相对表面积无限大的漫灰表面的热阻网络单元的区别。

8-5 在两块近平行平板间插入遮热板，已知遮热板两侧面的发射率不相等。那么将遮热板两面互换位置是否会改变辐射传热量？是否会对遮热板的温度产生影响？假设本来两块板的温度保持不变。

8-6 研究处于环境中的两个灰表面间或一个灰表面和一个黑表面间的辐射传热时，如果这两个表面不能组成封闭腔，应该如何处理？如果两个黑表面不能组成封闭腔是否也要进行同样的处理？

8-7 具有辐射和吸收能力的气体的黑度受哪些因素影响？

习 题

8-1 设有如图 8-31 所示的两个微小面积 $A_1=10^{-4}\,\mathrm{m}^2$、$A_2=2\times10^{-4}\,\mathrm{m}^2$。$A_1$ 为漫射表面，辐射力 $E_1=10000\mathrm{W/m}^2$。试计算由 A_1 发出落到 A_2 上的辐射能。

8-2 试求图 8-32 中各个角系数。

① 圆锥形空腔中侧面 2 对地面 1 的角系数；

② 板球面 1 对底面 1/4 圆缺口 2 的角系数；

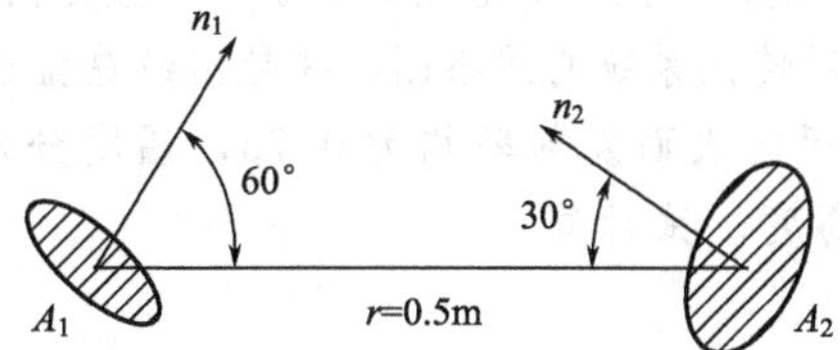

图 8-31　习题 8-1 图

③ 正方体内表面 1 对其内切球外表面 2 的角系数；

④ 无限长半圆柱的整个外表面 1 对无限大表面 2 的角系数；

⑤ 两相同正方形截面的无限长柱体整个外表面的角系数，正方形截面边长为 1m；

⑥ 两平行板面 1、2 的角系数 $X_{1,2}$。

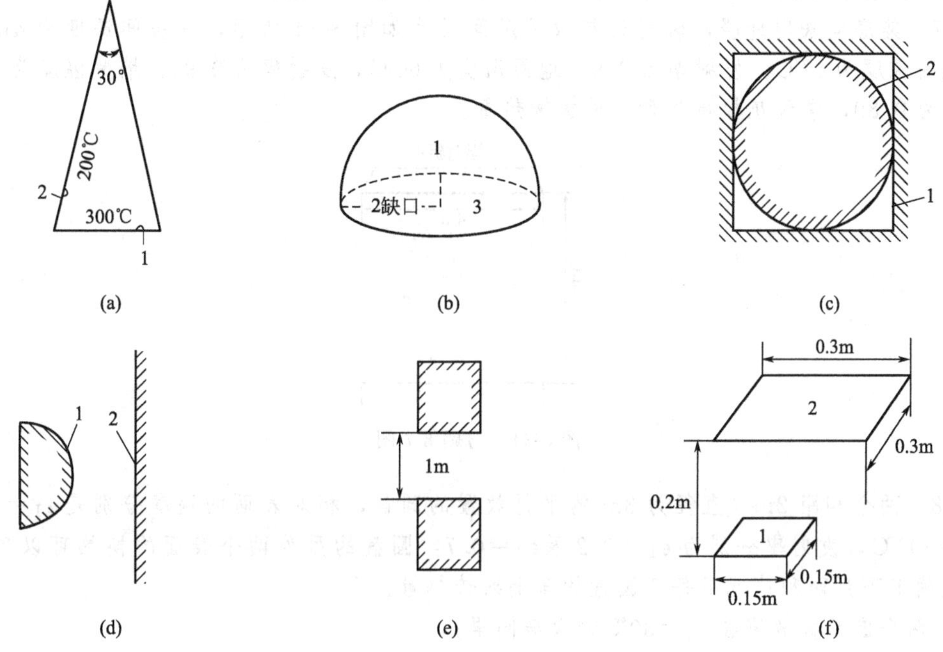

图 8-32　习题 8-2 图

8-3　求图 8-33 中各角系数 $X_{1,2}$。

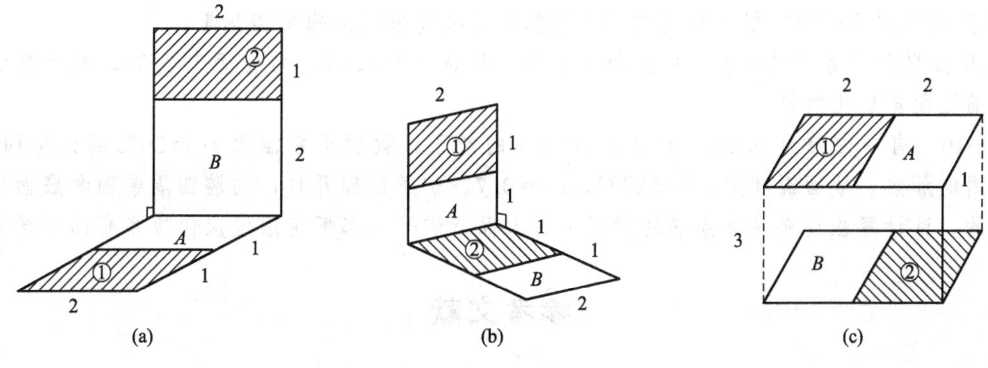

图 8-33　习题 8-3 图

8-4 两个面积相等的黑体被放置在一个绝热的盒子里。假定两黑体的温度分别为 T_1 和 T_2，且位置是随意的，试画出该辐射传热系统的网络图，并导出绝热盒子表面温度 T_3 的表达式。

8-5 两块平行放置的平板的表面发射率均为 0.75，温度分别为 $t_1=427℃$、$t_2=127℃$，板间距离远小于板的宽度和高度。试计算：

① 板 1 的自身辐射；

② 板 1 的投入辐射；

③ 板 1 的反射辐射；

④ 板 1 的有效辐射；

⑤ 板 2 的有效辐射；

⑥ 板 1、2 间的辐射传热量。

8-6 两块无限大平板的表面温度分别为 t_1、t_2，发射率分别为 ε_1、ε_2。它们之间有一遮热板，发射率为 ε_3，画出稳态时它们之间的辐射传热网络图。

8-7 某房间采用地暖，辐射天花板及房间尺寸如图 8-34 所示，一房间深度为 4m，天花板表面温度为 17℃，发射率为 0.9，地面温度为 60℃，发射率为 0.95，墙壁温度为 35℃，发射率为 0.89，求天花板得热量和地板散热量。

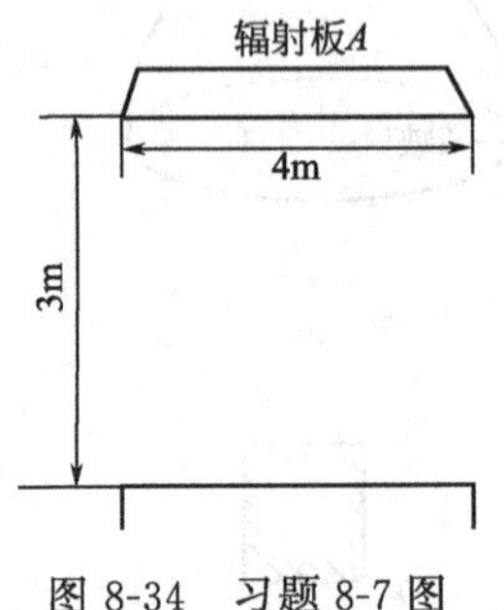

图 8-34 习题 8-7 图

8-8 两个相距 2m、直径为 3m 的平行放置的圆盘，相对表面的温度分别是 $t_1=600℃$ 及 $t_2=300℃$，发射率分别为 $\varepsilon_1=0.2$ 及 $\varepsilon_2=0.7$，圆盘的另外两个表面的换热可以忽略不计。试确定下列两种情况下每个圆盘的净辐射传热量：

① 两个圆盘被放置在 $t_3=30℃$ 的大房间里；

② 两个圆盘被放置在一个绝热空腔里。

8-9 两个同心圆筒壁的温度分别为 −187℃ 及 27℃，直径分别为 25cm 及 30cm，表面发射率均为 0.9。试问单位长度圆筒体上的辐射传热量。为了减弱辐射传热，在其间同心地置入一遮热罩，直径为 27.5cm，两表面的发射率均为 0.03。

① 试画出此时的辐射传热网络图并计算此时套筒壁间的辐射传热量；

② 如果置入的套筒两表面的发射率不等，外表面为 0.01，内表面为 0.03，试计算此时的套筒壁面辐射传热量。

8-10 有一内腔为 0.2m×0.2m×0.3m 的炉子，被置于室温为 $t_3=30℃$ 的大房间里。炉底用电加热，地面温度为 $t_3=527℃$，$\varepsilon_1=0.7$。炉子顶部开口，内腔四周壁面和底面均为绝热的。试计算在没有对流换热的情况下，为保持炉子底部恒定温度应供应多高的电功率。

参考文献

[1] 李友荣，吴双应. 传热学 [M]. 北京：科学出版社，2012.

[2] 姚钟鹏，王瑞君．传热学［M］．第2版．北京：北京理工大学出版社，2003.
[3] 张奕，郭恩震．传热学［M］．南京：东南大学出版社，2004.
[4] 胡汉平，程文龙．热物理学概论［M］．合肥：中国科学技术大学出版社，2006.
[5] 赵镇南．传热学［M］．北京：高等教育出版社，2002.
[6] 戴锅生．传热学［M］．第2版．北京：高等教育出版社，2003.
[7] 杨世铭，陶文铨．传热学［M］．第4版．北京：科学出版社，2012.

9 换热器的传热计算

本章首先对换热器进行了简介，包括换热器的种类及其应用场合。在此基础上，详细分析了换热器中存在的传热过程，给出了这些过程传热量及传热温差的计算方法。分析了传热强化的目的及主要任务，介绍了在换热器中常用的强化传热方法。

9.1 换热器简介

9.1.1 换热器的定义

换热器（heat exchanger）是指两种不同温度的流体进行热量交换的设备。它的主要功能是保证工艺过程对介质所要求的特定温度，同时也是提高能源利用率的主要设备之一。换热器应用广泛，日常生活中取暖用的暖气散热片、汽轮机装置中的凝汽器和航天火箭上的油冷却器等，都是换热器，它还广泛应用于化工、石油、动力和原子能等工业部门。换热器既是一种单独的设备，如加热器、冷却器和凝汽器等；也是某一工艺设备的组成部分，如氨合成塔内的热交换器。

9.1.2 换热器的发展史

20 世纪 20 年代出现板式换热器，并应用于食品工业。以板代管制成的换热器，结构紧凑，传热效果好，因此陆续发展为多种形式。30 年代初，瑞典首次制成螺旋板换热器。接着英国用钎焊法制造出一种由铜及其合金材料制成的板翅式换热器，用于飞机发动机的散热。30 年代末，瑞典又制造出第一台板壳式换热器，用于纸浆工厂。在此期间，为了解决强腐蚀性介质的换热问题，人们开始注意新型材料制成的换热器。60 年代左右，由于空间技术和尖端科学的迅速发展，迫切需要各种高效能紧凑型的换热器，再加上冲压、钎焊和密封等技术的发展，换热器制造工艺得到进一步完善，从而推动了紧凑型板面式换热器的蓬勃发展和广泛应用。此外，自 60 年代开始，为了适应高温和高压条件下换热和节能的需要，典型的管壳式换热器也得到了进一步的发展。70 年代中期，为了强化传热，在研究和发展热管的基础上又创制出热管式换热器。

9.1.3 换热器的分类

换热器作为传热设备被广泛用于生产生活的各个领域，适用于不同介质、不同工况、不同温度、不同压力的换热器，结构形式也不同，换热器的具体分类如下。

按传热原理分类，换热器可分为混合式换热器、蓄热式换热器、间壁式换热器及热媒式换热器几类。

混合式换热器是通过冷、热流体的直接接触、混合进行热量交换的换热器，又称直接接触式换热器。由于两流体混合换热后必须及时分离，这类换热器适合于气、液两流体之间的换热。例如，化工厂和发电厂所用的凉水塔中，热水由上往下喷淋，而冷空气自下而上吸入，在填充物的水膜表面或飞沫及水滴表面，热水和冷空气相互接触进行换热，热水被冷却，冷空气被加热，然后依靠两流体本身的密度差得以及时分离。

蓄热式换热器又称为回流式换热器，是利用冷、热流体交替流经蓄热室中的蓄热体（填料）表面，从而进行热量交换，如炼焦炉下方预热空气的蓄热室。这类换热器主要用于回收和利用高温废气的热量。

间壁式换热器内冷、热流体被固体间壁隔开，并通过间壁进行热量交换，因此又称表面式换热器，这类换热器应用最广。根据传热面的结构不同，间壁式换热器又可分为管式、板面式和管壳式换热器及其他形式的换热器。管式换热器以管子表面作为传热面，包括蛇管式换热器、套管式换热器和管壳式换热器等；板面式换热器以板面作为传热面，包括板式换热器、螺旋板换热器、板翅式换热器、板壳式换热器和伞板换热器等；其他形式换热器是为满足某些特殊要求而设计的换热器，如刮面式换热器、转盘式换热器等。

按工艺功能分，换热器又可分为加热器、预热器、过热器、蒸发器、再沸器、冷却器、冷凝器及废热锅炉等，具体见表 9-1。

表 9-1 换热器的工艺分类

名　称	应　用
加热器	用于把流体加热到所需的温度,被加热流体在加热过程中不发生相变
预热器	用于流体的预热,以提高整套工艺装置的效率
过热器	用于加热饱和蒸汽,使其达到过热状态
蒸发器	用于加热液体,使之蒸发汽化
再沸器	是蒸馏过程的专用设备,用于加热塔底液体,使之受热汽化
冷却器	用于冷却流体,使之达到所需的温度
冷凝器	用于冷凝饱和蒸汽,使之放出潜热而凝结液化
废热锅炉	由工艺的高温物流或者废气中回收其热量而产生蒸汽的设备

一般换热器都用金属材料制成，其中碳素钢和低合金钢大多用于制造中、低压换热器；不锈钢除用于不同的耐腐蚀条件外，奥氏体不锈钢还可作为耐高、低温的材料；铜、铝及其合金多用于制造低温换热器；镍合金则用于高温条件下；非金属材料除制作垫片零件外，有些已开始用于制作非金属材料的耐蚀换热器，如石墨换热器、氟塑料换热器和玻璃换热器等。

9.1.4 间壁式换热器的主要形式

(1) 套管式换热器

套管式换热器（double-pipe heat exchanger）是用两种尺寸不同的标准管连接而成的同心圆套管，外面的叫壳程，内部的叫管程。两种不同介质可在壳程和管程内逆向流动（或同向）以达到换热的效果。每一段套管称为“一程”，程的内管（传热管）借 U 形肘管，而外管用短管依次连接成排，固定于支架上。套管式换热器如图 9-1 所示。

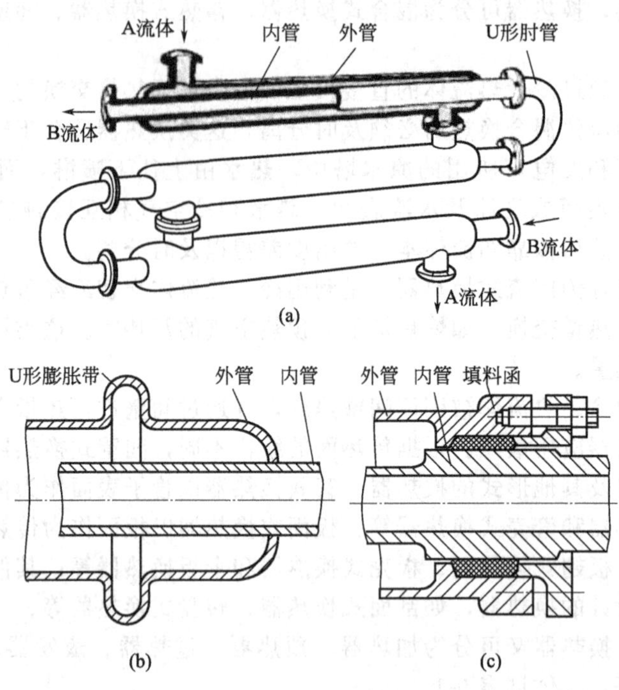

图 9-1 套管式换热器

通常，热流体（A 流体）由上部引入，而冷流体（B 流体）则由下部引入。套管中外管的两端与内管用焊接或法兰连接。内管与 U 形肘管多用法兰连接，便于传热管的清洗和增减。每程传热管的有效长度取 4～7m。这种换热器传热面积最高达 18m²，故适用于小容量换热。当内、外管壁温差较大时，可在外管设置 U 形膨胀节或内、外管间采用填料函滑动密封，以减小温差应力。管子可用钢、铸铁、铜、钛、陶瓷、玻璃等制成，若选材得当，它可用于腐蚀性介质的换热。

(2) 管壳式换热器

管壳式换热器（shell and tube heat exchanger）由壳体、传热管束、管板、折流板（挡板）和管箱等部件组成。壳体多为圆筒形，内部装有管束，管束两端固定在管板上。进行换热的冷热两种流体，一种在管内流动，称为管程流体；另一种在管外流动，称为壳程流体。为提高管外流体的传热分系数，通常在壳体内安装若干挡板。

挡板可提高壳程流体速度，迫使流体按规定路程多次横向通过管束，增强流体湍流程度。换热管在管板上可按等边三角形或正方形排列。等边三角形排列较紧凑，管外流体湍动程度高，传热分系数大；正方形排列则管外清洗方便，适用于易结垢的流体。

流体每通过管束一次称为一个管程，每通过壳体一次称为一个壳程。图 9-2 所示为最简单的单壳程单管程换热器，简称为Ⅰ-Ⅰ型换热器。为提高管内流体速度，可在两端管箱内设置隔板，将全部管子均分成若干组。这样流体每次只通过部分管子，因而在管束中往返多次，这称为多管程。同样，为提高管外流速，也可在壳体内安装纵向挡板，迫使流体多次通过壳体空间，称为多壳程。多管程与多壳程可配合应用。

管壳式换热器由于管内、外流体的温度不同，因此换热器的壳体与管束的温度也不同。如果两温度相差很大，换热器内将产生很大的热应力，导致管子弯曲、断裂，或从管板上拉脱。因此，当管束与壳体温度差超过 50℃时，需采取适当补偿措施，以消除或减少热应力。

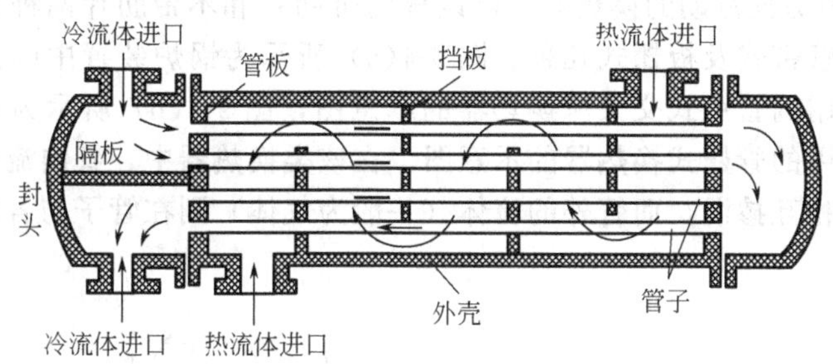

图 9-2 简单的管壳式换热器示意图

根据所采用的补偿措施，管壳式换热器可分为以下几种主要类型。

① 固定管板式换热器。管束两端的管板与壳体连成一体，结构简单，但只适用于冷热流体温度差不大且壳程不需机械清洗时的换热操作。当温度差稍大而壳程压力又不太高时，可在壳体上安装有弹性的补偿圈，以减小热应力。

② 浮头式换热器。管束一端的管板可自由浮动，完全消除了热应力；且整个管束可从壳体中抽出，便于机械清洗和检修。浮头式换热器的应用较广，但结构比较复杂，造价较高。

③ U 形管式换热器。每根换热管皆弯成 U 形，两端分别固定在同一管板上下两区，借助于管箱内的隔板分成进、出口两室。此种换热器完全消除了热应力，结构比浮头式简单，但管程不易清洗。

④ 涡流热膜换热器。涡流热膜换热器采用最新的涡流热膜传热技术，通过改变流体运动状态来增加传热效果，当介质经过涡流管表面时，强力冲刷管子表面，从而提高换热效率，最高可达 10000W/(m^2·℃)，同时这种结构实现了耐腐蚀、耐高温、耐高压、防结垢功能。其他类型的换热器的流体通道为固定方向流形式，在换热管表面形成绕流，表面传热系数降低。

(3) 板式换热器

板式换热器（plate heat exchanger）是由一系列具有一定波纹形状的金属片叠装而成的一种新型高效换热器。各种板片之间形成薄矩形通道，通过板片进行热量交换。板式换热器是液-液、液-气进行热交换的理想设备。它具有换热效率高、热损失小、结构紧凑轻巧、占地面积小、安装清洗方便、应用广泛、使用寿命长等特点。在相同压力损失情况下，其传热系数比列管式换热器高 3～5 倍，占地面积为管式换热器的 1/3，热回收率可高达 90%以上。板式换热器结构如图 9-3 所示。

与管壳式换热器相比，板式换热器传热系数高，一般认为是管壳式的 3～5 倍；对数平均温差大，末端温差小；占地面积小；容易改变换热面积或流程组合；重量轻；价格低；制作方便；容易清洗；热损失小；不易结垢；但其容量较小，单位长度的压力损失较大，且工作压力不宜过大，介质温度不宜过高，有可能泄漏，易堵塞。

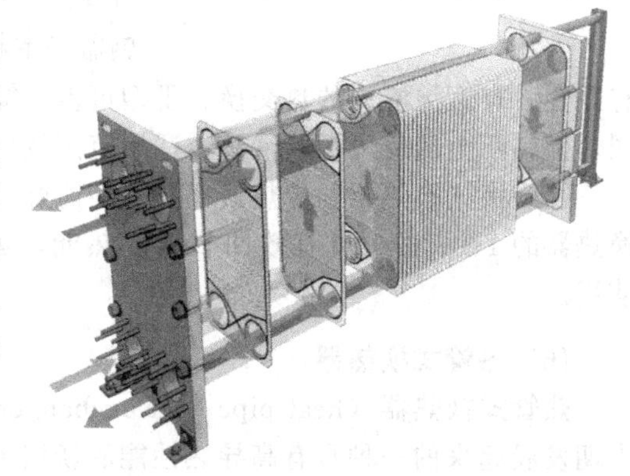

图 9-3 板式换热器结构示意图

(4) 交叉流换热器

交叉流换热器（cross flow heat exchanger）

是两流体相互成垂直方向流动的换热器，可以分为带肋片和不带肋片两种类型，具体可分为管束式、管翅式、管带式及板翅式几种。图 9-4(a) 所示为锅炉装置中的蒸汽过热器、省煤器及空气预热器采用的管束式交叉流换热器的示意图，图 9-4(b) 所示为家用空调器中的冷凝器与蒸发器常采用的管翅式换热器的示意图。在该类换热器中，管内流体在各自的管子内流动，管与管间不相互掺混，而管外的流体（一般为气体）则在管子与各种翅片所构成的空间中流动。

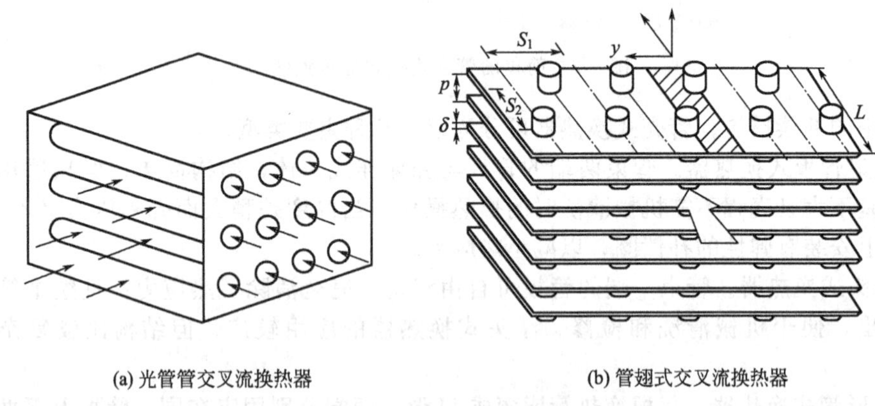

(a) 光管管交叉流换热器　　(b) 管翅式交叉流换热器

图 9-4　交叉流换热器示意图

(5) 螺旋板式换热器

螺旋板式换热器（spiral plate heat exchanger）是一种高效换热器设备。如图 9-5 所示，该换热器由两张板卷制而成，形成了两个均匀的螺旋通道，两种传热介质可进行全逆流流动，大大增强了换热效果，即使两种小温差介质，也能达到理想的换热效果，适用于气-气、气-液、液-液，对液传热，适用于化学、石油、溶剂、医药、食品、轻工、纺织、冶金、轧钢、焦化等行业。该换热器壳体上的接管采用切向结构，局部阻力小，由于螺旋通道的曲率是均匀的，液体在设备内流动没有大的转向，总的阻力小，因而可提高设计流速使之具备较高的传热能力。Ⅰ型不可拆式螺旋板式换热器螺旋通道的端面采用焊接密封，因而具有较高的密封性。Ⅱ型可拆式螺旋板换热器结构原理与不可拆式换热器基本相同，但其中一个通道可拆开清洗，特别适用有黏性、有沉淀液体的热交换。Ⅲ型可拆式螺旋板换热器结构原理与不可拆式换热器基本相同，但其两个通道可拆开清洗，适用范围较广。

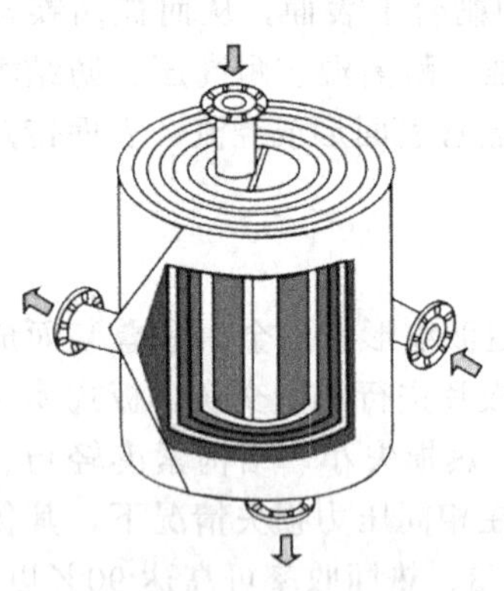

图 9-5　螺旋板式换热器结构示意图

螺旋板式换热器的传热效率高（性能好），一般认为螺旋板换热器的传热效率为列管式换热器的 1～3 倍；可有效回收低温热能，运行可靠性强，阻力较小，并且可以多台组合使用。

(6) 热管式换热器

热管式换热器（heat pipe heat exchanger）以热管为传热元件。热管是 20 世纪 60 年代中期发展起来的一种具有高导热性能的新型传热元件。它由一根抽除不凝性气体的密封金属管内充以一定量的某种工作流体（氨、水、汞等）而成。工作流体在热端吸收热量而沸腾汽化，产生的蒸气流至冷端冷凝放出潜热，冷凝液回至热端，再次沸腾汽化。如此反复循环，热量不断从热端传至冷端。冷凝液的回流可以通过不同的方法（如毛细管作用、重力、离心力）来实现，目前应用最广的方法是将具有毛细结构的吸液芯装在管的内壁，利用毛细管的作用使冷凝液由冷端回流至热端。热管的工作原理见图 9-6。采用不同的工作液体，热管可以在很宽的温度范围内使用。

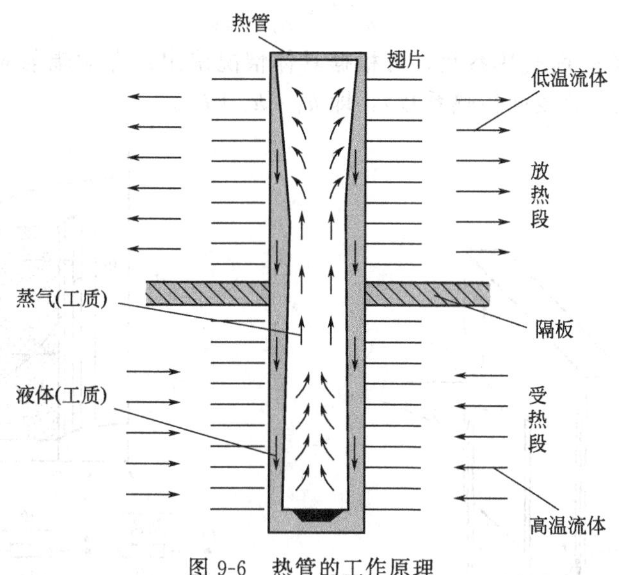

图 9-6 热管的工作原理

以热管为传热元件的换热器具有传热效率高、结构紧凑、流体阻损小、有利于控制露点腐蚀等优点。目前已广泛应用于冶金、化工、炼油、锅炉、陶瓷、交通、轻纺、机械等行业中，作为废热回收和工艺过程中热能利用的节能设备，取得了显著的经济效益。

尽管换热器的形式和类别很多，但衡量它是否完善的标准是相同的：换热效率高、流体阻力小；强度足够，结构可靠；设备紧凑；便于制造、安装和检修；材料节省，成本低。要全面满足上述要求是不可能的。

9.2 换热器传热过程分析及计算

所谓“传热过程”是指热量从壁面一侧的流体通过壁面传到另一侧流体的过程。传热过程中所传递的热量由以下传热方程确定：

$$\Phi=\kappa A(t_{f1}-t_{f2}) \tag{9-1}$$

式中，κ 为传热系数；$t_{f1}-t_{f2}$为两种流体的传热温差，是计算的关键。本节主要讨论这两个量的计算方法。

9.2.1 传热系数的确定

由于换热器的换热面大多数为平板或圆管，因此本节主要讨论通过平壁及圆管的传热过程。

(1) 通过平壁的传热过程计算

由于平壁两侧的面积是相等的，如图 9-7 所示，因此传热系数的数值不论对哪一侧壁面来说都是相等的，因此其传热系数可按下式计算。

单层：

$$\kappa=\frac{1}{\dfrac{1}{h_1}+\dfrac{\delta}{\lambda}+\dfrac{1}{h_2}} \tag{9-2a}$$

多层：

$$\kappa=\frac{1}{\dfrac{1}{h_1}+\sum\dfrac{\delta_i}{\lambda_i}+\dfrac{1}{h_2}} \tag{9-2b}$$

式中，h_1和h_2为表面换热系数，可根据具体情况确定；考虑辐射时，表面换热系数应该采用等效换热系数（总表面传热系数），即$h_t=h_c+h_r$。

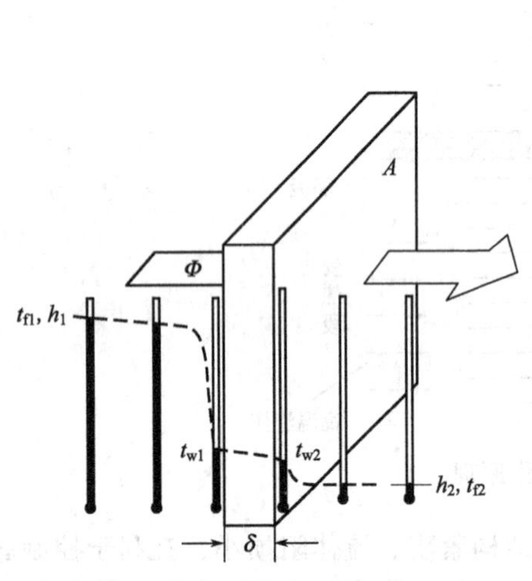

图 9-7　通过平壁的传热过程

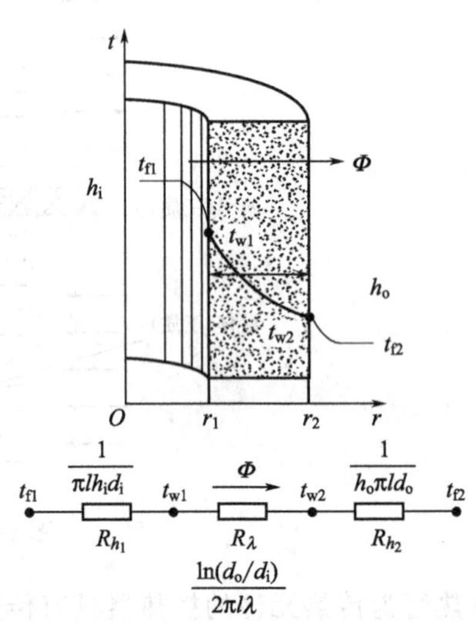

图 9-8　通过圆管的传热过程

(2) 通过圆管的传热过程计算

圆管内、外侧的表面积不相等，所以对内侧和外侧而言，其传热系数的大小是不相等的。如图 9-8 所示，该段圆管的传热过程包括管内流体到管内侧壁面、管内侧壁面到外侧壁面、管外侧壁面到外侧流体三个环节。在稳定流动条件下，通过各个环节的热通量 Φ 是不变的。各个环节的温差可表示如下。

内部对流：

$$t_{fi}-t_{wi}=\frac{\Phi}{h_i\pi d_i l}$$

圆柱面导热：

$$t_{wi}-t_{wo}=\frac{\Phi}{2\lambda\pi l}\ln\frac{d_o}{d_i}$$

外部对流：

$$t_{wo}-t_{f2}=\frac{\Phi}{h_o\pi d_o l}$$

上面三式相加并整理后可得

$$\Phi=\frac{\pi l(t_{fi}-t_{fo})}{\dfrac{1}{h_i d_i}+\dfrac{1}{2\lambda}\ln\dfrac{d_o}{d_i}+\dfrac{1}{h_o d_o}} \tag{9-3}$$

对外侧面积而言传热系数的定义式由下式表示：

$$\kappa=k_{o}=\frac{1}{\dfrac{d_{o}}{h_{i}d_{i}}+\dfrac{d_{o}}{2\lambda}\ln\dfrac{d_{o}}{d_{i}}+\dfrac{1}{h_{o}}} \tag{9-4}$$

式中，d_i、d_o分别为圆管的内径和外径；t_{wi}、t_{wo}分别为圆管内壁和外壁的温度；t_{fi}、t_{fo}分别为圆管内侧和外侧流体的温度；h_i、h_o分别为圆管内侧和外侧的表面传热系数；l 为圆管的长度。

换热器在运行的过程中，管子内、外侧常会积起各种污垢，这时式(9-4) 中还应增加相应的污垢热阻项。

(3) 通过肋壁的传热过程计算

在表面传热系数较小的一侧采用肋壁是强化传热的一种行之有效的方法（图 9-9）。平壁的一侧为肋壁时的传热系数（以肋侧表面积 A_o为基准）为：

$$k_{f}=\frac{1}{\dfrac{1}{h_{i}\beta}+\dfrac{\delta}{\lambda\beta}+\dfrac{1}{h_{o}\eta_{o}}} \tag{9-5a}$$

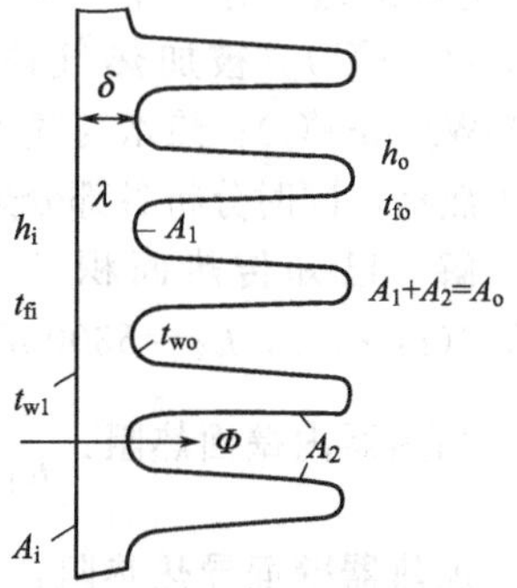

式中，$\beta=\dfrac{A_o}{A_i}$，称为肋化系数。

工程上一般都以未加肋时的表面积为基准计算肋壁传热系数，则以平壁表面积 A_i为基准的传热系数为

$$k_{f}'=\frac{1}{\dfrac{1}{h_{i}}+\dfrac{\delta}{\lambda}+\dfrac{1}{h_{o}\eta_{o}\beta}} \tag{9-5b}$$

图 9-9 通过肋壁的传热过程

上式及图 9-9 中，h_i、h_o分别为平壁侧及肋片侧的表面传热系数；A_i、A_o分别为平壁侧及肋片侧的表面积，其中 $A_o=A_1+A_2$，A_1为肋间平壁部分的面积，A_2为肋面突出部分的面积。

η_o 称为肋面总效率（overall fin surface efficiency），可用下式计算：

$$\eta_{o}=\frac{A_{1}+\eta_{f}A_{2}}{A_{o}} \tag{9-6}$$

式中，η_f 为肋效率。

从式(9-5b) 中可以看出，当 $\eta_o\beta>1$ 时，肋片就可以起到强化换热的效果。由于 β 值常常远大于 1，使得 $\eta_o\beta$ 的值总是远大于 1，这就使肋化侧的热阻显著减小，从而增大传热系数的值。

(4) 临界热绝缘直径

圆管外敷保温层后，从圆管内壁面到外壁面的热能量可表示为

$$\Phi=\frac{\pi l(t_{fi}-t_{fo})}{\dfrac{1}{h_{i}d_{i}}+\dfrac{1}{2\lambda_{1}}\ln\dfrac{d_{o1}}{d_{i}}+\dfrac{1}{2\lambda_{2}}\ln\dfrac{d_{o2}}{d_{o1}}+\dfrac{1}{h_{o}d_{o2}}} \tag{9-7}$$

从上式可见，圆管外加入保温层后，外表面的换热面积增加，可以增强换热；但另一方面也使圆管的热阻增加，换热削弱。那么，综合效果到底是增强还是削弱呢？这要看 $d\varphi/dd_{o2}$ 和 $d^2\varphi/dd_{o2}^2$ 的值。由式(9-7) 可得

$$\frac{d\Phi}{dd_{o2}}=-\frac{\pi l(t_{fi}-t_{fo})\left(\dfrac{1}{2\lambda_{2}d_{o2}}-\dfrac{1}{h_{o}d_{o2}^{2}}\right)}{\left(\dfrac{1}{h_{i}d_{i}}+\dfrac{1}{2\lambda_{1}}\ln\dfrac{d_{o1}}{d_{i}}+\dfrac{1}{2\lambda_{2}}\ln\dfrac{d_{o2}}{d_{o1}}+\dfrac{1}{h_{o}d_{o2}}\right)^{2}} \tag{9-8}$$

令$\frac{d\Phi}{dd_{o2}}=0$时，可解得，外加的保温层直径d_{o2}为

$$d_{o2}=\frac{2\lambda_2}{h_2}=d_{cr} \tag{9-9}$$

式中，d_{cr}为临界热绝缘直径。

或管外层的毕渥数为

$$Bi=\frac{d_{o2}h_o}{\lambda_2}=2 \tag{9-9a}$$

可见，确实是有一个极值存在，从热量的基本传递规律可知，应该是极大值。也就是说，d_{o2}在d_{o1}与d_{cr}之间时，Φ是增加的，此时外加保温层反而增强了对流换热的效果；当d_{o2}大于d_{cr}时，Φ降低。

【例 9-1】 有一个气体加热器，传热面积为 11.5m²，传热面壁厚为 1mm，热导率为 45W/(m·℃)，被加热气体的换热系数为 83W/(m²·℃)，热介质为热水，换热系数为 5300W/(m²·℃)；热水与气体的温差为 42℃，试计算该气体加热器的传热总热阻、传热系数以及传热量，同时分析各部分热阻的大小，指出应从哪方面着手来增强该加热器的传热量。

解 已知传热面积 $A=11.5\text{m}^2$，$\delta=0.001\text{m}$，$\lambda=45\text{W}/(\text{m}\cdot℃)$，$\Delta t=42℃$，$h_1=83\text{W}/(\text{m}^2\cdot℃)$，$h_2=5300\text{W}/(\text{m}^2\cdot℃)$，故传热过程的各分热阻如下。

加热器内壁面热阻：$\frac{1}{h_1}=\frac{1}{5300}\text{m}^2\cdot℃/\text{W}=0.0001887\text{m}^2\cdot℃/\text{W}$

加热器壁面导热热阻：$\frac{\delta}{\lambda}=\frac{0.001}{45}\text{m}^2\cdot℃/\text{W}=0.0000222\text{m}^2\cdot℃/\text{W}$

加热器外壁面热阻：$\frac{1}{h_2}=\frac{1}{83}\text{m}^2\cdot℃/\text{W}=0.0120482\text{m}^2\cdot℃/\text{W}$。

所以，换热器单位面积的总传热热阻为

$$\frac{1}{\kappa}=\frac{1}{h_1}+\frac{\delta}{\lambda}+\frac{1}{h_2}=0.0122591\text{m}^2\cdot℃/\text{W}$$

因此可求得该加热器的传热系数为

$$\kappa=81.57\text{W}/(\text{m}^2\cdot℃)$$

因此该加热器的传热量为

$$\Phi=\frac{\Delta tA}{\frac{1}{h_1}+\frac{\delta}{\lambda}+\frac{1}{h_2}}=39399.3\text{W}$$

分析上面的各个分热阻，其中热阻最大的是加热器外壁面热阻$\frac{1}{h_2}$。因此要增强加热器的传热，必须增加h_2的数值。但是这会导致流动阻力的增加，而使设备运行费用加大。实际上从总的热阻，即$\frac{1}{A_2h_2}$来考虑，可以通过加大换热面积来达到减小热阻的目的。

【例 9-2】 夏天供空调用的冷水管道的外直径为 76mm，管壁厚为 3mm，热导率为 43.5W/(m·℃)，管内为 5℃的冷水，冷水在管内的表面传热系数为 3150W/(m²·℃)。如果用热导率为 0.037W/(m·℃) 的泡沫塑料保温，并使管道冷损失小于 70W/m，试问保温层需要多厚？假定周围环境温度为 36℃，保温层外的换热系数为 11W/(m²·℃)。

解 已知 $t_1=5℃$，$t_o=36℃$，$q_1=70\text{W/m}$，$d_1=0.07\text{m}$，$d_2=0.076\text{m}$，d_3为待求量，$h_1=3150\text{W}/(\text{m}^2\cdot℃)$，$h_o=11\text{W}/(\text{m}^2\cdot℃)$，$\lambda_1=43.5\text{W}/(\text{m}\cdot℃)$，$\lambda_2=0.037\text{W}/(\text{m}\cdot℃)$。

此为圆筒壁传热问题，其单位管长的传热量为

$$q_l=\frac{t_1-t_o}{\frac{1}{\pi d_1\alpha_1}+\frac{1}{2\pi\lambda_1}\ln\frac{d_2}{d_1}+\frac{1}{2\pi\lambda_2}\ln\frac{d_3}{d_2}+\frac{1}{\pi d_3\alpha_0}}$$

代入数据有

$$70=\frac{36-5}{\frac{1}{\pi\times0.07\times3150}+\frac{1}{2\pi\times43.5}\ln\frac{76}{70}+\frac{1}{2\pi\times0.037}\ln\frac{d_3}{0.076}+\frac{1}{\pi d_3\times11}}$$

整理上式得

$$\ln\frac{d_3}{0.076}+\frac{1}{59.4d_3}=0.0441$$

由上式解得：$d_3=0.0997\text{m}$

【例 9-3】 外径为 5.1mm 的铝线，外包 $\lambda=0.15\text{W}/(\text{m}\cdot\text{K})$ 的绝缘层。$t_{fo}=40℃$，$t_{wi}\leqslant70℃$。绝缘层表面与环境间的复合传热系数 $h_o=10\text{W}/(\text{m}^2\cdot\text{K})$。求：绝缘层厚度 δ 不同时每米电线的散热量。

解 每米电线在不同的绝缘层外径 $\{d_o\}=0.0051+2\{\delta\}\text{m}$ 的散热量为

$$\frac{\Phi}{l}=\frac{\pi(t_{fi}-t_{fo})}{\frac{1}{2\lambda}\ln\frac{d_o}{d_i}+\frac{1}{h_o d_o}}=\frac{\pi(70-40)}{\frac{1}{2\times0.15}\ln\frac{d_o}{0.0051}+\frac{1}{10d_o}}$$

取 $d_o=10\sim70\text{mm}$，计算结果用图线表示于图 9-10 中，从图中可以看出，散热量先增后减，并且存在最大值，当 $d_o\approx30\text{mm}$ 时，热能量 Φ 最大。

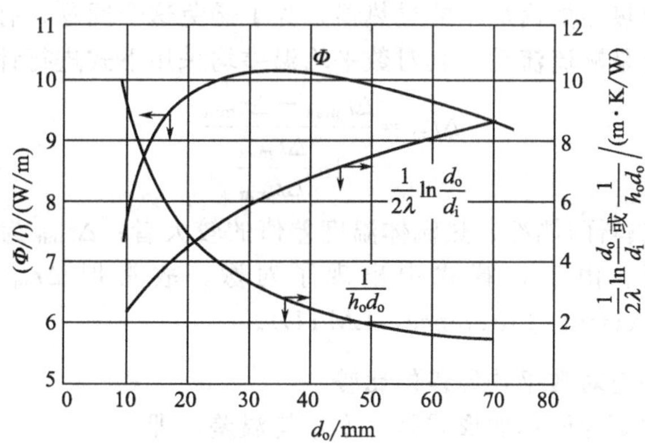

图 9-10 保温层厚度的计算结果

一般而言，增加电线的绝缘层厚度，可增强电流的通过能力。通常情况下，动力保温管道很少考虑临界热绝缘直径。

9.2.2 传热平均温差的计算

(1) 对数平均温差的计算

根据换热器中冷、热流体的流动方向不同，换热器可分为顺流换热器及逆流换热器两种，如图 9-11 所示。顺流时，冷、热流体的进口处于换热器同一侧，而出口处于换热器另一侧；逆流时，冷、热流体的高温段处于换热器的同一侧，而低温段处于换热器的另一侧。顺流时，换热器入口处两流体的温差最大，并沿传热表面逐渐减小。逆流时，沿传热表面两流体的温差分布较均匀。

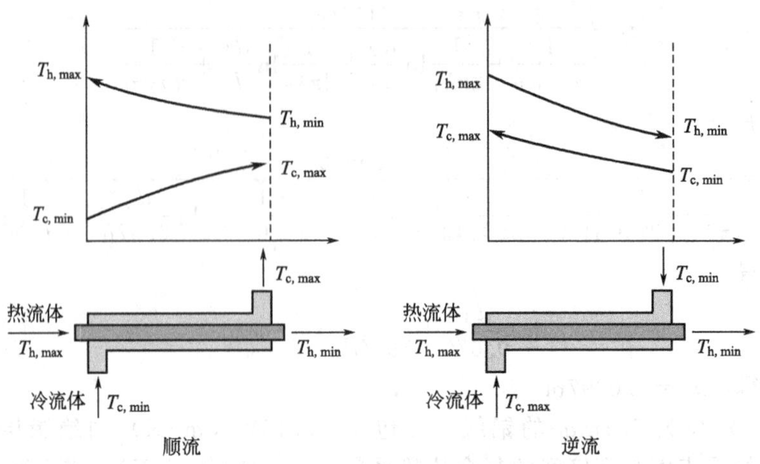

图 9-11 换热器中的顺流和逆流过程

在冷、热流体的进出口温度一定的条件下，当两种流体都无相变时，逆流的平均温差最大顺流最小。在完成同样传热量的条件下，采用逆流可使平均温差增大，换热器的传热面积减小；若传热面积不变，采用逆流时可使加热或冷却流体的消耗量降低。前者可减少换热器的传热面，使换热器尺寸更为紧凑，节省设备费，后者可节省操作费，故在设计或生产使用中应尽量采用逆流换热。

不过逆流布置也有缺点，其热流体与冷流体的最高温度都在换热器的一端，使得该处的壁温过高，对于高温换热器如锅炉中的过热器，为了避免这个问题，有意采用顺流布置。但无论换热器采用逆流还是顺流流动，其对数平均温差均采用下式进行计算：

$$\Delta t_m = \frac{\Delta t_{max} - \Delta t_{min}}{\ln \dfrac{\Delta t_{max}}{\Delta t_{min}}} \tag{9-10}$$

式中，Δt_{max}为换热器两侧冷、热流体温度差值的较大者；Δt_{min}为换热器两侧冷、热流体温度差值的较小者。由于计算式中出现了对数，故常把 Δt_m 称为对数平均温差(logrithmic mean temperature difference，LMTD)。

(2) 算术平均温差与对数平均温差的比较

平均温差的另一种更为简单的形式是算术平均温差，即

$$\Delta t_{m,算术} = \frac{\Delta t_{max} + \Delta t_{min}}{2} \tag{9-11}$$

算术平均温差相当于温度呈直线变化的情况，因此，总是大于相同进出口温度下的对数平均温差，当 $\Delta t_{max}/\Delta t_{min} \leqslant 2$ 时，两者的差别小于 4%；当 $\Delta t_{max}/\Delta t_{min} \leqslant 1.7$ 时，两者的差别小于 2.3%。

(3) 复杂布置时换热器平均温差的计算

实际换热器一般都是处于顺流和逆流之间，或者有时是逆流，有时又是顺流。对于这种复杂情况，我们当然也可以采用前面的方法进行分析，但数学推导将非常复杂，实际上，逆流的平均温差最大，因此，人们想到对纯逆流的对数平均温差进行修正，以获得其他情况下的平均温差。

$$\Delta t_m = \psi (\Delta t_m)_{ctf} \tag{9-12}$$

式中，$(\Delta t_m)_{ctf}$为按逆流布置的对数平均温差；ψ 为小于 1 的修正系数。

图 9-12～图 9-15 给出了管壳式换热器和交叉流式换热器的 ψ 值。而由图求取 ψ 值的具体步骤如下：

① 由换热器冷、热流体的进出口温度，按照逆流方式计算出相应的对数平均温差 $(\Delta t_m)_{ctf}$。

② 从修正图表由两个无量纲数 $P=\dfrac{t''_2-t'_2}{t'_1-t'_2}$ 和 $R=\dfrac{t'_1-t''_1}{t''_2-t'_2}$ 查出修正系数 ψ。

③ 由 $\Delta t_m=\psi(\Delta t_m)_{ctf}$ 求取叉流方式的对数平均温差。

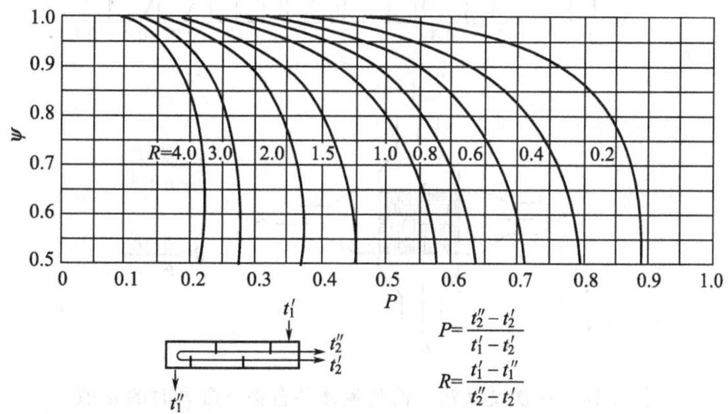

图 9-12　1 壳程、多管程的 ψ 值

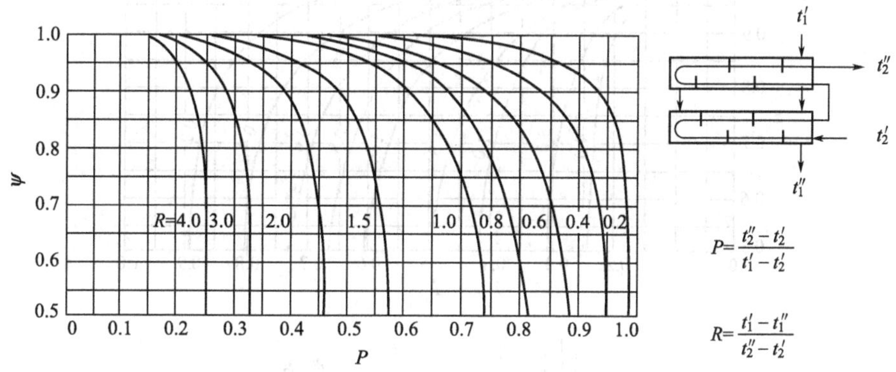

图 9-13　2 壳程、多管程的 ψ 值

ψ 值取决于无量纲参数 P 和 R 的值：

$$P=\frac{t''_2-t'_2}{t'_1-t'_2},\ R=\frac{t'_1-t''_1}{t''_2-t'_2}$$

式中，下标 1、2 分别表示两种流体；上标′表示进口，″表示出口。图表中均以 P 为横坐标，R 为参量。

P 的物理意义：流体 2 的实际温升与理论上所能达到的最大温升之比，所以只能小于 1。

R 的物理意义：两种流体的热容量之比，即

$$R=\frac{t'_1-t''_1}{t''_2-t'_2}=\frac{q_{m2}c_2}{q_{m1}c_1}$$

对于管壳式换热器，查图时需要注意流动的“程”数。

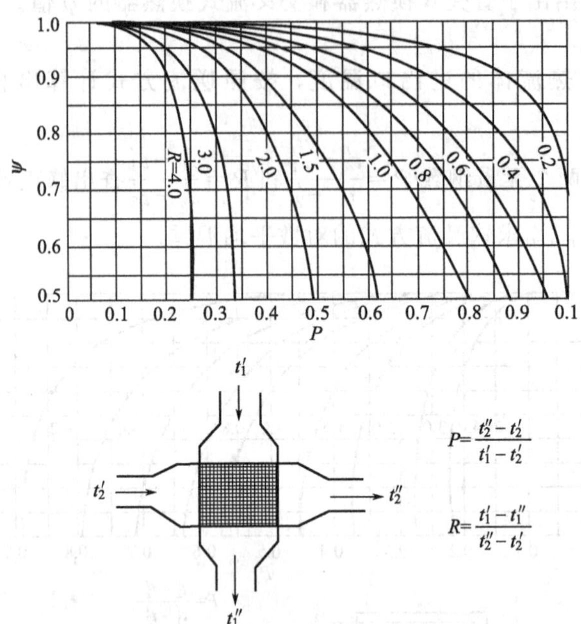

图 9-14 一次交叉流、两种流体各自都不混合时的 ψ 值

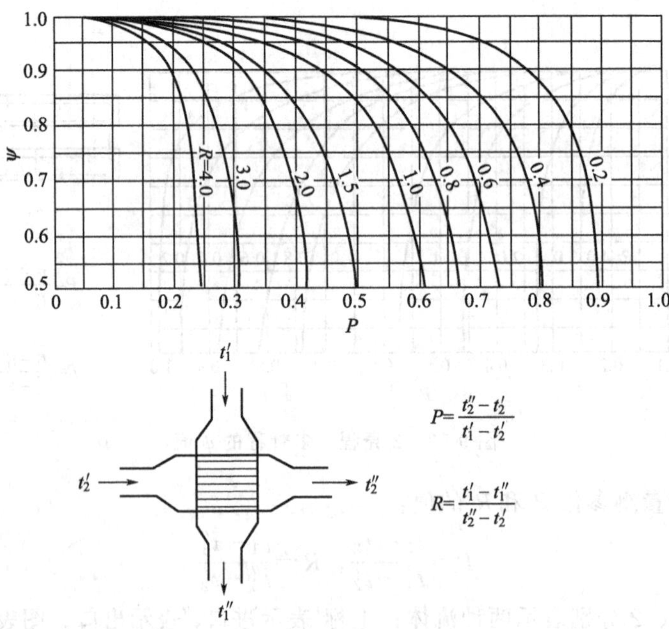

图 9-15 一次交叉流、一种流体混合而另一种流体不混合时的修正系数

9.3 间壁式换热器的热设计

9.3.1 两种类型的设计

在两种情况下需要对换热器进行设计，一种是已知某一换热的工艺条件，需要设计

一台新的换热器，确定所需的换热面积，以满足热量传递的需求，这样的计算称为设计计算；另一种情况是对已有或已选定了换热面积的换热器，在非设计工况条件下，核算现有换热器能否胜任规定的新任务，这样的计算称为校核计算。但无论是设计计算还是校核计算，其计算依据均为换热器热计算的基本方程式——传热方程式及热平衡式，即

$$\Phi=\kappa A\Delta t_{\rm m}，\Phi=q_{m1}c_1(t_1'-t_1'')\text{和}\ \Phi=q_{m2}c_2(t_2''-t_2')$$

对于设计计算而言，给定的是 q_{m1}、c_1、q_{m2}、c_2，以及进出口温度中的三个，最终求换热面积 A 及其余一个温度。对于校核计算而言，给定的一般是 $q_{m1}c_1$、$q_{m2}c_2$、A，以及 2 个进口温度，待求的是 t_1''，t_2''。

9.3.2 两种设计方法

换热器的两种设计方法为平均温差法和效能-传热单元数（ε-NTU）法。两种方法所依据的基本方程都是热平衡方程，以及用传热系数 κ 表征传热过程强弱的思想。

9.3.2.1 平均温差法

在换热器的设计计算中，应用平均温差法进行换热面积的计算，主要遵循以下步骤：

① 初步布置换热面，并计算出相应的总传热系数 κ。

② 根据给定条件，由热平衡式求出进、出口温度中那个待定的温度。

③ 由冷、热流体的四个进、出口温度确定平均温差 $\Delta t_{\rm m}$。

④ 由传热方程式计算所需的换热面积 A，并核算换热面流体的流动阻力。

⑤ 如果流动阻力过大，则需要改变方案重新设计。

在换热器的校核计算中，应用平均温差法进行换热器传热量的计算，主要遵循以下步骤：

① 先假设一个流体的出口温度，按热平衡式计算另一个出口温度。

② 根据四个进、出口温度求得平均温差 $\Delta t_{\rm m}$。

③ 根据换热器的结构，算出相应工作条件下的总传热系数 κ。

④ 已知 κ、A 和 $\Delta t_{\rm m}$，按传热方程计算在假设出口温度下的传热量 Φ。

⑤ 根据四个进、出口温度，用热平衡式计算另一个 Φ 值，这个值和第④步中得到的 Φ 值，都是在假设出口温度下得到的，因此，都不是真实的换热量。

⑥ 比较两个 Φ 值，满足精度要求则结束，否则，重新假定出口温度，重复①～⑥，直至满足精度要求。

应用平均温差法进行校核计算时，所假定的出口温度的数值对于应用热平衡方程计算得到的 Φ 值与应用传热方程计算得到的 Φ 值是否相符有很明显的影响。而在效能-传热单元数法中，出口温度对计算结果的影响就较小。

9.3.2.2 效能-传热单元数（ε-NTU）法

(1) 换热器效能的定义

换热器的效能按下式定义：

$$\varepsilon=\frac{(t'-t'')_{\max}}{t_1'-t_2'} \tag{9-13}$$

式中，$(t'-t'')_{\max}$ 为冷流体或热流体在换热器中的实际温差值中的大者；$t_1'-t_2'$ 为流体在换热器中可能发生的最大温差。

因此换热器交换的热流量可表示为

$$\Phi=(q_m c)_{\min}(t'-t'')_{\max}=\varepsilon(q_m c)_{\min}(t_1'-t_2') \tag{9-14}$$

(2) 顺流和逆流时换热器的效能

令传热单元数（number of transfer unit）为

$$\frac{\kappa A}{(q_m c)_{\min}}=\text{NTU} \tag{9-15}$$

顺流时换热器的效能为

$$\varepsilon=\frac{1-\exp\left\{(-\text{NTU})\left[1+\frac{(q_m c)_{\min}}{(q_m c)_{\max}}\right]\right\}}{1+\frac{(q_m c)_{\min}}{(q_m c)_{\max}}} \tag{9-16}$$

逆流时换热器的效能为

$$\varepsilon=\frac{1-\exp\left\{(-\text{NTU})\left[1-\frac{(q_m c)_{\min}}{(q_m c)_{\max}}\right]\right\}}{1-\frac{(q_m c)_{\min}}{(q_m c)_{\max}}\exp\left\{(-\text{NTU})\left[1-\frac{(q_m c)_{\min}}{(q_m c)_{\max}}\right]\right\}} \tag{9-17}$$

(3) 用传热单元数表示的效能计算公式与图线

当冷、热流体之一发生相变时，即 $(q_m c)_{\max}$ 趋于无穷大时，式(9-16) 及式(9-17) 均可简化为

$$\varepsilon=1-\exp(-\text{NTU}) \tag{9-18}$$

当两种流体的热容相等时，式(9-18) 可以简化为

顺流 $$\varepsilon=\frac{1-\exp(-2\text{NTU})}{2} \tag{9-19a}$$

逆流 $$\varepsilon=\frac{\text{NTU}}{1+\text{NTU}} \tag{9-19b}$$

为了便于计算，这些 ε 值的计算式被绘成线算图备查。图 9-16～图 9-19 给出了几种流动形式的 ε-NTU 图。图中的参变量为比值 $(q_m c)_{\min}/(q_m c)_{\max}$。

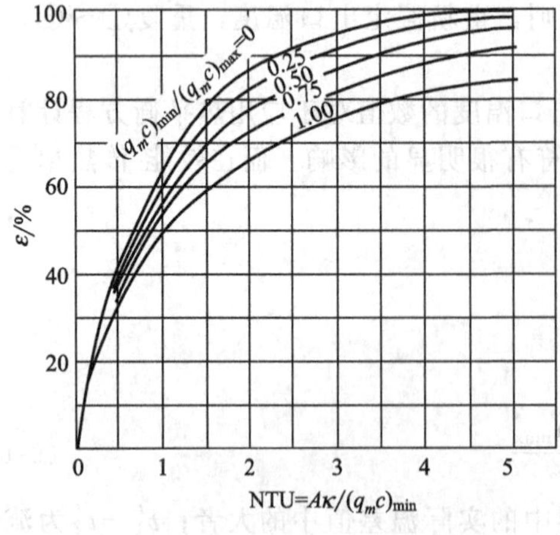

图 9-16 顺流换热器的 ε-NTU 图

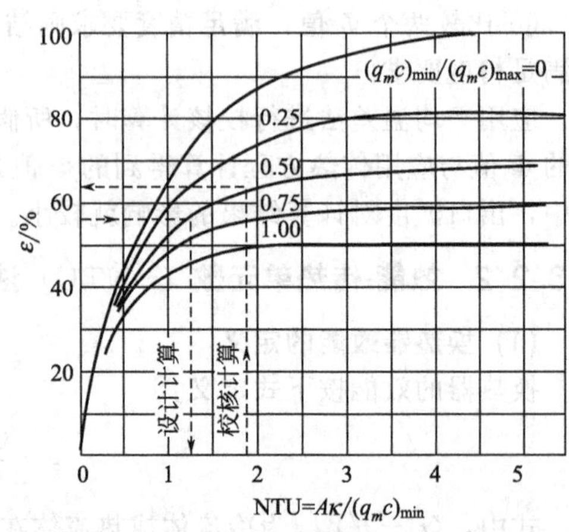

图 9-17 逆流换热器的 ε-NTU 图

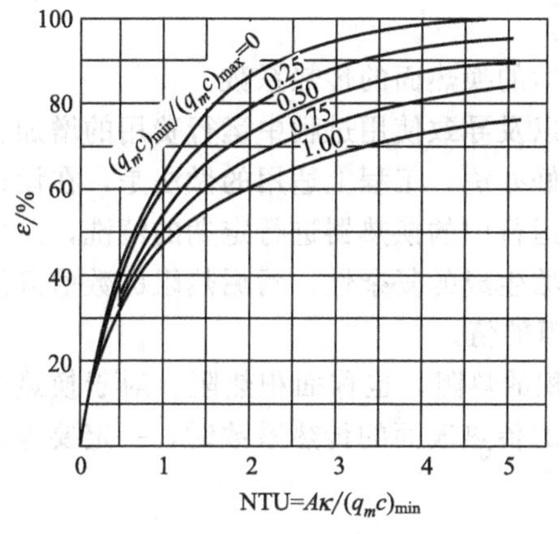

图 9-18 单壳程、多管程换热器的 ε-NTU 图

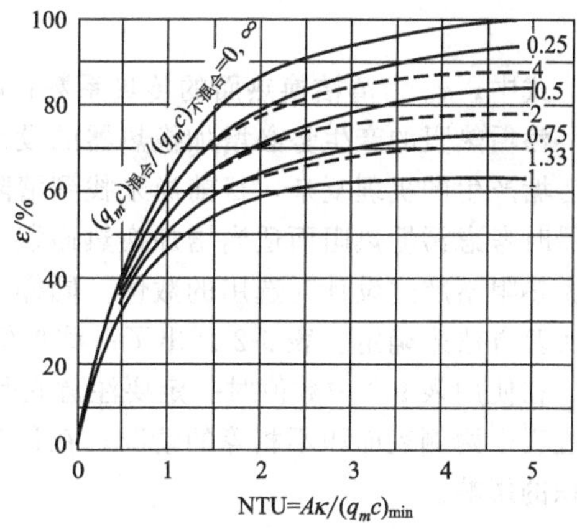

图 9-19 双壳程、多管程换热器 ε-NTU 图

(4) 用效能-传热单元数法计算换热器的步骤

根据 ε 与 NTU 的定义及换热器两类热计算的任务可知，设计计算是已知 NTU 求 ε；而校核计算则是由 ε 求取 NTU 值。ε-NTU 法用于换热器校核计算时的主要步骤为：

① 由换热器的进口温度和假定出口温度来确定物性，计算换热器的传热系数 k。

② 计算换热器的传热单元数 NTU 和热容流率的比值 $c_{\min}/c_{\max}$。

③ 按照换热器中流体流动类型，在相应的 ε-NTU 图中查出与 NTU 和 $c_{\min}/c_{\max}$ 值相对应的换热器效能的数值 ε。

④ 根据冷、热流体的进口温度及最小热容流率，按照式(9-14) 求出换热量 Φ。

⑤ 利用换热器热平衡方程确定冷、热流体的出口温度 t_1'' 和 t_2''。

⑥ 以计算出的出口温度重新计算传热系数，并重复进行计算步骤②～⑤，由于换热器的传热系数随温度的改变不是很大，因此只要试算几次就能满足要求。

ε-NTU 法也可用于换热器的设计计算，其主要步骤为：

① 由换热器热平衡方程求出待求的温度值，进而由式(9-13) 计算出换热器效能 ε。

② 根据所选用的流动类型以及 ε 和 $c_{\min}/c_{\max}$ 的数值，从线算图中查出传热单元数 NTU。

③ 初步确定换热面的布置，并计算出相应的传热系数 κ 的数值。

④ 由 NTU 的定义式确定换热面积 $A=c_{\min}\text{NTU}/\kappa$，同时核算换热器冷、热流体的流动阻力。

⑤ 如果流动阻力过大，或者换热面积过大，造成设计不合理，则应改变设计方案重新计算。

9.4 换热器的污垢热阻

换热器在经过一段时间的实际运行之后，常常在换热面上集结水垢、淤泥、油污和灰尘之类的覆盖物。这些覆盖物垢层在传热过程中都表现为附加的热阻，使传热系数减小，从而导致换热性能下降。由于垢层的厚度以及它的导热性能难以确定，我们只能采用它所表现出来的传热热阻值的大小来进行传热计算。这种热阻常称为污垢热阻，记为 r_f，其单位为 $m^2 \cdot ℃/W$。由于污垢热阻通常是由实验确定的，常写为如下形式：

$$r_{\mathrm{f}}=\frac{1}{\kappa}-\frac{1}{\kappa_{\mathrm{o}}} \tag{9-20}$$

式中，κ_{o} 为清洁换热面的传热系数；κ 为有污垢的换热面的传热系数。

污垢热阻的产生势必增加换热器的设计面积，以及导致使用过程中运行费用的增加。由于污垢产生的机理复杂，目前尚未找到清除污垢的好办法。工程上适用的做法是，在设计换热器时考虑污垢热阻而适当增加换热面积，同时对运行中的换热器进行定期的清洗，以保证污垢热阻不超过设计时选用的数值。同样是基于污垢生成的复杂性，污垢热阻的数值只能通过实验方法来确定。表 9-2 列出了一些单侧污垢热阻的值。

在使用表 9-2 中数值时一定要注意它是单位面积的热阻，也称面积热阻，对于换热器传热过程中两侧表面积不相等的情况，在计算有污垢的传热表面的传热系数时，一定要考虑表面积的影响。

表 9-2　污垢热阻的参考数值　　单位：$m^2 \cdot ℃/W$

水的污垢热阻				
热流体温度/℃	＜115		115～205	
水温/℃	＜52		＞52	
海　水	水速/(m/s)			
	＜1	＞1	＜1	＞1
	0.0001	0.0001	0.0002	0.0002
含盐的水	0.0004	0.0002	0.0005	0.0004
经处理的冷却塔或喷水池中的水	0.0002	0.0002	0.0004	0.0004
未经处理的冷却塔或喷水池中的水	0.0005	0.0005	0.001	0.0007
自来水或池水	0.0002	0.0002	0.0004	0.0004
河水	0.0004～0.0005	0.0002～0.0004	0.0005～0.0007	0.0004～0.0005
含淤泥的水	0.0005	0.0004	0.0007	0.0005
硬水(＞256.8g/m³)	0.0005	0.0005	0.001	0.001
发动机冷却套用水	0.0002	0.0002	0.0002	0.0002
蒸馏水与闭式循环冷凝水	0.0001	0.0001	0.0001	0.0001
经处理的锅炉给水	0.0002	0.0001	0.0002	0.0002
锅炉排污水	0.0004	0.0004	0.0004	0.0004

几种工业流体的污垢热阻					
油		其他液体		蒸气和气体	
一般燃料油	0.001	制冷剂	0.0002	发动机排气	0.0002
变压器油	0.0002	氨	0.0002	蒸气(无油润滑)	0.0001
发动机润滑油	0.0002	氨(油润滑)	0.0005	排出的蒸气(油润滑)	0.0003～0.0004
淬火油	0.007	甲醇溶液	0.0004	制冷剂(油润滑)气体	0.0004
		乙醇溶液	0.0004	压缩空气	0.0002
		乙二醇溶液	0.0004	氨气	0.0002
		工业有机传热流体	0.0002～0.0004	二氧化碳	0.0004
		液压流体	0.0002	燃煤烟气	0.002
				燃天然气烟气	0.001

对于一台管壁两侧均已结垢的换热器，以管子外壁面为计算依据的传热系数可表示为

$$\kappa=\left[\left(\frac{1}{h_{\mathrm{o}}}+r_{\mathrm{o}}\right)\frac{1}{\eta_{\mathrm{o}}}+r_{\mathrm{w}}+r_{\mathrm{i}}\frac{A_{\mathrm{o}}}{A_{\mathrm{i}}}+\frac{1}{h_{\mathrm{i}}}\frac{A_{\mathrm{o}}}{A_{\mathrm{i}}}\right]^{-1} \tag{9-21}$$

而以管子内表面为计算依据的传热系数则为

$$\kappa=\left[\left(\frac{1}{h_o}+r_o\right)\frac{A_i}{A_o}\frac{1}{\eta_o}+r_w+r_i+\frac{1}{h_i}\right]^{-1} \tag{9-22}$$

式中，h_i、h_o 分别为管子内、外侧的表面传热系数；r_i、r_o 分别为管子内、外侧的污垢热阻；r_w 为管壁的导热热阻；A_i、A_o 分别为管子的内、外表面积；η_o 为肋面效率，如果外壁面没有肋化，则 $\eta_o=1$。

【例 9-4】 流量 $V_1=39\text{m}^3/\text{h}$ 的 30 号透平油，在冷油器中从 $t_1'=56.9℃$ 冷却到 $t_1''=45℃$。冷油器采用 1-2 型壳管式结构，管子为铜管，外径为 15mm，壁厚 1mm。47.7t/h 的河水作为冷却水在管侧流过，进口温度为 $t_2'=33℃$。油安排在壳侧。油侧的表面传热系数 $h_o=450\text{W}/(\text{m}^2\cdot\text{K})$，水侧的表面传热系数 $h_i=5850\text{W}/(\text{m}^2\cdot\text{K})$。已知 30 号透平油在运行温度下的物性为 $\rho_1=879\text{kg/m}^3$，$c_1=1.95\text{kJ}/(\text{kg}\cdot\text{K})$。求所需换热面积。

解 油侧的热流量：

$$\begin{aligned}\Phi &=q_{m1}c_1(t_1'-t_1'')=\rho_1V_1c_1(t_1'-t_1'')=879\times39\times1.95\times(56.9-45)\\&=798000\text{kJ/h}=221000\text{W}\end{aligned}$$

冷却水的温升

$$t_2''-t_2'=\frac{\Phi}{q_{m2}c_2}=\frac{798000}{47700\times4.19}℃=4℃$$

于是，冷却水的出口温度为：$t_2'=(33+4)℃=37℃$

计算参量 P 和 R：

$$P=\frac{t_2''-t_2'}{t_1'-t_2'}=\frac{37-33}{56.9-33}=0.17,\quad R=\frac{t_1'-t_2''}{t_2''-t_2'}=\frac{56.9-45}{37-33}=3$$

查图 9-12，得 $\psi=0.97$，平均温差为

$$\Delta t_m=0.97\times\frac{(56.9-37)-(45-33)}{\ln\dfrac{56.9-37}{45-33}}℃=15.1℃$$

取管内、外侧污垢系数为 $0.0005\text{m}^2\cdot\text{K/W}$ 和 $0.0002\text{m}^2\cdot\text{K/W}$，于是总的传热系数为

$$\kappa=\frac{1}{\dfrac{1}{h_o}+r_o+\left(r_i+\dfrac{1}{h_i}\right)\dfrac{A_o}{A_i}}=313\text{W}/(\text{m}^2\cdot\text{K})$$

$$A=\frac{\Phi}{k\Delta t_m}=\frac{221000}{313\times15.1}\text{m}^2=46.8\text{m}^2$$

值得注意的是：污垢系数有内、外之分；由于管壁的热导率较大，因此管壁导热热阻可以忽略不计；实际设计面积可留 10%的裕度，取为 $47.3\times1.10\text{m}^2=52.0\text{m}^2$。

【例 9-5】 上例如冷油器的进口油温升高到 58.7℃，水的流量、进口温度以及油的流量均不变，求出口油温和出口水温。

解 油和水的温度如升高很多，则需考虑物性变化对 κ 的影响。现在升高甚少，可认为传热系数仍为 $311\text{W}/(\text{m}^2\cdot\text{K})$。此题应采用 ε-NTU 法计算。计算如下：

$$q_{m1}c_1=\frac{879\times39\times1.95\times10^3}{3600}\text{W/K}=18560\text{W/K}$$

$$q_{m2}c_2=\frac{47700\times4.19\times10^3}{3600}\text{W/K}=55520\text{W/K}$$

$$\frac{(q_mc)_{\min}}{(q_mc)_{\max}}=\frac{18560}{55520}=0.334$$

$$\mathrm{NTU}=\frac{\kappa A}{(q_m c)_{\min}}=\frac{313\times51.5}{18560}=0.87$$

查图得 $\varepsilon=0.54$。

该过程的热流量为

$$\Phi=\varepsilon(q_m c)_{\min}(t_1'-t_2')=0.54\times18560\times(58.7-33)\mathrm{W}=258000\mathrm{W}$$

$$t_1''=t_1'-\frac{\Phi}{q_{m1}c_1}=\left(58.7-\frac{258000}{18560}\right)℃=44.8℃$$

$$t_2''=t_2'+\frac{\Phi}{q_{m2}c_2}=\left(33+\frac{258000}{55520}\right)℃=37.6℃$$

设计计算时，两者的工作量差不多，只是平均温差法要求 ψ，可以知道流动布置与逆流的差距，有利于改进形式的选择。

9.5 换热器强化传热技术

9.5.1 强化传热的目的及意义

所谓“强化传热”（heat transfer enhancement）是指增强热传递过程的传热量。而所谓“强化传热技术”则是指在一定的传热面积与温差下，增大传热系数的技术。研究各种传热过程的强化问题来设计新颖的紧凑式换热器，不仅是现代工业发展过程中必须解决的课题，同时也是开发新能源和开展节能工作的紧迫任务。因而研究和开发强化传热技术对于国民经济的意义是十分重大的。各种工业对于强化传热的具体要求各不相同，但归纳起来，应用强化传热技术可以达到下列任一目的：

① 减小初设计的传热面积，以减小换热器的体积和质量。

② 提高现有换热器的换热能力。

③ 使换热器能在较低温差下工作。

④ 减少换热器的阻力，以减少换热器的动力消耗。

9.5.2 强化传热的任务

① 在给定的工质温度、热负荷以及总流动阻力的条件下，先用简明方法对采用的几种强化传热技术从使换热器尺寸小、质量轻的角度进行比较。

② 分析需要强化传热处的工质流动结构、热负荷分布特点以及温度场分布工况，以定出有效的强化传热技术，使流动阻力最小而传热系数最大。

③ 比较采用强化传热技术后的换热器制造工艺问题和安全运行问题。

9.5.3 换热器中强化传热的途径

根据传热过程的热量传递方程及热平衡方程，换热器中的热量传递过程主要是由几个环节串联组成的总传热过程，要强化传热首先要找出热阻最大环节，并设法强化该环节的传热，即减小该环节的热阻。而传热器强化传热的途径主要包括三个方面：①扩大换热面积以强化传热；②增大平均传热温差以强化传热；③提高传热系数以强化传热。

扩展传热面积是增强传热效果使用最多、最简单的一种方法。在扩展换热器传热面积的过程中，如果简单地通过单一扩大设备体积来增加传热面积或增加设备台数来增强传热量，不光需要增加设备投资、设备占地面积大，同时，对传热效果的增强作用也不明显，这种方法现在已经淘汰。现在使用最多的是通过合理地提高设备单位体积的传热面积来达到增强传热效果的目的，如在换热器上大量使用单位体积传热面积比较大的翅片管、波纹管、板翅传热面等材料，或采用小管径的换热管，通过这些材料的使用，单台设备单位体积的传热面积会明显提高，充分达到换热设备高效、紧凑的目的。

一般情况下，采用两种方法来增加平均传热温差，第一种方法是在冷、热流体进、出口温度一定时，利用不同的换热面布置来改变平均传热温差。一般情况下，以逆向流动的平均传热温差最大。第二种方法是扩大冷、热流体进、出口温度的差别以增大平均传热温差，但此种方法受工艺条件的限制。例如，在提高辐射采暖板的蒸汽温度过程中，不能超过辐射采暖允许的辐射强度，辐射采暖板蒸汽温度的提高实际上是一种受限制的提高，依靠增加换热器传热温差 Δt 只能有限度地提高换热器换热效果；同时，应该看到，传热温差的增大将使整个热力系统的不可逆性增加，降低了热力系统的可用性。所以，不能一味追求传热温差的增加，而应兼顾整个热力系统的能量合理使用。

增强换热器传热效果最积极的措施就是设法提高设备传热系数 κ 的数值。换热器传热系数 κ 的大小实际上是由传热过程总热阻的大小来决定的，换热器传热过程中的总热阻越大，换热器传热系数 κ 的值也就越低，换热器传热效果也就越差。换热器在使用过程中，其总热阻是各项分热阻的叠加，如何控制换热器传热过程的每一项分热阻是决定换热器传热系数的关键。

上述三方面增强传热效果的方法在换热器中都或多或少地获得了使用，但是由于扩展传热面积及加大传热温差常常受到场地、设备、资金、效果的限制，不可能无限制地增强，所以，当前换热器强化传热研究的主要方向就是：如何通过控制换热器传热系数 κ 来提高换热器强化传热的效果。目前，使用最多的提高换热器传热系数 κ 的方法主要集中于在换热器换热管中加扰流子添加物，使换热器传热过程的分热阻大大降低，并且最终达到提高换热器传热系数 κ 值的目的。

由换热器总传热系数的公式式(9-21) 或式(9-22) 可知，当管子金属的热导率 λ 较大而管子的壁厚较小时，管壁的导热热阻 δ/λ 较小，可视为 0。因此要提高热器传热系数 κ，可从提高管子两侧的表面传热系数入手，尤其是提高换热较差一侧的表面传热系数。

【例 9-6】 压缩空气在中间冷却器的管外横掠流过，$h_o=90\text{W}/(\text{m}^2\cdot\text{K})$。冷却水在管内流过，$h_i=6000\text{W}/(\text{m}^2\cdot\text{K})$。冷却管是外径为 16mm、厚 1.5mm 的黄铜管。黄铜的热导率为 $\lambda=111\text{W}/(\text{m}\cdot\text{K})$，求：①此时的传热系数；②如管外的表面换热系数增大一倍，传热系数有何变化？③如管内的表面换热系数增大一倍，传热系数又如何变化？

解 ① 黄铜的热导率 $\lambda=111\text{W}/(\text{m}\cdot\text{K})$，则该换热管的总传热系数为

$$\kappa=\frac{1}{\frac{1}{h_i}\times\frac{d_o}{d_i}+\frac{d_o}{2\lambda}\ln\frac{d_o}{d_i}+\frac{1}{h_o}}=\frac{1}{\frac{1}{6000}\times\frac{16}{13}+\frac{0.0016}{2\times111}\times\ln\frac{16}{13}+\frac{1}{90}}\text{W}/(\text{m}^2\cdot\text{K})$$

$$=88.3\text{W}/(\text{m}^2\cdot\text{K})$$

② 管外表面换热系数增大一倍，传热系数为

$$\kappa=\frac{1}{\frac{1}{h_i}\frac{d_o}{d_i}+\frac{d_o}{2\lambda}\ln\frac{d_o}{d_i}+\frac{1}{h_o'}}=\frac{1}{\frac{1}{6000}\times\frac{16}{13}+\frac{0.0016}{2\times111}\times\ln\frac{16}{13}+\frac{1}{180}}\text{W}/(\text{m}^2\cdot\text{K})$$

$$=174\text{W}/(\text{m}^2\cdot\text{K})$$

③ 管内表面换热系数增大 1 倍，传热系数为

$$\kappa=\frac{1}{\frac{1}{h_i'}\frac{d_o}{d_i}+\frac{d_o}{2\lambda}\ln\frac{d_o}{d_i}+\frac{1}{h_o}}=\frac{1}{\frac{1}{12000}\times\frac{16}{13}+\frac{0.0016}{2\times111}\times\ln\frac{16}{13}+\frac{1}{90}}\mathrm{W/(m^2\cdot K)}$$

$$=89.3\mathrm{W/(m^2\cdot K)}$$

从该题可以看出，当管外的表面换热系数（对流换热系数较小的一侧）增大一倍，传热系数增大96%左右，而当管内的表面换热系数（表面换热系数较大的一侧）增大一倍，传热系数增大不足1%。

【例 9-7】 $h_1=2000\mathrm{W/(m^2\cdot K)}$，$h_2=150\mathrm{W/(m^2\cdot K)}$，$\frac{\delta}{\lambda}\approx0$，求传热系数$\kappa$的值，当将$h_1$提高10倍时，传热系数$\kappa$值如何变化？当将$h_2$提高10倍时，传热系数$\kappa$值又如何变化？

解 由题意，传热系数κ的计算如下：

$$\frac{1}{\kappa}=\frac{1}{h_1}+\frac{1}{h_2}=\frac{1}{2000}+\frac{1}{150}=0.00717$$

则

$$\kappa\approx139.535\mathrm{W/(m^2\cdot K)}$$

当h_1提高10倍时，此时传热系数κ为

$$\frac{1}{\kappa_1}=\frac{1}{h_1'}+\frac{1}{h_2}=\frac{1}{20000}+\frac{1}{150}=0.006717$$

则

$$\kappa\approx148.883\mathrm{W/(m^2\cdot K)}$$

此时κ_1只提高了约$9.4\mathrm{W/(m^2\cdot K)}$。

当h_2提高10倍时，此时传热系数κ为

$$\frac{1}{\kappa_1}=\frac{1}{h_1}+\frac{1}{h_2'}=\frac{1}{2000}+\frac{1}{1500}=0.001167$$

则

$$\kappa\approx857.143\mathrm{W/(m^2\cdot K)}$$

此时κ_2提高了约$717.6\mathrm{W/(m^2\cdot K)}$。

从以上例题可以看出，想提高总传热系数κ的数值，应主要从提高对流换热小的一侧的数值入手，而提高表面换热系数应主要从以下几个方面着手：

① 提高工质流速。

② 使流体横向冲刷管束。

③ 消除流体流动时出现的旋涡死滞区。

④ 增加流体的振动和混合。

⑤ 破坏流体边界层或层流底层的发展。

⑥ 改变换热面表面状况。

虽然提高管壁两侧表面换热系数的方法很多，但在应用时，应根据换热器的具体情况分别采用适当的有效措施。根据换热的实际情况，具体有：

① 对于无相变的单相流体热阻主要在层流底层，应设法减薄层流底层的厚度。

② 对于有相变的沸腾传热过程，主要是增加换热面上的汽化核心及生成气泡频率（例如采用多孔介质等）。

③ 凝结传热过程应从减薄凝结液膜厚度着手。

9.5.4 强化传热问题所使用的方法

强化传热技术分为无源强化技术（也称为无功技术或被动式强化技术）和有源强化技术（也称为有功技术或主动式强化技术）。前者是指除了介质输送功率外不需要消耗额外动力的

技术；后者是指需要加入额外动力以达到强化传热目的的技术。

9.5.4.1 无源强化技术简介

(1) 处理表面

该方法主要包括对表面粗糙度的小尺度改变和对表面进行连续或不连续涂层，可通过烧结、机械加工和电化学腐蚀等方法将传热表面处理成多孔表面或锯齿形表面，如开槽、模压、碾压、轧制、滚花、疏水涂层和多孔涂层等。处理表面的表面粗糙度达不到影响单相流体传热的高度，通常用于强化沸腾传热和凝结传热。

(2) 粗糙表面

粗糙表面主要是通过提高近壁区流体的湍流强度、阻隔边界层连续发展减小层流底层的厚度来降低热阻，主要用于强化单相流体的传热，对沸腾和冷凝过程有一定的强化作用。一般情况下，可利用机械加工、碾轧和电化学腐蚀等方法制作粗糙表面。目前基于粗糙表面技术开发出的多种异形强化传热管在工业生产中的应用颇为广泛，包括：螺旋槽管、旋流管、缩放管、波纹管、针翅管、横纹槽管、强化冷凝传热的锯齿形翅片管和花瓣形翅片管、强化沸腾传热的高效沸腾传热管以及螺旋扭曲管等。

(3) 扩展表面

扩展表面可以重塑原始的传热表面，不仅增加了传热面积，而且阻止流体边界层的连续发展，提高了扰动程度，增大了传热系数，从而达到强化换热管传热的目的。该方法对层流换热和湍流换热都有显著的效果，因此得到越来越广泛的应用，不仅用于传统的管壳式换热器的改进，也应用于紧凑式换热器。目前已开发出了各种不同形式的扩展表面，如管外翅片和管内翅片（包括平直翅片、齿轮形翅片、椭圆形翅片和波纹形翅片等）、叉列短肋、波形翅多孔型、销钉型、低翅片管、太阳棒管、百叶窗翅及开孔百叶窗翅（多在紧凑式换热器中使用）等。

(4) 扰流装置

把扰流装置放置在流道内能改变近壁区的流体流动，从而间接增强传热表面处的能量传输，主要用于强制对流。管内插入物中有很多都属于这种扰流装置，如金属栅网、静态混合器及各式的环、盘或球、扰花丝等元件。

(5) 旋涡流装置

旋涡流装置包括很多不同的几何布置或管内插入物，如内置旋涡发生器、纽带插入物和带有螺旋形线圈的轴向芯体插入物。此类装置能增加流道长度并能产生旋转流动或（和）二次流，从而能增强流体的径向混合，促进流体速度分布和温度分布的均匀性，进而能够强化传热。该类装置主要用于增强强制对流传热，对层流换热的强化效果尤其显著。

除以上方法外，无源强化的方法还包括螺旋盘管、加入添加物、加入表面张力装置等。

9.5.4.2 有源强化技术简介

(1) 机械搅动

包括用机械方法搅动流体、旋转传热表面和表面刮削。带有旋转的换热器管道装置目前已用于商业应用；表面刮削广泛应用于化学过程工业中黏性流体的批量处理，如高黏度的塑料和气体的流动，其典型代表为刮面式换热器，广泛用于食品工业。

(2) 表面振动

无论是高频率还是低频率振动，都主要用于增强单相流体传热。其机理是振动增强了流体的扰动，从而使传热得以强化。虽然振动本身对强化传热有较大贡献，但激发振动本身也需从外界输入能量，因此需要权衡两者之间的关系。有研究表明，利用流体诱导振动强化传热既能提高表面传热系数，又能降低污垢热阻，即实现了所谓的复合式强化传热。

(3) 静电场

静电场可以使传热表面附近的流体产生较大的主体混合，从而使传热强化。此外，静电场还可和磁场联合使用，以此来形成强制对流或电磁泵。静止流体中加足够强度静电场所形成的电晕风能在一定条件下强化单相流体的传热。如日本 Mizushina 以空气为工质研究环形通道内电晕风对强制对流的影响，分别得到了存在电晕风时的努塞尔数及阻力系数与雷诺数的关系曲线及经验公式。

有某些场合，也利用喷射法来强化传热，即通过多孔的传热表面向流动液体中喷射气体，或向上游传热部分喷注类似的流体，以此来强化传热。另外抽吸也是有源强化传热技术中的一个重要部分，例如，在核态沸腾或膜态沸腾中，通过多孔的受热表面移走蒸气，在单相流中通过受热表面排出液体等。有研究预测，抽吸能大大提高层流流动和湍流流动的换热系数。

两个或两个以上这些传热强化技术可以复合使用，从而达到比仅仅使用一种技术更好的强化传热效果，这种复合使用被称为复合式强化传热技术。如在内翅管或粗糙管中插入纽带插入物、带有声波振动的粗糙柱面、在流化床中使用翅片管、带有振动的外翅管、加有电场的气固悬浮液以及有空气脉动的流化床等。

但须注意的是，并不是每两个或多个单个强化技术任意复合都能产生比单个强化技术更好的强化传热效果，比如有研究表明，带有内翅的螺旋盘管的平均努塞尔数要低于普通的螺旋盘管。必须经过实践检验才能确认其对传热强化的有效性，获得最佳的强化传热效果。

强化传热是近年发展较快的一种新技术，由于能源越来越紧缺，世界各国越来越重视强化传热技术的研究、开发和应用。目前，各种新型换热器在化工、石油、制冷、动力、食品、航空、车辆等工业部门得到广泛的应用。可以预料，随着对强化传热的机理、设备结构不断深入的研究，必将开发出更多、更加完善的高效换热设备。

本章小结

本章的目的是让读者对换热器的原理、作用、类型有一个初步了解，了解现阶段各种常用的换热器的结构特点，并熟悉换热器的发展趋势。了解换热器的传热计算方法及换热器强化传热常用的措施。读者应能回答下列问题。

(1) 传热基本公式中各量的物理意义是什么？

(2) 在换热器中，流体的顺流、逆流各有什么特点？

(3) 热管换热器有什么优点？

(4) 在换热器热计算中，平均温差法和效能-传热单元数法各有什么特点？

(5) 强化传热的原则是什么？

(6) 什么是有源强化换热（主动式强化换热）和无源强化换热（被动式强化换热）？

习 题

9-1 对于 $q_{m1}c_1 \geqslant q_{m2}c_2$，$q_{m1}c_1 < q_{m2}c_2$ 和 $q_{m1}c_1 = q_{m2}c_2$ 三种情况，画出顺流与逆流

时，冷、热流体温度沿流动方向的变化曲线，注意曲线的凹向和 $q_m c$ 的相对大小。

9-2 在一传热面积为 15.8m^2 的逆流套管式换热器中，用油加热冷水，油的流量为 2.85kg/s，进口温度为 110℃，水的流量为 0.667kg/s，进口温度为 35℃，油和水的平均比热容分别为 1.9kJ/(kg•℃) 和 4.18kJ/(kg•℃)，换热器的总传热系数为 320W/(m^2•℃)，求水的出口温度。

9-3 一换热器用 100℃的水蒸气将一定流量的油从 20℃加热到 80℃。现将油的流量增大一倍，其他条件不变，问油的出口温度变为多少？

9-4 某换热器用 100℃的饱和水蒸气加热冷水。单台使用时，冷水的进口温度为 10℃，出口温度为 30℃。若保持水流量不变，将此种换热器五台串联使用，水的出口温度变为多少？总换热量提高多少倍？

9-5 一列管式换热器中，苯在换热器的管内流动，流量为 1.25kg/s，由 80℃冷却至 30℃；冷却水在管间与苯呈逆流流动，冷却水进口温度为 20℃，出口温度不超过 50℃。已知换热器的传热系数为 470W/(m^2•℃)，苯的平均比热容为 1900J/(kg•℃)。若忽略换热器的散热损失，试分别采用对数平均温差法和效能-传热单元数法计算所需要的传热面积。

9-6 在列管式换热器中用锅炉给水冷却原油。已知换热器的传热面积为 100m^2，原油的流量为 8.33kg/s，温度要求由 150℃降到 65℃，锅炉给水的流量为 9.17kg/s，其进口温度为 35℃，原油与水之间呈逆流流动。已知换热器的传热系数为 250W/(m^2•℃)，原油的平均比热容为 2160J/(kg•℃)。若忽略换热器的散热损失，试问该换热器是否合用？若在实际操作中采用该换热器，则原油的出口温度将为多少？

参考文献

[1] 张石铭. 钢制压力容器设计理论基础及安全监察要求 [M]. 武汉: 湖北科学技术出版社, 1993: 257-298.

[2] 杨世铭, 陶文铨. 传热学 [M]. 第4版. 北京: 高等教育出版社, 2006: 459-497.

[3] 董其伍, 刘敏珊. 纵流壳程换热器 [M]. 北京: 化学工业出版社, 2007: 1-33, 49-85.

[4] 钱颂文. 换热器设计手册 [M]. 北京: 化学工业出版社, 2002.

[5] 徐宏, 王元华, 徐鹏, 戴玉林, 顾建潘, 张志强. 新型高效换热器在石油化工生产中的应用 [C]. 中国机械工程学会压力容器分会第七届压力容器及管道使用管理学术会议暨使用管理委员会七届二次会议论文集, 2011: 102-110.

[6] 冯国红, 曹艳芝, 郝红. 管壳式换热器的研究进展 [J]. 化工技术与开发, 2009, 38 (6): 41-45.

[7] 齐洪洋, 高磊, 张莹莹. 管壳式换热器强化传热技术概述 [J]. 压力容器, 2012, 29 (7): 72-77.

[8] 陆应生, 陈慕玲, 潘宁忠. 强化传热元件与高效换热器研究进展 [J]. 化工进展, 1998 (1): 46-48.

[9] 董其伍, 刘敏珊, 苏立建. 管壳式换热器研究进展 [J]. 化工设备与管理, 2006, 43 (6): 18-22.

[10] 宋素芳, 马得斌, 罗彩霞. 螺旋折流板换热器研究进展 [J]. 广东化工, 2010, 37 (4): 20-21.

[11] 张勇, 闫媛媛, 杨飞. 管壳式换热器研究进展 [J]. 广东化工, 2012, 39 (18): 107-109.

[12] 马小明, 钱颂文, 朱冬生. 管壳式换热器 [M]. 北京: 中国石化出版社, 2010: 29-83.

附 录

附录 1 金属材料的密度、比热容和热导率

材料名称	20℃			热导率 λ/[W/(m·K)]									
	密度/(kg/m³)	比热容/[J/(kg·K)]	热导率/[W/(m·K)]	温度/℃									
				−100	0	100	200	300	400	600	800	1000	1200
纯铝	2710	902	236	243	236	240	238	234	228	215			
纯铜	8930	386	398	421	401	393	389	384	379	366	352		
青铜(89Cu-11Sn)	8800	343	24.8		24	28.4	33.2						
黄铜(70Cu-30Zn)	8440	377	109	90	106	131	143	145	148				
纯铁	7870	455	81.1	96.7	83.5	72.1	63.5	56.5	50.3	39.4	29.6	29.4	31.6
灰铸铁(w_C=3%)	7570	470	39.2		28.5	32.4	35.8	37.2	36.6	20.8	19.2		
铅	11340	128	35.3	37.2	35.5	34.3	32.8	31.5					
银	10500	234	427	431	428	422	415	407	399	384			
锌	7140	388	121	123	122	117	112						
碳钢(w_C=0.5%)	7840	465	49.8	50.5	47.5	44.8	42.0	39.4	34.0	29.0			
碳钢(w_C=1.0%)	7790	470	43.2	43.0	42.8	42.2	41.5	40.6	36.7	32.2			
铬钢(w_{Cr}=5%)	7830	460	36.1		36.3	35.2	34.7	33.5	31.4	28.0	27.2	27.2	27.2
铬钢(w_{Cr}=17%)	7710	460	22		22	22.2	22.6	22.6	23.3	24.0	24.8	25.5	
镍钢(w_{Ni}=1%)	7900	460	45.5	40.8	450.2	46.1	44.1	41.2	35.7				
镍钢(w_{Ni}=3.5%)	7910	460	36.5	30.7	36.0	38.8	39.7	39.2	37.8				

附录 2 部分非金属材料的密度和热导率

材料名称	温度 t/℃	密度 ρ/(kg/m³)	热导率 λ/[W/(m·K)]
膨胀珍珠岩散料	25	60～300	0.021～0.062
沥青膨胀珍珠岩	31	233～282	0.069～0.076
石棉板	30	770～1045	0.10～0.14
玻璃棉毡	28	18.4～38.3	0.043
棉花	20	117	0.049
锯木屑	20	179	0.083
红砖	35	1560	0.49
水泥	30	1900	0.30
混凝土板	35	1930	0.79
泥土	20		0.83
瓷砖	37	2090	1.1
玻璃	45	2500	0.65～0.71
大理石		2499～2707	2.70
水垢	65		1.31～3.14
冰	0	913	2.22
黏土	27	1460	1.3

附录 3　大气压力（$p=1.0125\times10^5$ Pa）下干空气的热物理性质

t /℃	ρ /(kg/m³)	c_p /[kJ/(kg·K)]	$\lambda\times10^2$ /[W/(m·K)]	$\alpha\times10^6$ /(m²/s)	$\mu\times10^6$ /[kg/(m·s)]	$\nu\times10^6$ /(m²/s)	Pr
−50	1.584	1.013	2.04	12.7	14.6	9.23	0.728
−40	1.515	1.013	2.12	13.8	15.2	10.04	0.728
−30	1.453	1.013	2.20	14.9	15.7	10.80	0.723
−20	1.395	1.009	2.28	16.2	16.2	11.61	0.716
−10	1.342	1.009	2.36	17.4	16.7	12.43	0.712
0	1.293	1.005	2.44	18.8	17.2	13.28	0.707
10	1.247	1.005	2.51	20.0	17.6	14.16	0.705
20	1.205	1.005	2.59	21.4	18.1	15.06	0.703
30	1.165	1.005	2.67	22.9	18.6	16.00	0.701
40	1.128	1.005	2.76	24.3	19.1	16.96	0.699
50	1.093	1.005	2.83	25.7	19.6	17.95	0.698
60	1.060	1.005	2.90	27.2	20.1	18.97	0.696
70	1.029	1.009	2.96	28.6	20.6	20.02	0.694
80	1.000	1.009	3.05	30.2	21.1	21.09	0.692
90	0.972	1.009	3.13	31.9	21.5	22.10	0.690
100	0.946	1.009	3.21	33.6	21.9	23.13	0.688
120	0.898	1.009	3.34	36.8	22.8	25.45	0.686
140	0.854	1.013	3.49	40.3	23.7	27.80	0.684
160	0.815	1.017	3.64	43.9	24.5	30.09	0.682
180	0.779	1.022	3.78	47.5	25.3	32.49	0.681
200	0.746	1.026	3.93	51.4	26.0	34.85	0.680
250	0.674	1.038	4.27	61.0	27.4	40.61	0.677
300	0.615	1.047	4.60	71.6	29.7	48.33	0.674
350	0.566	1.059	4.91	81.9	31.4	55.46	0.676
400	0.524	1.068	5.21	93.1	33.0	63.09	0.678
500	0.456	1.093	5.74	115.3	36.2	79.38	0.687
600	0.404	1.114	6.22	138.3	39.1	96.89	0.699
700	0.362	1.135	6.71	163.4	41.8	115.4	0.706
800	0.329	1.156	7.18	188.8	44.3	134.8	0.713
900	0.301	1.172	7.63	216.2	46.7	155.1	0.717
1000	0.277	1.185	8.07	245.9	49.0	177.1	0.719
1100	0.257	1.197	8.50	276.2	51.2	199.3	0.722
1200	0.239	1.210	9.15	316.5	53.5	233.7	0.724

附录 4　饱和水的热物理性质

t /℃	$p\times10^{-5}$ /Pa	ρ /(kg/m³)	h' /(kJ/kg)	c_p /[kJ/(kg·K)]	$\lambda\times10^2$ /[W/(m·K)]	$\alpha\times10^8$ /(m²/s)	$\mu\times10^6$ /[kg/(m·s)]	$\nu\times10^6$ /(m²/s)	$\alpha_v\times10^4$ /K⁻¹	$\gamma\times10^4$ /(N/m)	Pr
0	0.00611	999.9	0	4.212	55.1	13.1	1788	1.789	−0.81	756.4	13.67
10	0.01227	999.7	42.04	4.191	57.4	13.7	1306	1.306	0.87	741.6	9.52
20	0.02338	998.2	83.91	4.183	59.9	14.3	1004	1.006	2.09	726.9	7.02
30	0.04241	995.7	125.7	4.174	61.8	14.9	801.5	0.805	3.05	712.2	5.42
40	0.07375	992.2	167.5	4.174	63.5	15.3	653.3	0.659	3.86	696.5	4.31
50	0.12335	988.1	209.3	4.174	64.8	15.7	549.4	0.556	4.57	676.9	3.54
60	0.19920	983.1	251.1	4.179	65.9	16.0	469.9	0.478	5.22	662.2	2.99
70	0.3116	977.8	293.0	4.187	66.8	16.3	406.1	0.415	5.83	643.5	2.55
80	0.4736	971.8	355.0	4.195	67.4	16.6	355.1	0.365	6.40	625.9	2.21
90	0.7011	965.3	377.0	4.208	68.0	16.8	314.9	0.326	6.96	607.2	1.95
100	1.013	958.4	419.1	1.220	68.3	16.9	282.5	0.295	7.50	588.6	1.75
110	1.43	951.0	461.4	4.233	68.5	17.0	259.0	0.272	8.04	569.0	1.60
120	1.98	943.1	503.7	4.250	68.6	17.1	237.4	0.252	8.58	548.4	1.47

续表

t /℃	$p\times10^{-5}$ /Pa	ρ /(kg/m³)	h' /(kJ/kg)	c_p /[kJ/(kg·K)]	$\lambda\times10^2$ /[W/(m·K)]	$\alpha\times10^8$ /(m²/s)	$\mu\times10^6$ /[kg/(m·s)]	$\nu\times10^6$ /(m²/s)	$\alpha_\nu\times10^4$ /K⁻¹	$\gamma\times10^4$ /(N/m)	Pr
130	2.70	934.8	546.4	4.266	68.6	17.2	217.8	0.233	9.12	528.8	1.36
140	3.61	926.1	589.1	4.287	68.5	17.2	201.1	0.217	9.68	507.2	1.26
150	4.76	917.0	632.2	4.313	68.4	17.3	186.4	0.203	10.26	486.6	1.17
160	6.18	907.0	675.4	4.346	68.3	17.3	173.6	0.191	10.87	466.0	1.10
170	7.92	897.3	719.3	4.380	67.9	17.3	162.8	0.181	11.52	443.4	1.05
180	10.03	886.9	763.3	4.417	67.4	17.2	153.0	0.173	12.21	422.8	1.00
190	12.55	876.0	807.8	4.459	67.0	17.1	144.2	0.165	12.96	400.2	0.96
200	15.55	863.0	852.8	4.505	66.3	17.0	136.4	0.158	13.77	376.7	0.93
210	19.08	852.3	897.7	4.555	65.5	16.9	130.5	0.153	14.67	354.1	0.91
220	23.20	840.3	943.7	4.614	64.5	16.6	124.6	0.148	15.67	331.6	0.89
230	27.98	827.3	990.2	4.681	63.7	16.4	119.7	0.145	16.80	310.0	0.88
240	33.48	813.6	1037.5	4.756	62.8	16.2	114.8	0.141	18.08	285.5	0.87
250	39.78	799.0	1085.7	4.844	61.8	15.9	109.9	0.137	19.55	261.9	0.86
260	46.94	784.0	1135.7	4.949	60.5	15.6	105.9	0.135	21.27	237.4	0.87
270	55.05	767.9	1185.7	5.070	59.0	15.1	102.0	0.133	23.31	214.8	0.88
280	64.19	750.7	1236.8	5.230	57.4	14.6	98.1	0.131	25.79	191.3	0.90
290	74.45	732.3	1290.0	5.485	55.8	13.9	94.2	0.129	28.84	168.7	0.93
300	85.92	712.5	1344.9	5.736	54.0	13.2	91.2	0.128	32.73	144.2	0.97
310	98.70	691.1	1402.2	6.071	52.3	12.5	88.3	0.128	37.85	120.7	1.03
320	112.90	667.1	1462.1	6.574	50.6	11.5	85.3	0.128	44.91	98.10	1.11
330	128.65	640.2	1526.2	7.244	48.4	10.4	81.4	0.127	55.31	76.71	1.22
340	146.08	610.1	1594.8	8.165	45.7	9.17	77.5	0.127	72.10	56.70	1.39
350	165.37	574.4	1671.4	9.504	43.0	7.88	72.6	0.126	103.7	38.16	1.60
360	186.74	528.0	1761.5	13.984	39.5	5.36	66.7	0.126	182.9	20.21	2.35
370	210.53	450.5	1892.5	40.321	33.7	1.86	56.9	0.126	676.7	4.709	6.79

注：表中数值选自 Grigull U，et al. Steam Tables in SI Units. 2nd Ed. Springer Verlag，1984。

附录 5 误差函数选摘

x	erf$x$	x	erf$x$	x	erf$x$
0.00	0.00000	0.36	0.38933	1.04	0.85865
0.02	0.02256	0.38	0.40901	1.08	0.87333
0.04	0.04511	0.40	0.42839	1.12	0.88679
0.06	0.06762	0.44	0.46622	1.16	0.89910
0.08	0.09008	0.48	0.50275	1.20	0.91031
0.10	0.11246	0.52	0.53790	1.30	0.93401
0.12	0.13476	0.56	0.57162	1.40	0.95228
0.14	0.15695	0.60	0.60386	1.50	0.96611
0.16	0.17901	0.64	0.63459	1.60	0.97635
0.18	0.20094	0.68	0.66378	1.70	0.98379
0.20	0.22270	0.72	0.69143	1.80	0.98909
0.22	0.24430	0.76	0.71754	1.90	0.99279
0.24	0.26570	0.80	0.74210	2.00	0.99532
0.26	0.28690	0.84	0.76514	2.20	0.99814
0.28	0.30788	0.88	0.78669	2.40	0.99931
0.30	0.32863	0.92	0.80677	2.60	0.99976
0.32	0.34913	0.96	0.82542	2.80	0.99992
0.34	0.36936	1.00	0.84270	3.00	0.99998

注：误差函数 $\mathrm{erf}x=\frac{2}{\sqrt{\pi}}\int_0^x e^{-t^2}\,dt$；误差余函数 $\mathrm{erfc}x=1-\mathrm{erf}x$。

附录 6　三角形肋片的效率曲线

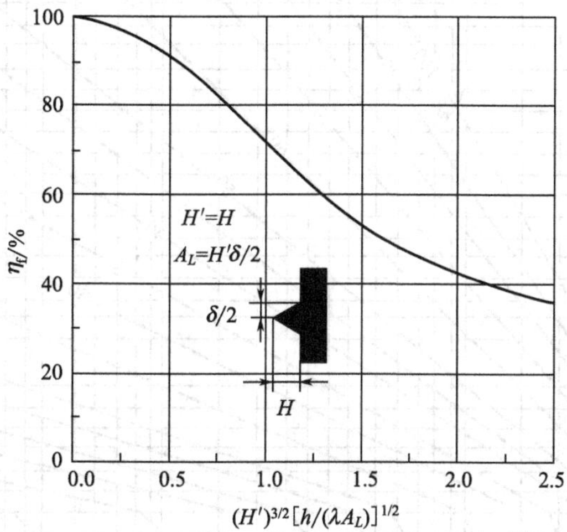

附录 7　环肋片的效率曲线

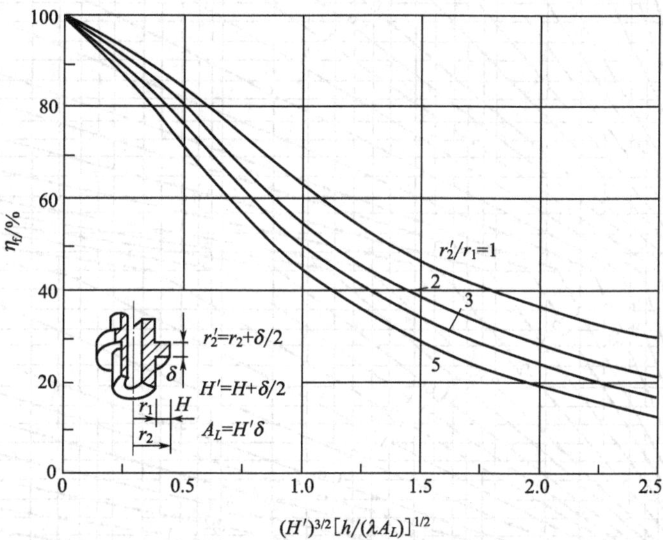

附录 8 长圆柱中心温度诺谟图、$\frac{\theta}{\theta_m}$ 曲线、$\frac{Q}{Q_0}$ 曲线

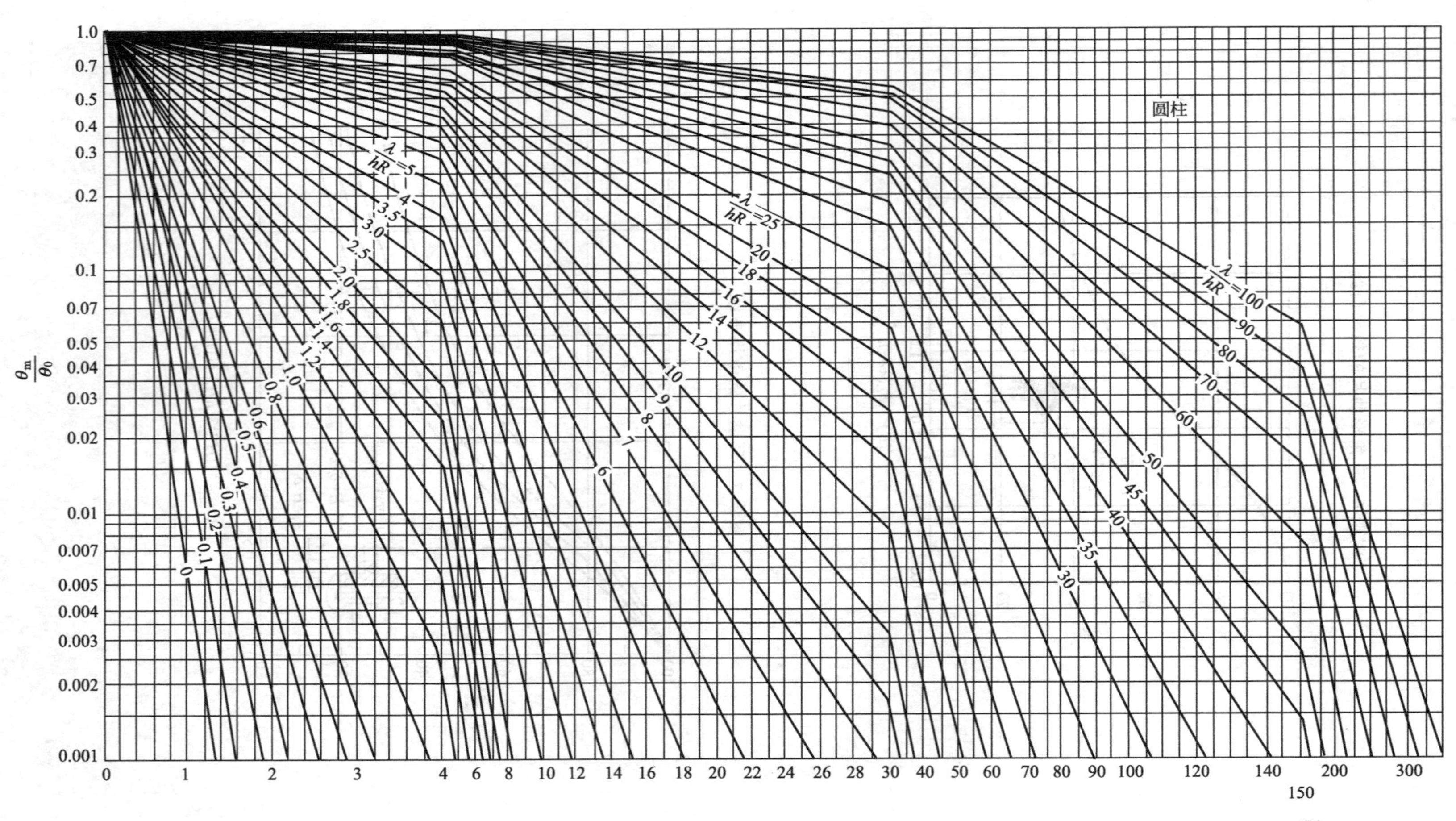

(a) 中心温度诺谟图

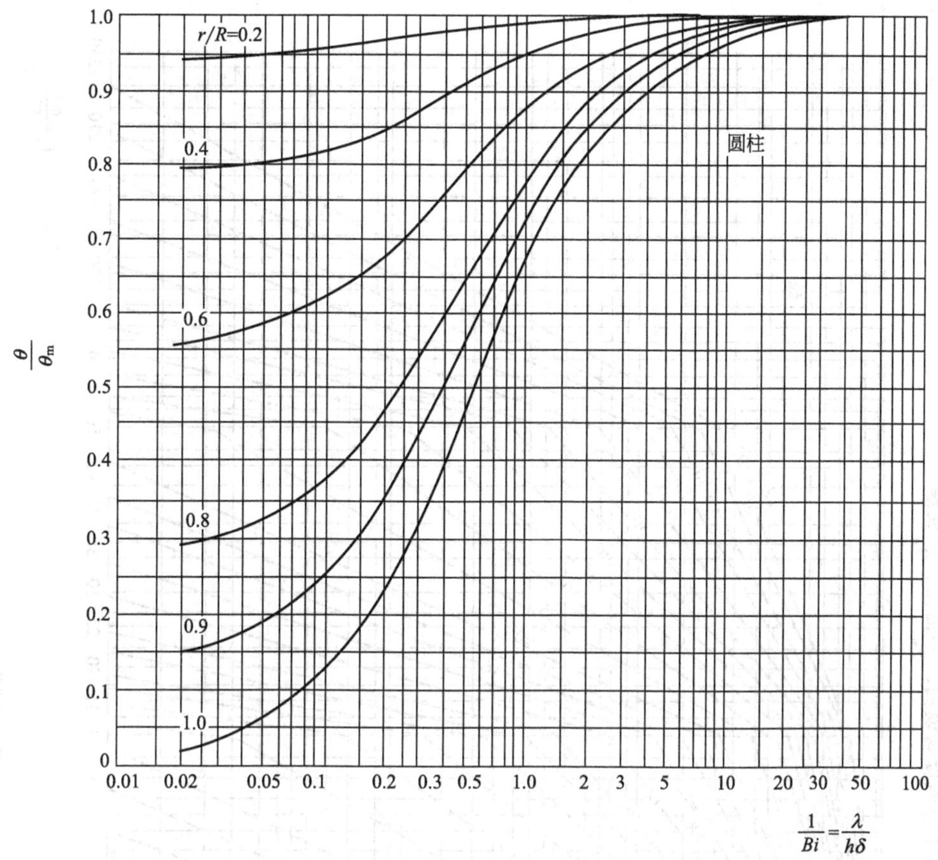

（b）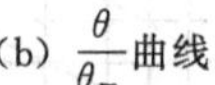曲线

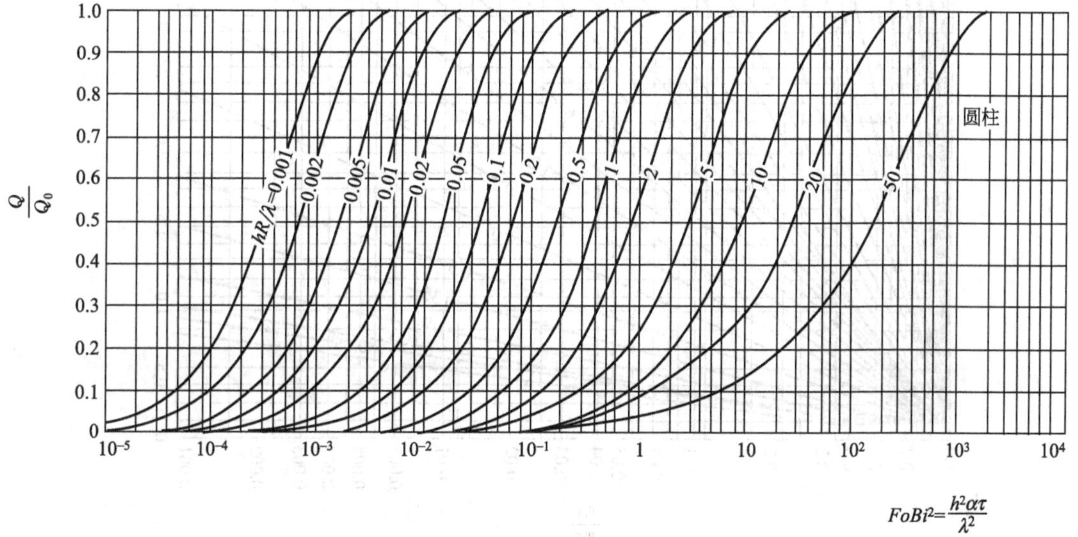

（c）$\frac{Q}{Q_0}$曲线

附录 9 球中心温度诺谟图、$\frac{\theta}{\theta_m}$ 曲线、$\frac{Q}{Q_0}$ 曲线

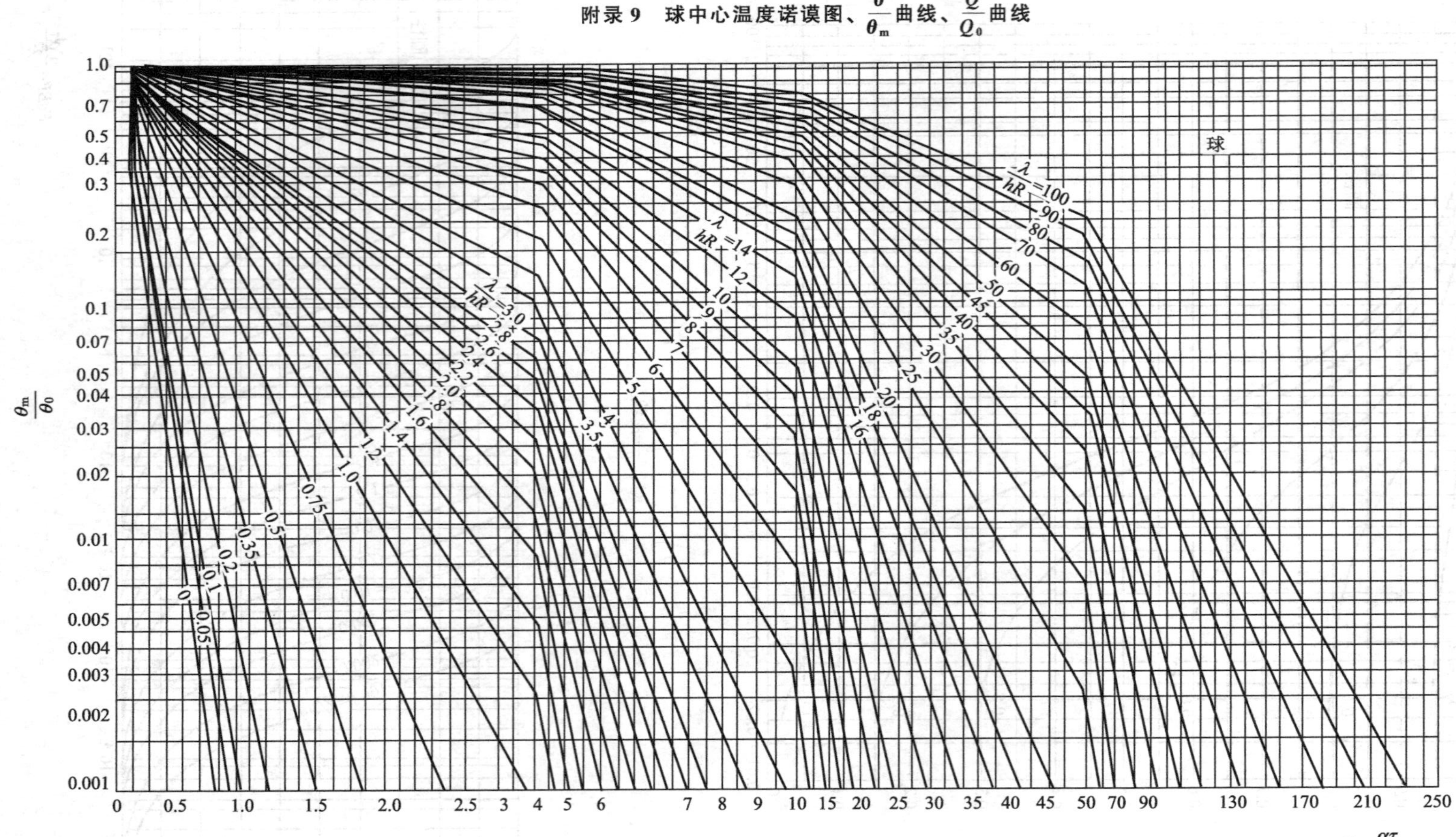

(a) 中心温度诺谟图

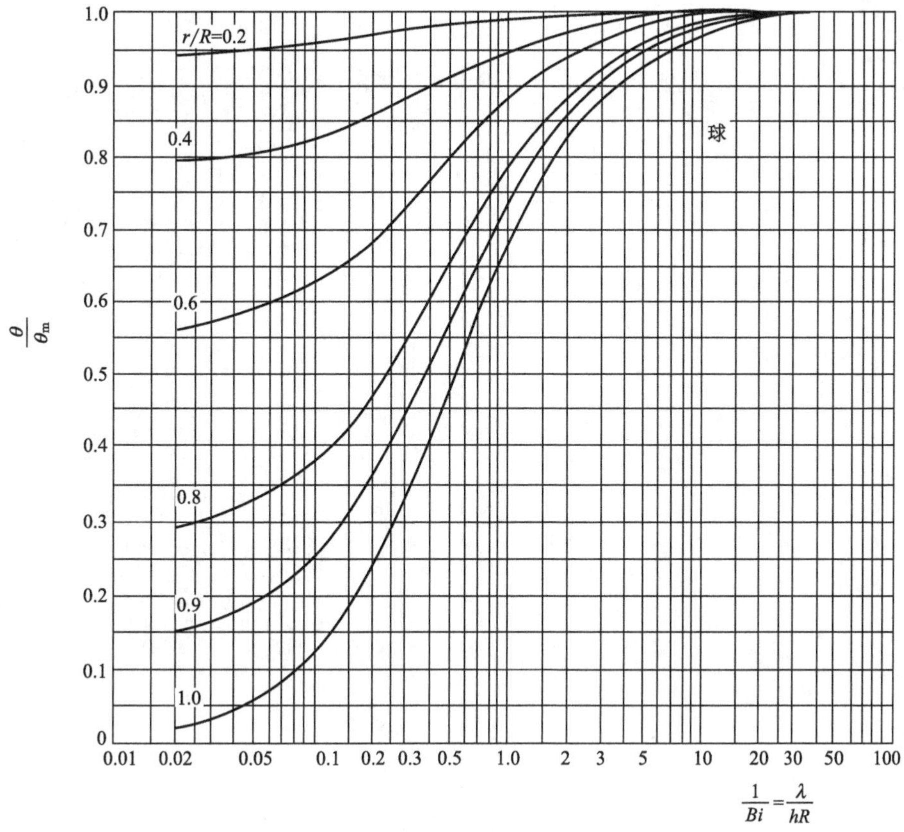

(b) $\frac{\theta}{\theta_m}$曲线

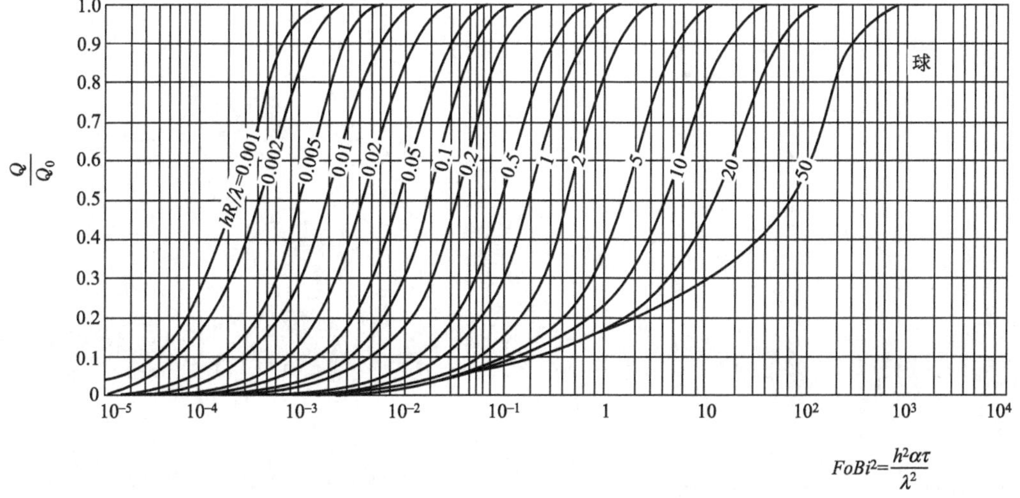

(c) $\frac{Q}{Q_0}$曲线

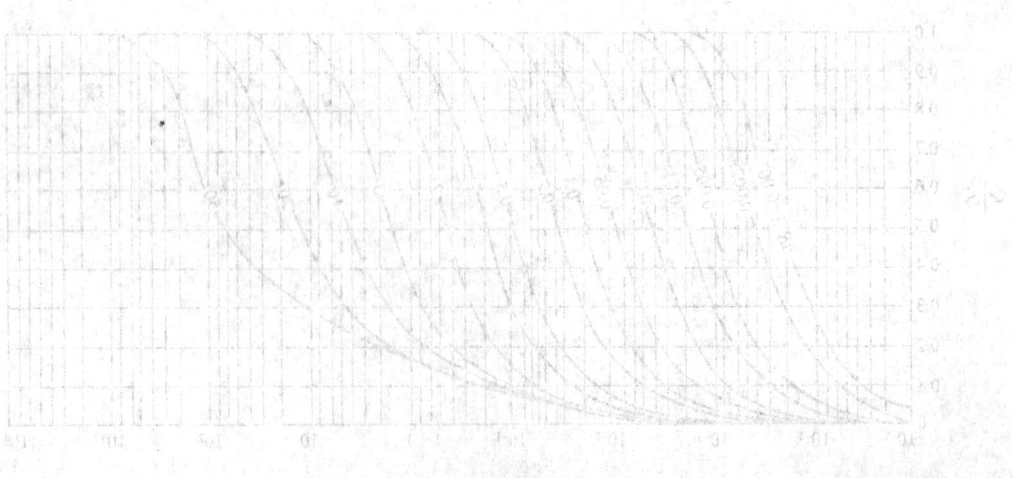